经典回到生活　阅读从心开始

U0333978

『经典传家』丛书遴选了清代《四库全书》的精华，而且每一种书在注释、译文、解读等方面做了大量的、扎实的工作。

——傅璇琮

国学就是中国人的学问。『经典传家』是一套非常适合大众阅读的国学经典丛书。国学的传承和发展迫切需要好的大众读本。

——毛佩琦

《四库全书》浩如烟海，真正的必读经典就这百余部。

——任德山

国学是相互通融的，切忌断章或是割裂。今人只有从《周易》等原始经典入手，才能真正找到进入国学的门径。

——刘君祖

经典传家系列丛书

图解

茶经·续茶经

陆羽 陆廷灿 著

崇贤书院 释译

黄山书社

《茶经·续茶经》阅读指南

原文全译，通俗易懂

浅显流畅的译文传达经典韵味，让读者更好地体会中国茶文化的内涵。

精选插图，图文对照

精选百余幅历代刊行的古版画作为插图，以图释文，使原文形象化、生动化。

选字注音
- 将文中的生僻字、古今异读字一一标注读音。
- 进行反复标注，扫除阅读障碍。

精选插图
- 精选百余幅古代版画，图文对照，一目了然。
- 图片与原文紧密结合，让阅读形象化。
- 营造轻松愉悦的阅读氛围和赏心悦目的视觉体验。

插图说明
- 针对插图的内容加以说明，加深理解。
- 延伸原文阅读，拓展阅读视野。

茶经·续茶经

三 之造

[原文]

凡采茶，在二月、三月、四月之间。

茶之笋者，生烂石沃土，长四五寸，若薇蕨①始抽，凌露采焉。茶之芽者，发于丛薄②之上，有三枝、四枝、五枝者，选其中枝颖拔者采焉。

其日，有雨不采，晴有云不采。晴，采之、蒸之、捣之、拍之、焙之、穿之、封之，茶之干矣。

茶有千万状，卤莽③而言，如胡人靴者，蹙缩然，京锥文也。犎牛臆者，廉襜然；浮云出山者，轮囷然，轻飙拂水也，涵澹然。有如陶家之子，罗膏土以水澄泚之。又如新治地者，遇暴雨流潦之所经。此皆茶之精腴。有如竹箨者，枝干坚实，艰于蒸捣，故其形籭簁然。上离下师。有如霜荷者，茎叶凋沮，易其状貌，故厥状委悴然。此皆茶之瘠老者也。

自采至于封，七经目。自胡靴至于霜荷，八等。或以光黑平正言佳者，斯鉴之下也。以皱黄坳垤言佳者，鉴之次也。若皆言佳及皆言不佳者，鉴之上也。何者？出膏者光，含膏者皱；宿制者则黑，日成者则黄；蒸压则平正，纵之则坳垤。此茶与草木叶一也。

茶之否臧，存于口诀。

[注释]

①薇蕨：都是野菜，野生的多年生草本植物，嫩叶都可以作蔬菜，二者都在春季抽芽生长。《诗经·小雅》有《采薇》篇，《毛传》："薇，菜也。"《诗经》又有"言采其蕨"句，《诗义疏》说："蕨，山菜也。"②凌：带着、冒着、沾有。③丛薄：灌木、杂草丛生的地方。《汉书注》："灌木曰丛。"扬雄《甘草同赋注》："草丛生曰薄。"④卤

烘焙饼茶

饼茶能更好地保存香气、还方便运输，唐宋普遍制作饼茶。陆羽认为饼茶以嫩为好，以叶汁流失少为妙，这是焙茶的原因。图为烘焙饼茶，目的是去除饼茶中的水分，使其保持适当的干燥程度。

〇一〇

《茶经·续茶经》阅读指南

标注读音，顺畅阅读

将文中的生僻字和古今异读字一一标注读音，力求读者阅读古代经典顺畅无碍。

注解详细，准确权威

对文中的难解字、典故、人名、地名等加以注释，使读者更好地理解古文原意。

荈：同荈茶，这里是粗略的意思。⑤京锥文也：即大钻子刻钻的花纹。京，高大。《诗经·皇矣》："依其在京。"《毛传》："京，大阜也。"锥，锥刀文，同"纹"。⑥犎牛臆也：廉襜然：指像牛胸脯部位的肉，像侧边的帷幕。臆，指牛胸脯部的肉。廉，边侧。《说文解字》："廉，仄也。"襜，帷幕⑦轮囷：盘绕屈曲，轮，车轮。囷，曲折回环状。⑧竹箨：竹笋的外壳。

龙凤团茶模具

龙凤团茶是宋代的贡茶名品。图为宋代饼茶的模具图。左为宜年宝玉，是椭圆四瓣形团茶；中为兴夏接芽，为圆形团茶；右为长寿玉圭，是圭形团茶，此三种团茶面上都有龙云纹。

⑨箕筛：竹筛，可以用来分物品的粗细。《说文解字》："箕，竹器也。"⑩经目：程序、工序。⑪坳垤：土地低下处叫坳，小土堆叫垤，形容茶饼表面的凸四不平。⑫否：痞、非议，这里指茶的品质不好。臧：褒奖，这里指茶的品质好。《世说新语·德行第一》："每与人言，未尝藏否人物。"

[译文]

采茶一般是在（农历）二月、三月、四月之间进行。

肥厚壮实的芽叶如同嫩笋，生长在含有碎石的土壤中，长大概有四五寸，如同刚刚抽芽的嫩薇、蕨芽。天刚破晓，带着露水采摘最好。细小的芽叶，多生长在草木丛中。一个枝条上有三、四、五个分枝的，挑选叶片壮实茂盛的采摘。

采摘要看天气，雨天不能采，晴天有云时也不能采，只有天气晴朗才能采摘。当天将采摘的芽叶进行蒸熟、捣烂、拍压、焙干、穿成串、包装好，这样既能保持干燥，茶叶也便于保存。

饼茶有很多种形状，粗略地说，有的像胡人的皮靴，紧皱蜷缩（像大钻子上刻的纹理。）有的像野牛的胸骨，细长齐整有细微的褶痕（犎，音朋，即野牛。）有的像在山头缭绕的白云，团团盘曲，有的则像轻风拂水，有细微的波纹；有的像陶工筛选过的细土再用水沉淀出泥膏一样光滑润泽（筛过的陶土）。还有的像刚刚翻整过的土地，被暴雨急流冲刷过后的样子。这些都是茶中精品。有的茶形如笋壳，枝梗坚硬，捣捣难制，表面形如箩筛；有的像霜打的荷叶，凋零败坏，变了形状，呈现出枯干的样子。这样的茶都是粗老、劣质的茶叶。

茶从采摘到封装，一共有七道工序。从像胡人的皮靴紧皱蜷缩到像经霜荷叶的衰萎状，茶的品质共分为八个等级。把光亮、色深、平整的茶作为好茶，这是鉴别茶叶的低级方法。把紧缩、黄色、不平整的茶看作好茶，是次等的鉴别方法。若既能指出茶叶的佳处，又能道出不好处，才是上等的鉴别方法。为什么呢？因为析出了茶汁的茶叶就会显得光亮，含着茶汁的茶叶就会紧皱，隔夜制成的茶色泽发黑，当天采制的茶则色黄，蒸时压得紧的就平整，任其形状自然变化的就会凹凸不平。这是茶与其他草木的叶子相一致的地方。

茶的品质是好是坏，是有一套鉴别口诀的。

注释详尽
- 将文中难解字词进行解释说明，使原文不再晦涩难懂。
- 将文中典故、人名、地名进行解释，增加阅读知识点。

原文全译
- 译文与原文一一对照，方便读者理解原文。
- 帮助读者更好地理解中国茶文化的精髓。

【总 序】

国学是什么？简单说，就是中国人之所以成为中国人的学问。因此，国学不仅包括数千年积累流传下来的经典，比如"四书五经"、《老子》《庄子》《孙子》《史记》《汉书》、唐诗、宋词，也包含研究中国人思维方式、生活方式、行为方式乃至娱乐方式的各种学问。广言之，国学研究的对象不仅包括文献，也包括实物；不仅包括物质文化遗产，也包括非物质文化遗产，如我国各民族的建筑、服饰、饮食、音乐、绘画、医药、戏曲等等。

国学是不断丰富、不断发展的学问。上面说的从"四书五经"到唐诗、宋词就是一个不断丰富发展的过程。近代以来，国学的研究范围还在不断地扩大，比如敦煌学、甲骨学，是随着有关文物的出土而兴起的；比如红学，是随着文学理论和学术风气的发展变化而兴起和发展的。随着时间的推移和学术的进步，必将有更多的学问被纳入国学研究的范围。

数千年来，中国人做学问形成了自己独特的理论和方法，比如思想理论、史学理论、文学理论，以及训诂学、考据学、音韵学等等。但这些理论和方法并不是一成不变的。比如，在史学研究领域，由于地下文物的出土，王国维等人提出了以地下文物与传世文献相补充互证的"二重证据法"。近代以来，西风劲吹。国人主动借鉴西方学术研究的理论和方法，研究中国学问。王国维借鉴尼采的哲学理论研究中国的文学戏剧，胡适以杜威的实验主义研究中国的"国故"。国学从来没有拒绝外国学问的融合，佛教传入中国后，经过改造，形成了中国独特的佛学、因明学；自明朝末年西学传入中国后，中国的天文学、数学等就已经融入了西学的因素。马克思主义传入中国后，不少人用马克思主义理论研究中国历史文化，它们自然也成为了国学的一部分。因此，国学又是开放的、随时代而进步的。那么，当今我们研究、振兴国学，不允许也不应该倒退，不允许也不应该僵化。

然而，国学又是与西学明显区分的。国学是西学的对应物，是与西学完全不同的学术体系。在近代，西学挟坚船利炮强势进入中国之后，中国人还视自我，对于中国固有之学问的称呼出现了中学、国故学、国粹、国学这样的名称。面对"帝国主义"的强大，中国人自愧不如，一方面拼命地学习、引进西学，另一方面拼命地贬低、抛弃国学。虽然也有一些人，如张之洞为保护中华文化之根本，提出"中学为体，西学为用"，如胡适，提出"整理国故"，以"再造文明""建立民族自信心"，但其声音终被时代所淹没。国学一再被严重曲解和轻视，造成了中国历史文化的大断裂。也许，这一历史过程是必然的。但回顾过去，中国在走向独立富强的过程中，国学所付出的代价实在太大、太惨重了。

新中国成立后，饱受屈辱的中国人从此站立了起来，民族自信心大大加强，但没有能够及时认识到国学在新时代的重要性，甚至仅存的一点点国学遗产也进一步成为被抛弃的对象。改革开放三十年之后，走向富强的国人终于幡然醒悟，保护和振兴国学逐渐成为全民的共识。一个强大的自立于世界民族之林的国家，必然要有与之相匹配的伟大的民族文化。中国人，从领导者、学术界到普通百姓，都在重新发现国学的现代价值。同时，在走向全球化的进程中，东西方各国也把目光投向了中国。中国学问，中国的一切都在被重新评价。中国不仅为了自身的建设和发展需要从传统文化中汲取智慧，而且也面临着以优秀的中华文化向全人类贡献智慧的责任和挑战。

那么，这套经典传家丛书的编纂就是可喜的，编纂者的初衷和努力就是可敬的。希望这套丛书能发挥点滴作用，如同涓涓细水与千百万有志者的努力一道汇成大潮，去迎接中华民族的伟大复兴！

是为序。

二〇一五年五月

前　言

　　中国人爱品茶。林语堂说：“只要有一壶茶，中国人到哪儿都是快乐的。”不管是在家里还是在茶馆，不管繁忙抑或休闲，泡上一杯茶，看汤色浓淡，赏芽叶舒展，闻茶味清香，生活的有滋有味处，便在于此了。

　　天地之初即有茶，中国人的饮茶文化源远流长。“神农尝百草，日遇七十二毒，得荼而解之”（荼，“茶”的古字），足见茶文化起源的悠远。自汉代，已有饮茶的记载出现在史书中。至唐代，饮茶的风气已经十分兴盛，唐代陆羽著《茶经》，总结了唐代及唐以前煎茶品茶的方法。随着时间的流逝，这种文化非但没有消散，反而越来越浑厚，更具内涵。

　　陆羽，字鸿渐，号季疵，别号桑苎翁，竟陵人。他所著的《茶经》是茶文化的开山之作，也是世界上第一本茶叶专著，陆羽因此被人称作“茶圣”。《茶经》包括一之源、二之具、三之造等共十章，即茶的起源、制茶器具，茶的采制、煮茶方法、历代茶事，茶叶产地等，虽然才七千言，于茶可谓面面俱到，对后世产生了极大的影响。《新唐书》说：“羽嗜茶，著《经》三篇，言茶之源、之法、之具尤备，天下益知饮茶矣。”

　　至清代，陆廷灿按照《茶经》的体例撰写了《续茶经》，记述了茶事的发展。《续茶经》大约成书于1734年，目次也依照《茶经》，分为十章，分别续《茶经》的一之源、二之具、三之造等。陆廷灿的《续茶经》，征引繁富，收罗了从唐代至清代有关茶的产制、烹饮等资料，并对其加以摘要分录，是古典茶学的集大成著作。

　　从《茶经》《续茶经》中，我们可以尽观中国传统的茶学与茶道，体味论器、品水、烹点、品饮等中国茶艺，还能了解历史上众多与茶相关的趣事。论器，陆羽设计的风炉，体现了"器以载道"。他把"坎上巽下离于中"铸在炉脚上，坎主水，巽主风，离主火，煮茶离不开水、风、火，意思是煮茶的水放在上面，风从炉下吹入，火在中间燃烧，这就是煮茶水的基本原理。炉脚上还铸有"体均五行去百疾"，意为茶能让五脏调和，使百病消散。品水，陆羽认为山水为上，江水为中，井水居下。他与李季卿论水的品第时，把庐山谷帘泉水评为天下第一，把无锡的惠山泉水评为天下第二。烹点，要候三沸，水冒鱼眼小泡时，是第一沸；涌出连珠水泡时，是第二沸；茶汤波涛翻滚，声如松涛阵阵时，是第三沸。品饮，追求的是心灵的物我两忘，需要要在气定神闲的时候细细啜饮，饮后才觉茶香缭绕，甚至心灵都得到了净化。

茶可"流华净肌骨，疏瀹涤心源"，引得古往今来的茶人墨客如痴如醉。最初喜欢饮茶的多为文人雅士，他们注重"茶之韵"，意在托物寄怀，激扬文思。司马相如与扬雄都是早期著名的茶人，司马相如曾作《凡将篇》，从药用方面谈茶，扬雄曾作《方言》，从文学角度谈茶。著名文学家范仲淹、欧阳修、王安石、苏轼、黄庭坚、梅尧臣等也都好茶，并创作了大量的茶诗、茶帖、茶画。文人爱好饮茶之风将茶逐渐带入文化领域。

为了广大爱茶人能更好地了解传统的茶文化，我们做了一些工作。

一是精选版本，《茶经》历来流传极广，经过传抄、刊刻，有南宋《百川学海》本、明宛委山堂《说郛》本、清张海鹏《学津讨源》本、文渊阁《四库全书》本及多种单行本。本版《茶经·续茶经》以文渊阁《四库全书》版本为底本，并参照其他权威版本，务求做到权威、准确。在此基础上还附录了《茶录》和《大观论茶》。

二是文中配以精选的古代版画，便于读者直观地了解古代的茶器、茶具及茶的采制等。版画与原文相互对照，图文并茂，可谓是一部有关中国茶史、茶艺、茶饮的宝典。

另外，我们还将文中的生僻字和古今异读字一一标注读音，力求读者阅读古代经典顺畅无碍。在书中添加了准确详尽的注释，对文中的生僻字词、典故、人名、地名等加以注解，使读者更好地理解古文原意。本书浅显流畅的译文更好地传达出经典韵味，方便读者体会中国茶文化的内涵。《茶经·续茶经》一书结合了现代人的阅读需求，是喜好国学经典与传统文化的读者迫切所需的大众读本。

　　古人云，茶道之秘事在于"打碎了山水、草木、茶庵、主客、诸具、法则、规矩的，无一物之念的，无事安心的一片白露地"。这一片白露地，是茶道彰显的境界。茶内见哲，茶内见禅，茶内见真；以茶会友，以茶寄情，以茶养志，茶自古以来就受世人的喜爱，天下爱好茶的读者，定会从此书中有所收获。

崇贤书院

目录

茶 经

一 之源 003

二 之具 006

三 之造 010

四 之器 012

五 之煮 021

六 之饮 025

七 之事 028

八 之出 041

九 之略 046

十 之图 048

续茶经

一 茶之源 051

二 茶之具 095

　《陆龟蒙集·和茶具十咏》 095

　《皮日休集·茶中杂咏·茶具》 097

三 茶之造 106

四 茶之器 138

五 茶之煮 154

六 茶之饮 194

七 茶之事 ……………………………… 221

八 茶之出 ……………………………… 281

九 茶之略 ……………………………… 323

　茶事著述名目 ………………………… 323

　诗文名目 …………………………… 325

　诗文摘句 …………………………… 326

十 茶之图 ……………………………… 331

　历代图画名目 ………………………… 331

　茶具十二图 ………………………… 332

　　韦鸿胪 …………………………… 332

　　木待制 …………………………… 332

　　金法曹 …………………………… 333

　　石转运 …………………………… 333

　　胡员外 …………………………… 333

　　罗枢密 …………………………… 334

　　宗从事 …………………………… 334

　　漆雕秘阁 ………………………… 335

　　陶宝文 …………………………… 335

　　汤提点 …………………………… 336

　　竺副帅 …………………………… 336

　　司职方 …………………………… 337

　竹炉并分封茶具六事 ………………… 340

　　苦节君 …………………………… 340

　　苦节君行省 ……………………… 340

建城 340

云屯 341

乌府 341

水曹 341

器局 342

品司 342

罗先登《续文房图赞》 343

附 录

茶录 347

品茶要录 349

茶经

一 之源

[原文]

　　茶者，南方之嘉木也。一尺、二尺乃至数十尺。其巴山、峡川^①，有两人合抱者，伐而掇^②之。其树如瓜芦，叶如栀子，花如白蔷薇，实^③如栟榈^④，蒂如丁香，根如胡桃。瓜芦木出广州，似茶，至苦涩。栟榈，蒲葵之属，其子似茶。胡桃与茶，根皆下孕^⑤，兆至瓦砾^⑥，苗木上抽。

　　其字，或从草，或从木，或草木并。从草，当作"茶"，其字出《开元文字音义》^⑦；从木，当作"搽"，其字出《本草》^⑧，草木并，作"荼"，其字出《尔雅》。

　　其名，一曰茶，二曰槚^⑨，三曰蔎^⑩，四曰茗，五曰荈。周公云："槚，苦茶。"扬执戟^⑪云："蜀西南人谓茶曰蔎。"郭弘农^⑫云："早取为茶，晚取为茗，或一曰荈耳。"

　　其地，上者生烂石，中者生栎壤，栎字当从石为砾。下者生黄土。凡艺^⑬而不实，植而罕茂，法如种瓜，三岁可采。野者上，园者次。阳崖阴林，紫者上，绿者次；笋者上，牙者次；叶卷上，叶舒次^⑭。阴山坡谷者，不堪采掇，性凝滞^⑮，结瘕^⑯疾。

　　茶之为用，味至寒，为饮，最宜。精行俭德之人，若热渴、凝闷、脑疼、目涩、四肢烦、百节不舒，聊四五啜，与醍醐、甘露抗衡也^⑰。

　　采不时，造不精，杂以卉莽，饮之成疾。茶为累也，亦犹人参。上者生上党^⑱，中者生百济、新罗^⑲，下者生高丽^⑳。有生泽州、易州、幽州、檀州^㉑者，为药无效，况非此者！设服荠苨^㉒使六疾不瘳^㉓。知人参为累，则茶累尽矣。

茶叶

茶树叶子像栀子叶，花像白蔷薇，种子像棕树种子。

[注释]

①巴山：泛指四川省东部，即今重庆市地区和毗邻巴山的陕西南部一些地带。峡川：泛指湖北西部。②掇：采摘。③实：种子。④栟榈：棕树。《说文解字》："栟榈，棕也。"⑤下孕：在地下孕育生长。⑥兆至瓦砾：是指胡桃与茶树的根扎得很深，直到碎石层里。兆，伸展、扎入。砾，碎瓦、碎石。⑦《开元文字音义》：字书名，唐开元二十三年（735）编撰的字书，原书已佚。⑧《本草》：即《唐新修本草》，又称《唐本草》或《唐英本草》，因唐英国公徐世勣任该书总监而得名，下同。⑨槚：茶，茶树。《说文解字》："槚，楸也，从木、贾声。"而贾有"假"、"古"两种读音，"古"与"茶"、"苦茶"音近，因茶为木本而非草本，于是就用槚来借指茶。⑩蔎：古书上说的一种香草。《玉篇》："蔎，香草也。"这里指茶。⑪扬执戟：即扬雄，西汉人，著有《方言》等书。语本三国魏曹植《与杨德祖书》："昔扬子云先朝执戟之臣耳，犹称壮夫不为也。"⑫郭弘农：即郭璞，字景纯，河东郡闻喜县人（今山西省闻喜县），东晋著名学者，注释过《方言》《尔雅》等字书。⑬艺：栽种、种植的意思。⑭叶卷上，叶舒次：叶片成卷状的茶叶质量好，叶片舒展平直的茶叶质量差。⑮凝滞：凝结不散，这里指茶叶的品质不好。⑯瘕：腹中肿块。《正字通》："腹中肿块，坚者曰瘕，有物形曰瘕。"这里指腹胀。⑰醍醐、甘露：都是古人心中十分美妙的饮品。醍醐，酥酪上凝聚的油，味甘美。《雷公炮炙论》："醍醐，是酪之浆。"甘露，即露水，被古人称为"天之津液"。⑱上党：唐代郡名，治所在今山西省长治市长子、潞城一带。⑲百济、新罗：是唐代位于朝鲜半岛上的两个小国，百济在半岛西南部，新罗在半岛东南部。⑳高丽：应为高句丽，唐代周边小国之一，即今朝鲜。㉑泽州、易州、幽州、檀州：都是唐代的州名，治所分别在今山西晋城、河北省易县、北京市区北，北京市密云县一带。㉒荠苨：一种外形很像人参的野果。㉓六疾：即寒疾、热疾、末（四肢）疾、腹疾、惑疾、心疾六种疾病，这里泛指人遇阴、阳、风、雨、晦、明天气而得的多种疾病。瘳：痊愈。

茶树根

茶树根像胡桃的根一样，扎入地下很深。

[译文]

茶，是我国南方的一种品质优良的树木。它高一尺到两尺，有的甚至高达数十尺。在巴山、峡川一带，有树杆粗到需要两人合抱的茶树，只有把树干砍倒才能采摘到叶芽。这种树的形状像瓜芦木，树叶像栀子叶，花朵像白蔷薇，种子像栟榈种子，花蒂像丁香，根部像胡桃。（瓜芦木生长在广州一带，树形像茶树，树叶的味道极为苦涩。栟榈隶属蒲葵科，它的种子像茶籽。胡桃与茶树深深地扎入地下，直到碎石层里，树苗才向上生长。）

从字形上看，"茶"字，有的从"草"部，有的从"木"部，有的"草""木"兼从。（从"草"部的写成"茶"，出自《开元文字音义》。从"木"部的写成"搽"，出自《新修本草》。"草""木"兼从的写成"荼"，来源于《尔雅》。）

茶的名称主要有五种：一称"茶"，二称"槚"，三称"蔎"，四称"茗"，五称"荈"。（周公说："槚，即苦茶。"扬雄说："蜀地西南一带的人把'茶'叫作'蔎'。"郭璞说："早上采摘的是'茶'，晚上采摘的是'茗'，也叫'荈'。"）

种植茶树的环境，以岩石充分风化的土壤为最好，含有碎石子的砂质土壤次之，（栎字应该从石，写作"砾"）黄土为最差。凡种植茶树，移栽的技术掌握不当，移栽后的茶树很少长得茂盛。像种瓜的方法一样种植茶树，种后三年就可采摘茶叶了。山野自然生长的茶叶品质为好，在园圃里栽种的品质较次。在阳面的山坡上生长，有林荫覆盖的茶树，其芽叶呈紫色的品质好，呈绿色的品质要差些；芽叶形如春笋的最好；芽叶短小的则差；芽叶卷曲的品质好，芽叶舒展平直的品质稍次。在阴面山坡或山谷中生长的茶树品质不好，不宜采摘，因为它性质凝滞，饮用容易引起腹胀。

茶的功效，因为茶性寒凉，适宜作为饮料。品行优良，德性俭朴的人，如果感到发热、口渴、胸闷、头痛、眼干眼涩、四肢乏力、关节酸痛，煮茶水饮用，其功效与醍醐、甘露不相上下。

如果茶叶采摘的时机不对，或茶叶的制作不够精良，里面掺有野草败叶等杂质，饮用后便会生病。茶和人参一样，产地不同，质量差异很大，甚至会给健康带来不利影响。上党出产的人参品质最佳，百济、新罗出产的人参品质居中，高丽出产的品质较差。而泽州、易州、幽州、檀州等地出产的人参则完全没有药用效果，更何况比它们还不如的呢！如果服用了类似人参的荠苨，对疾病根本没有治愈的作用。知道了人参有时也会对人体有害，饮用劣质茶的危害也就不言而喻了。

二 之具

[原文]

籯^①，一曰篮，一曰笼，一曰筥^②。以竹织之，受五升，或一斗、二斗、三斗者，茶人负以采茶也。 籯，《汉书》音盈，所谓："黄金满籯，不如一经。"^③ 颜师古^④云："籯，竹器也，受四升耳。"

灶，无用突^⑤者。

釜^⑥，用唇口者。

甑^⑦，或木或瓦，匪腰而泥。篮以箄^⑧之，篾^⑨以系之。始其蒸也，入乎箄；既其熟也，出乎箄。釜涸，注于甑中，甑，不带而泥之。又以榖木枝三桠者制之，散所蒸芽笋并叶，畏流其膏。

杵臼，一曰碓，惟恒用者为佳。

规，一曰模，一曰棬。以铁制之，或圆，或方，或花。

承，一曰台，一曰砧，以石为之。不然，以槐、桑木半埋地中，遣无所摇动。

襜^⑩，一曰衣。以油绢或雨衫、单服败者为之。以襜置承上，又以规置襜上，以造茶也。茶成，举而易之。

芘莉^⑪，一曰籝子，一曰篣筤^⑫，以二小竹，长三尺，躯二尺五寸，柄五寸。以篾织方眼，如圃人土箩，阔二尺，以列茶也。

棨^⑬，一曰锥刀。柄以坚木为之。用穿茶也。

朴^⑭，一曰鞭。以竹为之。穿茶以解茶也。

焙，凿地深二尺，阔二尺五寸，长一丈。上作短墙，高二尺，泥之。

贯，削竹为之，长二尺五寸，以贯茶焙之。

棚，一曰栈。以木构于焙上，编木两层，高一尺，以焙茶也。茶之半干，升下棚；全干，升上棚。

穿，江东、淮南剖竹为之。巴山、峡川纫榖皮为之。江东以一斤为上穿，半斤为中穿，四两五两为小穿。峡中以一百二十斤为上穿，八十斤为中穿，五十斤为小穿。穿字旧作钗钏之"钏"字，或作贯"串"。

今则不然，如"磨、扇、弹、钻、缝"五字，文以平声书之，义以去声呼之，其字以"穿"名之。

育，以木制之，以竹编之，以纸糊之。中有隔，上有覆，下有床，傍有门，掩一扇。中置一器，贮煻煨火，令煴煴然^⑮。江南梅雨时，焚之以火。育者，以其藏养为名。

[注释]

①籝：竹制的箱子、笼子、篮子等盛物器具。②筥：圆形的盛物竹器，一般用来盛米，也可以用盛茶。③黄金满籝，不如一经：语出《汉书·韦贤传》，指留给儿孙满箱黄金，不如留给他一本有用的经书。④颜师古：名籀，唐初经学家，曾注《汉书》。⑤突：烟囱。⑥釜：古代一种炊器，敛口圆底，有二耳，盛行于汉代。有铁制的，也有铜或陶制的。⑦甑：古代的一种蒸炊器，类似于现代的蒸笼，里边还有带孔的隔板。⑧箄：蒸笼中的竹屉。⑨篾：长条细薄竹片。⑩襜：又作"襂"，这里指铺在茶砧上的布，用来隔离砧与茶饼，以便于取制好的茶。⑪芘莉：竹制的盘子类器具，脱模后的茶饼一般都放到芘莉上晾干。⑫筹筤：竹制的笼子、盘子一类盛物器具。⑬棨：穿茶饼用的锥刀。⑭朴：一种竹制的穿茶工具。⑮煴煴然：火热微弱的样子。煴，没有光焰的火。颜师古说："煴，聚火无焰者也。"

[译文]

籝，也叫篮、笼或筥。用竹子编织而成，容积通常为五升，也有一斗、二斗或三斗的，茶农采茶时背在肩上。（籝，《汉书》音"盈"，所谓："留给儿孙满箱黄金，不如留给他一本有用的经书。"颜师古说："籝，是一种竹制的容器，能容纳四升的东西。"）

灶，不要使用带烟囱的。

釜，用锅口有唇边的。

甑，用木头或陶土制成，在形似筐状的甑腰涂上泥。甑里面放竹篮作蒸箄，并用细竹片系牢。蒸茶时，将茶叶放在蒸箄里；蒸熟后，就把茶叶从蒸箄里倒出来。锅里的水干了，可以往甑中加水，（甑不要带捆，要用泥封。）同时用三杈形榖木翻拌，摊开蒸好的茶叶，防止茶汁流失。

杵臼，又叫碓，以经常使用的为好。

规，又叫模或棬。通常用铁打制而成，呈圆形或方形，或其他花式的。

承，又叫台或砧，用石料制成。如果是用槐木、桑木做成的，就要将槐木或桑木埋进土中，露出半截，使其牢固而不易晃动。

襜，又叫衣。通常用油绢或穿坏了的雨衣、单衣等做成。将"襜"放在"承"上，再将"规"放置在"襜"上，即可用来压制茶饼了。茶饼压好后取出来，继续压制下一块茶饼。

芘莉，又叫籝子或筹筤，用两根各长三尺的竹竿制成，身长二尺五寸、柄长五寸。中间有竹篾编成的方眼，宽二尺的土筛，像种菜人用的筛箩，用来铺放茶饼。

棨，又叫锥刀。手柄用坚硬的木材制成，是用来给茶饼穿洞眼的。

朴，又叫鞭。用竹子编成。用它把茶穿起来以便搬运。

焙，在地上挖出深二尺、宽二尺五寸、长一丈的坑。坑周围砌上两尺高的矮墙，涂上泥。

贯，用竹子削制而成，长二尺五寸。用它将茶饼穿起烘焙。

棚，又叫栈。把做好的木架子建在焙上，分上下两层，中间间隔一尺左右，用来烘茶。茶叶半干时，放在下层；茶烘得全干时，放在上层。

穿，江东、淮南地区用竹篾编成；巴山、峡川用榖树皮做成。江东把穿成一斤的茶饼称为"上穿"，穿成半斤的称为"中穿"，穿成四两或五两的称为"下穿"。峡中地区则称一百二十斤的为"上穿"，八十斤的为"中穿"，五十斤的为"小穿"。穿字，以前写成钗钏的"钏"字，或者写成贯串的"串"。现在改变了，如"磨、扇、弹、钻、缝"这五个字，以平声字书写，读起来用去声表达意义，此处把它叫作"穿"。

育，用木材做出框架，用竹篾编织外围，再用纸裱糊。中间有隔层，上面有盖，下面有底，侧面开有一扇门。在中间放置一个器皿，架上炉子，点上小火以保持温热。江南梅雨季节时，就要烧起明火防潮了。（育，因有藏养作用而得名。）

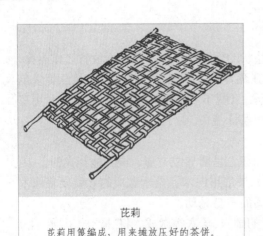

芘莉

芘莉用篾编成，用来摊放压好的茶饼。

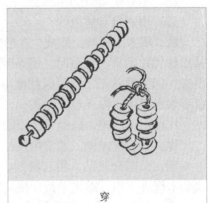

穿

穿是用来穿茶饼的工具，可以用竹篾或树皮制成。

蒸茶

唐代茶饼是用蒸青方法制作。灶具用松柴做燃料，能够在短时间内提高蒸汽的温度。釜是锅，锅的唇口处可以加水。甑是圆筒形蒸笼。锅与蒸笼之间用泥封住，能防止蒸汽漏掉。

朴、棨

茶饼成型后，还需要对它进行烘焙。古代用棨在茶饼的中心穿孔，再用朴把茶饼穿起来以便运输。茶饼再穿在贯上后，就能放在棚上烘焙了。

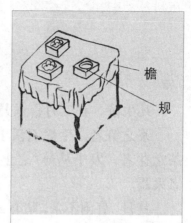

檐、规

茶饼是经过压制后形成的形状。檐、规是茶饼成型工具。檐是放在承上的油绢或旧衣。规又叫模，蒸过后捣好的茶叶装进规中，经过拍压后再取出来放到芘莉上摊晾，这样散茶叶就定型成了茶饼。

籯

籯即竹篮，用来盛鲜叶。竹制的篮子通风，能避免鲜叶发热变质。

育

育像烘箱一样，用来封藏成品茶。育用竹编成，分两层，下层放火盆，上层放茶饼。

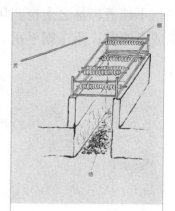

焙、棚

焙是在地上凿出的坑，焙上置棚，棚就是木架子。棚上放茶饼烘焙，直到茶饼干燥适度为止。

三 之造

[原文]

凡采茶，在二月、三月、四月之间。

茶之笋者，生烂石沃土，长四五寸，若薇蕨①始抽，凌②露采焉。茶之芽者，发于丛薄③之上，有三枝、四枝、五枝者，选其中枝颖拔者采焉。

其日，有雨不采，晴有云不采。晴，采之，蒸之、捣之、拍之、焙之、穿之、封之、茶之干矣。

茶有千万状，卤莽④而言，如胡人靴者，蹙缩然；京锥文也⑤。犎牛臆者，廉襜然⑥；犎，音朋，野牛也。浮云出山者，轮囷然⑦；轻飙拂水也，涵澹然。有如陶家之子，罗膏土以水澄泚之。谓澄泥也。又如新治地者，遇暴雨流潦之所经。此皆茶之精腴。有如竹箨⑧者，枝干坚实，艰于蒸捣，故其形籭簁⑨然。上离下师。有如霜荷者，茎叶凋沮，易其状貌，故厥状委悴然。此皆茶之瘠老者也。

自采至于封，七经目⑩。自胡靴至于霜荷，八等。或以光黑平正言佳者，斯鉴之下也。以皱黄坳垤言佳者，鉴之次也。若皆言佳及皆言不佳者，鉴之上也。何者？出膏者光，含膏者皱；宿制者则黑，日成者则黄；蒸压则平正，纵之则坳垤⑪。此茶与草木叶一也。

茶之否臧⑫，存于口诀。

烘焙饼茶

饼茶能更好地保存香气，还方便运输，唐宋普遍制作饼茶。陆羽认为饼茶以嫩为好，以叶汁流失少为好，以蒸压适度为好。图为烘焙饼茶，目的是去除饼茶中的水分，使其保持适当的干燥程度。

[注释]

①薇蕨：都是野菜，野生的多年生草本植物，嫩叶都可以作蔬菜，二者都在春季抽芽生长。《诗经·小雅》有《采薇》篇，《毛传》："薇，菜也。"《诗经》又有"言采其蕨"句，《诗义疏》说："蕨，山菜也。"②凌：带着、沾有。③丛薄：灌木、杂草丛生的地方。《汉书注》："灌木曰丛。"扬雄《甘泉赋注》："草丛生曰薄。"④卤

荈：同卛荈，这里是粗略的意思。
⑤京锥文也：即大钻子刻钻的花纹。
京，高大。《诗经·皇矣》："依其在京。"
《毛传》："京，大阜也。"锥，锥刀。
文，同"纹"。⑥犎牛臆者，廉襜然：
指像牛胸肩的肉，像侧边的帷幕。臆，
指牛胸肩部位的肉。廉，边侧。《说
文解字》："廉，仄也。"襜，帷幕。
⑦轮囷：盘旋屈曲。轮，车轮。囷，
曲折回环状。⑧竹箨：竹笋的外壳。

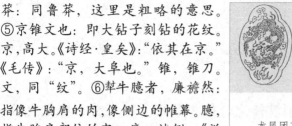

龙凤团茶模具

龙凤团茶是宋代的贡茶名品，图为宋代饼茶
的模具图，左为宜年宝玉，是椭圆四瓣形团茶；
中为兴国岩拣芽，为圆形团茶；右为长寿玉圭，
是圭形团茶。此三种团茶面上都有龙云纹。

⑨籭莨：竹筛，可以用来分物品的粗细。《说文解字》："籭，竹器也。"⑩经目：
程序、工序。⑪坳垤：土地低下处叫坳，小土堆叫垤，形容茶饼表面的凸凹
不平。⑫否：贬、非议，这里指茶的品质不好。臧：褒奖，这里指茶的品质好。
《世说新语·德行第一》："每与人言，未尝臧否人物。"

[译文]

采茶一般是在（农历）二月、三月、四月之间进行。

肥厚壮实的芽叶如同嫩笋，生长在含有碎石的土壤中，长大概有四五寸，
如同刚刚抽芽的嫩薇、蕨芽。天刚破晓，带着露水采摘最好。细小的芽叶，多
生长在草木丛中。一个枝条上有三、四、五个分枝的，挑选叶片壮实茂盛的采摘。

采摘要看天气，雨天不能采，晴天有云时也不能采，只有天气晴朗才能采摘。
当天将采摘的芽叶进行蒸熟、捣烂、拍压、焙干、穿成串、包装好，这样既能
保持干燥，茶叶也便于保存。

饼茶有很多种形状，粗略地说，有的像胡人的皮靴，紧皱蜷缩；（像大钻子
上刻的纹理。）有的像野牛的胸骨，细长齐整有细微的褶痕；（犎，音朋，即野牛。）
有的像在山头缭绕的白云，团团盘曲；有的则像轻风拂水，有细细的波纹；有
的像陶工筛出的细土再用水沉淀出泥膏一样光滑润泽；（筛过的陶土）。还有的
像刚刚翻整过的土地，被暴雨急流冲刷过后的样子。这些都是茶中精品。有的
茶形如笋壳，枝梗坚硬，蒸捣困难，表面形如箩筛；有的像霜打的荷叶，凋零
败坏，变了形状，呈现出枯干的样子。这样的茶都是粗老、劣质的茶叶。

茶从采摘到封装，一共有七道工序。从像胡人的皮靴紧皱蜷缩到像经霜荷
叶的衰萎状，茶的品质共分为八个等级。把光亮、色深、平整的茶作为好茶，
这是鉴别茶叶的低级方法。把紧缩、黄色、不平整的茶看作好茶，是次等的鉴
别方法。若既能指出茶的佳处，又能道出不好处，才是上等的鉴别方法。为什
么呢？因为析出了茶汁的茶叶就会显得光亮，含着茶汁的茶叶就会紧皱；隔夜
制成的茶色泽发黑，当天采制的茶则色黄；蒸时压得紧的就平整，任其形状自
然变化的就会凹凸不平。这是茶与其他草木的叶子相一致的地方。

茶的品质是好是坏，是有一套鉴别口诀的。

四 之器

[原文]

　　风炉灰承：风炉，以铜铁铸之，如古鼎形。厚三分，缘阔九分，令六分虚中，致其杇墁①。凡三足，古文书二十一字。一足云："坎上巽下离于中"②；一足云："体均五行去百疾"；一足云。"圣唐灭胡明年铸"③。其三足之间，设三窗，底一窗以为通飙漏烬之所。上并古文书六字：一窗之上书"伊公"二字；一窗之上书"羹陆"二字；一窗之上书"氏茶"二字，所谓"伊公羹、陆氏茶"④也。置墆㙂⑤于其内，设三格：其一格有翟焉，翟者，火禽也，画一卦曰离；其一格有彪焉，彪者，风兽也，画一卦曰巽；其一格有鱼焉，鱼者，水虫也，画一卦曰坎。巽主风，离主火，坎主水，风能兴火，火能熟水，故备其三卦焉。其饰，以连葩、垂蔓、曲水、方文之类。其炉，或锻铁为之，或运泥为之。其灰承，作三足铁柈⑥抬之。

[注释]

　　①杇墁：亦作"污墁""污镘"，是一种粉刷墙壁用的工具，这里指涂泥。②坎、巽、离：都是八卦的卦名，坎为水，巽为风，离为火。③圣唐灭胡：指唐平息安史之乱，时在唐广德元年(763)。盛唐灭胡明年则是764年。圣唐灭胡明年铸，指这个鼎铸于764年。④伊公：指商汤时的大尹伊挚，相传他善调汤味，世称"伊公羹"。萧统《七契》："伊公调和，易氏燔爨，传车渠之椀，置青玉之案。"陆，即陆羽自己。"陆氏茶"，陆羽的茶具。⑤墆㙂：土堆。墆，贮藏。《广韵》："墆，贮也，止也。"⑥柈：通"盘"，盘子。

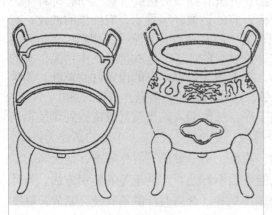

鼎形风炉

　　陆羽设计的煎茶用的风炉形状像鼎，炉腹有三个通风口，火在炉内燃烧，煎茶的水放在炉上。左侧图为风炉的断面示意图。

[译文]

　　风炉（灰承）：用铜或铁铸成，

像古鼎的样子，炉壁有三分厚，炉口上的边缘有九分宽，比炉壁多出的六分向内，下面虚空，用泥涂糊，形成炉膛。炉有三只脚，脚上铸有二十一个古文字；一只脚上写有"坎上巽下离于中"；一只脚上写有"体均五行去百疾"；另一只脚上写有"圣唐灭胡明年铸"。三只炉脚之间有三个洞口，炉底下的一个洞用来通风漏灰。三个洞口写有六个古文字：一个窗口上写"伊公"二字，一个窗口上写"羹陆"二字，一个窗口上写"氏茶"二字，就是"伊公羹、陆氏茶"的意思。炉上有架锅用的垛，

风炉纹样

煮茶离不开水、火、风，依据《周易》，坎主水，巽主风，离主火，陆羽把鱼水坎、彪风巽、翟火离装饰在风炉上，可谓匠心独具。

其内分为三格：一格上画有野鸡的图案，野鸡是火禽，此为离卦；一格上画有彪，彪是风兽，此为巽卦；一格上画有鱼的图案，鱼是水虫，此为坎卦。巽主风，离主火，坎主水，风能使火烧旺，火能把水烧开，因此要有此三卦。炉身的装饰通常还有花卉、垂蔓、流水及其他图案花纹。风炉的炉身，有的用铁锻造而成，有的用泥土烧制而成。风炉的灰承，通常是一个有三只脚的铁盘，用以承受炉灰。

[原文]

筥(jǔ)，以竹织之，高一尺二寸，径阔七寸。或用藤，作木楦(xuàn)如筥形织之。六出圆眼。其底盖若莉箧口，铄之。

炭挝(zhuā)，以铁六棱制之。长一尺，锐上丰中。执细头，系一小𦥑(zhàn)，以饰挝也，若今之河陇军人木吾[1]也。或作锤(chuí)，或作斧，随其便也。

火筴，一名箸(zhù)，若常用者，圆直一尺三寸。顶平截，无葱薹[2]勾锁[3]之属。以铁或熟铜制之。

鍑(fù)，以生铁为之。今人有业冶者，所谓急铁。其铁以耕刀之趄(jū)[4]，炼而铸之。内模土而外模沙。土滑于内，易其摩涤；沙涩于外，吸其炎焰。方其耳，以正令也。广其缘，以务远也。长其脐，以守中也。脐长，则沸中；沸中，则末易扬；末易扬则其味淳也。洪州[5]以瓷为之，莱州[6]以石为之。瓷与石皆雅器也，性非坚实，难可持久。用银为之，至洁，但涉于侈丽。雅则雅矣，洁亦洁矣，若用之恒，而卒归于铁也。

[注释]

①木吾：木棒的一种。汉代御史、校尉等官员皆用木吾夹车。②葱薹：葱的籽实，长在葱的顶部，呈圆珠形。③勾锁：弯曲形。一种装饰物。④耕刀：即锄头。趄：艰难行走的意思，成语有"趑趄不前"，在这里引申为坏的、旧的。⑤洪州：唐时州名，治所在今江西南昌一带。⑥莱州：唐时州名，治所在今山东莱州一带。

[译文]

筥，用竹子编织而成，高一尺二寸，直径七寸。也有用木料做成筥形的木架模型，再用藤条编在外围，有六角圆眼。底和盖像竹箱子的口部，表面削得很光滑。

炭挝，用六棱形的铁棒制成。长一尺，头部尖，中间粗，握处细，握的那头可以套一个小环作为装饰。炭挝很像现在河陇地区的士兵使用的木棒。也有的根据使用的方便做成锤形或斧形。

火笑，又叫箸，就是平常使用的火钳，圆且直，长一尺三寸。火笑顶端平齐，没有葱薹、勾锁之类的东西装饰，通常用铁或熟铜制成。

镇（音辅，或作釜，或作鬴）：即小口锅，用生铁制成。生铁，即现在以冶铁为生的人所说的"急铁"。这种铁是用坏了的耕刀炼铸的。铸锅时，在里面抹上泥，外面抹沙土。泥土光滑，使内壁容易磨洗；沙土粗涩，使表面和锅底易于吸热。锅耳呈方形，让锅身端正。锅的边缘宽阔，使火苗好伸展开。锅脐要长，使水能集中在锅的中心。锅脐长，水在锅的中心沸腾，这样，茶沫就易于上浮，茶的味道就更加甘醇了。洪州人用瓷器做锅，莱州人用石材做锅。瓷器和石器都是雅致的器皿，但不结实，不耐用。银质的锅，非常清洁，但过于奢侈。雅致的固然雅致，洁净的也确实洁净，但若说耐久实用，还是以铁制的为最好。

[原文]

交床，以十字交之，剜中令虚，以支镇也。

夹，以小青竹为之，长一尺二寸。令一寸有节，节以上剖之，以炙茶也。彼竹之筱^①（xiǎo），津润于火，假其香洁以益茶味。恐非林谷间莫之致。或用精铁、熟铜之类，取其久也。

纸囊，以剡藤纸^②（shàn）白厚者夹缝之，以贮所炙茶，使不泄其香也。

碾拂末：碾以橘木为之，次以梨、桑、桐、柘为之。内圆而外方。内圆，备于运行也；外方，制其倾危也。内容堕而外无余木。堕，形如车轮，不辐而轴焉。长九寸，阔一寸七分。堕径三寸八分，中厚一寸，边厚半寸。轴中方而执圆。其拂末，以鸟羽制之。

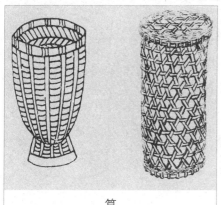

筥

筥用竹篾编成，有的编成六方形眼的图案。筥用来盛放炭。

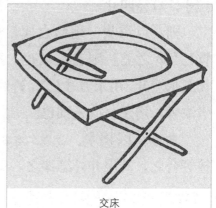

交床

煮好茶后，可将茶锅放在交床上，这个过程也叫"静沸"，即让热的茶水冷下来。

[注释]

①筿：即小箭竹，又指小竹、细竹。《说文》："筿，箭属，小竹也。" ②剡藤纸：以产于剡溪（今浙江嵊州）而得名，用藤为原料制成，洁白细致有韧性，为唐时包茶专用纸。

[译文]

交床，十字交叉的木架，中间被挖空用来支锅。

夹，用小青竹做成，长一尺二寸。在距离一端一寸处有节，节以上剖开，用它来夹着茶饼烘烤。这种小青竹在火上烘烤出汁液，可借其香气来增益茶香。但如果不是在深山里烤茶，就很难找到这种小青竹。有的用精铁或熟铜来制作夹，这样的夹经久耐用。

纸囊，用两层洁白且厚的剡藤纸做成，用来贮存烘焙好的茶，使其香气不易散失。

碾（拂末）：碾以用橘木制作的为最好，也有的是用梨木、桑木、桐木或柘木做成的。碾槽内圆外方。内圆便于运转，外方可以防止倒翻。碾槽内刚好可以放一个碾磙，没有多余的空隙。碾磙的形状好像只有一根中心轴而没有轮辐的车轮。中心的轴长九寸，宽一寸七分。碾磙直径三寸八分，当中厚一寸，边缘厚半寸。轴中间呈方形，手柄则是圆形。扫茶末用的拂末，用鸟的羽毛制成。

[原文]

罗、合：罗末，以合盖贮之，以则置合中。用巨竹剖而屈之，以纱绢衣之。其合，以竹节为之，或屈杉以漆之。高三寸，盖一寸，底

二寸，口径四寸。

则，以海贝、蛎蛤之属，或以铜、铁、竹匕^①策之类。则者，量也，准也，度也。凡煮水一升，用末方寸匕^②，若好薄者，减之；嗜浓者，增之。故云则也。

水方，以椆木、音胄，木名也。槐、楸、梓等合之，其里并外缝漆之。受一斗。

罗、合

罗末用来筛茶末，茶末入于罗合内。茶则即茶勺，能测茶末的分量。

[注释]

①竹匕：用竹制成的匙子。②用末方寸匕：用竹匙挑起茶叶末大概一平方寸。陶弘景《名医别录》："方寸匕者，作匕正方一寸，抄散取不落为度。"

[译文]

罗、合，罗是用来筛茶末用的，合即盒子，用来贮存筛好的茶末。把则（量器）放在盒中。将粗大的竹子劈开做成罗筛，并把它弯曲成筒状，用纱或绢铺在底部做筛网。盒用竹节制成，或用杉树片弯曲成圆形，再涂上油漆。盒高三寸，盖一寸，底二寸，盒口直径四寸。

则，用贝壳、蜊蛤的壳，或用铜、铁、竹制成的匙之类充当。则就是度量标准的意思。通常情况下烧一升的水，就按一方寸匕的匙量取茶末。如果喜欢味道清淡些的，就减少用量；喜欢喝浓茶的，就增加茶末。因此，这种容器被称为则。

水方：用椆木、槐木、楸木、梓木等木料制成，内外缝隙都用漆封实。水方可以盛一斗水。

水方

水方用木料制成，有圆盆形或方形，用来盛煮茶用的水。

[原文]

漉水囊^①，若常用者，其格，以生铜铸之，以备水湿，无有苔秽、腥涩意。以熟铜，苔秽，铁腥，涩也。林栖谷隐者，或用之竹木。木与竹非持久涉远之具，故用之生铜。其囊，织青竹以卷之，裁碧缣以缝之，纫翠钿以缀之，又作油绿囊以贮之。圆径五寸，柄一寸五分。

瓢，一曰牺杓。剖瓠为之，或刊木为之。晋舍人杜毓[2]《荈赋》云："酌之以匏。"匏，瓢也，口阔，胫薄，柄短。永嘉中，余姚人虞洪入瀑布山采茗，遇一道士，云："吾，丹丘子，祈子他日瓯牺之余[3]，乞相遗也。"牺，木杓也。今常用以梨木为之。

竹夹，或以桃、柳、蒲葵木为之，或以柿心木为之。长一尺，银裹两头。

鹾簋[4]揭，以瓷为之，圆径四寸，若合形，或瓶、或罍，贮盐花也。其揭，竹制，长四寸一分，阔九分。揭，策也。

[注释]

①漉水囊：即滤水袋。漉，过滤。②杜毓：字方叔，西晋文学家，与左思、陆机齐名，曾任中书舍人等职。③瓯牺之余：指喝盛的茶。瓯、牺，盛茶的器具。王浮《神异记》记载："余姚人虞洪入山采茗，遇一道士，牵三青牛，引洪至瀑布曰：'予丹丘子也，闻子善具饮，常思见惠。山中有大茗可以相给，祈子他日有瓯牺之余，乞相遗也。'"④鹾簋：盐罐。鹾，盐。《礼记·曲礼》："盐曰咸鹾。"簋，古代盛食物的圆口竹器。

[译文]

漉水囊，滤水用具，和平常用的一样。它的外框一般都是用生铜铸造的，以免被水打湿后生出铜苔和污垢，如果用熟铜铸造，会产生铜苔和污臭，用铁铸造，会产生腥涩气味。在山林中隐居的人，也有用竹木制作的。但竹木制品不耐用，不便携带远行，因此选用生铜。水囊用竹篾编织，卷曲成袋形，裁剪

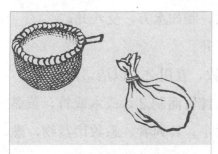

漉水囊、绿油囊

煮茶用的水需要过滤，漉水囊即滤水袋。囊用青篾丝编织成，再缝以绢布。绿油囊可用来取水，为油布制成。

簋

唐代烹茶加盐作为调料，鹾簋就是用来盛盐的容器。加盐是为了让茶味更加鲜明，所以有"盐如君子，不夺茶味"的说法。

碧绿色细密的绢缝制，并用金银宝石等装饰，又做绿色的口袋把整个漉水囊装起来。漉水囊的圆口径约为五寸，柄长一寸五分。

瓢，又叫牺杓，把葫芦劈开或削木而成。晋朝杜毓的《荈赋》中说："酌之以匏"。匏，就是瓢，口阔、瓢身薄、手柄短。晋朝永嘉年间，余姚人虞洪到瀑布山采茶，遇见一位道士对他说："我是丹丘子，希望你日后能把瓯牺里多余的茶送些给我。"其中的"牺"，就是木杓，现在通常用梨木挖成。

竹夹，用桃木、柳木、蒲葵木或柿心木做成。长一尺，两端用银包裹起来。

鹾簋（揭），用瓷制成，圆形，直径四寸，形状像盒子、瓶子或小坛子，是装细盐用的。揭是竹制的，长四寸一分，宽九分。这种揭，是取盐用的工具。

[原文]

熟盂，以贮熟水，或瓷、或砂，受二升。

碗，越州上，鼎州次、婺州次①，岳州次，寿州、洪州次②。或者以邢州③处越州上，殊为不然。若邢瓷类银，则越瓷类玉，邢不如越一也；若邢瓷类雪，则越瓷类冰，邢不如越二也；邢瓷白而茶色丹，越瓷青而茶色绿，邢不如越三也。晋杜毓《荈赋》所谓："器择陶拣，出自东瓯。"瓯，越也。瓯，越州上，口唇不卷，底卷而浅，受半升以下。越州瓷、岳瓷皆青，青则益茶。茶作红白之色，邢州瓷白，茶色红；寿州瓷黄，茶色紫；洪州瓷褐，茶色黑，悉不宜茶。

畚④，以白蒲卷而编之，可贮碗十枚。或用筥，其纸帊以剡纸夹缝令方，亦十之也。

札，缉栟榈皮，以茱萸木夹而缚之，或截竹束而管之，若巨笔形。

涤方，以贮洗涤之余。用楸木合之，制如水方，受八升。

滓方，以集诸滓，制如涤方，处五升。

巾，以绝布⑤为之。长二尺，作二枚，互用之，以洁诸器。

具列，或作床，或作架。或纯木、纯竹而制之，或木或竹，黄黑可扃⑥而漆者。长三尺，阔二尺，高六寸。具列者，悉敛诸器物，悉以陈列也。

都篮，以悉设诸器而名之。以竹篾，内作三角方眼，外以双篾阔者经之，以单篾纤者缚之，递压双经，作方眼，使玲珑。高一尺五寸，

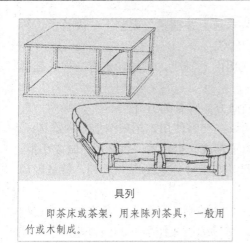

具列

即茶床或茶架，用来陈列茶具，一般用竹或木制成。

畚

畚用白蒲草编成，用来盛放茶碗。

底阔一尺，高二寸，长二尺四寸，阔二尺。

[注释]

　　①越州：治所在今浙江省绍兴地区，唐时越窑主要在余姚，所产青瓷，极名贵。鼎州：治所在今陕西省泾阳三原一带。婺州：治所在今浙江省金华一带。②岳州、寿州、洪州：都是唐时州郡名，治所分别在今湖南岳阳、安徽寿县、江西南昌一带。③邢州：唐时州郡名，治所在今河北邢台一带。④畚：即簸箕。⑤绝布：粗绸。⑥扃：可关锁的门，这里用作动词，是关门的意思。

[译文]

　　熟盂，用来盛开水，瓷或陶制成，容量是两升。

　　碗，以越州出产的品质为最好，鼎州、婺州的次之，岳州的也很好，寿州、洪州的则差些。有人认为邢州出产的比越州好，我觉得并非如此。如果说邢瓷质地如银，越瓷就像玉一般，这是邢瓷不如越瓷的第一点；如果说邢瓷像雪，那么越瓷就像冰，这是邢瓷不如越瓷的第二点；邢瓷洁白，可以使茶汤显得更红，越瓷的青色可以使茶汤显得更绿，这是邢瓷不如越瓷的第三点。晋代杜毓的《荈赋》中说："器择陶拣，出自东瓯（挑选陶瓷器皿，好的出自东瓯）"。瓯，就是越州，越州出产的品质最好，碗口不卷边，底部边缘卷而浅，容量不超过半升。越瓷、岳瓷都是青色，易于呈现茶的汤色。茶色淡红，邢瓷是白色，使茶汤呈红色；寿州瓷是黄色，使茶汤呈紫色；洪州瓷是褐色，使茶汤呈黑色，这些都不适合盛茶。

　　畚，用白蒲草卷编成的盛物用具，可以装十只碗。有的用竹筥装碗。纸帕用双层的剡藤纸缝成，呈方形，也是十张。

札，一种刷子，选取栟榈皮，用茱萸木包上并捆紧。或割下一段竹子，竹管装上栟榈皮，把它扎紧，像一枝大笔的形状。

　　涤方，用来贮存洗涤的水和茶具。它用楸木制成，制法和水方一样，容量为八升。

　　滓方，用来盛放各种茶渣，制法如同涤方，容量为五升。

　　巾，用粗绸子做成，长二尺，做成两块，交替使用，用来清洁各种器具。

　　具列，做成床形或架形。用木头或竹子制成。也可木、竹兼用，做成小柜，漆作黄黑色，有门可关，长三尺，宽二尺，高六寸。之所以叫具列，就是因为它可以收纳并陈列全部茶具。

　　都篮，以能装下所有器具而得名，用竹篾编制，里面有三角方眼，外边用两道宽篾作经线，一道窄细的篾作纬线，交替编压在作经线的两道宽篾上，编成方眼，这样的都篮玲珑美观。都篮高一尺五寸，底宽一尺，高二寸，长二尺四寸，宽二尺。

五 之煮

[原文]

　　凡炙茶，慎勿于风烬间炙，熛（biāo）焰如钻，使炎凉不均。持以逼火，屡其翻正，候炮①出培塿②，状虾蟆背③，然后去火五寸。卷而舒，则本④其始，又炙之。若火干者，以气熟止；日干者，以柔止。

　　其始，若茶之至嫩者，蒸罢热捣，叶烂而芽笋存焉。假以力者，持千钧杵亦不之烂，如漆科珠⑤，壮士接之，不能驻其指。及就，则似无穰（ráng）骨也。炙之，则其节若倪倪⑥（ní）如婴儿之臂耳。既而，承热用纸囊贮之，精华之气无所散越，候寒末之。末之上者，其屑如细米；末之下者，其屑如菱角。

　　其火，用炭，次用劲薪。谓桑、槐、桐、枥之类也。其炭曾经燔（fán）炙，为膻腻所及，及膏木、败器，不用之。膏木，谓柏、松、桧也。败器，谓朽废器也。古人有劳薪之味⑦，信哉！

　　其水，用山水上，江水中，井水下。《荈赋》所谓："水则岷方之注，挹⑧（yì）彼清流。"其山水，拣乳泉、石池漫流者上；其瀑涌湍漱，勿食之。久食，令人有颈疾。又水流于山谷者，澄浸不泄，自火天⑨至霜郊⑩以前，或潜龙蓄毒于其间，饮者可决之，以流其恶，使新泉涓涓然，酌之。其江水取去人远者，井水取汲多者。

　　其沸，如鱼目⑪，微

煎茶图

　　煮茶要掌握"三沸"。茶锅中的水冒鱼眼小泡时，是第一沸，此时要加适量的盐；冒出连珠小泡时，是第二沸，这时先舀出一瓢水备用，然后在水中放茶末；茶水沸腾翻滚时，是第三沸，这时将二沸时舀出的水倒入茶锅中止沸，这样才能育成茶的精华。

有声，为一沸；缘边如涌泉连珠，为二沸；腾波鼓浪，为三沸。已上，水老，不可食也。初沸，则水合量，调之以盐味，谓弃其啜余，啜，尝也，市税反，又市悦反。无乃艋𫗦而钟其一味乎，艋，古暂反。𫗦，吐滥反。无味也。第二沸，出水一瓢，以竹筴环激汤心，则量末当中心而下。有顷，势若奔涛溅沫，以所出水止之，而育其华也。

[注释]

①炮：烘焙、烘烤。②培𪣻：本作"部娄"，小土丘、小土堆。③虾蟆背：蛤蟆的背上有很多丘泡，十分不平滑，这里用来形容茶饼表面不平如蛙背。④本：原来，这里引申为先前的方法。⑤漆科珠：漆树子粒，形小而圆滑。⑥倪倪：柔软。⑦劳薪之味：用旧车轮之类烧烤，食物会有异味。典出于《晋书·荀勖传》：荀勖与皇帝共餐，只尝一口，便说饭有"劳薪"味。皇帝问过厨子，果然那饭是用车脚料所煮。⑧挹：舀取。《说文》："挹，抒也。从手，邑声。"《珠丛》："凡以器斟酌于水谓之挹。"⑨火天：酷暑时节。《诗经·七月》："七月流火。"⑩霜郊：秋末冬初霜降大地。二十四节气中，霜降在农历九月下旬。⑪如鱼目：水初沸时，水面有许多小气泡，像鱼眼睛，所以把这些小气泡叫作鱼目。后人又称这些小气泡为"蟹眼"。

[译文]

烤饼茶时，注意不要在通风的火上烤。因为风一吹，火苗就会飘忽不定，像小钻子，使茶受热不均匀。要将饼茶靠近火，不停地翻动，等到烤出像虾蟆背上的小疙瘩的时候，移到离火约五寸的地方。当卷曲的茶又伸展开或者松散，就再按之前的方法烤。如果饼茶是用火烘干的，烤到冒热气为度；如果是饼茶是晒干的，则烤到茶变软为好。

开始煮茶时，如果是嫩茶叶，蒸后要趁热捣烂，但嫩叶捣烂了而茶梗还是完整的。如果只用蛮力，即使用千斤重的杵也捣不烂。这就如同漆树子粒，虽然小而光滑，但再有力的人也不能轻易抓取到它。捣好后，好像一条梗子也没有了。烘烤起来，柔软细弱得像婴儿的手臂。茶烤好后，趁热用纸袋贮存起来，使它的香气不散，待冷却后再碾成茶末。（碾得好的茶末，就像细米粒一样精细；碾得不好的茶末，则像菱角一样粗糙。）

烤茶时，用木炭取火最好，其次用硬柴。（如桑、槐、桐、枥之类的木柴。）曾经烤过肉的木炭，沾染了腥膻油腻的气味，或是有油汁析出的木柴、朽坏的木材，都不能用来烤茶。（膏木，如柏、松、桧树。败器，即腐朽木器。）古人认为用腐坏的木柴烧煮食物有不好的气味，确实如此。

煮茶的水，以山泉为最好，其次是江水，井水最差。（《荈赋》里曾说："从岷山那边流出的水，要取它最清洁的部分。"）山泉水最好取用乳泉、石池等流动缓慢的水，瀑布、涌泉之类奔流湍急的水不要饮用，长期饮用这种水会使人的颈部生病。数支溪流汇合，蓄于山谷中的水，虽然清澈澄净，但因一直不流动，从酷暑到霜降期间，也许有污秽的东西和毒素潜藏在里面，取用时要先挖一处决口，使污水流出，同时新的泉水涓涓流入，这时的水才能汲取饮用。取用江河的水，要到距离人群远的地方去取，井水则要在有很多人汲水的井中汲取。

煮水时，如果水泡像鱼眼，有轻微的声响，此时被称为"一沸"；锅的边缘有如涌泉般水泡连珠，被称为"二沸"；水在锅中翻腾如浪，被称为"三沸"。这时再继续煮，水就老了，不宜饮用。水刚开始沸腾时，根据适当的量加入盐调味，倒掉尝剩余的水，（啜，品尝，读音为市税或市悦切。）切勿因无味而加入过多的盐，要不然就成了钟爱盐水的味道了。（餡，古暂反切。鑑，吐滥反切。无味。）第二沸时，舀出一瓢水，用竹夹在水中搅动，用则取适量茶末从沸水的中心倒入。一会儿，水沸如波涛翻滚，水沫飞溅，这时把刚才舀出的水倒入，使水不再沸腾，以育成茶的精华。

山下泉

煮茶用的水，以山泉水为最佳。山泉水源自山间，是流动的活水，清澈干净。陆羽把庐山谷帘泉评为天下第一，把无锡的惠山泉评为天下第二。

[原文]

　　凡酌，置诸碗，令沫饽均。《字书》并《本草》："沫、饽，均茗沫也。"饽，蒲笏反。沫饽，汤之华也。华之薄者曰沫，厚者曰饽，轻细者曰花，如枣花漂漂然于环池之上；又如回潭曲渚青萍之始生；又如晴天爽朗，有浮云鳞然。其沫者，若绿钱浮于水湄①；又如菊英堕于樽俎②之中。饽者，以滓煮之，及沸，则重华累沫，皤皤然③若积雪耳。《荈赋》所谓："焕如积雪，烨若春薮④"，有之。

　　第一煮水沸，而弃其沫，之上有水膜，如黑云母，饮之则其味不正。其第一者为隽永，徐县、全县二反。至美者曰隽永。隽，味也。永，长也。味长曰隽永，《汉书》：蒯通著《隽永》二十篇也。或留熟盂以贮之，以备育华救沸之用。诸第一与第二、第三碗次之，第四、第五碗外，非渴甚，莫之饮。凡煮水一升，酌分五碗，碗数少至三，多至五，若人多至十，加两炉。乘热连饮之。以重浊凝其下，精英浮其上。如冷，则精英随气而竭，饮啜不消亦然矣。

茶性俭⑤，不宜广，广则其味黯澹。且如一满碗，啜半而味寡，况其广乎！

其色缃也，其馨欨也，香至美曰欨。欨，音使。其味甘，槚也；不甘而苦，荈也；啜苦咽甘，茶也。

[注释]

①水湄：有水草的河边。《说文解字》："湄，水草交为湄。"②樽俎：泛指各种餐具。樽，酒器。俎，砧板。③皤皤然：满头白发的样子，这里形容水沫很白。④煜：光辉明亮。蕤：花。《集韵》："蕤，花之通名。"⑤俭：贫乏、歉收，旧时称青黄不接之时为"俭月"，荒年为"俭岁"，这里比喻茶叶中可溶于水的物质不多。

[译文]

饮茶时，将茶倒入碗中，要使沫饽尽量均匀。（《字书》与《本草》说："沫、饽，都是茶上面的泡沫。"饽，蒲笏反切。）沫饽是茶汤的精华，薄的叫沫，厚的叫饽，轻微细小的叫花。花就像枣花落在池塘中缓缓漂动，又像曲折的潭水和绿洲上新生的浮萍，又像晴朗的天空中浮云飘过。沫好似青苔浮在水边，又如同菊花纷纷落入杯中。饽是茶渣煮出来的，水沸腾时，沫饽不断生成积累，层层堆积如白雪一般。《荈赋》中说："明亮像积雪，灿烂如春花"，描写的就是这番景象。

第一次煮沸的水，要把表面一层像黑色云母的水膜去掉，它会影响水的味道。从锅中舀出的第一碗水叫作"隽永"，（隽，徐县、全县反切。隽永是指上好的东西。隽，味道。永，长久。隽永即指味道长久。《汉书》：蒯通著《隽永》二十篇。）通常贮存在熟盂中，用来止沸和育华。之后舀出的第一、第二、第三碗味道略差些，第四、第五碗之后的茶汤，如果不是渴得太厉害，就不值得饮用了。通常煮一升水的茶，分为五碗，（少则三碗，多则五碗，如果人数超过十个，就应该多加两炉茶。）茶应该趁热饮用，这是因为杂质浊物沉淀在底下，而精华则浮在上面。茶冷却后，精华就会随着热气挥发了，喝起来自然就不受用了。

茶性俭，煮的时候水不宜多，水越多味道就越淡薄。如同一碗茶，喝了一半，味道就觉得差些了，何况水加多了呢！茶的汤色浅黄，茶香四溢。（欨，音使，指香味特别好。）品其味道甘甜的是"槚"；不甜而苦的是"荈"；入口时略带苦味，咽下去又有回甘的则是"茶"。

六 之饮

[原文]

翼而飞，毛而走，呿而言^①，此三者俱生于天地间，饮啄以活，饮之时义远矣哉！至若救渴，饮之以浆；蠲^②忧忿，饮之以酒；荡昏寐，饮之以茶。

茶之为饮，发乎神农氏^③，闻于鲁周公^④，齐有晏婴^⑤，汉有扬雄^⑥、司马相如^⑦，吴有韦曜^⑧，晋有刘琨、张载、远祖纳、谢安、左思之徒^⑨，皆饮焉。滂时浸俗^⑩，盛于国朝，两都并荆俞 俞，当作渝。巴渝也。间^⑪，以为比屋之饮。

饮有粗茶、散茶、末茶、饼茶者。乃斫、乃熬、乃炀、乃舂，贮于瓶缶之中，以汤沃焉，谓之痷^⑫茶。或用葱、姜、枣、橘皮、茱萸、薄荷之属，煮之百沸，或扬令滑，或煮去沫，斯沟渠间弃水耳，而习俗不已。

[注释]

①呿而言：指开口会说话的人类。呿，张口。《集韵》："启口谓之呿。"②蠲：免除。《史记·太史公自序》："蠲除肉刑。"③神农氏：传说中的上古三皇之一、农业和医药的发明者，教民稼穑，号神农，后世尊为炎帝。因有后人伪作的《神农本草》等书流传，其中提到茶，故云"发乎神农氏"。④鲁周公：名姬旦，周文王之子，辅佐武王灭商，建西周王朝，"制礼作乐"，后世尊为周公，因封国在鲁，又称鲁周公。后人伪托周公作《尔雅》，讲到茶。⑤晏婴：又称晏子，字仲，谥平，春秋之际大政治家，为齐国名相。相传著有《晏子春秋》，讲到他饮

神农尝百草

陆羽认为饮茶源于神农氏。相传，神农有一次尝到一种绿叶，觉得身体里像洗涤过一样干净，这种绿叶就是茶。还有说法是，神农烧水时有茶叶飘进了锅里，他喝下锅里的水，于是发现了茶的功效。《神农本草》载："神农尝百草，日遇七十二毒，得茶而解之。"

茶事。⑥扬雄：字子云，蜀郡成都（今属四川）人，西汉文学家、哲学家、语言学家，汉成帝时为给事黄门郎，著有《剧秦美新》等。⑦司马相如：字长卿，蜀郡成都人。西汉著名文学家，著有《子虚赋》《上林赋》等。⑧韦曜：字弘嗣，三国时人，在东吴历任中书仆射、太傅等要职。⑨刘琨：字越石，中山魏昌人（今河北省无极县），西晋诗人，曾任西晋平北大将军等职。张载：字孟阳，安平人（今河北省深县），西晋文学家，有《张孟阳集》传世。远祖纳，即陆纳，字祖言，吴郡吴人（今江苏苏州）。东晋时任吏部尚书等职，陆羽与其同姓，故尊为远祖。谢安：字安石，陈国阳夏人（今河南省太康县），东晋名臣。历任太保、大都督等职。左思：字太冲，山东临淄（今山东省淄博市）人，著名文学家，代表作有《三都赋》《咏史》等。⑩浸俗：渗入到日常生活中而成为一种习俗。⑪两都：长安和洛阳。荆州：治所在今湖北江陵。渝州，治所在今四川重庆一带。⑫瘕：病。

[译文]

　　能用翅膀飞翔的禽类，有毛而奔走的兽类，开口能言语的人类，这三者都生于天地之间，都是以喝水、吃东西维持生命活动的，可见喝饮的作用重大，意义深远。人为了解渴，则喝水；为了消除烦闷、忧愤，则饮酒；为了提神，清除困顿，就饮茶。

　　茶作为一种饮料，开始于神农氏，到周公旦记载下来，才得以为大家所知。春秋齐国的晏婴，汉朝的扬雄、司马相如，三国时吴国的韦曜，晋代的刘琨、张载、陆纳、谢安、左思等人都喜欢饮茶。后来饮茶这一习惯广泛传开，渗入日常生活，逐渐成为一种习俗，并在我唐朝兴盛起来。在长安、洛阳两个都城以及荆州、渝州等地方，家家户户都喝茶。

　　茶的种类，有粗茶、散茶、末茶、饼茶等。要饮用饼茶时，经过砍采，炒焙，烤干，捣碎，然后放到瓶缶中，用开水冲泡，这是浸泡的茶。有人把葱、姜、枣、橘皮、茱萸、薄荷等东西加进去，然后把它们煮开很长时间，或者把茶汤扬起令其润滑，或者煮好后把上面的沫去掉，这样煮出来的茶就好像倒在沟渠里面的废水一样不能饮用，但是这种习惯至今还存在。

[原文]

　　於戏！天育万物，皆有至妙，人之所工，但猎浅易。所庇者屋，屋精极；所著者衣，衣精极；所饱者饮食，食与酒皆精极。凡茶有九难：一曰造，二曰别，三曰器，四曰火，五曰水，六曰炙，七曰末，八曰煮，九曰饮。阴采夜焙，非造也；嚼味嗅香，非别也；膻鼎腥瓯，非器也；膏薪庖炭，非火也；飞湍壅潦①，非水也；外熟内生，非炙也；碧粉缥尘，非末也；操艰搅遽②，非煮也；夏兴冬废，非饮也。

　　夫珍鲜馥烈[③]者，其碗数三；次之者，碗数五。若座客数至五，行三碗；至七，行五碗；若六人已下，不约碗数，但阙一人而已，其隽永补所阙人。

玉川品茶

　　唐代已盛行饮茶。诗人卢仝，号玉川子，济源人，他喜好饮茶，据说在济源还有他当年汲水烹茶的"玉川泉"。

[注释]

　　①飞湍：飞奔的急流。壅潦：停滞的积水。潦，雨后积水。②操艰搅遽：操作艰难、慌乱，搅动太急。遽，惶恐、窘急。③珍鲜馥烈：珍贵且芳香鲜美。鲜，少，罕见。馥烈，芳香浓郁。

[译文]

　　啊！上天孕育了万物，每一种都有其最为精妙的地方，而人类所擅长的，只是那些浅显容易的东西。人们住在提供庇护的房屋里面，房屋的建构十分精致；人们穿的衣服，也极为精美；用来饱腹的是饮食，食物和酒都十分精美。茶有九大困难：一是制作，二是鉴别，三是茶具，四是火力，五是水质，六是烤茶，七是碾末，八是煮茶，九是品饮。在阴天采集，在夜里烘焙，这不是制茶的正确方法；用咀嚼的方法识别味道，以嗅闻的方式辨别香气，这不是识别的正确方法；用沾有腥膻气的风炉和碗来装茶，这不是好的器具；用生油烟的柴和烤过肉的炭来烧制茶，这不是理想的炙烤材料；用飞流或者是滞水来烧茶，这不是适当的水；把茶烤得外面熟里面生，这不是合适的炙烤方法；把茶捣得太细，变成了绿色的粉末，这则是捣碎不当；动作不熟练或者搅动得太快，这是不会煮茶的表现；夏天才喝茶而冬天不喝，这是不懂得饮茶的表现。

　　那些珍贵鲜美的茶，一炉只能做出三碗；稍差一点的，一炉可以做出五碗。如果在座的客人有五位，那么就可以盛三碗分饮；如果有七位客人，那么可以舀出五碗来喝；如果客人是六位，那么就不用管碗数，只是按缺少一个人计算（照五人那样盛三碗），可以用原先留出的最好的茶汤来补充。

七 之事

[原文]

三皇：炎帝神农氏。

周：鲁周公旦，齐相晏婴。

汉：仙人丹丘子，黄山君，司马文园令相如，扬执戟雄。

吴：归命侯[①]，韦太傅弘嗣。

晋：惠帝[②]，刘司空琨，琨兄子兖州刺史演，张黄门孟阳[③]，傅司隶咸[④]，江洗马统[⑤]，孙参军楚[⑥]，左记室太冲，陆吴兴纳，纳兄子会稽内史俶，谢冠军安石，郭弘农璞，桓扬州温[⑦]，杜舍人毓，武康小山寺释法瑶，沛国夏侯恺[⑧]，余姚虞洪，北地傅巽，丹阳弘君举，乐安任育长[⑨]，宣城秦精，敦煌单道开[⑩]，剡县陈务妻，广陵老姥，河内山谦之。

[注释]

①归命侯：即孙皓。东吴亡国之君。280年，晋灭东吴，孙皓叩壁投降，被封为"归命侯"。②惠帝：晋惠帝司马衷，290年至306年在位。③张黄门孟阳：张载字孟阳，但未任过黄门侍郎。任黄门侍郎的是他的弟弟张协。④傅司隶咸：傅咸，字长虞，西晋文学家，北地泥阳（今陕西铜川）人，官至司隶校尉，简称司隶。⑤江洗马统：江统，字应元，陈留县（今河南省杞县东）人，曾任太子洗马。⑥孙参军楚：孙楚，字子荆，太原中都（今山西省平遥县）人，曾任扶风参军。⑦桓扬州温：桓温，字元子，龙亢（今安徽省怀远县西）人，曾任扬州牧等职。⑧沛国夏侯恺：晋书无传。干宝《搜神记》中提到他。⑨乐安任育长：任育长，生卒年不详，乐安（今山东博兴一带）人，名瞻，字育长，曾任天门太守等职。⑩敦煌单道开：晋时著名道士，敦煌人。《晋书》有传。

[译文]

三皇时期："三皇"之一，炎帝神农氏。

周朝：鲁周公姬旦，齐国丞相晏婴。

汉朝：仙人丹丘子，黄山君，文园令司马相如，给事黄门侍郎（执戟）扬雄。

三国时期吴国：归命侯孙皓、太傅韦宏嗣（韦曜）。

晋朝：晋惠帝司马衷，司空刘琨，刘琨兄长之子兖州刺史刘演，张孟阳（张载），司隶校尉傅咸，太子洗马江统，参军孙楚，记室左太冲（左思），吴兴人陆纳，纳兄之子会稽内史陆俶，冠军谢安石（谢安），弘农太守郭璞，扬州太守桓温，舍人杜毓，武康小山寺和尚释法瑶，沛国人夏侯恺，余姚人虞洪，北地人傅巽，丹阳人弘君举，乐安人任育长，宣城人秦精，敦煌人单道开，剡县陈务之妻，广陵一老妇人，河内人山谦之。

[原文]

后魏：琅玡王肃[①]。

宋：新安王子鸾，鸾弟豫章王子尚[②]，鲍照妹令晖[③]，八公山沙门谭济[④]。

齐：世祖武帝[⑤]。

梁：刘廷尉[⑥]，陶先生弘景[⑦]。

皇朝：徐英公勣[⑧]。

[注释]

①琅玡王肃：王肃，字恭懿，琅玡（今山东临沂）人，北魏著名文士，曾任中书令等职。②新安王子鸾、鸾弟豫章王子尚：刘子鸾、刘子尚，都是南北朝时宋孝武帝的儿子。一封新安王，一封豫章王。但子尚为兄，子鸾为弟。③鲍照妹令晖：鲍照，字明远，东海郡（今江苏镇江）人，南朝著名诗人。其妹令晖，擅长词赋，钟嵘《诗品》说她："歌诗往往崭新清巧，拟古尤胜。"④八公山：在今安徽寿县北。沙门：佛家指出家修行的人。谭济：即下文说的"昙济道人"。⑤世祖武帝，南北朝时南齐的第二个皇帝，名萧赜，483至493年在位。⑥刘廷尉：即刘孝绰，彭城（今江苏徐州）人，为梁昭明太子赏识，任太子太仆兼廷尉卿。⑦陶先生弘景：陶弘景，字通明，秣陵（今江苏省南京市江宁区）人，有《神农本草经集注》传世。⑧徐英公勣：徐世勣，字懋功，唐开国功臣，封英国公。

徐世勣

徐世勣是唐初功臣，后被封为英国公，并赐姓李，因此他又叫李勣。唐高宗时，他编撰了《新修本草》，书中提到了茶及其性能。

[译文]

后魏：琅玡人王肃。

宋：新安王子鸾，鸾之弟豫章王子尚，鲍照之妹鲍令晖，八公山和尚昙济。

齐：世祖武皇帝萧赜。

梁：廷尉刘孝绰，陶弘景先生。

唐：英国公徐世勣。

[原文]

《神农食经》①："茶②茗久服，令人有力，悦志。"

周公《尔雅》："槚(jiǎ)，苦茶。"

《广雅》③云："荆巴间采叶作饼，叶老者，饼成以米膏出之。欲煮茗饮，先炙令赤色，捣末，置瓷器中，以汤浇覆之，用葱、姜、橘子芼(mào)之。其饮醒酒，令人不眠。"

《晏子春秋》④："婴相齐景公时，食脱粟之饭，炙三弋、五卵，茗菜而已。"

谢安

东晋的陆纳用茶来招待谢安，陆纳这样做只是为了给自己赢得廉洁的名声，哪知他的侄子私自准备佳肴，把事情给弄糟了。想来谢安这样的名士，爱茶更甚于佳肴。从这个故事能看出，东晋时人们就用茶来招待客人了。

司马相如《凡将篇》⑤："乌啄，桔梗，芫(yuán)华，款冬，贝母，木檗(bò)，蒌(lóu)，芩草，芍药，桂，漏芦，蜚(fēi)廉，雚(huán)菌，荈茶，白敛，白芷，菖蒲，芒硝，莞椒，茱萸。"

《方言》："蜀西南人谓茶曰蔎。"

《吴志·韦曜传》："孙皓每飨宴，坐席无不悉以七升为限，虽不尽入口，皆浇灌取尽。曜饮酒不过二升，皓初礼异，密赐茶荈以代酒。"

《晋中兴书》⑥："陆纳为吴兴太守时，卫将军谢安尝欲诣纳。《晋书》云：纳为吏部尚书。纳兄子俶怪纳无所备，不敢问之，乃私蓄十数人馔。安既至，所设唯茶果而已。俶遂陈盛馔，珍馐必具。及安去，纳杖俶四十，云：'汝既不能光益叔父，奈何秽吾素业？'"

[注释]

① 《神农食经》：古书名，已佚。 ②茶："茶"

的古字。③《广雅》：字书，三国时张揖撰，是对《尔雅》的补作。④《晏子春秋》：又称《晏子》，旧题齐晏婴撰，实为后人采晏子事辑成。成书约在汉初。此处陆羽引书有误。《晏子春秋》原为"炙三弋五卵苕菜而矣"，不是"茗菜"。⑤《凡将篇》：伪托司马相如作的字书。已佚。此处引文为后人所辑。⑥《晋中兴书》：佚书。有清人辑存一卷。

[译文]

《神农食经》说："长时期饮用茶，可以让人精神振奋，心情愉悦。"

周公《尔雅》说："槚，是一种苦茶。"

《广雅》说："在荆州和巴州一带，人们摘采茶叶做成茶饼。那些老茶叶，制成茶饼后，用米汤浸泡它。想煮茶的时候，先把茶饼炙烤成红色，再捣成碎末放到瓷器里面，用开水冲泡。有时还可以用一些葱、姜、橘子放在一起煎煮。喝了这样的茶可以醒酒，使人精神振奋，没有睡意。"

《晏子春秋》说："晏婴在做齐国的相时，吃糙米饭，他的菜是烧烤的野禽和蛋品，除此之外，只饮茶罢了。

汉朝司马相如《凡将篇》记载："乌头，桔梗，芫花，款冬，贝母，黄檗，瓜蒌，芩草，芍药，肉桂，漏芦，蜚廉，雚菌，荈茶，白敛，白芷，菖蒲，芒硝，莞椒，茱萸。"

汉扬雄《方言》说："蜀西南人将茶叶叫作蔎。"

三国《吴志·韦曜传》说："孙皓每次设宴待客，规定每人都要喝七升酒，即使客人不能全部喝完，也都要酌取完。韦曜只有二升的酒量，孙皓当初很敬重他，暗中赐给他茶，用来代替酒。"

《晋中兴书》说："陆纳任吴兴太守时，卫将军谢安曾经想来拜访陆纳。（据《晋书》载，陆纳任吏部尚书。）陆纳的侄子陆俶担心他没有准备，但是又不敢去问他，就私下准备了十多人吃的饭菜。谢安来到之后，陆纳仅仅用茶和果品来招待谢安，于是，陆俶就摆上了丰盛的肴馔，各种美味都有。等到谢安离开之后，陆纳打了陆俶四十板子，说：'你既然不能给你叔父增添荣耀，为什么还要来破坏我廉洁的名声呢？'"

孙皓

孙皓是三国时吴国的末代皇帝。他宴请群臣时，强令所有的大臣喝七升酒，实在喝不下去就硬灌。韦曜酒量很小，他受到孙皓宠信时，孙皓优待他，密赐他茶，以代酒。不过韦曜失宠后，也被灌酒。这个故事也说明，在三国时，茶已经进入宫廷，成为贵族的饮料。

[原文]

《晋书》："桓温为扬州牧，性俭，每宴饮，唯下七奠拌茶果而已。"

《搜神记》①："夏侯恺因疾死，宗人子苟奴，察见鬼神，见恺来收马，并病其妻。著平上帻、单衣，入坐生时西壁大床，就人觅茶饮。"

刘琨《与兄子南兖州②刺史演书》云："前得安州③干姜一斤，桂一斤，黄芩一斤，皆所须也。吾体中愦闷，常仰真茶，汝可置之。"

傅咸《司隶教》曰："闻南方有蜀妪作茶粥卖，为廉事打破其器具，后又卖饼于市，而禁茶粥以困蜀妪，何哉？"

《神异记》④："余姚人虞洪入山采茗，遇一道士，牵三青牛，引洪至瀑布山，曰：'予，丹丘子也。闻子善具饮，常思见惠。山中有大茗，可以相给，祈子他日有瓯牺之余，乞相遗也。'因立奠祀。后常令家人入山，获大茗焉。"

左思《娇女》诗⑤："吾家有娇女，皎皎颇白皙。小字为纨素，口齿自清历。有姊字蕙芳，眉目粲如画。驰骛翔园林，果下皆生摘。贪华风雨中，倏忽数百适。心为茶荈剧，吹嘘对鼎𬭚。"

张孟阳《登成都楼》诗⑥云："借问扬子舍，想见长卿庐。程卓累千金，骄侈拟五侯。门有连骑客，翠带腰吴钩。鼎食随时进，百和妙且殊。披林采秋橘，临江钓春鱼。黑子过龙醢，吴馈逾蟹蝑。芳茶冠六清，溢味播九区。人生苟安乐，兹土聊可娱。"

傅巽《七诲》："蒲桃、宛柰，齐柿、燕栗，峘阳黄梨，巫山朱橘，南中茶子，西极石蜜。"

弘君举《食檄》："寒温既毕，应下霜华之茗。三爵而终，应下诸蔗、木瓜、元李、杨梅、五味、橄榄、悬豹、葵羹各一杯。"

孙楚《歌》："茱萸出芳树颠，鲤鱼出洛水泉。白盐出河东，美豉出鲁渊。姜桂茶荈出巴蜀，椒橘木兰出高山。蓼苏出沟渠，精稗出中田。"

华佗⑦《食论》："苦茶久食，益意思。"

壶居士⑧《食忌》："苦茶久食，羽化。与韭同食，令人体重。"

郭璞《尔雅注》云:"树小似栀子,冬生,叶可煮羹饮。今呼早取为茶,晚取为茗,或一曰荈,蜀人名之苦茶。"

《世说》[9]:"任瞻,字育长,少时有令名。自过江失志,既下饮,问人云:'此为茶?为茗?'觉人有怪色,乃自申明云:'向问饮为热为冷耳。'"

[注释]

①《搜神记》:东晋干宝著,计三十卷,为我国志怪小说之始。②南兖州:晋时州名,治所在今江苏省镇江市。③安州:晋时州名,治所在今湖北安陆市一带。④《神异记》:西晋王浮著。原书已佚。⑤左思《娇女》诗:原诗五十六句,陆羽所引仅为有关茶的十二句。⑥张孟阳《登成都楼》诗:原诗三十二句,陆羽仅录有关茶的十六句。⑦华佗:字元化,东汉末著名医学家,《三国志·魏书》有传。⑧壶居士:道家臆造的真人之一,又称壶公。⑨《世说》:即《世说新语》,南朝宋临川王刘义庆著,为我国志人小说之始。

[译文]

《晋书》说:"桓温做扬州太守的时候,生性节俭,每次宴会所吃喝的东西,只是七碟茶食、果馔而已。"

《搜神记》说:"夏侯恺因病去世后,其族人的儿子苟奴,能够看到鬼魂。他看到夏侯恺来取马匹,并且使他的妻子生病了。他戴着帽子、穿着单衣,坐在生前常坐的西墙边的大床上,向路人讨茶喝。"

刘琨给他哥哥的儿子南兖州刺史刘演写信说:"以前得到一斤安州干姜、一斤桂、一斤黄芩,这些都是我需要的。我心情烦乱的时候,常常饮用真正的好茶来解除心头的烦闷,你要多买一点给我。"

司隶校尉傅咸在教示中说:"我听说南方有一位老婆婆在市集上卖茶粥,但是官员却打破了她的茶器,禁止售卖,后来又准许她在市场上卖茶饼。为什么要难为这位老婆婆呢?"

《神异记》写道:"余姚人虞洪入山去采茶的时候,遇见了一位道士,牵着三头青牛。道士把虞洪引到瀑布山,说:'我是丹丘子,我听说你善于煮茶,经常想着能否喝上你煮的茶。这山里有棵大茶树,可以任你摘采。希望你日后煮茶、饮茶时能够把多余的茶给我。'于是,虞洪设奠祭祀,后来叫家人进山寻找,果然找到大茶树。"

西晋左思《娇女》诗云:"我家有个娇媚的小女儿,长得很白皙。小名叫纨素,口齿伶俐。她姐姐叫蕙芳,眉目清秀,像画中美人。她们在园林里蹦蹦跳跳一起嬉戏,还爬上树把未成熟的果子摘下来了。她们贪恋外面的美丽,能冒

茶子心

是山茶科植物油茶的种子，有清热解毒的功效。

着风雨跑出跑进上百次。看见煮茶心里就特别高兴，还对着茶炉吹气，加大火力。"

张孟阳《登成都楼》诗大意说："请问当年扬雄居住的地方在哪里？司马相如的故居又是哪般模样？昔日程郑、卓王孙两大豪门，骄奢淫逸，可比王侯之家。他们的门前经常是车水马龙，宾客不断，腰间飘曳绿色的缎带，佩挂名贵的宝刀。家中山珍海味，百味调和，精妙无双。真可谓显赫权贵，百万富翁！遥望楼外，富庶的山川无边无际。秋天，人们在橘林中采摘着丰收的柑橘；春天，人们在江边把竿垂钓。果品胜过佳肴，鱼肉分外细嫩。四川的香茶在各种饮料中可称第一，它那美味在天下享有盛名。如果人生只是苟且地寻求安乐，那成都这个地方还是可以供人们尽情享乐的。"

傅巽《七诲》说："蒲地的桃子，宛地的苹果，齐地的柿子，燕地的板栗，峘阳的黄梨，巫山的红橘，南中的茶子，西极的石蜜。"

弘君举《食檄》说："在见面互相寒暄之后，先请喝浮有白沫的好茶，三杯之后，再上甘蔗、木瓜、元李、杨梅、五味、橄榄、悬豹、葵羹各一杯。"

孙楚《歌》："茱萸出自香树巅上，鲤鱼产自洛水中。白盐来自山西，美豉产于鲁渊。姜、桂、茶出自巴蜀，椒、橘、木兰出自高山。蓼苏长在沟渠，稗子长在田中。"

华佗《食论》说："长期饮茶，有助于思考。"

壶居士《食忌》说："长期饮茶，使人身体轻健；若将茶与韭菜一起食用，则会使人体重增加。"

郭璞《尔雅注》记述："茶树矮小像栀子，它的叶子冬季不凋零，可以用来煮茶喝。现在把早采的茶叶叫'茶'，晚采的茶叶叫'茗'，或者叫'荈'，蜀地的人叫它为'苦茶'。"

《世说》记载："任瞻，字育长，年轻的时候名声不错，自从过江之后就很不得志。有一次到主人家做客，主人给他上茶，他问主人说：'这是茶？还是茗？'当他发觉旁人有奇怪不解的表情，便自己申明说：'我刚才是问茶是热的还是冷的。'"

[原文]

《续搜神记》[①]："晋武帝世，宣城人秦精，常入武昌山采茗，遇

一毛人，长丈余，引精至山下，示以丛茗而去。俄而复还，乃探怀中橘以遗精。精怖，负茗而归。"

《晋四王起事》②："惠帝蒙尘，还洛阳，黄门以瓦盂盛茶上至尊。"

《异苑》③："剡县陈务妻，少与二子寡居，好饮茶茗。以宅中有古冢，每饮辄先祀之。二子患之，曰：'古冢何知？徒以劳意！'欲掘去之，母苦禁而止。其夜梦一人云：'吾止此冢三百余年，卿二子恒欲见毁，赖相保护，又享吾佳茗，虽潜壤朽骨，岂忘翳桑之报④！'及晓，于庭中获钱十万，似久埋者，但贯新耳。母告二子，惭之，从是祷馈愈甚。"

《广陵耆老传》："晋元帝时老姥，每旦独提一器茗，往市鬻之。市人竞买，自旦至夕，其器不减。所得钱散路旁孤贫乞人，人或异之。州法曹絷之狱中。至夜老妪执所鬻茗器，从狱牖中飞出。"

《艺术传》⑤："敦煌人单道开，不畏寒暑，常服小石子，所服药有松、桂、蜜之气，所饮茶苏而已。"

《续名僧传》："宋释法瑶，姓杨氏，河东人。元嘉中过江，遇沈台真，清真君武康小山寺，年垂悬车，悬车，喻日入之候，指垂老时也。《淮南子》⑥曰："日至悲泉，爰息其马"，亦此意也。饭所饮茶。大明中，敕吴兴礼致上京，年七十九。"

宋《江氏家传》⑦："江统，字应元，迁愍怀太子⑧洗马，尝上疏谏云：'今西园卖醯⑨、面、蓝子、菜、茶之属，亏败国体。'"

《宋录》："新安王子鸾、豫章王子尚，诣昙济道人于八公山，道人设茶茗。子尚味之，曰：'此甘露也，何言茶茗？'"

[注释]

①《续搜神记》：旧题陶潜著，实为后人伪托。②《晋四王起事》：原书已佚，记载了晋代四王政变。③《异苑》：东晋末刘敬叔所撰。今存十卷。④翳桑：古地名。春秋时晋赵盾，曾在翳桑救了将要饿死的灵辄，后来晋灵公欲杀赵盾，灵辄扑杀恶犬，救出赵盾。后世称此事为"翳桑之报"。⑤《艺术传》：即唐房玄龄所著《晋书·艺术列传》。⑥《淮南子》：又名《淮南鸿烈》，为汉淮南王刘安及其门客所著。今存二十篇。⑦《江氏家传》：南朝宋江统著。已佚。⑧愍怀太子：晋惠帝之子，立为太子，元康元年(300)为贾后害死，年仅二十一岁。⑨醯：醋。陆德明《经典释文》："醯，酢（醋）也。"

[译文]

《续搜神记》记述："晋武帝时，宣城人秦精，经常到武昌山里面去采茶。有一次，他遇到一个毛人，大约一丈多高，那个毛人带秦精到山下，指着一丛茶树给他看，然后就离开了。不一会儿，毛人又回来了，从怀中掏出橘子送给秦精。秦精感到害怕，就背着茶叶回家了。"

《晋四王叛乱》记载：惠帝逃难离开了京城，等平定叛乱，他返回洛阳的时候，黄门官用瓦盂盛茶献给惠帝喝。

《异苑》写道："剡县陈务的妻子，很早就守寡独自带着两个儿子，她很喜欢饮茶。在其住处有一个古墓，每次饮茶的时候，总是先祭祀一碗茶。两个儿子很担忧，说：'古墓能知道什么？你只是白费力气！'就想把它铲平。母亲苦苦劝说两个儿子，这才作罢。夜里，她梦见一个人说：'我住在这个墓里已经三百多年了，你的两个儿子总是想要把我的坟墓铲平，多亏了你的保护，还让我享受到好茶。我虽然只是被埋在地下的一堆枯骨，但是怎么能知恩不报呢？'天亮了，母亲在院子里拾到了十万串钱，钱像是埋了很久，但只有穿钱的绳子是新的。母亲把这件事情告诉了儿子们，两个儿子都很惭愧。从此他们经常祭祷那座古墓。"

《广陵耆老传》记述："晋元帝时，有一个老太婆，每天早晨都会独自提着一个盛茶的器皿，到市上去卖。市场上的人争先恐后地买来喝。从早到晚，那器皿里的茶却从来不减少。她把赚来的钱分发给路边的孤儿、穷人和乞丐。人们都感到很奇怪。州官便将她捆绑起来关到监狱里面。到了夜晚的时候，老太婆手里提着卖茶的器皿，从监狱的窗口飞出去了。"

《艺术传》说："敦煌人单道开，身体强壮，不怕冷也不怕热，经常服食小石子。他所服的药有松脂、肉桂、蜜的香气，除此之外只饮茶叶、紫苏。"

《续名僧传》记载："南朝宋时的和尚释法瑶，原来姓杨，河东人，元嘉年间过江后，在武康小山寺遇到了沈台真，沈台真已经很老了，（悬车，比喻日没的时候，指人到老年。《淮南子》说"日至悲泉，爰息其马"，也是这个意思。）只能吃饭时饮些茶。永明年间，皇上命令吴兴的官吏恭恭敬敬地将他请进京城，他那时已经七十九岁了。"

南朝宋《江氏家传》记载："江统，字应元，被提升为愍怀太子洗马时，曾经呈上奏折进谏说：'现在西园卖醋、面、蓝子、菜、茶之类，有损国家颜面。'"

《宋录》记述："新安王刘子鸾、豫章王刘子尚到八公山去拜访昙济道人，道人用茶招待他们。刘子尚尝了尝说：'这分明是甘露啊，怎么叫茶呢？'"

[原文]

王微《杂诗》[①]：**"寂寂掩高阁，寥寥空广厦。待君竟不归，收领今就槚[②]。"**

鲍照妹令晖著《香茗赋》。

南齐世祖武皇帝《遗诏》[②]："我灵座上慎勿以牲为祭，但设饼果、茶饮、干饭、酒脯而已。"

梁刘孝绰《谢晋安王[③]饷米等启》："传诏李孟孙宣教旨，垂赐米、酒、瓜、笋、菹(zū)、脯、酢(cù)、茗八种。气苾(bì)新城，味芳云松。江潭抽节，迈昌荇之珍；疆场擢翘，越葺精之美。羞非纯束野麛，裛(jūn)似雪之驴；鲊异陶瓶(yì)河鲤，操如琼之粲(zhǎ)。茗同食粲，酢颜望柑。免千里宿舂，省三月粮聚。小人怀惠，大懿难忘。"

陶弘景《杂录》："苦茶，轻身换骨，昔丹丘子、黄山君服之。"

陶弘景

南朝齐梁时期的道士陶弘景，有志于养生，他记录了茶让人轻身换骨的功效。

[注释]

①王微：南朝诗人。《杂诗》原二十八句，陆羽仅录四句。②南齐世祖武帝：南朝齐武皇帝萧赜。《遗诏》写于齐永明十一年(493)。③晋安王：名萧纲，昭明太子辛后，继为皇太子。后登位称简文帝。

[译文]

王微《杂诗》大意是："静悄悄地关上高阁的门；空荡荡的大厦冷冷清清。迟迟等不到你的归来，失望惆怅的我只有饮茶解忧怀。"

鲍照的妹妹鲍令晖写了篇《香茗赋》。

南齐世祖武皇帝在遗诏中说："我死后，你们一定不要杀牛羊来祭奠我，只需在我的灵位上放饼果、茶饮、干饭、酒和果脯即可。"

南朝梁刘孝绰在给晋安王的谢启中说："李孟孙带来了您的谕旨，您赐给我米、酒、瓜、笋、酸菜、鱼脯、醋、茶等八种食品。酒香浓郁，味道醇厚，好比新城、云松的佳酿。江潭初生的竹笋，胜过昌荇这样的珍肴；田头肥嫩的瓜菜，超过了精心置办的美味。您惠赐的肉脯，比白茅束捆的野鹿肉要鲜美得多；您馈赠的鲊鱼，比陶侃瓶装的河鲤更有风味，就像玉液琼浆一样鲜美。茶如同大米一样精良细致，酸菜就好像柑橘一样让人开胃。食品如此丰盛，这样即使我远行千里，也不用再筹措干粮了。我记着您的恩德，永记不忘。"

陶弘景《杂录》记述："苦茶，能让人轻身换骨，以前丹丘子、黄山君都饮用它。"

[原文]

《后魏录》："琅玡王肃①，仕南朝，好茗饮、莼羹（chún）。及还北地，又好羊肉、酪浆。人或问之：'茗何如酪？'肃曰：'茗不堪与酪为奴。'"

《桐君录》②："西阳、武昌、庐江、晋陵好茗③，皆东人作清茗。茗有饽（bó），饮之宜人。凡可饮之物，皆多取其叶。天门冬、菝葜取根，皆益人。又巴东④别有真茗茶，煎饮令人不眠。俗中多煮檀叶并大皂李作茶，并冷。又南方有瓜芦木、亦似茗，至苦涩，取为屑茶饮，亦可通夜不眠。煮盐人但资此饮，而交、广⑤最重，客来先设，乃加以香芼（máo）辈。"

《坤元录》⑥："辰州溆浦县（xù）西北三百五十里无射山，云蛮俗当吉庆之时，亲族集会歌舞于山上。山多茶树。"

《括地图》⑦："临蒸⑧县东一百四十里有茶溪。"

山谦之《吴兴记》⑨："乌程县⑩西二十里有温山，出御荈。"

[注释]

①王肃：本在南朝齐做官，后降北魏。北魏是北方少数民族鲜卑族拓跋部建立的政权，该民族习性喜食牛羊肉、饮鲜牛羊奶加工的酪浆。王肃为讨好新主子，所以当北魏高祖问他时，他说茶还不配给酪浆作奴仆。这话传出后，北魏朝贵遂称茶为"酪奴"，并且在宴会时，"虽设茗饮，皆耻不复食"。②《桐君录》：全名《桐君采药录》，已佚。③西阳、武昌、庐江、晋陵：均为晋郡名，治所分别在今湖北黄冈、湖北武昌、安徽舒城、江苏常州一带。④巴东：晋郡名，治所在今四川省万县一带。⑤交、广：交州和广州。交州，在今广西合浦、北海市一带。⑥《坤元录》：古地学书名，已佚。⑦《括地图》：即《括地志》，已散佚，清人辑存一卷。⑧临蒸：晋时县名，今湖南衡东县。⑨《吴兴记》：南朝宋山谦之著，共三卷。⑩乌程县：县治所在今浙江省湖州市。

[译文]

《后魏录》记载："琅玡王肃在南朝做官的时候，喜欢饮茶，吃莼菜羹。等回到北方的时候，又喜欢吃羊肉，饮羊奶。有人问他：'茶和奶酪比，怎么样？'王肃说：'茶还不配给酪浆做奴仆。'"

《桐君录》记载："西阳、武昌、庐江，晋陵等地的人喜欢饮茶，有客人时主人家都会准备好清美的茶。茶有沫饽，喝了对人有好处。凡可作饮料的植物，大都是用它的叶，而天门冬、菝葜却是用它的根，也对人有好处。另外，湖北巴东有真茶，喝过之后会兴奋得一点睡意都没有。当地人习惯把檀叶和大皂李叶当茶叶来煮，两者都性冷。另外，南方有瓜芦树，它的叶大一点，也像茶，很苦很涩，捣成碎末后煮饮，也可以整夜不眠，煮盐的人全靠它解除疲劳。交州和广州很重视饮茶，客人来了，都会先用加了香料的鲜茶招待客人。"

《坤元录》记述："在辰州溆浦县西北三百五十里的无射山里，在当地土人风俗中，每遇到吉庆的时候，亲族齐聚一堂，在山上唱歌跳舞。山上有很多茶树。"

《括地图》记载："在临蒸县以东一百四十里的地方，有茶溪。"

山谦之《吴兴记》说："乌程县西二十里的温泉山出产御用的茶。"

[原文]

《夷陵图经》①："黄牛、荆门、女观、望州②等山，茶茗出焉。"

《永嘉图经》："永嘉县③东三百里有白茶山。"

《淮阴图经》："山阳县④南二十里有茶坡。"

《茶陵图经》："茶陵⑤者，所谓陵谷生茶茗焉。"

《本草·木部》⑥："茗，苦茶。味甘苦，微寒，无毒。主瘘疮，利小便，去痰渴热，令人少睡。秋采之苦，主下气消食。《注》云：春采之。"

《本草·菜部》："苦茶一名茶，一名选，一名游冬，生益州川谷山陵道旁，凌冬不死。三月三日采干。《注》云：'疑此即是今茶，一名茶，令人不眠。'《本草注》：按《诗》云：'谁谓荼苦'⑦，又云：'堇荼如饴'⑧，皆苦菜也，陶谓之苦茶，木类，非菜流。茗，春采，谓之苦槝。"途遐反。

《枕中方》："疗积年瘘，苦茶、蜈蚣并炙，令香熟，等分、捣筛，煮甘草汤洗，以末敷之。"

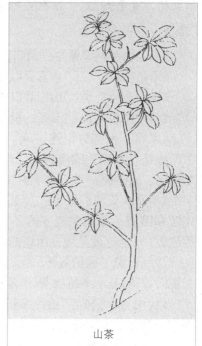

山茶

山茶高四五尺，叶为圆形，像皂荚叶，又像槐树叶。

《孺子方》："疗小儿无故惊厥，以苦茶、葱须煮服之。"

[注释]

①《夷陵图经》：夷陵，在今湖北宜昌地区，这是陆羽从方志中摘出自已加的书名。（下同）②黄牛、荆门、女观、望州：黄牛山在今宜昌市向北八十里处。荆门山在今宜昌市东南三十里处。女观山在今宜都市西北。望州山在今宜昌市西。③永嘉县：州治在今浙江温州市。④山阳县：今称淮安县。⑤茶陵：即今湖南省茶陵县。⑥《本草》：即《唐新修本草》，又称《唐本草》或《唐英本草》，因唐英国公徐世勣任该书总监。下文《本草》同。⑦谁谓茶苦：语出《诗经·谷风》："谁谓茶苦，其甘如荠。"周秦时，茶作二解，一为茶，一为野菜。这里是野菜。⑧董茶如饴：语出《诗经·绵》："周原朊朊，董茶如饴。"茶也是野菜。

[译文]

《夷陵图经》："黄牛、荆门、女观、望州等山出产茶叶。"

《永嘉图经》说："永嘉县以东三百里的地方有白茶山。"

《淮阳图经》说："山阳县以南二十里的地方有茶坡。"

《茶陵图经》说："茶陵，就是陵谷中生长茶的意思。"

《本草·木部》记述："茗，又叫作苦茶。味道甘苦，性微寒，没有毒性。主治瘘疮，利尿，除痰解渴，使人少睡眠。秋天采摘的时候有苦味，能下气，助消化。原注说：'要在春天时采集它。'"

《本草·菜部》记述："苦茶，又叫茶、选或游冬，生长在四川西部的河谷、山陵和路旁，即使在凌寒的冬季也冻不死。三月初三时采摘它，然后弄干。"原注说：可能这就是现在所谓的茶，又叫茶，喝了使人清醒不瞌睡。《本草注》：按《诗经》说'谁谓茶苦'，又说'董茶如饴'，这里所说的茶都是苦菜。陶弘景说的苦茶，是木本植物茶，不是菜类。茗，春季采摘的叫苦搽。"(搽，途退反切。)

《枕中方》记载："治疗多年的瘘疾时，把苦茶和蜈蚣放在火上一起烤，等到它们烤熟散发出香气，就把它们分成相等的两份，捣碎筛成末，一份加甘草水洗，一份敷在患处。"

《孺子方》说："治疗小孩的无故惊厥，可以用茶叶和葱根煎水服下。"

八 之 出

[原文]

山南①**，以峡州**②**上，**峡州生远安、宜都、夷陵三县山谷③。**襄州、荆州次**④，襄州，生南漳县山谷⑤，荆州生江陵县山谷。**衡州**⑥**下，**生衡山⑦、茶陵二县山谷。**金州、梁州又下**⑧。金州生西城、安康二县山谷⑨。梁州生褒城、金牛二县山谷⑩。

淮南⑪**，以光州**⑫**上，**生光山县黄头港者，与峡州同。**义阳郡**⑬**、舒州**⑭**次，**生义阳县钟山者⑮，与襄州同。舒州生太湖县潜山⑯者，与荆州同。**寿州**⑰**下，**盛唐县生霍山者⑱，与衡州同也。**蕲州**⑲**、黄州**⑳**又下。**蕲州生黄梅县山谷，黄州生麻城县山谷，并与金州、梁州同也。

[注释]

①山南：唐贞观年间十道之一。唐贞观元年（627），划全国为十道，道管辖郡州，郡管辖县。②峡州：又称夷陵郡，治所在今湖北宜昌市。③远安：今湖北远安县。宜都：今湖北宜都市。夷陵：今湖北宜昌市。④襄州、荆：今湖北襄阳市、荆州市。⑤南漳县：今湖北南漳县。⑥衡州：今湖南衡阳地区。⑦衡山：县治所在今衡阳朱亭镇对岸。⑧金州、梁州：今陕西安康、汉中一带。⑨西城：今陕西安康市。安康：治所在今安康市城西五十里汉水西岸。⑩褒城：今汉中褒城镇。金牛：在今陕西勉县以西。⑪淮南：唐贞观十道之一。⑫光州，又称弋阳郡，今河南潢川、光山县一带。⑬义阳郡：今河南省信阳市及其周边。⑭舒州：又名同安郡。今安徽太湖、安庆一带。⑮义阳县：今河南信阳。钟山：在信阳市东八十里。⑯潜山：在安徽潜山县西北三十里。⑰寿州：又名寿春郡，今安徽寿县一带。⑱盛唐县、霍山：今安徽六安市、霍山县境。⑲蕲州：今湖北蕲春一带。⑳黄州：又名齐安郡，今湖北黄冈一带。

[译文]

山南地区的茶以峡州产的为最好，（分布在远安、宜都、夷陵三个县的山谷里。）襄州、荆州产的次之，（襄州的产茶地在南漳县山谷，荆州的产茶地分布在江陵县山谷。）衡州产的差些，（分布在衡山、茶陵二县的山谷。）金州、梁州的又差一些。（金州的茶区分布在西城、安康二县的山谷里。梁州的茶区分布在褒城、金牛二县的山谷里。）

淮南地区的茶，以光州产的为最好，（光山县黄头港的茶叶，质量与峡州的一样好。）义阳郡、舒州产的次之，（义阳郡义阳县钟山的茶叶，质量与襄州的相差不多。舒州太湖县潜山的茶叶质量，相当于荆州的。）寿州产的较差，（寿州盛唐县霍山的茶叶，质量与衡州的一样。）蕲州、黄州产的又差一些。（蕲州黄梅县山谷、黄州麻城县山谷出产的茶叶，质量与金州、梁州的一样。）

[原文]

浙西①，**以湖州**②**上，** 湖州生长城县③顾渚山④谷，与峡州、光州同；若生山桑、儒师二寺、白茅山悬脚岭⑤，与襄州、荆州、义阳郡同；生凤亭山伏翼阁、飞云、曲水二寺⑥、啄木岭⑦，与寿州、常州同。生安吉、武康二县山谷，与金州、梁州同。**常州**⑧**次，** 常州义兴县⑨生君山⑩悬脚岭北峰下，与荆州、义阳郡同；生圈岭善权⑪寺、石亭山，与舒州同。**宣州、杭州、睦州、歙州下**⑫，宣州生宣城县雅山⑬，与蕲州同；太平县生上睦、临睦⑭，与黄州同；杭州临安、于潜⑮二县生天目山⑯，与舒州同。钱塘生天竺、灵隐二寺⑰；睦州生桐庐县山谷；歙州生婺源山谷，与衡州同。**润州**⑱**、苏州**⑲**又下。** 润州江宁县生傲山⑳，苏州长州县生洞庭山㉑，与金州、蕲州、梁州同。

[注释]

①浙西：唐贞观十道之一。②湖州：又名吴兴郡，今浙江吴兴一带。③长城县：今浙江长兴县。④顾渚山：在长兴县西三十里。⑤白茅山悬脚岭：在长兴县顾渚山东面。⑥凤亭山：在长兴县西北四十里。伏翼阁、飞云、曲水二寺：都是山里的寺院。⑦啄木岭：在长兴县北六十里，山中多啄木鸟。⑧常州：又名晋陵郡，今江苏省常州市一带。⑨义兴县：今江苏宜兴县。⑩君山：在宜兴县南二十里。⑪善权：相传是尧时隐士。⑫宣州：又称宣城郡，今安徽宣城、当涂一带。杭州：又名余杭郡，今浙江杭州、余杭一带。睦州：又称新定郡，今浙江建德、桐庐、淳安一带。歙州：又名新安郡，今安徽歙县、祁门一带。⑬雅山：又称鸦山、鸭山、丫山，在宁国市北。⑭上睦、临睦：太平县内的两个乡。⑮于潜：现已并入

钱塘图

钱塘的西湖龙井茶，名扬天下。龙井茶有豆花香，色清味甘，不同于别处的茶叶。这是明代万历年间《钱塘县志》中所绘"钱塘县图"。

临安市。⑯天目山，又名浮玉山，地处浙江省西北部临安市境内，山脉横亘于浙江西、皖东南边境。⑰钱塘：今浙江杭州市，灵隐寺在市西灵隐山下。天竺寺分上、中、下三寺。下天竺寺在灵隐山飞来峰。⑱润州：又称丹阳郡，今江苏镇江、丹阳一带。⑲苏州：又称吴郡，今江苏苏州一带。⑳江宁县：今南京市及江宁区。傲山：在南京市郊。㉑长洲：今苏州一带。洞庭山：太湖上的一些小岛。

[译文]

　　浙西地区产的茶，以湖州产的为最好，（湖州长城县顾渚山谷出产的茶叶质量与峡州、光州的一样好；长在山桑、儒师二寺、白茅山悬脚岭的，与襄州、荆州、义阳郡的质量差不多；长在凤亭山伏翼阁、飞云、曲水二寺、啄木岭的，与寿州、常州的质量一样。长在安吉、武康二县山谷的，则

天目山

天目山在唐代就是著名的产茶区，天目青顶是绿茶中的上品。

与金州、梁州出产的茶叶质量一样。）常州产的次之，（常州义兴县君山悬脚岭北峰下出产的茶叶，与荆州、义阳郡的茶叶质量一样；生长在圈岭善权寺、石亭山的茶叶，质量与舒州的一样。）宣州、杭州、睦州、歙州产的差些，（宣州宣城县雅山的茶叶，质量与蕲州的一样；太平县上睦、临睦的茶叶，与黄州的差不多；杭州临安、于潜二县的茶叶生长在天目山，质量与舒州的相同。钱塘茶生天竺、灵隐二寺；睦州桐庐县山谷、歙州婺源山谷出产的茶叶，质量与衡州相当。）润州、苏州产的又差一些。（润州江宁县傲山、苏州、长洲洞庭山的茶叶，与金州、蕲州、梁州的质量相同。）

[原文]

　　剑南①，**以彭州**②**上**，生九陇县、马鞍山至德寺、棚口③，与襄州同。**绵州、蜀州次**④，绵州龙安县生松岭关⑤，与荆州同；其西昌、昌明、神泉县西山者⑥并佳；有过松岭者，不堪采。蜀州青城县生丈人山⑦，与绵州同。青城县有散茶、末茶。**邛州**⑧**次**，**雅州、泸州下**⑨，雅州百丈山、名山⑩，泸州⑪泸川者，与金州同也。**眉州**⑫、**汉州**⑬**又下**。眉州丹棱县生铁山者，汉州绵竹县生竹山者⑭，与润州同。

[注释]

①剑南：唐贞观十道之一。②彭州：又叫蒙阳郡，今四川彭州市一带。③九陇县：今彭州市。马鞍山：即今至德山，在鼓城西。棚口：在鼓城西。④绵州：又称巴西郡，今四川绵阳、安县一带。蜀州：又称唐安郡，今四川崇庆、灌县一带。⑤龙安县：今四川安县。松岭关：在今龙安县西五十里。⑥西昌：在今四川安县东南花荄镇。昌明：在今四川江油市附近。神泉县：在安县南五十里。西山：岷山山脉之一部分。⑦青城县：今四川灌县南四十里，因境内有青城山而得名。丈人山：为青城山三十六峰之主峰。⑧邛州：又称临邛郡，今四川邛崃、大邑一带。⑨雅州：又称卢山郡，今四川雅安一带。泸州：又称泸川郡，今四川泸州市及其周边。⑩百丈山、名山：百丈山在今四川名山县东四十里，名山在名山县北。⑪泸州：今四川泸州。⑫眉州：又名通义郡，今四川眉山、洪雅一带。⑬汉州：又称德阳郡，今四川广汉、德阳一带。⑭铁山：又名铁桶山，在四川丹棱县境内。竹山：即绵竹山，在四川绵竹市境内。

[译文]

剑南地区的茶，以彭州产的为最好，（生长在九陇县马鞍山至德寺、棚口一带的茶叶，质量与襄州的相同。）绵州、蜀州产的次之，（绵州龙安县松岭关出产的茶叶，质量与荆州的差不多，西昌、昌明、神泉县西山的茶叶都是好茶，但是过了松岭的就不大好，不值得采摘。蜀州青城县丈人山上的茶叶，质量与绵州差不多，也一样好。青城县有散茶、末茶。）邛州、雅州、泸州的差些，（雅州百丈山、名山、泸州泸川的茶叶，与金州一样。）眉州、汉州又差一些。（眉州丹棱县铁山、汉州绵竹县竹山出产的茶叶，质量与润州的一样。）

[原文]

浙东①，以越州②上，余姚县生瀑布泉岭，曰仙茗，大者殊异，小者与襄州同。**明州③、婺州④次，**明州鄮县生榆荚村⑤，婺州，东阳县东白山⑥，与荆州同。**台州⑦下。**台州，丰县⑧生赤城者⑨，与歙州同。

黔中⑩，生思州、播州、费州、夷州⑪。

江南⑫，生鄂州、袁州、吉州⑬。

岭南⑭，生福州、建州、韶州、象州⑮。福州生闽方山⑯山之阴也。

其思、播、费、夷、鄂、袁、吉、福、建、韶、象十一州未详，往往得之，其味极佳。

[注释]

①浙东：浙江东道节度使方镇的简称。②越州：又称会稽郡。今浙江绍兴、嵊州一带。③明州：又称余姚郡，今浙江宁波、奉化一带。④婺州：又称东阳郡，今浙江金华、兰溪一带。⑤鄞县：今浙江宁波市东南的东钱湖畔。⑥东白山：在今浙江东阳市巍山镇北。⑦台州：又名临海郡，今浙江临海、天台一带。⑧始丰：今浙江天台县。⑨赤城：在浙江省天台县北，为天台山南门，天台山十景之一，多土石色赤而状如城堞的山。孔灵符《会稽记》曰："赤城，山名，色皆赤，状似云霞。"⑩黔中：唐开元年间，道已演变为以采访使为首的监察区域，分为十五道，黔中即为唐开元十五道之一。⑪思州：又称宁夷郡，今贵州沿河一带。播州：又名播川郡，今贵州遵义一带。费州：又称涪川郡，今贵州思南、德江一带。夷州：又名义泉郡，今贵州凤冈、绥阳一带。⑫江南：唐代江南道。⑬鄂州：又称江夏郡，今湖北武昌、黄石一带。袁州：又名宜春郡，今江西吉安、宁冈一带。⑭岭南：唐贞观十道之一。⑮福州：又名长乐郡，今福建福州、甫田一带。建州：又称建安郡，今福建建阳一带。韶州：又名始兴郡，今广东韶关、仁化一带。象州：又称象山郡，今广西象州一带。⑯方山：在福建省福州市闽江南岸。

[译文]

浙东地区的茶，以越州产的为最好，（余姚县瀑布泉岭的茶叫仙茗，那里的大叶子茶很特殊，小叶茶与襄州的茶一样。）明州、婺州产的次之，（明州鄞县榆荚村、婺州东阳县东白山的茶叶，与荆州的一样。）台州产的差些。（台州始丰县赤城山上的茶叶，与歙州的相同。）

黔中产茶地有：思州、播州、费州、夷州。

江南产茶地有：鄂州、袁州、吉州。

岭南产茶地有：福州、建州、韶州、象州。（福州的茶生长在福州闽县方山的北坡。）

对于思、播、费、夷、鄂、袁、吉、福、建、韶、象这十一州的茶，其具体产地和一些情况我还不是很了解，经常得到这些地方的茶叶，觉得香味、味道都非常好。

九 之略

[原文]

其造^①具^②，若方春禁火^③之时，于野寺山园，<u>丛手而掇</u>，乃蒸、乃舂，乃复以火干之，则棨、朴、焙、贯、棚、穿、育等七事皆废^④。

其煮器，若松间石上可坐，则具列废。用槁薪、鼎锄之属，则风炉、灰承、炭挝、火筴、交床等废。若瞰泉临涧，则水方、涤方、漉水囊废。若五人已下，茶可末而精者，则罗合废。若援藟^⑤跻^⑥岩，引絙^⑦入洞，于山口炙而末之，或纸包、合贮，则碾、拂末等废。既瓢、碗、筴、札、熟盂、鹾簋悉以一筥盛之，则都篮废。但城邑之中，王公之门，二十四器阙一，则茶废矣。

[注释]

①造：茶的制造。②具：制造茶饼的工具。③禁火：古时民间祭奠习俗。即在夏历冬至后一百零五日，清明节前两日，禁烟火，只吃冷食，叫"寒食节"。④废：废弃，这里指省略（某些工具或程序）。⑤藟：藤蔓。《广雅》："藟，藤也。"⑥跻：登、升。《释文》："跻，升也。"⑦絙：绳索。

[译文]

关于制造茶的工具，如果正当春季寒食前后，大家在野外寺院或山林茶园一齐动手采摘茶叶，当即蒸熟、捣碎，用火烘烤干燥，然后直接饮用，那么就可以省略掉棨（锥刀）、朴（竹鞭）、焙（焙坑）、贯（细竹条）、棚（置焙坑上的棚架）、穿（细绳索）、育（贮藏工具）等七种工具了。

煮茶用具和工序也是可以省略掉一些的。如果在松间有石头可以放茶具，那么就可以不用具列（陈列床或陈列架）了。如果

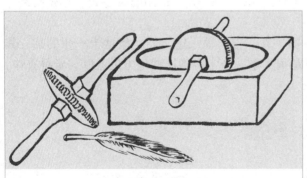

碾、拂末

茶饼不能直接拿去泡茶，需要把它碾成茶末，但是也不能碾成粉状，而应如细米，唐代有"山童碾破团圆月"的诗句，描绘的就是碾茶的情形。

用干柴鼎锅之类烧水，那么，风炉、灰承、炭挝、火筴、交床等都可以省略掉。如果是在用水方便的泉上溪边，那么就可以不用水方、涤方、漉水囊了。如果是五人以下出游，茶又可以碾得精细，就不必用罗筛了。倘若要攀藤上山，登上险岩，或沿着粗大绳索进入山洞，就要先在山口把茶烤好捣细，用纸包或者用盒装好，那么，碾、拂末这些用具及相应的工序都可以省略掉。要是瓢、碗、筴、札、孰盂、醝簋都用筥装，都篮也可以省去。但是，在非常讲究的贵族之家里，如果制茶的二十四道工序和器物缺少一样，就不能算是真正的饮茶了。

十 之图①

[原文]

以绢素或四幅、或六幅分布②写之，陈诸座隅，则茶之源、之具、之造、之器、之煮、之饮、之事、之出、之略，目击③而存，于是《茶经》之始终备焉。

[注释]

①十之图：第十章，挂图。意指把《茶经》全文写在素绢上，然后挂起来。《四库全书提要》说："其曰图者，乃谓统上九类写绢素张之，非有别图。其类十，其文实九也。"②分布：分到各个部分，这里指分别。③击：接触，这里是看见的意思。

[译文]

用白绢四幅或六幅，把上述我对茶的研究和见解分别抄在这些白绢上面，张挂在座位旁边。这样，茶的起源、采制工具、制茶方法、煮饮器具、煮茶方法、饮茶方法、有关茶事的记载、产地以及茶具的省略方法等，便随时都可以看在眼里，于是，《茶经》从头至尾的内容就会完备地记在脑海里了。

续茶经

一 茶之源

[原文]

许慎《说文》①：茗，荼②芽也。

王褒《僮约》前云"烹鳖烹荼"；后云"阳武买荼"。前为苦菜，后为茗。

张华《博物志》③：饮真茶，令人少眠。

《诗疏》：椒树似茱萸，蜀人作荼，吴人作茗，皆合煮其叶以为香。

《唐书·陆羽④传》：羽嗜茶，著《经》三篇，言茶之源、之具、之造、之器、之煮、之饮、之事、之出、之略、之图尤备，天下益知饮茶矣。

《唐六典》：金英、绿片，皆茶名也。

[注释]

①《说文》：《说文解字》，简称《说文》，汉朝许慎著，是首部按部首编排的汉语字典。②荼：唐代以前多称"茶"为"荼"。③《博物志》：西晋张华撰，为我国第一部博物学著作。共十卷，分类记载了山川地理、飞禽走兽、人物传记、神话古史、神仙方术等，是继《山海经》后，我国又一部包罗万象的奇书。④陆羽：唐复州竟陵（今湖北天门）人，字鸿渐，一名疾，字季疵，号竟陵子、桑苎翁、东冈子，一生嗜茶，精于茶道，以著世界第一部茶叶专著《茶经》闻名于世，对中国茶业和世界茶业发展做出了卓越贡献，被誉为"茶仙"，尊为"茶圣"，祀为"茶神"。

[译文]

许慎在《说文解字》这本书里面提到：茗，实际上指的就是茶叶。

王褒在《僮约》这本书前面提到"烹鳖烹荼"，后面又说到"阳武买荼"。（在"烹荼"中的"荼"指的是苦菜，而"买荼"的"荼"

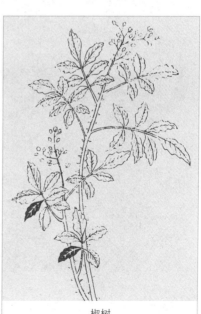

椒树

椒树也就是现在的花椒树。花椒叶气味芳香，蜀人和吴人在煮茶的时候常加入花椒叶，这样可以增加茶的香味。

指的就是荈。）

　　张华在《博物志》中说道：人们喝了那些真正的茶以后，睡眠大大减少。

　　在《诗疏》中有这样的记载：椒树的形状长得很像茱萸，四川一带的人都把它叫作茶，而浙江一带的人却把它叫作荈，在烹煮的时候都是把它的叶子放在一起来煮，煮出的气味含有一种清香。

　　据《唐书·陆羽传》记载：陆羽特别喜欢喝茶，于是写作了三篇《茶经》，在里面主要讲述了茶的渊源，茶叶在采摘的时候要用到的采制用具，如何采摘制作茶叶，煮茶时要用到的器具，煮茶的方法，如何饮用茶，历史上记载的茶事，茶叶的产区，茶具的省略，以及如何来书写张挂饮茶图谱等十个门类。从此，天下的人越来越懂得如何饮茶了。

　　在《唐六典》中所提到的金英、绿片，实际上它们都是茶叶的名字。

李白

诗仙李白爱酒，亦爱饮茶。他在《答族侄僧中孚赠玉泉山仙人掌茶并序》中称赞仙人掌茶清香滑热，与其他茶殊异。因为此茶形扁如掌，李白便将其命名为"仙人掌"茶。得到族侄僧人中孚相赠的"仙人掌"茶，李白如获至宝。

[原文]

　　《李太白集·赠族侄僧中孚玉泉仙人掌茶序》：余闻荆州玉泉寺近青溪诸山，山洞往往有乳窟①，窟多玉泉交流。中有白蝙蝠，大如鸦。按《仙经》："蝙蝠②，一名仙鼠。千岁之后，体白如雪。栖则倒悬，盖饮乳水而长生也。"其水边处处有茗草罗生，枝叶如碧玉。惟玉泉真公常采而饮之，年八十余岁，颜色如桃花，而此茗清香滑熟异于他茗，所以能还童振枯，扶人寿也。余游金陵，见宗僧中孚示余茶数十片，卷然重叠，其状如掌，号为"仙人掌"茶。盖新出乎玉泉之山，旷古未觌③。因持之见贻④，兼赠诗，要余答之，遂有此作。俾后之高僧大隐，知"仙人掌"茶发于中孚

禅子及青莲居士李白也。

［注释］

①乳窟：这里指有石钟乳的山洞。②蝙蝠：指一种头和身体像老鼠的哺乳动物。③觏：遇见、看见。④贻：赠送的意思。

［译文］

在《李太白集·赠族侄僧中孚玉泉仙人掌茶序》中有这样的记载：我听说荆州的玉泉寺接近清溪等山脉，在那里的山洞中经常发现钟乳窟，里面有交汇流淌的泉水。洞中还有一种白色的蝙蝠，其中大的和乌鸦一样。据《仙经》记载：蝙蝠，又叫作仙鼠，经历了千年之后，它的身体洁白得像雪一样。这种蝙蝠能倒挂着活动、休息。它们因为饮用了钟乳泉水，所以能够长生不老。在泉水的旁边，很多地方都长着茶树，它们的枝叶就像碧玉一样，只有玉泉真公常常把它们的叶摘下来煮着喝，他活到八十多岁，脸色像桃花一样红润，精神很好。这里出产的茶叶质量特别高，它的味道清香滑熟，这和别的品种是不一样的，所以如果人喝了这种茶以后，能够返老还童延年益寿。我曾经到金陵游玩，在那里见到宗僧中孚，他拿了几十片茶叶让我看，如果把茶叶卷起来重叠放在一起，它的形状就像手掌一样，于是就把它叫作"仙人掌"茶。在玉泉山，这种茶是新生产出来的，以前这里没有这种茶。因为中孚把它送给我看，并且赠了一首诗给我，要求我来唱和，于是就写下了这首诗。从这以后，高僧和有名的隐士都知道"仙人掌"茶起源于中孚禅子和青莲居士李太白。

［原文］

《皮日休集·茶中杂咏诗序》：自周以降，及于国朝茶事，竟陵子陆季疵①言之详矣。然季疵以前称著饮者，必浑以烹之，与夫瀹②蔬而啜者无异也。季疵之始为《经》三卷，由是分其源，制其具，教其造，设其器，命其煮。俾饮之者除痟而去疠③，虽疾医之未若也。其为利也，于人岂小哉。余始得季疵书，以为备矣，后又获其《顾渚山记》④二篇，其中多茶事；后又太原温从云、武威段碣之，各补茶事十数节，并存于方册。茶之事由周而至于今，竟无纤遗矣。

［注释］

①陆季疵：据《新唐书》中记载：陆羽字鸿渐，一名疾，字季疵。复州竟陵（今湖北天门）人。②瀹：煮。③痟：恶疾，疫病，有时专指麻风病。④《顾渚山记》：是陆羽写的关于茶事的著作。顾渚，产茶之地，在浙江长兴。

[译文]

据《皮日休集·茶中杂咏诗序》记载：有关茶事的记载从周代一直到我朝，竟陵人陆季疵做得是最好的，他对于茶事记载得特别详尽。以前饮茶的人对于茶的烹制都不得法，煮茶就像煮菜汤喝一样。季疵写作了三卷《茶经》，在这本书里面他分别讲述了茶的渊源、茶的采制工具、茶器的制造、如何煮茶等，并且提到人们饮茶后能够消除疲劳，防治疾病。这种功效，医生不一定能够做到。茶对人的好处应该是很大的。我看了季疵的书以后，认为他写得很完备，后来又看到他写的两篇《顾渚山记》，关于茶的问题其中许多内容都谈到了，后来又发现太原的温从云、武威的段碣之对《茶经》分别补写了数十章关于茶的内容。茶事从周代到一直现在，就没有什么遗漏了。

[原文]

《封氏闻见记》：茶，南人好饮之，北人初不多饮。开元中，泰山灵岩寺有降魔师，大兴禅教^①。学禅务于不寐^②，又不夕食，皆许饮茶。人自怀挟，到处煮饮。从此转相仿效，遂成风俗。起自邹、齐、沧、棣^{di}，渐至京邑^③，城市多开店铺煎茶卖之，不问道俗，投钱取饮。其茶自江淮而来，色额甚多。

[注释]

①禅教：指一种强调静坐敛心，专注一境，最终达到弃恶轻安的佛教。②寐：睡觉。③京邑：指京城。

[译文]

在《封氏闻见记》中有这样的记载：南方人十分喜欢喝茶，而起初北方人喝得很少。唐朝开元年间，有一位能够降魔的大师居住在泰山的灵岩寺，他极力宣传佛教里面的静思思想，主张学禅的人不睡觉，不吃晚饭，只允许饮一点茶。于是那些学禅的人，都自带着茶叶，处处煮茶来喝。这样一来，人们都互相效仿，于是慢慢形成了喝茶的风气。这种风气从邹地、齐地、沧地、棣地这些地方慢慢地传到京都，在城市里一些人专门开茶店，把茶煮来卖，不管是那些僧人，还是那些普通人，只要掏钱就能够喝到茶。他们卖的茶都是从江淮这些地方运送来的，各种各样的茶叶有很多。

[原文]

《唐韵》：茶字，自中唐始变作茶。

裴汶《茶述》：茶，起于东晋，盛于今朝。其性精清，其味浩洁，

其用涤烦，其功致和。参百品而不混，越众饮而独高。烹之鼎水，和以虎形，人人服之，永永不厌。得之则安，不得则病。彼芝术①黄精②，徒云上药，致效在数十年后，且多禁忌，非此伦也。或曰：多饮令人体虚病风。余曰：不然。夫物能祛邪，必能辅正，安有蠲③(juān)逐聚病而靡④(bǐ)裨太和哉？今宇内为土贡实众，而顾渚、蕲阳(qí)、蒙山为上；其次则寿阳、义兴、碧涧、㴩湖(yōng)、衡山；最下有鄱阳、浮梁。今者其精无以尚焉，得其麄者，则下里兆庶⑤，瓯盌纷糅(róu)。顷刻未得，则胃腑病生矣。人嗜之若此者，西晋以前无闻焉。至精之味或遗也，因作《茶述》。

[注释]

①芝术：芝指灵芝，古人把它看作仙草，具有强壮筋骨、起死回生的作用。②黄精：是一种多年生的草本植物，可以入药，具有补气健身的作用。③蠲：这里当免除讲。④靡：没有，无的意思。⑤下里兆庶：这里指众多的百姓。下里指乡里，兆庶是众多的意思。

[译文]

《唐韵》这本书提到：从中唐开始，"荼"字就变成了"茶"字。

裴汶在《茶述》中记述：饮茶的习俗，是从东晋开始的，到了我朝的时候盛行起来。茶具有清爽的特性，味道特别好，饮茶可以让人解除烦恼，心态变得平和。即使把茶和上百种物品放在一起也不会混同，和众多的饮品比较起来，茶的品位显得特别高。把茶放在锅里煮，等水烧开后，其汤呈现虎形，人人都喝，永远都不会感到厌烦。喝了茶的人，心神会感到安定，而不喝的人，往往就会产生疾病。芝术、黄精白白具有上等药的声誉，因为服用这类药，其药效在几十年以后才能显现出来，而且禁忌特别多，和茶无法相比。

（甲骨文）

（大篆）

（小篆）

（摹印篆）

（隶书）

（楷书）

"茶"字的演变

"茶"字经历了从甲骨文到篆体，从篆体到隶书、楷书的转变。中唐以前，"茶"字写为"荼"，从中唐起，才写成现在人们所熟知的"茶"字。

有人说：茶喝得太多会使人身体变得虚弱，得中风病。我却不这样认为。茶既然能去邪，也就能辅正，怎么会只能让人免除疾病，而不能调和人的肌体、促使人身心健康呢？现在各地生产了很多茶的品种，顾渚、蕲阳、蒙山等地出产的茶都是上等的好茶。寿阳、义兴、碧涧、滬湖、衡山这些地方出产的茶也是比较好的茶。最差的要属鄱阳、浮梁这两个地方产的茶了。现在，不必说那些得到上等好茶的人了，对于饮茶他们十分讲究，而那些得到粗茶的平民百姓就使用瓦盆和碗来喝茶。他们觉得不喝茶的话肠胃病就要发作。在西晋以前，人们还没有像这样爱喝茶。因为害怕丢掉世上最精美的茶味，于是专门写了本《茶述》把它记载下来。

[原文]

宋徽宗《大观茶论》：茶之为物，擅瓯闽之秀气，钟山川之灵禀，祛襟涤滞，致清导和，则非庸人孺子可得而知矣。冲淡闲洁，韵高致静，则非遑遽①之时可得而好尚矣。而本朝之兴，岁修建溪之贡，"龙团""凤饼"，名冠天下，而壑源之品，亦自此而盛。延及于今，百废俱举，海内宴然②，垂拱③密勿④，幸致无为。缙绅⑤之士，韦布⑥之流，沐浴膏泽，熏陶德化，咸以雅尚相推，从事茗饮。故近岁以来，采择之精，制作之工，品第之胜，烹点之妙，莫不盛造其极。呜呼！至治之世，岂惟人得以尽其材，而草木之灵者，亦得以尽其用矣。偶因暇日，研究精微，所得之妙，后人有不知为利害者，叙本末二十篇，号曰《茶论》。一曰地产，二曰天时，三曰择采，四曰蒸压，五曰制造，六曰鉴别，七曰白茶，八曰罗碾，九曰盏，十曰筅，十一曰瓶，十二曰杓，十三曰水，十四曰点，十五曰味，十六曰香，十七曰色，十八曰藏，十九曰品，二十曰外焙。名茶各以所产之地，如叶耕之平园、台星岩，叶刚之高峰青凤髓，叶思纯之大风，叶屿之屑山，叶五崇林之罗汉上水桑芽，叶坚之碎石窠、石臼窠（一作六窠）。叶琼、叶辉之秀皮林，叶师复、师贶之虎岩，叶椿之无又岩叶，芽懋之老窠园，各擅其美，未尝混淆，不可概举。焙人之茶，固有前优后劣，昔负今胜者，是以园地之不常也。

[注释]

①遑遽：仓促、匆忙。②宴然：平安的意思。③垂拱：古代指天下太平无事。

④密勿：勤劳谨慎。⑤缙绅：也写作"搢绅"，古时候是高级官吏的一种装束，后常常作为官宦的代称。⑥韦布：韦，熟牛皮。布，指布衣。古代指没有做官的人或在山野隐居的人穿的粗陋服装。

[译文]

宋徽宗在《大观茶论》中说：茶这种作物，具有南方福建一带的秀气，带有山川的灵气，能够把人体内的混浊之物清除掉，使人的头脑变得清醒，心态平和，这些道理不是那些凡夫俗子能够体会到的。人在匆忙的时候是不能够享受到茶叶淡雅、宁静、高洁的韵味的。在宋朝品茶开始兴盛起来，逐渐形成一种风气，每年都要在建溪这个地方制作贡茶。用茶制成的"龙团""凤饼"，天下闻名。壑源这一类茶也是从建溪这个地方发展兴旺起来的。一直延续到今天，一切废置的事情都已经兴办起来，天下太平，作为皇帝，做到谨慎勤劳，就可以达到无为而治。而那些王公贵族、黎民百姓，都蒙受到恩德的教化，都崇尚高雅的习俗，很喜欢喝茶。近几年，采茶的精细，制作的优良，质量的上乘，烹煮的美妙，都达到非常高的水平。啊！在清明的盛世，不仅人们能各尽其才，就是草木也能充分展现它们的灵性，物尽其用。偶然有空的时候，对茶做深入地研究，探寻到其中的奥妙，又担心后来的人不了解，所以就写了《茶论》，从头到尾共包括二十篇。一说茶的生产地区；二说茶生长的气候环境；三说采摘茶时应该注意的事项；四说茶的蒸压；五说茶的制造；六说茶如何鉴别；七说白茶；八说罗碾；九说茶杯；十说筅；十一说茶瓶；十二说茶勺子；十三说煮茶时用的水；十四说泡茶；十五谈论茶的味道；十六说茶的香气；十七说如何鉴别茶的颜色；十八说茶的储藏；十九论茶的品尝；二十说茶的外焙。茶的名字都能把各自产地的特点体现出来，比如像叶耕的平园、台星岩，叶刚的高峰青凤髓，叶思纯的大风，叶屿的屑山，叶五崇林的罗汉上水桑芽，叶坚的碎石窠、石臼窠（一作六窠）。叶琼、叶辉的秀皮林，叶师复、师贶的虎岩，叶椿的无双岩芽，叶懋的老窠园，都各有优点，是不能够混淆在一起的，也不能够把它们一一列举出来。制茶人所制作的茶也是不同的，有的是以前的好，而后来的差。而有的则是现在制作的茶比过去制作的要好。这是因为茶生长的地方发生了变化。

[原文]

丁谓《进新茶表》：右件物产异金沙，名非紫笋。江边地暖，方呈彼苗之形，阙下①春寒，已发其甘之味。有以少为贵者，焉敢韫②而藏诸。见谓新茶，实遵旧例。

蔡襄《进茶录表》：臣前因奏事，伏蒙陛下③谕臣先任福建运使日，所进上品龙茶，最为精好。臣退念草木之微，首辱陛下知鉴，若处之得地，则能尽其材。昔陆羽《茶经》，不第建安之品；丁谓《茶图》，独论采造之本。至烹煎之法，曾未有闻。臣辄条数事，简而易明，勒成二篇，名曰《茶录》。伏惟清闲之宴，或赐观采，臣不胜荣幸。

[注释]

①阙下：古时称天子居住的地方为阙。阙下，指天子宫阙以下。古代臣子上书天子，不敢直接称呼，因而说"阙下"。②辄：收藏。③陛下：对国王或皇帝的一种尊称。陛，宫殿的台阶。

[译文]

丁谓在《进新茶表》中提到：金沙出产一种物品，名叫非紫笋。因为在江河一带，气候比较暖和，所以它能够长得苗壮。虽然皇上您那里春天还是十分冷，但它却散发出了一种甘甜的气味。物以稀为贵，我怎敢私自把它藏起来呢？按照惯例，把新茶送上。

蔡襄在《进茶录表》中提到：臣以前有事奏请皇上的时候，皇上曾告诉过我，说我在福建担任转运使的时候，进贡的茶当中上品龙茶是最好的。我想到，草木这种细小的东西，还要皇上亲自来劳神鉴定，如果把它处理得当的话，它们的作用便能够充分发挥出来了。过去，陆羽在《茶经》中没有把建安茶的等级排列出来。丁谓在《茶图》中也只是谈到了一些基本的采茶、制茶要领。至于如何煮茶，我还从来没有听说过。所以我在这些方面列出几条来，力求简明扼要，形成了两篇，给它取名为《茶录》。叩请皇上在清闲快乐的时候看一看，或者得到君王的观视采择，那我就感到十分荣幸了。

[原文]

欧阳修《归田录》：茶之品，莫贵于龙凤，谓之"团茶"，凡八饼重一斤。庆历中，蔡君谟（mó）始造小片龙茶以进，其品精绝，谓之"小团"，凡二十饼重一斤，其价值金二两。然金可有而茶不可得。每因南郊致斋，中书、枢密院各赐一饼，四人分之。宫人往往缕金花于其上，盖其贵重如此。

赵汝砺《北苑别录》①：草木至夜益盛，故欲导生长之气，以渗雨露之泽。茶于每岁六月兴工，虚其本，培其末，滋蔓之草，遏②郁③之木，悉用除之，政所以导生长之气，而渗雨露之泽也。此之谓开畲④（shē）。惟桐木则留焉。桐木之性与茶相宜，而又茶至冬则畏寒，桐木望秋而先落，茶至夏而畏日，桐木至春而渐茂。理亦然也。

[注释]

①《北苑别录》：是一本专门记载宋代皇家御用茶园北苑出产的茶叶的制法及品名的书。②過：制止、阻止的意思。③郁：指树木丛生的样子。④畬：指在播种之前将田中的草木用火烧除，灰可以用作肥料。

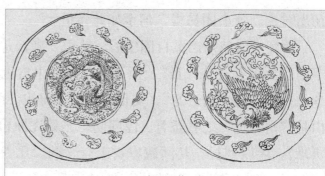

龙凤团茶

龙凤团茶是宋代制作的圆饼形贡茶，上面有龙凤花纹，制作精良，极为珍贵，是北宋太平兴国年间（976—983）的主要贡品之一。大团一斤八饼，小团一斤二十饼，价值黄金二两。

[译文]

欧阳修在《归田录》中记述：茶叶中最贵重的要属龙凤茶，它也叫作"团茶"，每八块重一斤。在庆历年间的时候，蔡君谟开始制作小片的龙茶向皇家进贡，质地特别好，人们把它叫作"小团"，每二十块重一斤。它的价值和二两黄金的价值相等。但是，金子可以有而茶叶却不是一定能够有的。所以每次在南郊祭祀天地的时候，只是把它们赐给中书省、枢密院各一块，让四个人来分一块。宫里的人还经常在团茶上装饰金花，由此可见，人们把这类茶看得是何等的贵重。

赵汝砺在《北苑别录》中说：草木在晚上长得比白天更旺盛，因为它需要吸收生长所需的空气，要得到雨露的滋养。茶树一般在每年六月的时候种植，需要挖坑植根、培土。要把茶树周围的野草、杂树全部清除掉。这样做的目的是使茶树容易吸取所需的空气，得到雨露的精华，这也就是所说的"开畬"。茶树周围可以留下来的只有桐木，因为它的秉性和茶是相适应的。在冬天茶树特别怕冷，而秋天一到桐木的叶就飘落了。茶树在夏天的时候怕太阳晒，而桐木在春天的时候叶子就会长得十分茂密。这也就是为什么桐木可以和茶树共同存在的原因了。

[原文]

王辟之《渑水燕谈》：建茶盛于江南，近岁制作尤精，"龙团"最为上品，一斤八饼。庆历中，蔡君谟为福建转运使，始造小团，以充岁贡，一斤二十饼，所谓上品龙茶者也。仁宗尤所珍惜。虽宰相未尝辄赐，惟郊礼致斋之夕，两府各四人，共赐一饼。宫人剪金为龙凤花贴其上。八人分蓄，以为奇玩，不敢自试，有佳客出为传玩。欧阳文忠公云："茶为物之至精，而小团又其精者也。"嘉祐中，小团初出时也。今小团易得，何至如此多贵。

周辉《清波杂志》：自熙宁后，始贡"密云龙"①。每岁头纲修贡，奉宗庙及贡玉食外，赉②及臣下无几。戚里贵近丐赐尤繁。宣仁太后令建州不许造"密云龙"，受他人煎炒不得也。此语既传播于缙绅间，由是"密云龙"之名益著。淳熙间，亲党许仲启官苏沙，得《北苑修贡录》，序以刊行。其间载岁贡十有二纲，凡三等，四十有一名。第一纲曰"龙焙贡新"，止五十余銙③。贵重如此，独无所谓"密云龙"者。岂以"贡新"易其名耶？抑或别为一种，又居"密云龙"之上耶？

[注释]

①密云龙：指一种茶的名字。②赉：给，赐予的意思。③銙：也可以写作胯，当袋子讲。宋代对饼茶的包装多以銙称。

[译文]

王辟之在《渑水燕谈》中记载：建茶在江南十分盛行，近几年来比以前制作得更为精良。"龙团"算是其中的上品，每八块重约一斤。庆历年间，蔡君谟在福建担任转运使的时候，开始制作小团，把它作为贡品每年向朝廷进贡。小团每二十块重约一斤，这也就是所说的上等龙茶。仁宗皇帝对这种茶非常珍视，就连宰相也没有被赏赐过。只有在郊外祭祀天地致斋的时候，两府各有四人才可以得到一块小团。宫人把剪成的金龙凤贴在小团上。八个人把赏赐所得到的茶，作为一种很奇特的物品保存起来，不敢轻易尝试。只有等到有贵客来的时候，才把它们拿出来相互把玩。欧阳修说："茶是一种最精细的物品，而小团还要精细得多。"在嘉祐年间小团刚刚出现时，这种情况是会经常发生的。因为现在小团比以前多了许多，轻易就能够得到它们，所以不像以前那样昂贵了。

周辉在《清波杂志》中这样记载：在熙宁年间以后，开始向朝廷进贡"密云龙"茶，在每年开春的时候就进贡，除了把它们给皇宫大内之外，贡茶给一般大臣以下的特别少。而皇帝赏赐给亲戚、亲信的贡茶却特别多。宣仁太后曾经下令不允许建州制造"密云龙"茶，那是因为担心他人求索烦扰。这样的消息在那些大臣贵族间一传开，"密云龙"茶的名气比以前就更大了。在淳熙年间的时候，皇帝的亲信许仲启到苏沙去任职，得到一本《北苑修贡录》，他给这本书作序并且印刷发行。其中提到每年的贡品有十二纲，可以分为三个等次，共四十一种。第一纲是"龙焙贡新"，只有五十多銙。贵重到这样的程度，但是没有"密云龙"茶的名字，是不是把"密云龙"的名字改为"贡新"了呢？还是另外一种茶，比"密云龙"茶更好？

[原文]

沈存中《梦溪笔谈》：古人论茶，唯言阳羡、顾渚、天柱、蒙顶之类，都未言建溪。然唐人重串茶粘黑者，则已近乎建饼矣。建茶皆乔木，吴、蜀唯丛茇^①而已，品自居下。建茶胜处曰壑源、曾坑，其间又有坌根、山顶二品尤胜。李氏号为北苑，置使领之。

胡仔《苕溪渔隐丛话》：建安北苑，始于太宗太平兴国三年，遣使造之。取象于龙凤，以别入贡。至道间，仍添造石乳、蜡面。其后大小龙，又起于丁谓而成于蔡君谟。至宣、政间，郑可简以贡茶进用，久领漕，添续入，其数渐广，今犹因之。细色茶五纲，凡四十三品，形制各异，共七千余饼，其间贡新、试新、龙团胜雪、白茶、御苑玉芽，此五品乃水拣，为第一；余乃生拣，次之。又有麤色茶七纲，凡五品。大小龙凤并拣芽，悉入龙脑^②，和膏^③为团饼茶，共四万余饼。盖水拣茶即社前者，生拣茶即火前者，麤色茶即雨前者。闽中地暖，雨前茶已老而味加重矣。又有石门、乳吉、香口三外焙，亦隶于北苑，皆采摘茶芽，送官焙添造。每岁糜^④金共二万余缗^⑤，日役千夫，凡两月方能迄事。第所造之茶不许过数，入贡之后市无货者，人所罕得。惟壑源诸处私焙^⑥茶，其绝品亦可敌官焙，自昔至今，亦皆入贡，其流贩四方者，悉私焙茶耳。北苑在富沙之北，隶建安县，去城二十五里，乃龙焙，造贡茶之处，亦名凤凰山。自有一溪，南流至富沙城下，方与西来水合而东。

[注释]

①茇：草根的意思。②龙脑：指宋代进贡的建茶。③膏：古时把蒸过的茶叶放在臼里捣烂成糊状，叫作"膏"。把

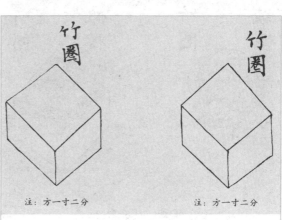

竹圈　　竹圈

注：方一寸二分　　注：方一寸二分

贡新铸、试新铸

此两种茶是宋代北苑贡茶名品。为方形，方一寸二分。铸是古人附在腰带上的方形或椭圆形扣版，于是就把形状与此相同的茶称为铸茶。

这种膏放在一定形状的模子里，拍打研磨成形，烘焙干可做成饼茶。④糜：浪费。⑤缗：指古代穿铜钱用的绳子，后来引申为成串的铜钱，是古代的一种计量单位。⑥私焙：指壑源地带私人制作的一种茶。

[译文]

　　沈括在《梦溪笔谈》中记载：古代的人在谈论茶的时候，只提到阳羡、顾渚、天柱、蒙顶这几种，而不提建溪。唐代的人们都比较重视串茶粘黑的，这种茶和建茶的块状相接近。建茶是一种乔木。而吴、蜀这两个地方的茶就像聚在一起的草根长出的一样，所以质地不是很好。好的建茶品种为壑源、曾坑，在这其中垒根、山顶两个品种更好。李氏把它称为北苑，还派专人进行管理。

　　胡仔在《苕溪渔隐丛话》中说：建安的北苑茶，是太平兴国三年的时候宋太宗派人制造的，把它们装饰成龙凤的样子，作为进贡的物品。到了至道年间的时候，才又增加了石乳和蜡面。从丁谓开始制作大小龙茶，一直到了蔡君谟时才算是形成。宣和、政和年间，郑可简把茶作为一种贡品进献给朝廷。后来他掌管了漕运，献茶的数量增加了，然后越来越多。一直到如今还沿袭着这种做法。细色的茶可以分为五类，共有四十三个品种，可以制成各种各样不同的形状，共有七千多块。在这其中贡新、试新、龙团胜雪、白茶、御苑玉芽五种都是在水里挑拣的，是第一等。其余的都是直接挑拣的，在质地上就要稍微差一些。还有七类成色粗的茶，有五个品种。大小龙凤和拣芽都加进了龙脑和膏，制成圆形茶饼，有四万多块。水拣茶是春社前采摘的茶，生拣茶是寒食前采摘的茶，粗色茶是雨水节气前采摘的茶。地处南方的福建，天气比较暖和，雨前茶的叶子已经老了，它的味道很浓。还有石门、乳吉、香口这三个品种的茶，

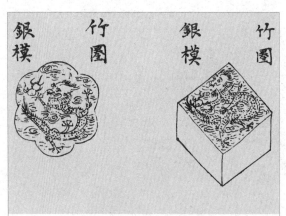

白茶、龙团胜雪

　　为宋代北苑贡茶名品，受到宋代皇帝的喜爱。白茶是圆形团茶，径一寸五分。白茶采自白叶茶树，茶芽细小，表面有白色的茸毫，散发银白的光泽。龙团胜雪是有龙纹的方形团茶，方一寸二分。

它们都是外焙的茶，也属于北苑。制法都是把采摘下来的茶芽送到官焙进行加工。这一项工序需要花去两万多串钱，每天需要雇用上千个工人，需要花费两个月的时间才能完成。但是制出来的茶，不允许超过规定的数量，进贡之后，在市面就没有卖的了，所以人们很难得到。只有在壑源等处烘焙的私茶，其中的极品可以比得上官焙的茶。不过从过去到现在，这种茶也都作为贡品进贡了。那些在各个地方卖的茶，都是私焙茶。北苑地处富沙的北面，

在建安县的管辖范围之内，离城有二十五里路远的地方，就是龙焙，那是制造贡茶的地方。这里又被称为凤凰山。这个地方有一条小溪，向南一直流至富沙城的下面，然后与西来的水汇合向东流去。

[原文]

车清臣《脚气集》：《毛诗》云："谁谓荼苦，其甘如荠。"注：荼，苦菜也。《周礼》："掌荼以供丧事。"取其苦也。苏东坡诗云："周《诗》记苦荼，茗饮出近世。"乃以今茶为荼。夫茶，今人以清头目，自唐以来，上下好之，细民亦日数碗，岂是荼也。茶之麁者是为茗。

宋子安《东溪试茶录序》：茶宜高山之阴，而喜日阳之早。自北苑凤山，南直苦竹园头，东南属张坑头。皆高远先阳处，岁发常早，芽极肥乳，非民间所比。次出壑源岭，高土沃地，茶味甲于诸焙。丁谓亦云凤山高不百丈，无危峰绝崦，而冈翠环抱，气势柔秀，宜乎嘉植灵卉之所发也。又以建安茶品甲天下，疑山川至灵之卉，天地始和之气，尽此茶矣。又论石乳出壑岭断崖缺石之间，盖草木之仙骨也。近蔡公亦云："惟北苑凤凰山连属诸焙，所产者味佳，故四方以建茶为名，皆曰北苑云。"

黄儒《品茶要录序》：说者尝谓陆羽《茶经》不第建安之品。盖前此茶事未甚兴，灵芽真笋往往委翳消腐而人不知惜。自国初以来，士大夫沐浴膏泽①，咏歌升平之日久矣。夫身世洒落，神观冲淡，惟兹茗饮为可喜。园林亦相与摘英夸异，制棬②鬻③新，以趋时之好。故殊异之品，始得自出于榛莽④之间，而其名遂冠天下。借使陆羽复起，阅其金饼，味其云腴，当爽然自失矣。因念草木之材，一有负瑰伟绝特者，未尝不遇时而后兴，况于人乎。

[注释]

①膏泽：比喻恩惠。沐浴膏泽指蒙受皇天的恩惠。②棬：古代制作茶饼，专门用铁制成的模，也叫作规。形状有圆形和方形，除此之外还有形状像花鸟的。③鬻：卖的意思。④榛莽：泛指荆棘丛生，草木丛杂。

[译文]

车清臣在《脚气集》中记载：《毛诗》云："谁说茶的味道是苦的呢，它甘

茶

　　茶即苦菜，苏东坡认为人们所说的茶就是《诗经》里面记载的茶，实际上二者是完全不同的。

甜得就像荠一样。"注：茶，指苦菜。《周礼》中记载："掌荼以供丧事。"取的就是它的苦味。苏东坡诗中写道："周《诗》记苦荼，茗饮出近世。"认为人们今天所说的茶就是荼。所谓茶，就是人们可以用来清醒头脑的，从唐代开始，上至王公贵族下至黎民百姓都喜欢喝茶，那些普通老百姓每天都要喝上几碗，怎么能是"荼"呢？茶中那些比较粗糙的被称为茗。

　　宋子安在《东溪试茶录序》中说：在高山的北面比较适宜茶的生长，茶喜欢那些太阳能够照射到的地方。从北苑的凤山一直到南面的苦竹园，从东南一直到距离较远的张坑头，都是地势比较高而且向阳的地方。每年在这里的茶叶很早就生长出来，芽特别肥嫩，其他地方所产的茶不能和这个地方的相比。丁谓曾经也说过凤山这个地方没有超过百丈高，没有高险的山峰和峭壁，但这里绿翠环绕，远远看上去特别秀美，适合种植一些花草树木。因为建安茶的质地是天下第一，于是就有人认为那些山川间最有灵气的草木，天地间最和谐的气氛都在茶身上得到了集中体现。还谈到了壑岭断石间的钟乳石，说它们是草木的仙骨。近来蔡公也说："只有在北苑凤凰山一带烘焙出来的茶叶，味道是最好的，所以四面八方的人都认为建茶是名茶，因而都把它称为北苑。"

　　黄儒在《品茶要录序》中说：好多人谈到陆羽在《茶经》中没有把建安茶的等级排列出来，那是因为以前还没有盛行饮茶，茶树长出的那些嫩芽和好的叶子，往往由于没有受到珍视而腐烂掉了。从我朝开国初年一直到现在，各级官员都蒙受着上天的恩惠，享受着歌舞升平的生活。因此，即使那些穿着一般、出身寒微的普通人也能够欣然喝上茶。那些茶园茶林都对采摘好的茶叶很重视，并且用来相互炫耀，并把它们制成新品来出售，用来满足人们的喜好。所以说那些独特的好茶，开始的时候都是生长在山野草莽中，然后慢慢地成为名冠天下的名茶。如果陆羽能够复生的话，看到现在有这样好的茶叶，有如此纯美的味道，就立即会感到以前自己所写的《茶经》是有疏漏的。想到像草木这类植物，只要具备了优良而独特的品质，就会乘着好的时机而兴旺起来，连草木都如此，更何况是人呢？

[原文]

苏轼《书黄道辅品茶要录后》：黄君道辅讳儒，建安人，博学能文，淡然精深，有道之士也。作《品茶要录》十篇，委曲微妙，皆陆鸿渐以来论茶者所未及。非至静无求，虚中不留，乌能察物之情如此其详哉。

《茶录》：茶，古不闻食，自晋、宋已降，吴人采叶煮之，名为"茗粥"。

叶清臣《煮茶泉品》：吴楚山谷间，气清地灵，草木颖挺，多孕茶荈①。大率②右③于武夷者为白乳，甲于吴兴者为紫笋，产禹穴者以天章显，茂钱塘者以径山稀。至于桐庐之岩，云衢之麓，雅山著于宣歙shè，蒙顶传于岷mín蜀，角立差胜，毛举实繁。

[注释]

①荈：采摘时间较晚的茶，茶的老叶，即粗茶。②大率：大概，大致。③右：古人常以右为尊，此处意为胜过、超过。

[译文]

苏轼在《书黄道辅品茶要录后》中记载：黄君道名讳儒，是建安人，他不仅十分博学，而且还擅长写文章，性格恬淡而学问精深，有很好的道德修养。他写了十篇《品茶要录》，对茶进行了细致入微的论述，是自陆羽以来谈论茶的人都没有达到的。他如果不是心里平静，内心没有欲求和杂念，又怎么能够如此仔细地观察事物呢？

《茶录》中这样说：在古代没有听说有人食用茶，从晋、宋以后，吴地的人才开始把它采摘下来，进行烹煮，并把它叫作"茗粥"。

叶清臣在《煮茶泉品》中说：在吴、楚这两个地方的山谷中，土地肥沃，空气新鲜，所以这里的草木长得茂密繁盛，同时在这个地方还生长着许多茶树。这里出产的茶叶，有一种叫作白乳，质地和武夷产的比起来要好一些，一种叫作紫笋，质地和吴兴产的比起来要好一点。禹穴的茶叶以天章出产的最

径山

余杭径山是天目山脉的东北峰，苏轼在《游径山》写到："众峰来自天目山，势若骏马奔平川。"径山禅寺是佛教临济宗的祖庭，径山下的双溪就是陆羽著《茶经》的地方。

有名，而钱塘的茶以径山出产的最为珍稀。至于桐庐的岩石，云衢的山麓，雅山在宣歙出名，蒙顶在岷蜀流传，他们都各有不同，各有优点和缺点，如果要列举起来是很烦琐的。

[原文]

　　周绛《补茶经》：芽茶只作早茶，驰奉万乘①，尝之可矣。如一旗一枪②，可谓奇茶也。

　　胡致堂曰：茶者，生人之所日用也。其急甚于酒。

　　陈师道《茶经丛谈》：茶，洪之双井③，越之日注④，莫能相先后，而强为之第者，皆胜心耳。

[注释]

　　①万乘：后世把天子称为万乘，驰奉万乘，意指用快马把贡品从很远的地方奉送给天子。②旗、枪：指茶叶的一种，茶叶叫旗，其嫩芽叫枪，所以称为旗枪。③双井：茶叶的一种，产于江西洪州（今江西修水）。④日注：茶的一种，产于浙江绍兴。它和双井在古代都是贡茶。

陈师道

北宋诗人陈师道，别号后山居士，与黄庭坚、陈与义同列为江西诗派的"三宗"。他有关于茶的诗词传世。在《茶经序》中，他高度评价了陆羽及其《茶经》的历史功绩。

[译文]

　　周绛在《补茶经》中记载：茶芽只可以作早茶用，用快马把贡品从很远的地方奉送给天子，只要品尝到就可以了。如果遇到那些旗枪茶，那么可以算得上是一种奇特的茶了。

　　胡致堂说：在人的生活中茶是一种必需品，它比酒的作用还要重要。

　　陈师道在《茶经丛谈》中说：洪州出产的双井茶，越州出产的日注茶，是不能够把它们的高低分辨出来的，如果非要给它们排一个等级的话，那只是人的一种心理作用而已。

[原文]

　　陈师道《茶经序》：夫茶

之著书自羽始，其用于世亦自羽始，羽诚有功于茶者也。上自宫省，下逮邑里，外及异域遐陬^①，宾祀燕享^②，预陈于前。山泽以成市，商贾以起家，又有功于人者也，可谓智矣。《经》曰："茶之否臧^③，存之口诀。"则书之所载，犹其粗也。夫茶之为艺下矣，至其精微，书有不尽，况天下之至理，而欲求之文字纸墨之间，其有得乎？昔者先王因人而教，因欲而治，凡有益于人者，皆不废也。

吴淑《茶赋》注：五花茶者，其片作五出花也。

姚氏《残语》：绍兴进茶，自高文虎始。

[注释]

①遐陬：指很远的地方和一些角落。②宾祀燕享：意指招待宾客、祭祀等场合。③否臧：评论坏和好。

[译文]

陈师道在《茶经序》中说：从陆羽开始有了关于茶的著作，广泛流传的喝茶的习俗也是从陆羽那儿开始的。陆羽对于茶做出了很大的贡献。上至皇宫和各省的要员，下到乡里和异域，在祭祀宴宾的时候都要把茶放在前面。在一些山野和川泽因为茶而形成了集市，一些商人因为买卖茶，生意变得兴旺，从而发家致富。茶对人来说功劳是很大的，茶可以称得上是一种特别聪慧的植物。《茶经》中说："要想鉴别茶叶的优和劣，可以用到一些口诀。"但在他的书中也只是大概说了一下。而关于茶的工艺的内容就谈得更少了，至于它的精妙之处，没有在书中完全说清楚。更何况那些天下的真理，要想都在文字记载中得到又怎么可能呢？以前的时候，先王根据人的不同而采取不同的方法施教，根据不同的要求来治理，方法只要是对人有益就不会放弃。

吴淑在《茶赋》注：五花茶，说的是它的叶子就好像五朵花一样。

姚氏在《残语》中说：绍兴是从高文虎开始进贡茶叶的。

[原文]

王楙《野客丛书》：世谓古之荼^①，即今之茶。不知茶有数种，非一端也。《诗》曰"谁谓荼苦，其甘如荠^②"者，乃苦菜之荼，如今苦苣之类。《周礼》"掌荼"、毛诗"有女如荼"者，乃苕荼之荼也，此萑苇之属。惟茶槚^③之荼，乃今之茶也。世莫知辨。

[注释]

①荼：一种苦菜，苣菜属和莴苣属植物。②荠：即荠菜。一种常见杂草、

野菜，亦入药。③槚：古指茶树。

[译文]

　　王楙在《野客丛书》中论述道：人们都认为古代所说的荼，也就是人们今天所说的茶。而实际上荼有好几种，并不是只有一种。《诗经》中有这样的记载："谁谓荼苦，其甘如荠。"其中所说的荼是苦菜的荼，也就是像苦苣一类的植物。《周礼》中所说的"掌荼"，毛诗中的"有女如荼"，荼指的是茅莠，也就是指蓷莠一类。只有像茶槚那种荼，才是现在人们所说的茶。可是世人却不能够把它们分辨清楚。

[原文]

　　《魏王花木志》：茶叶似栀，可煮为饮。其老叶谓之荈，嫩叶谓之茗。

　　《瑞草总论》：唐宋以来有贡茶，有榷茶^①。夫贡茶，犹知斯人有爱君之心。若夫榷茶，则利归于官，扰及于民，其为害又不一端矣。

　　元熊禾《勿斋集》：北苑茶焙记贡古也。茶贡不列《禹贡》《周职方》，而昉^②于唐，北苑又其最著者也。苑在建城东二十五里，唐末里民张晖始表而上之。宋初丁谓漕^③闽，贡额骤益，斤至数万。庆历承平日久，蔡公襄继之，制益精巧，建茶遂为天下最。公名在四谏官列，君子惜之。欧阳公修虽实不与，然犹夸侈歌咏之。苏公轼则直指其过矣。君子创法可继，焉得不重慎也。

[注释]

　　①榷茶：榷，专卖的意思。榷茶意指专卖茶。②昉：起始。③漕：古代把利用河道转运粮食叫作漕运，这里指担任漕运官。

[译文]

　　《魏王花木志》中记述道：茶叶如同栀子一样，是可以用来煮着喝的。它的老叶被称为荈，而新叶叫作茗。

　　《瑞草总论》中有这样的记载：自唐宋以来，就有贡茶和榷茶的分别。人们所说的贡茶，似乎表明献茶人有忠君的心理。而所说的榷茶，只是对当官的有利，对老百姓来说却只能受到损害，当然它的危害还不只这一点。

　　元代熊禾在《勿斋集》中记载：北苑茶焙在古代就向朝廷进贡。可是茶贡在《禹贡》中和《周礼·职方氏》中都没有列入，而是说它们兴起于唐代。最有名的贡茶要属北苑的茶。北苑地处建城东二十五里的地方，唐末的时候，当地有个叫张晖的人开始向朝廷上表贡茶。到了宋代的时候，丁谓担任了福建一带的漕运使，贡茶的数量比以前大大增加了，有的时候多达数万斤。庆历年间社会长期太平无事，蔡襄把这一做法继承了下来，并且茶的制作法比以前更加精致。建茶由此成了天下的名茶，而蔡襄的声誉也日渐高涨，地位显赫，排在四谏官之列。但那些品格高尚的人却认为蔡襄这种做法有不妥的地方，很惋惜他的为人。对于这件事欧阳修不愿参与，仍用诗歌对他进行赞美。而苏东坡则直接把这件事的过失指出来。可以继承君子创立的法则，但继承时一定要慎重对待。

[原文]

《说郛·臆乘》^①：茶之所产，六经载之详矣，独异美之名未备。唐宋以来，见于诗文者尤多，颇多疑似，若蟾背、虾须、雀舌、蟹眼、瑟瑟、沥沥、霭霭、鼓浪、涌泉、琉璃眼、碧玉池，又皆茶事中天然偶字也。

《茶谱》^②：衡州之衡山，封州之西乡，茶研膏为之，皆片团如月。又彭州蒲村堋口，其园有"仙芽"、"石花"等号。

[注释]

①《说郛》：元末明初的学者陶宗仪编纂，书名取扬子语"天地万物郭也，五经众说郭也"，意思就是五经众说。共一百卷，条目数万，为历代私家编集大型丛书中较重要的一种。②《茶谱》：明初宁献王朱权所著。

[译文]

《说郛·臆乘》中记载：出产茶的地方，在六经中已经有很详细的叙述了，唯独那些具有特色、质地优良的茶，没有见到它们的名字。自唐宋以来，在不少的诗文当中经常能够发现一些疑似茶叶的名字。像蟾背、虾须、雀舌、蟹眼、瑟瑟、沥沥、霭霭、鼓浪、涌泉、琉璃眼、碧玉池，这些名字大概是在茶事中自然形成的。

据《茶谱》记载：在衡州的衡山、

佳茗似佳人

唐人制茶时，把茶叶碾成粉末后，还会用酥油调和，使之滑爽。制出的好茶，颜色墨绿，如湘娥轻轻挽起的发髻一样柔软滑腻。

封州的西乡，把茶叶研成膏状，压制成月形一样的片团。还有在彭州蒲村堋口，在那里的茶园内有被称为"仙芽""石花"的茶。

[原文]

　　明人《月团茶歌序》：唐人制茶碾末，以酥滫^①（xiǔ）为团，宋世尤精，元时其法遂绝。予效而为之，盖得其似，始悟古人咏茶诗所谓"膏油首面"，所谓"佳茗似佳人"，所谓"绿云轻绾湘娥鬟（wǎn）（huán）"^②之句。饮啜之余，因作诗记之，并传好事。

　　屠本畯（jùn）《茗笈（jī）评》：人论茶叶之香，未知茶花之香。余往岁过友大雷山中，正值花开，童子摘以为供，幽香清越，绝自可人，惜非瓯中物耳。乃予著《瓶史月表》，以插茗花为斋中清玩。而高廉《盆史》，亦载"茗花足助玄赏"云。

[注释]

　　①滫：蒸热的意思。②绿云轻绾湘娥鬟：这里把茶叶比喻成湘娥的发髻。

[译文]

　　明代有人作《月团茶歌序》，其中记述道：唐代人在制茶的时候，常常要把茶叶碾成粉末，然后用酥油调和，做成团状。到了宋代的时候这种方法比前代更为精良，到元代的时候这种技术便失传了。我现在模仿这种制茶的方法来制茶，做出来的茶，形状和前面说到的大体相似。于是才开始体会到古人在一些咏茶诗中所说的"膏油首面""佳茗似佳人""绿云轻绾湘娥鬟，"这些句子的真正含义。在饮茶之余，作诗把它记下来，为的是把这美好的事传播出去。

　　屠本畯在《茗笈评》中说：人们经常谈到茶叶的香，却不知道茶花的香。前些年我曾经到朋友居住的大雷山，当时正赶上茗花盛开，童子把一些茗花摘下养起来，那些花散发出清幽的香气，香气宜人。可惜在小盆中不能养活这种花。我于是写了《瓶史月表》，把插茗花作为一种高雅的情趣在小斋中自娱。高廉的《盆史》中也有"茗花足助玄赏"的记载。

[原文]

　　《茗笈赞》十六章：一曰溯源，二曰得地，三曰乘时，四曰揆（kuí）制，五曰藏茗，六曰品泉，七曰候火，八曰定汤，九曰点沦，十曰辨器，十一曰申忌，十二曰防滥，十三曰戒淆，十四曰相宜，十五曰衡鉴，十六曰玄赏。

谢肇淛《五杂俎》:今茶品之上者，松萝①也，虎丘②也，罗岕③也，龙井④也，阳羡⑤也，天池⑥也。而吾闽武夷、清源、彭山三种，可与角胜。六安、雁宕、蒙山三种，祛滞有功而色香不称，当是药笼中物，非文房佳品也。

[注释]

　　①松萝：属绿茶类，创于明代隆庆年间，产于休宁县松萝山。②虎丘：苏州虎丘产虎丘茶，又名"白云茶"。③罗岕:岕茶产于苏浙交界的茗岭之阳，也就是浙江北部长兴白岘的罗岕山区，古人以"金石芝兰之性"赞誉岕茶。④龙井：又称龙井茶，属绿茶，产于杭州。⑤阳羡：借指江苏宜兴出产的茶。⑥天池：产于苏州，与虎丘齐名。

[译文]

　　《茗笈赞》有十六章：第一章追溯茶的历史；第二章论述茶的产地；第三章论述种茶的时机；第四章论述茶的制作方法；第五章论述茶叶的贮藏；第六章论述品泉；第七章论述火候；第八章论述确定泡茶的水温；第九章论述煮茶的方法；第十章论述如何辨别茶的器具；第十一章论述各种禁忌；第十二章论述防滥；第十三章论述防止混淆；第十四章论述相宜；第十五章论述茶的鉴定；第十六章论述茶的观赏。

　　谢肇淛在《五杂俎》中说：现在茶叶中的松萝、虎丘、罗岕、龙井、阳羡、天池等都是上等的茶，我们福建出产的武夷、清源、彭山这三种茶可以和它们一争高低。六安、雁宕、蒙山这三种茶喝了之后能把人体内的各种杂物清除掉。但是它们在色香方面要差一些，所以它们应该算作是药里的品种，而不能算是文房中的佳品。

[原文]

　　《西吴枝乘》：湖人于茗，不数顾渚，而数罗岕。然顾渚

天池

　　苏州的天池山，出产的茶与虎丘茶齐名，被誉为"仙品"，天池茶即使闻一下也能解渴，喝了之后更是感到心情舒畅。

之佳者，其风味已远出龙井。下岕稍清隽，然叶粗而作草气。丁长孺尝以半角见饷，且教余烹煎之法，追试之，殊类羊公鹤。此余有解有未解也。余尝品茗，以武夷、虎丘第一，淡而远也。松萝、龙井次之，香而艳也。天池又次之，常而不厌也。余子琐琐，勿置齿喙^hui①。

屠长卿《考槃余事》：虎丘茶最号精绝，为天下冠，惜不多产，皆为豪右②所据，寂寞山家无由获购矣。天池青翠芳馨，噉之赏心，嗅亦消渴，可称仙品。诸山之茶，当为退舍。阳羡俗名罗岕，浙之长兴者佳，荆溪稍下。细者其价两倍天池，惜乎难得，须亲自收采方妙。六安品亦精，入药最效，但不善炒，不能发香而味苦，茶之本性实佳。龙井之山不过数十亩，外此有茶似皆不及。大抵天开龙泓美泉，山灵特生佳茗以副之耳。山中仅有一二家，炒法甚精。近有山僧焙者亦妙，真者天池不能及也。天目为天池、龙井之次，亦佳品也。《地志》云："山中寒气早严，山僧至九月即不敢出。冬来多雪，三月后方通行，其萌芽较他茶独晚。"

包衡《清赏录》：昔人以陆羽饮茶比于后稷树谷，及观韩翃^hóng《谢赐茶启》云："吴主礼贤，方闻置茗；晋人爱客，才有分茶。"则知开创之功，非关桑苎^zhù老翁③也。若云在昔茶勋未普，则比时赐茶已一千五百串矣。

[注释]

①喙：当嘴讲，特指鸟兽的嘴。②豪右：古代把势力强大的人称为豪右。③桑苎老翁：这里指陆羽，陆羽在上元初的时候隐居在苕溪，自称为桑苎翁。

[译文]

《西吴枝乘》中记载道：湖人喝茶的时候讲究喝罗岕茶而不喜欢喝顾渚茶。但是那些好的顾渚茶，它的风味要比龙井好得多。下岕的风味稍微清隽一点，叶子粗并且有草的气味。丁长孺曾经送给我半角茶，并且教给我烹煎的方法。我试了试，这种茶的味道却和羊公鹤一样名不副实。这也就是我有些地方能够理解，而有些地方不能够理解的问题所在。我过去品茶的时候，感到武夷、虎丘茶的风味可以称得上是第一，颜色清淡而味道久远。松萝、龙井在这一方面就要差一点，味道香浓而颜色艳丽。天池在这一方面稍微又差一些，但如果经常喝也不会感到厌烦。还有其他很多的茶，都不值得一提。

屠长卿在《考槃余事》中说：虎丘茶属于极品茶，可称为天下第一，可惜的是产量不是很多，而且大部分都被豪门所据有，那些默默无闻的平民百姓根本没有办法买到。天池青翠具有芳香的气味，喝了之后会感到心情舒畅，即使闻一下也能够解渴，可以称得上是茶中的仙品。其他山出产的茶都要排在它的下面。阳羡俗名叫作罗岕，这种茶以浙江长兴出产的为好，荆溪出产的就稍差一点。其中精细的茶售价要比天池高出两倍，可惜的是很难得到这种茶，必须要亲自去收购采摘才能得到。六安茶也是茶中的精品，如果入药的话应该是最为有效的。但是这种茶如果不会炒的话，香味就出不来且味道很苦。其实它的质地还是很不错的。能够出产龙井茶的茶山不过有数十亩，除此而外的那些茶，虽然在外形上看起来和龙井差不多，但味道都是不能和龙井相比的。大概是上天打开了龙泓的美泉，山具有灵气，因而才能长出这样好的茶，可以相互媲美。在山中只有一两家人炒茶的技术比较精湛，近来这里也有的僧人焙茶技术较高超。真正的好龙井茶不是天池所能赶得上的。天目茶虽然和天池、龙井比起来要差一些，但也应该算是好茶。《地志》中说："山中天气寒冷得较早，到了九月份的时候僧人就不敢出门了。冬天下雪的时候较多，要等到三月以后道路才能够通行，因而这里的茶芽比起其他地方的来发得较晚。"

包衡在《清赏录》中说：前辈人陆羽喝茶就如同后稷种谷子一样，都是具有开创作用的。到后来看了韩翃写的《谢赐茶启》，这本书里面说吴主礼贤下士，开始把茶放置在一些有才能的人面前。晋朝的人都有好客的习俗，开始有了分茶的习惯。由这些可以看出，并不是陆羽开创了饮茶的风气。如果说过去还没有普及的话，那么赐茶这种习俗至少也已经有一千五百年的历史了。

[原文]

陈仁锡《潜确类书》：紫琳腴、云腴，皆茶名也。茗花白色，冬开似梅，亦清香。（按：冒巢民《岕茶汇钞》

菊花

茶树的栽种很有讲究。茶树下如果种植兰花、菊花之类清幽芳香的花草，将会有利于茶树的生长。菊花清新高雅，和梅、兰、竹一起被誉为花卉的"四君子"。诗人陶渊明素爱菊，有"采菊东篱下，悠然见南山"的佳句。

云：茶花味浊无香，香凝叶内。二说不同。岂芥与他茶独异欤。）

《农政全书》^①：六经中无茶字，茶即茶也。

《毛诗》云："谁谓荼苦，其甘如荠。"以其苦而味甘也。夫茶，灵草也，种之则利博^②，饮之则神清。上而王公贵人之所尚，下而小夫贱隶之所不可阙，诚民生食用之所资，国家课利之一助也。

罗廪《茶解》：茶固不宜杂以恶木，惟古梅、丛桂、辛夷、玉兰、玫瑰、苍松、翠竹，与之间植，足以蔽霜雪，掩映秋阳。其下可植芳兰、幽菊清芬之品。最忌菜畦^③相逼，不免渗漉^④，滓厥清真。茶地南向为佳，向阴者遂劣。故一山之中，美恶相悬。

［注释］

①《农政全书》：作者徐光启，是明末杰出的科学家。《农政全书》基本上囊括了古代农业生产和人民生活的各个方面。②博：广大。③菜畦：指菜地，有土埂围着的一块块排列整齐的种蔬菜的田。④渗漉：指互相渗透。

［译文］

陈仁锡在《潜确类书》中记载：紫琳腴、云腴都是名茶。茶树的花是白颜色的，冬天盛开的时候就像梅花一样，发出一种清幽的香气。（按：冒巢民《芥茶汇钞》云："茶花气味浑浊、没有香气，香气凝聚在叶子里。"两种说法有些不同，难道是因为芥茶和其他的茶不同而显得独特吗？）

《农政全书》中记载：在六经里面是没有茶这个字的，荼也就是茶。

《毛诗》中说："谁谓荼苦，其甘如荠。"意思是说它的味道苦中带甜。茶是一种有灵气的植物，如果种植它的话能够获得很多的好处，人喝了它之后会变的神清气爽。上有王公贵族崇尚它，下至普通百姓都感到不能缺少它。它成了百姓生活的一种必需品，并且对增加国家的税收也是很有帮助的。

罗廪在《茶解》中说：茶树不适合与一些不好的树在一起栽种。只有古梅、丛桂、辛夷、玉兰、玫瑰、苍松、翠竹这些植物能和它夹杂在一起生长，可以遮蔽霜雪，挡住秋天的阳光。它的下面可以种植像兰花、菊花这些淡雅芳香的植物。茶树最忌讳的就是和那些种蔬菜的地相邻，这是因为水肥渗洒，一些杂物就会混入茶树地里，对茶树好的本质的成长产生影响。茶地向阳的一面比较好，向阴的一面就稍微差些，因此在同一个山上长出的茶好坏差别也会很大。

［原文］

李日华《六研斋笔记》：茶事于唐末未甚兴，不过幽人雅士手撷^{xié}

于荒园杂秽中，拔其精英，以荐灵爽，所以饶云露自然之味。至宋设茗纲①，充天家②玉食，士大夫益复贵之。民间服习寖jìn广，以为不可缺之物。于是营植者拥溉掣粪，等于蔬薮sǒu，而茶亦颓其品味矣。人知鸿渐到处品泉，不知亦到处搜茶。皇甫冉《送羽摄山采茶》诗数言，仅存公案而已。

徐岩泉《六安州茶居士传》：居士姓茶，族氏众多，枝叶繁衍遍天下。其在六安一枝最著，为大宗；阳羡、罗岕、武夷、匡庐之类，皆小宗；蒙山又其别枝也。

乐思白《雪庵清史》：夫轻身换骨，消渴涤烦，茶荈chuàn之功，至妙至神。昔在有唐，吾闽茗事未兴，草木仙骨，尚閟bì其灵。五代之季，南唐采茶北苑，而茗事兴。追宋至道初，有诏奉造，而茶品日广。及咸平、庆历中，丁谓、蔡襄造茶进奉，而制作益精。至徽宗大观、宣和间，而茶品极矣。断崖缺石之上，木秀云腴，往往于此露灵。倘微丁、蔡来自吾闽，则种种佳品，不几于委翳yì③消腐哉？虽然，患无佳品耳。其品果佳，即微丁、蔡来自吾闽，而灵芽真笋岂终于委翳消腐乎？吾闽之能轻身换骨，消渴涤烦者，宁独一茶乎？兹将发其灵矣。

［注释］

①茗纲：成批发送进贡的茶叶。②天家：指天子，天子把天下作为自己的家，所以称为天家。③翳：隐蔽的意思。

［译文］

李日华在《六研斋笔记》中记载：唐朝末年的时候喝茶的风气还不是十分盛行，在当时只是有一些隐士雅人在荒芜的园子里，种上一些茶树，等到长出叶后，把好的叶子摘下一些来泡制饮用，这样就可以享受到云露自然的味道。到了宋代的时候设置茗纲，茶便成了皇家玉食。士大夫们都把茶看得十分珍贵，民间饮茶的人也越来越多，茶渐渐成为生活中不可缺少的一种必需品。因为种植茶的人对待茶就像对待蔬菜一样，给它浇水施粪，这样茶的生长和品味就都受到了损害。人们往往只知道陆羽所到之处都会品泉，却不知道他也在到过的各个地方搜集茶叶。皇甫冉在《送羽摄山采茶》这首诗中所说的几句话只不过是仅存的公案而已。

徐岩泉在《六安州茶居士传》中说：居士姓茶，宗族的人比较多，枝繁叶茂，遍布天下。在六安州的这一枝是最突出的，应该算是一大宗；阳羡、罗岕、武夷、匡庐这些都应该属于小宗；蒙山则又属于别枝了。

乐思白在《雪庵清史》中说：茶具有特别神奇的功效。人喝了茶之后会感觉浑身轻松，就好像脱胎换骨一样。同时茶还能解渴，消除人的烦恼。在唐朝，福建茶事还没有兴起，这种植物还没有完全发挥出它的灵气作用。到了五代的时候，南唐在北苑这个地方采茶，饮茶才逐渐形成一种风气。宋朝至道初年间，奉皇帝的命令造茶，茶叶的品种慢慢比以前多了起来。在咸平、庆历年间，丁谓、蔡襄制造茶用来进贡。从此茶的制作就变得更为精细了。宋徽宗大观、宣和年间，茶在质地和制作工艺方面都达到了极点。在白云缭绕、树木苍翠的断崖悬壁上，这种地方往往能够生长出有特点的好茶来。假如不是对茶事比较热心的丁谓、蔡襄来到福建的话，那么一些上好的茶不就会白白地腐烂掉吗？然而人们都在为没有好茶发愁。但是如果茶叶的质地很好，即使丁、蔡二人没有到福建来，这些鲜嫩的好茶难道就会自行腐烂掉吗？我们福建出产的这种能使人轻身换骨、消渴去烦的植物，难道只有茶这一种吗？只不过是茶的作用被发挥出来而已。

[原文]

冯时可《茶谱》：茶全贵采造，苏州茶饮遍天下，专以采造胜耳。徽郡①向无茶，近出松萝，最为时尚。是茶始比丘②大方，大方居虎丘最久，得采造法。其后于徽之松萝结庵，采诸山茶，于庵焙制，远迩③争市，价忽翔涌④。人因称松萝，实非松萝所出也。

胡文焕《茶集》：茶至清至美物也，世皆不味之，而食烟火者又不足以语此。医家论茶，性寒能伤人脾。独予有诸疾，则必藉茶为药石，每深得其功效，噫！非缘之有自，而何契之若是耶！

[注释]

①徽郡：指安徽歙县一带。②比丘：满二十岁，受了具足戒的男子称作比丘，俗称和尚。③远迩：即远近。④翔涌：飞速上涨。

[译文]

冯时可在《茶谱》中说：茶的好坏主要在于采摘。世人们都在喝苏州出产的茶，因为那里采茶的工艺要高出其他地方。徽郡这个地方从来不出产茶，最近却出产了最为时尚的松萝。这种茶是大方和尚开始制造的，大方曾经在苏州虎丘住过很长的一段时间，在那里得到了采摘茶的方法。后来，他在徽郡松萝建起了一座小屋，把从山里采摘来的茶叶，放在庵里焙制，于是他采摘焙制的茶远近的人都来买，以至于这种茶的价格飞涨。人们因而称赞松萝，而实际上这种茶并不是松萝这个地方出产的。

胡文焕在《茶集》中记述：茶叶是一种特别清纯美好的物品，世人们都不能够把它的味道完全品尝出来，而那些凡夫俗子是没有能力来谈论茶的。医生说茶叶的本性是寒的，喝了之后会伤害人的脾胃。而我在有了病吃药时，偏偏要用茶作引子，服用之后效果很好。啊，如果不是茶本身具有治病的功能，怎么能够有这样的作用呢？

伊尹

伊尹本来是商汤的妻子陪嫁的奴隶，他善于调羹味。为了劝商汤灭夏，他背负鼎俎，为商汤烹炊，并以此为契机向其分析天下大势。商汤由此知道伊尹有经天纬地之才，便命他为右相。文中将伊公羹与陆氏茶并提，是赞赏陆羽及茶的功绩，宋代茶马互市保证了边塞和平，陆羽的功劳不亚于政治家。

[原文]

《群芳谱》：蕲州蕲门团黄，有一旗一枪之号，言一叶一芽也。欧阳公诗有"共约试新茶，旗枪几时绿"之句。王荆公《送元厚之》句云"新茗斋中试一旗"。世谓茶始生而嫩者为一枪，浸大开者为一旗。

鲁彭《刻〈茶经〉序》：夫茶之为经，要矣。兹复刻者，便览尔。刻之竟陵者，表羽之为竟陵人也。按羽生甚异，类①令尹子文②。人谓子文贤而仕，羽虽贤，卒以不仕。今观《茶经》三篇，固具体用之学者。其曰"伊公羹（gēng）、陆氏茶"，取而比之，实以自况。所谓易地皆然者，非欤？厥后茗饮之风，行于中外。而回纥亦以马易茶，由宋迄今，大为边助。则羽之功，固在万世，仕不仕奚足论也。

沈石田《书岕（jiè）茶别论后》：昔人咏梅花云"香中别有韵，清极不知寒"，此惟岕③茶足当之。若闽之清源、武夷，吴郡之天池、虎丘，武林之龙井，新安之松萝，匡庐之云雾，其名虽大噪，不能与岕相抗也。顾渚每岁贡茶三十二斤，则岕于国初，已受知遇。施于今，渐远渐传，渐觉声价转重。既得圣人之清，又得圣人之时，蒸、采、烹、洗，悉与古法不同。

[注释]

①类：像的意思。②令尹子文：是春秋时期楚国的一位大臣。他是若

续茶经

敖族人，斗氏，名谷於菟，字子文。③岕：一种产地在罗岕的茶。

[译文]

《群芳谱》中记载：蕲州蕲门的团黄，被称为是一旗一枪，意思也就是说一叶一芽。在欧阳修的诗中有这样的描述："共约试新茶，旗枪几时绿。"王荆公在《送元厚之》诗中道："新茗斋中试一旗。"人们都说，茶叶刚刚长出来的嫩芽叫一枪，叶子逐渐展开以后叫一旗。

鲁彭在《刻〈茶经〉序》中说：为茶写书称之为经，这充分说明了它的重要性。现在把它又重新进行刻印，目的是为了大家在阅读的时候比较方便。之所以把它放在竟陵进行刻印，是因为陆羽是竟陵人。陆羽的出身很奇怪，他和楚国的军政长官子文一样，是一个弃儿，人们都说子文因为贤德有才做了令尹，陆羽虽然也很有德，但最终却没有做官。从他写作的这三篇《茶经》可以看出他是一个务实的学者。他所说的"伊公羹、陆氏茶"，是把陆氏茶和周公羹相媲美，实际上也是用来比喻自己的功绩。即使换一个地方的话，还是这么看的，难道不是这样的吗？后来，饮茶的风尚，中外流行，回纥还曾经用马匹来交换茶，从宋朝一直到现在，这对边塞有很大的好处。所以说，陆羽对茶的功劳，是万代永存的，他做不做官，没有什么值得议论的。

沈石田在《书岕茶别论后》中说：过去的人歌咏梅花时说"香中别有韵，清极不知寒"，用这两句诗来称赞岕茶也很合适。至于福建出产的清源、武夷，吴郡出产的天池、虎丘，还有武林出产的龙井，新安出产的松萝，匡庐出产的云雾，即使它们的名气再大，也都不能赶上岕茶好的质地。顾渚每年要进贡的茶有三十二斤，由此就可以知道在开国初年岕茶就已经受到重视了。一直延续到现在，一代一代相传下来，它的身价也变得越来越高。既得到了圣人之清，又得到了圣人之时，它在蒸、采、烹、洗等方面都与原来的方法不一样了。

[原文]

李维桢《茶经序》：羽所著《君臣契》三卷，《源解》三十卷，《江表四姓谱》十卷，《占梦》三卷，不尽传，而独传《茶经》，岂他书人所时有，此其觭①长，易于取名耶？太史公曰："富贵而名磨灭，不可胜数，惟俶傥②非常之人称焉。"鸿渐穷厄终身，而遗书遗迹，百世下宝爱之，以为山川邑里重。其风足以廉顽立懦，胡可少哉。

杨慎《丹铅总录》：茶，即古荼字也。周《诗》记荼苦，《春秋》书齐荼，《汉志》书荼陵。颜师古、陆德明虽已转入茶音，而未易字文也。至陆羽《茶经》、玉川《茶歌》、赵赞《茶禁》以后，遂以茶易荼。

董其昌《茶董题词》:荀子曰:"其为人也多暇,其出入也不远矣。"陶通明曰:"不为无益之事,何以悦有涯之生。"余谓茗椀之事足当之。盖幽人高士,蝉蜕势利,以耗壮心而送日月。水源之轻重,辨若淄渑,火候之文武,调若丹鼎,非枕漱之侣不亲,非文字之饮不比者也。当今此事,惟许夏茂卿拈出。顾渚、阳羡,肉食者往焉,茂卿亦安能禁。壹似强笑不乐,强颜无欢,茶韵故自胜耳。予凤秉幽尚,入山十年,差可不愧茂卿语。今者驱车入闽,念凤团龙饼,延津为沦,岂必士思,如廉颇思用赵?惟是《绝交书》所谓"心不耐烦,而官事鞅掌③"者,竟有负茶灶耳。茂卿能以同味谅吾耶!

[注释]

①觭:这里当奇伟讲。②倜傥:卓异不凡的意思。③鞅掌:这里是忙乱的意思。

[译文]

李维桢在《茶经序》中说:由陆羽所编著的三卷《君臣契》,三十卷《源解》,十卷《江表四姓谱》,三卷《占梦》,都没有能够流传下来,只有《茶经》流传后世。难道是因为其他的书人们一般都有,只有这本书奇特,容易使人成名吗?太史公说:"既富有又尊贵的人,在死后却无声无息的有很多,只有那些风流倜傥、不被世俗所约束的非常人才,才可以留名后世。"陆羽虽然一生穷困,但是他的遗书、遗迹都受到历代的珍视,后世的人都很敬重他。他的风范可以用来教育后代的人,使那些贪婪的人变得廉正,懦弱的人变得坚强。这种精神怎么可以少呢?

杨慎在《丹铅总录》中说:茶,也就是古代的荼字。在《诗经》中记述荼苦,在《春秋》中写作齐荼,在《汉志》写作荼陵,颜师古、陆德明虽然把荼读为茶音,但在书写时仍用荼字。自从陆羽写了《茶经》,王川写了《茶歌》,赵赞写了《茶禁》以后,荼字才逐渐被茶字所代替。

董其昌在《茶董题词》中说:荀子曾经讲过:"如果一个人很闲暇的话,那么他出入的地方也不会远。"陶通明认为:"如果一个人不做些无益的事情,怎么能够让自己短暂的一生充满快乐呢?"我觉得要解决这一问题需要重视一下饮茶的事情。一些幽人高士,不喜欢去追名逐利,也没有雄心壮志,只是在平淡地度日,消磨自己的岁月。在煮茶时候,需要识别水质的好坏,辨别水源是从哪条河来的,还需要观察火候的强弱,精心地调试丹鼎。不亲近那些不是很熟悉的人,在一起饮茶的是那些有文字之交的朋友。现在恐怕只有夏茂卿能够做得到了。顾渚、阳羡这些地方出产的茶,

张旭

张旭是唐代的草书大家，其狂草潇洒磊落、变幻莫测。张旭嗜酒，常在醉中挥笔即书，故被称为"张颠"。韩愈认为他爱酒是因为心中有所寄托，文中童承叙认为陆羽爱茶也是以此为心中之寄托。

达官贵人都要跑到那里要，茂卿又怎么能够阻止得了呢？就如强笑不乐，强颜不欢一样，茶以韵味取胜，最根本的还是在于自身。我天性就喜爱幽静，进山十多年，所作所为，还可以称得上是没有辜负茂卿所说的话。现在有些人乘车来到福建，心里想的是凤团龙饼，流着唾液等待着煮茶喝，是不是和廉颇一样，年纪虽然老了还是要显示一下自己，好被赵国所重用呢？这正如嵇康在《与山巨源绝交书》中所说的那样："心里烦躁，官事忙乱。"以致形容失态，那样的话岂不就辜负了特地来到山林中，用天然石灶煮茶的悠闲恬淡的野趣了吗？不知茂卿能否体会到我的心情呢？

[原文]

童承叙《题陆羽传后》：

余尝过竟陵，憩①羽故寺，访雁桥，观茶井，慨然想见其为人。夫羽少厌髡缁②（kūn zī），笃嗜坟素③，本非忘世者。卒乃寄号桑苎（zhù），遁迹苕霅（zhá），啸歌独行，继以痛哭，其意必有所在，时乃比之接舆，岂知羽者哉。至其性甘茗荈（chuǎn），味辨淄渑，清风雅趣，脍炙今古。张颠之于酒也，昌黎以为有所托而逃，羽亦以是夫。

[注释]

①憩：休息。②髡缁：意为和尚。③笃嗜坟素：尤为喜爱图书典籍。

[译文]

童承叙在《题陆羽传后》中说：我曾经路过竟陵，在陆羽寄居过的寺庙里休息，在那里访问了雁桥，看了茶井，心里特别想见陆羽本人。陆羽少年时厌倦在寺院为僧，嗜好图书典籍，本来不是一个躲避世事的人。他最终以桑苎为号，隐居在山林里面，特立独行，然后又忍不住痛哭，一定是有他的道理的。当时的那些人，把他比作楚狂接舆，又怎么能够理解他呢？等到他沉醉在茶叶里面，辨别水质的好坏，那种清风雅趣，流传下来一直到了今天。张颠对于酒有一种特别的喜好，韩愈认为他是为了逃避才有所寄托的，陆羽也可能是由于这个原因吧！

［原文］

《谷山笔麈》：茶自汉以前不见于书，想所谓槚者，即是矣。李贽疑谓古人冬则饮汤，夏则饮水，未有茶也。李文正《资暇录》谓："茶始于唐崔宁，黄伯思①已辨其非，伯思尝见北齐杨子华作《邢子才魏收勘书图》，已有煎茶者。"《南窗记谈》谓："饮茶始于梁天监中，事见《洛阳伽蓝记》。及阅《吴志·韦曜传》，赐茶荈②以当酒，则茶又非始于梁矣。"余谓饮茶亦非始于吴也。《尔雅》曰："槚，苦荼。"郭璞注："可以为羹饮。早采为茶，晚采为茗，一名荈。"则吴之前亦以茶作茗矣。第③未如后世之日用不离也。盖自陆羽出，茶之法始讲。自吕惠卿、蔡君谟辈出，茶之法始精。而茶之利国家且藉之矣。此古人所不及详者也。

［注释］

①黄伯思：北宋书法家、书学理论家。②荈：采摘时间较晚的茶，茶的老叶，即粗茶。③第：作"但是"解。

［译文］

《谷山笔麈》中有这样的记载：在汉朝以前还没有关于茶的记载，人们所说的槚大概指的就是茶吧。李贽认为古代的人在冬天的时候喝汤，而在夏天的时候喝水，是没有茶的。李文正在《资暇录》中说："茶始于唐代的崔宁，黄伯思已经指出茶不始于唐崔宁，伯思曾经见过北齐杨子华画的《邢子才魏收勘书图》，在那里面已经有煎茶的人了。"《南窗记谈》中说："在梁代天监年间的时候人们开始喝茶，可以在《洛阳伽蓝记》中查看到相关的事情。等到看了《吴志·韦曜传》以后，里面写到可以用赏赐茶水当酒，如果按照这种说法茶又并不是从梁朝就开始的了。"我认为也不是从吴时就开始喝茶的。《尔雅》中说："槚，苦荼。"郭璞注解说："可以把它作为羹来喝。采得早的称为茶，采得晚的称为茗，也叫作荈。"也就是说在吴以前就已经有人用茶泡水了。但是，茶到了后来就成了一种每天不可缺少的东西了。从陆羽开始，才有了那些制茶的方法。从吕惠卿、蔡君谟等人开始，茶的做法变得越来越精细。而茶对国家的贡献也是从这里来的。古代的人都没有把这些做一个详细的说明。

［原文］

王象晋《茶谱小序》：茶，嘉木也。一植不再移，故婚礼用茶从一①之义也。虽兆②自《食经》，饮自隋帝，而好者尚寡。至后兴于唐，盛于宋，始为世重矣。仁宗贤君也，颁赐两府，四人仅得两饼，一人分数钱耳。宰相家至不敢碾试③，藏以为宝，其贵重如此。近世蜀之蒙山，每岁仅以两计。苏之虎丘，至官府预为封识，公为采制，所得不过数斤。岂天地间尤物生固不数数④然耶。瓯泛翠涛，碾飞绿屑，不藉云腴，孰驱睡魔？作《茶谱》。

陈继儒《茶董小序》：范希文⑤云："万象森罗中，安知无茶星。"余以茶星名馆，每与客茗战旗枪，标格天然，色香映发。若陆季疵复生，忍作《毁茶论》乎？夏子茂卿叙酒，其言甚豪。予曰，何如隐囊纱帽，瀹然林涧之间，摘露芽，煮云腴，一洗百年尘土胃耶？热肠如沸，茶不胜酒；幽韵如云，酒不胜茶。酒类侠，茶类隐。酒固道广，茶亦德素。茂卿茶之董狐也，因作《茶董》。东佘陈继儒书于素涛轩。

[注释]

①从一：指专一，即从一而终。②兆：发源，萌芽。③碾试：指碾碎茶饼，煮点试茶。④数数：意为频繁出现的样子。⑤范希文：范仲淹，字希文，北宋政治家、文学家。

[译文]

王象晋的《茶谱小序》中记载：茶树，是非常优良的一种植物。它一旦被种下之后就不能够再移植了，所以在婚礼上的时候要用到茶，就是为了取从一而终这层意思。关于这种记载最早能够见到的是在《食经》里面，喝茶从隋帝的时候才开始的，但是喜欢的人不是很多。后来到了唐朝的时候喝茶才开始兴盛起来，到宋朝的时候就已经很兴盛了，人们才开始重视茶这种植物。宋仁宗是一位贤明的君主，曾经把茶饼赏赐给两府，四个人才两块，一个人仅分得几钱。就连宰相也不敢随便碾试，都把它当作珍品珍藏起来，由此可以看出它贵重的程度。近来蜀地出产的蒙山茶，每年的产量只能用两来计算。江苏的虎丘，到了要采摘的时候官府也提前封识，由公家去进行采摘，所能得到的也不过几斤。这也就是说天地之间所生产的那些好东西数量都是有限的。杯泛碧波，碾飞绿屑，不借助这么好的东西，怎么可以驱除睡魔？所以写作了《茶谱》。

陈继儒在《茶董小序》中记载：范希文说："在万象森罗之中，怎么能够知道没有茶星呢！"我把客厅的名字叫作茶星，这样每当和客人一起品茶的时候，风味天然，颜色和香味都能够散发出来。如果陆羽还在世的话，还忍心写作《毁茶论》吗？夏茂卿说到酒，语气中有一种自豪感。我说，为什么不弃官到山林中隐居呢？可以在山林涧水之间，把这么好的茶叶采摘下来，煮成好茶，能把肠胃之中一百年的沉积洗刷掉。要想热肠沸腾，茶比不上酒；

但是要说到清幽雅致，那酒就比不上茶水了。如果说酒就像侠士一样，那么茶就好像隐士了。酒虽然很有劲道，但茶有好的品德。因为茂卿是茶的董狐，所以就作了《茶董》。东佘陈继儒写于素涛轩。

[原文]

夏茂卿《茶董序》：自晋唐而下，纷纷邾莒^①之会，各立胜场，品别淄渑，判若南董，遂以《茶董》名篇。语曰："穷《春秋》，演河图^②，不如载茗一车。"诚重之矣。如谓此君面目严冷，而且以为水厄，且以为乳妖，则请效綦毋先生无作此事。冰莲道人识。

《本草》：石蕊，一名云茶。

卜万祺《松寮茗政》：虎丘茶，色味香韵，无可比儗。必亲诣茶所，手摘监制，乃得真产。且难久贮，即百端珍护，稍过时即全失其初矣。殆如彩云易散，故不入供御耶。但山岿隙地，所产无几，为官司禁据，寺僧惯杂赝种，非精鉴家卒莫能辨。明万历中，寺僧苦大吏需索，薙除^③殆尽。文文肃公震孟作《薙茶说》以讥之。至今真产尤不易得。

[注释]

①邾莒：春秋二小国名。北魏杨衒之《洛阳伽蓝记·正觉寺》："羊者是陆产之最，鱼者乃水族之长。所好不同，并各称珍。以味言之，甚是优劣：羊比齐鲁大邦，鱼比邾莒小国。"②穷《春秋》，演河图：指用心研读经书，演算八卦。③薙除：铲除。

[译文]

夏茂卿在《茶董序》中说：从晋唐以后，大家一起聚会的时候，要各自举行比赛，来品尝水的高下不同，像史官南史、董狐那样来进行评判，于是便写作了《茶董》。在这里面说："穷《春秋》，演河图，不如载茗一车。"这确实言重了。如果说茶的面貌是最冷峻的，而且还要把它称为水厄，还被看作乳妖，这样的事情就恳求大家不要去效仿了。冰莲道人记。

在《本草纲目》中记载：所说的石蕊，也叫作云茶。

卜万祺在《松寮茗政》中记载：虎丘茶，在颜色和香味方面都特别好，简直没有东西可以和它相比。必须要亲自到出产茶叶的地方，用手来采摘，才能够得到它的正品。而且它保存起来不是很容易，就算是非常爱护它，只要稍微一过采摘的时间，它最初的内蕴就完全失去了。就像天上那些容易飞散的彩云

黄山云雾

名山产名茶，黄山在明朝时有黄山云雾茶，在清朝时有十大名茶之一的黄山毛峰。黄山毛峰形如雀舌，白毫披身，冲泡后有雾气结顶，香气清新，滋味醇厚。

一样，所以它并不被拿去进贡。况且在那些山林空地所出产的这种茶并不多，而且还要被官家所掠夺，那些寺庙里的和尚总是喜欢把赝品掺杂在里面，如果不是行家的话恐怕是不能够辨别出来的。明朝万历年间寺庙里的和尚苦于官吏搜刮，他们几乎被搜刮得一点都没有了。文肃公震孟写作了《薙茶说》来讽刺这件事。就是到现在也不能够轻易得到那些真正的虎丘茶。

[原文]

袁了凡《群书备考》：茶之名，始见于王褒《僮约》。

许次杼《茶疏》：唐人首称阳羡，宋人最重建州。于今贡茶，两地独多。阳羡仅有其名，建州亦上品，惟武夷雨前最胜。近日所尚者，为长兴之罗岕，疑即古顾渚紫笋①。然岕故有数处，今惟峒山最佳。姚伯道云："明月之峡，厥有佳茗。韵致清远，滋味甘香，足称仙品。其在顾渚亦有佳者，今但以水口茶名之，全与岕别矣。若歙之松萝，吴之虎丘，杭之龙井，并可与岕颉颃②。"郭次甫极称黄山，黄山亦在歙，去松萝远甚。往时士人皆重天池，然饮之略多，令人胀满。浙之产曰雁宕、大盘、金华、日铸，皆与武夷相伯仲。钱塘诸山产茶甚多，南山尽佳，北山稍劣。武夷之外，有泉州之清源，倘以好手制之，亦是武夷亚匹③。惜多焦枯，令人意尽。楚之产曰宝庆，滇之产曰五华，皆表表有名，在雁茶之上。其他名山所产，当不止此，或余未知，或名未著，故不及论。

[注释]

①顾渚紫笋：因其鲜茶芽叶微紫，嫩叶背卷似笋壳，故而得名。该茶产于浙江省湖州市长兴县水口乡顾渚山一带。是上品贡茶中的"老前辈"，早在唐代便被茶圣陆羽论为"茶中第一"。②颉颃：相抗衡，相媲美。③亚匹：可以并比，同伯仲一样，意为不相上下。

[译文]

袁了凡的《群书备考》中记载：关于茶的名字，最初可以在王褒的《僮约》里面见到。

许次杼在《茶疏》中说：阳羡茶是唐朝人最重视的，而建州茶是宋朝人最重视的。现在的贡茶里面，这两个地方最多。阳羡仅仅是有它的名气，上好的品种在建州也有，只有武夷雨前的茶叶被认为是最好的。现在人们都比较推崇的，是长兴的罗岕茶，有人怀疑这可能也就是古时候所说的顾渚紫笋。虽然有很多地方出产岕茶，但现在只有峒山出产的被认为是最好的。姚伯道说："明月峡出产好茶，雅致清远，味道香甜，绝对可以称得上是仙品。它在顾渚这个地方也有好多的品种，现在都把它叫作水口茶，那时因为要和岕茶区别开来。如安徽歙州的松萝，吴地的虎丘，杭州的龙井，都可以和岕茶相比。"郭次甫特别称赞过黄山茶，黄山也是在歙州，但是它要和松萝比起来却相差得很远。以前天池受到人们的重视，但是如果天池喝多了的话，人就会觉得腹部胀满。浙江出产的茶像雁宕、大盘、金华、日铸，和武夷茶比起来都不相上下。出产茶叶最多的是钱塘各山，好茶都是在南面山上，而那些在北面山上的就稍微差一些。除了武夷以外，还有泉州的清源，如果是好手来制作的话，也能跟武夷的相比。可惜的是多半都焦枯了，不能令人满意。楚地所出产的宝庆，云南所出产的五华，都非常有名，品质都要在雁茶之上。其他的名山出产的茶叶，应该不止这么多，或者由于我还不知道，或者因为还没有出名，所以就没有在这里谈到。

[原文]

李诩《戒庵漫笔》：昔人论茶，以枪旗为美，而不取雀舌、麦颗①。盖芽细，则易杂他树之叶而难辨耳。枪旗者，犹今称壶蜂翅②是也。

《四时类要》：茶子于寒露候收晒干，以湿沙土拌匀，盛筐笼内，穰草盖之，不尔即冻不生。至二月中取出，用糠与焦土种之。于树下或背阴之地开坎，圆三尺，深一尺，熟劚③，著粪和土，每坑下子六七十颗，覆土厚一寸许，相离二尺，种一丛。性恶湿，又畏日，大概宜山中斜坡、峻坂④、走水处。若平地，须深开沟垄以泄水，三年后方可收茶。

[注释]

①麦颗：此处指嫩芽茶、细茶。②壶蜂翅：指一个茶芽带一片嫩叶。③熟劚：反复地挖掘。④峻坂：高而陡的坂原。

[译文]

　　李诩在《戒庵漫笔》中说：从前的人们在谈论茶的时候，都把旗枪认为是最好的，而不取雀舌和麦颗。如果茶叶特别细小的话，其他树上的叶子就很容易夹杂在里面，这也就很难分辨出来了。那些被称为旗枪的，也就是现在人们所说的壶蜂翅。

　　《四时类要》中说：在寒露的时候要把茶籽收回来晒干，用一些湿的沙土把它搅匀，然后放在筐笼里面，把稻草覆盖在上面，这样就不至于会冻坏从而不长。到二月中旬的时候再把它取出来，用糠和焦土种起来。在那些树下或者背阴的地方挖一个坑，圆三尺，深一尺，挖好之后，把粪和土放到里面，每一个坑里面可以种下六七十粒种子，然后把一寸厚的土盖在上面，间隔两尺，就可以再种一丛。茶的本性怕湿，又怕太阳，所以适合把它们种在山中的斜坡、高而陡峭的山坡、走水的地方。如果是平地，那就需要挖一个很深的沟来放水，茶叶在三年后就可以采收了。

[原文]

　　张大复《梅花笔谈》：赵长白作《茶史》，考订颇详，要以识①其事而已矣。龙团、凤饼、紫茸、拣芽，决不可用于今之世。予尝论今之世，笔贵而愈失其传，茶贵而愈出其味。天下事，未有不身试而出之者也。

　　文震亨《长物志》：古今论茶事者，无虑数十家，若鸿渐之《经》，君谟之《录》，可为尽善。然其时法，用熟碾为丸、为挺，故所称有"龙凤团""小龙团""密云龙""瑞云翔龙"。至宣和间，始以茶色白者为贵。漕臣郑可闻始创为银丝水芽，以茶别叶取心，清泉渍之，去龙脑诸香，惟新铸小龙蜿蜒其上，称"龙团胜雪"。当时以为不更之法，而吾朝所尚又不同。其烹试之法，亦与前人异。然简便异常，天趣悉备，可谓尽茶之味矣。而至于洗茶、候汤、择器，皆各有法，宁特②侈言③乌府④、

上品拣芽、新收拣芽

为圆形团茶，上面有龙云纹。拣芽是指茶芽连带一柄嫩叶的茶。

云屯⑤等目而已哉。

[注释]

①识：记。②宁特：岂止。③侈言：夸口。④乌府：古代一茶具名，用来盛煎茶用的炭的竹筐。⑤云屯：古代一茶具名，用来舀泉煮茶的瓷瓶。

[译文]

　　张大复在《梅花笔谈》中谈道：赵长白所著的《茶史》，在考证和修订方面都很详细，可以在里面查找想要了解的茶事。龙团、凤饼、紫茸、拣芽，绝对不能在现在用。我曾经讨论过当世，很难动笔写一些东西，以至于使很多东西都失传了，茶越贵越能把其中的味道品尝出来。天下没有不亲自尝试就能得出结论的事情。

　　文震亨的《长物志》中说：从古代到现在谈论茶的，不止有几十家，像陆羽的《茶经》，蔡襄的《茶录》，在这一方面，可以说是做得特别好的了。按照当时的做法是把茶熟碾，做成团状，很坚硬，所以它又被称为"龙凤团""小龙团""密云龙""瑞云翔龙"。到了宣和年间，白色的茶才开始被认为是贵重的。最先由漕臣郑可闻制造了银丝水芽，把茶的叶子剔除，取出它的心，再用清水把它洗干净，不用龙脑等香料，只有新铸小龙在它的上面蜿蜒，所以被称为"龙团胜雪"。当时认为这种制作方法不会再改变了，可是到我朝的时候又变得和以前不一样了。它在烹制的方法上，和前人比起来也有所不同。但是比以前更加简便了，天然的香味都被保存，可以称得上是尽得茶叶的味道了。而至于在洗茶、候汤、选择器具方面，都有各自的方法，夸口岂止乌府、云屯这些名目罢了。

[原文]

　　《虎丘志》：冯夔桢云："徐茂吴①品茶，以虎丘为第一。"

　　周高起《洞山茶系》： 岕茶之尚于高流，虽近数十年中事，而厥产伊始，则自卢仝②隐居洞山，种于阴岭，遂有茗岭之目。相传古有汉王者，栖迟③茗岭之阳④，课童艺茶，踵⑤卢仝幽致，故阳山所产，香味倍胜茗岭。所以老庙后一带茶，犹唐宋根株也。贡山茶今已绝种。

　　徐𤊶《茶考》：按《茶录》诸书，闽中所产茶，以建安北苑为第一，鳌源诸处次之，武夷之名未有闻也。然范文正公《斗茶歌》云："溪边奇茗冠天下，武夷仙人从古栽。"苏文忠公⑥云："武夷溪边粟粒芽，前丁后蔡相笼加。"则武夷之茶在北宋已经著名，第未盛耳。但宋元制造团饼，似失正味。今则灵芽仙萼，香色尤清，为闽中第一。至于北苑鳌源，又泯然无称。岂山川灵秀之气，造物生殖之美，或有时变

易而然乎？

[注释]

　　①徐茂吴：明代名士。②卢仝：唐代诗人。③栖迟：居住。④阳：山南水北为阳。⑤踵：继承、传承。⑥苏文忠公：苏轼。

[译文]

　　《虎丘志》中记载：冯梦桢说："徐茂吴品尝茶，认为虎丘茶是第一。"

　　周高起在《洞山茶系》中说：茶叶之中上好的品种要属岕茶，虽然这只是近几十年的事，但在最初的时候它是产自卢仝隐居的洞山，被种在北面的山岭上，所以才有了茗岭这样的称呼。传说古时候有位汉王，居住在茗岭的南面，命令书童专门来种茶，继承并发扬了卢仝的幽致，因此在山南面所出产的岕茶，比茗岭的香味更好。所以在老庙后面一带的那些茶叶，都是在唐宋时期就留下来的品种。现在已经没有洞山茶了。

　　徐燉在《茶考》中说：按照《茶录》等书的说法，在闽中所出产的茶叶里面，建安北苑的被认为是最好的，壑源等地方和它比起来要差一点，还没有听说过武夷的名字。但是范文正所著的《斗茶歌》中说："溪边奇茗冠天下，武夷仙人从古栽。"苏文忠公说："在武夷的溪水边有茶芽，丁谓和蔡襄都先后加以种植。"也就是说在北宋时期武夷茶就已经很出名了，只是没有流传下来而已。但是宋朝和元朝所制造的那些团状茶叶似乎失去了它本来的味道。现在的灵芽仙萼，在香味和颜色方面都特别的清新，被认为是闽中最好的。至于北苑、壑源，也就被埋没而没有名了。难道山林的灵秀、造物繁殖的奇妙，有的时候也能够发生变化吗？

[原文]

　　劳大与《瓯①江逸志》：按茶非瓯产地，而瓯亦产茶，故旧制以之充贡，及今不废。张罗峰当国，凡瓯中所贡方物，悉与题蠲②，而茶独留。将毋③以先春之采，可荐馨香，且岁费物力无多，姑存之，以稍备芹献之义耶！乃后世因按办之际，不无恣取，上为一，下为十，而艺茶之圃遂为怨丛。惟愿为官于此地者，不滥取于数外，庶不致大为民病。

[注释]

　　①瓯：今浙江温州和浙南一带。②题蠲：指废除掉。③将毋：也许是。

[译文]

　　劳大与所著的《瓯江逸志》中有这样的论述：茶叶并不是在瓯地出产的，

但是瓯地也出产茶叶，从前也被用来充当贡品，一直到现在仍然没有把它废除掉，在张罗峰掌权的时候，只要是瓯地中所进贡的物品他全部免除，而只把茶叶留下了。如果在早春的时候采摘，可以使它具有清香无比的气味，而且每年不需要花费很多的气力，姑且把它存留下来，把进献的心意略微表达一下。到了后来在办理的时候，收取就变得没有数目了，如果上面是一的话，到了下面就变成十，于是那些种茶的园圃怨声四起。希望这里的官员，不要再擅自索要了，那样的话给老百姓造成的灾害也不会太大。

茶礼聘妇

古人聘妇都以茶为定礼，因为茶树一旦种下了就不再移植了，取的是"从一而终"的含义。因此聘礼又叫"茶礼"，受聘礼也叫"吃茶"或"下茶"。

[原文]

《天中记》：凡种茶树必下子，移植则不复生。故俗聘妇，必以茶为礼义，固有所取也。

《事物纪原》：榷茶^{que}①起于唐建中、兴元之间。赵赞、张滂建议税其什一。

《枕谭》：古传注："茶树初采为茶，老为茗，再老为荈。"今概称茗，当是错用事也。

熊明遇《岕山茶记》：产茶处，山之夕阳胜于朝阳，庙后山西向，故称佳。总不如洞山南向，受阳气特专，足称仙品云。

[注释]

①榷茶：指茶叶专卖。榷，本义为独木桥，引申为专利、专卖、垄断。榷茶制度在唐代形成之后，即为历代相沿袭，直到中国清代中叶才告消失。

[译文]

《天中记》中记载：要想种茶树一定要把种子先种下，要想茶树能够成活的话种下之后就不再移植了。所以说在娶媳妇的时候都要把茶叶作为一种必需的礼物，就是取它"从一而终"的意思。

　　在《事物纪原》中有过这样的记载：唐朝建中、兴元年间的时候，榷茶开始兴起。赵赞、张滂建议要收取茶十分之一的税收。

　　《枕谭》中说：在古代的书中有这样的记载："茶树初采为茶，老为茗，再老的为荈。"现在把它们统一叫作茗，应该是用错了。

　　熊明遇在《岕山茶记》中说：出产茶的那些地方，山上夕阳照的地方比起朝阳照的地方来要好的，因为庙后山向西，所以茶比较好。但比起洞山南面的来要差很多，因为那里阳光特别充足，所以把那里出产的茶称为仙品。

[原文]

　　冒襄《岕茶汇钞》：茶产平地，受土气多，故其质浊。岕茗产于高山，浑是风露清虚之气，故为可尚[①]**。**

　　吴拭云：武夷茶赏自蔡君谟[②]**始，谓其味过于北苑、龙团，周右文极抑之。盖缘山中不谙制焙法，一味计多狗利之过也。余试采少许，制以松萝法，汲虎啸岩下语儿泉烹之，三德俱备，带云石而复有甘软气。乃分数百叶寄右文，令茶吐气，复酹一杯，报君谟于地下耳。**

[注释]

　　①可尚：可喜，即好。②蔡君谟：蔡襄（1012—1067），字君谟，中国北宋书法家。

[译文]

　　冒襄在《岕茶汇钞》中记载：在平地上出产的那些茶叶，因为受到了太多的土气，所以质地比较浑浊。岕茶是在高山上出产的，又受过风霜雨露的洗礼，所以是好茶。

　　吴拭说：从蔡君谟开始武夷茶被欣赏，说它在味道方面要比北苑、龙团好，而周右文对它却特别地贬低。因为山中的人对它的焙制方法不是太懂，一味地追求钱财造成了错误。我曾经试着采摘了一点，把它们用松萝的方法来进行焙制，把虎啸岩下的语儿泉水汲取出来烹煮，就把三种优点都具备了，带云石而又有一种香甜的气味。于是分了几百片把它送给右文，把茶泡好以后，洒一杯在地上，来报答九泉之下的蔡君谟。

[原文]

　　释超全《武夷茶歌注》：建州一老人始献山茶，死后传为山神，喊山之茶始此。

　　《中原市语》：茶曰渲老[①]**。**

陈诗教《灌园史》：予尝闻之山僧言，茶子数颗落地，一茎而生，有似连理，故婚嫁用茶，盖取一本之义。旧传茶树不可移，竟有移之而生者，乃知晁采寄茶，徒袭影响耳。唐李义山以对花啜茶为煞风景。予苦渴疾，何啻^②七椀，花神有知，当不我罪。

[注释]

①渲老：对茶的一种社会秘密语的称呼。②啻：不只，不止。

[译文]

茶僧释超全所著的《武夷茶歌注》中这样记载：建州有一位老人最早把山上的茶叶用来进献，据说他死后变成了山神，喊山茶就是始于此。

在《中原市语》中记载：茶又被叫作渲老。

陈诗教在《灌园史》中说：我曾经听山里面的和尚说过这样的一件事，如果几颗茶子落到地上，一旦它们生长出来，就如同连理一样，因此在婚嫁的时候要用到茶，就是取茶"同根"的意思。以前听说不能移植茶树，竟然有的被移植了之后仍然活着，由此可知这种说法也只是捕风捉影而已。唐朝的李义山认为对着花喝茶是一件很煞风景的事情。我在口渴的时候，曾经喝七碗都不止，如果花神知道我这样做的话，应该对我不会有所怪罪吧。

[原文]

《金陵琐事》：茶有肥瘦，云泉道人云："凡茶肥者甘，甘则不香。茶瘦者苦，苦则香。"此又《茶经》《茶诀》《茶品》《茶谱》之所未发。

野航道人朱存理云："饮之用必先茶，而茶不见于《禹贡》，盖全民用而不为利。后世榷茶立为制，非古圣意也。陆鸿渐著《茶经》，蔡君谟著《茶谱》。孟谏议^①寄卢玉川三百月团，后侈至龙凤之饰，当责备于君谟。然清逸高远，上通王公，下逮林野，亦雅道也。"

佩文斋《广群芳谱》：茗花即食茶之花，色月白而黄心，清香隐然，瓶之高斋^②，可为清供佳品。且蕊在枝条，无不开遍。

[注释]

①孟谏议：即孟简，字畿道，唐德州平昌（今山东商河以北）人。②瓶之高斋：插在书斋的瓶子中。

[译文]

据《金陵琐事》中记载：茶叶有的比较肥有的比较瘦，云泉道长说："凡是那些肥厚的茶叶，味道都很甜，但是没有香味。而那些瘦小的茶叶就显得有点苦涩，虽然苦却有一种香味。"这又是在《茶经》《茶诀》《茶品》《茶谱》这些书籍当中没有记载的。

野航道人朱存理说："茶首先是用来喝的，而在《禹贡》里面却看不到茶，所以全民都喝而不是为了谋利。后世把榷茶制度制定下来，这并不是古人真正的意思。陆羽写作《茶经》、蔡君谟写作《茶谱》。孟谏议曾经寄给卢玉川三百月团，一直到后来茶奢侈到用龙凤来装饰，这些应该责备蔡君谟。然而茶清逸高远，上至王公贵族，下到平常的百姓，这也称得上是一件很有雅致的事情。"

佩文斋《广群芳谱》中记载：所说的茗花指的就是所喝的茶的花，花有月白的颜色，黄色的花蕊，隐约有一种清香的气味，用瓶子把它们养在书斋里，可以用来作为清供的佳品。而且在枝条上面的花蕊，把整个枝条都开满了。

[原文]

　　王新城《居易录》：广南人以 蹬^①为茶。予顷著之《皇华记闻》，阅《道乡集》有《张纠送吴洞蹬》绝句，云："茶选修仁方破碾， 蹬分吴洞忽当筵。君谟远矣知难作，试取一瓢江水煎。"盖志完迁昭平时作也。

　　《分甘余话》：宋丁谓为福建转运使，始造"龙凤团茶"上供，不过四十饼。天圣中，又造小团，其品过于大团。神宗时，命造"密云龙"，其品又过于小团。元祐初，宣仁皇太后曰："指挥建州，今后更不许造'密云龙'，亦不要团茶，拣好茶吃了，生得甚好意智^②。"宣仁改熙宁之政，此其小者。顾其言，实可为万世法。士大夫家，膏粱子弟^③，尤不可不知也。谨备录之。

[注释]

　　①蹬：即苦芛，叶子可以作茶。②意智：即智慧。③膏粱子弟：富贵人家过惯享乐生活的子弟。膏粱，肥肉和细粮，指美味佳肴，代指富贵生活。

[译文]

　　王新城在《居易录》中说：广南人把蹬叫作茶叶。我写作了《皇华记闻》。看到《道乡集》里面有首《张纠送吴洞蹬》的绝句说："茶选修仁方破碾， 蹬分吴洞忽当筵。君谟远矣知难作，试取一瓢江水煎。"这是志完在迁到昭平的时候写的。

　　《分甘余话》中记载：宋朝的丁谓在担任福建转运使的时候，才开始把茶叶制造成"龙凤团茶"来上供，也只不过是四十块。在天圣年间的时候，又制造了小团，它的品质要比大团好。神宗的时候，曾命令制作"密云龙"，而它在品质方面又要胜过小团。元祐初年的时候，宣仁皇太后说："以后不准建州再制造'密云龙'了，团茶也不要，把那些好的茶叶选择来吃，也不能让人更有智慧。"宣仁把熙宁时的方法改变了，这是其中的小事情。其事虽小，却可以为后世效法。尤其是那些官绅世家，富家子弟们，不能不知道啊。因此在这里把它记录下来。

［原文］

《百夷语》：茶曰芽。以麓茶曰芽以结，细茶曰芽以完。缅甸夷语，茶曰腊扒，吃茶曰腊扒仪索。

徐葆光《中山传信录》：琉球①呼茶曰札。

《武夷茶考》：按丁谓制"龙团"，蔡忠惠制"小龙团"，皆北苑事。其武夷修贡，自元时浙省平章高兴始，而谈者辄称丁、蔡。苏文忠公诗云："武夷溪边粟粒芽，前丁后蔡相笼加。"则北苑贡时，武夷已为二公赏识矣。至高兴武夷贡后，而北苑渐至无闻。昔人云，茶之为物，涤昏雪滞，于务学勤政未必无助，其与进荔枝、桃花者不同。然充类至义②，则亦宦官、宫妾之爱君也。忠惠直道高名，与范、欧相亚③，而进茶一事乃侪晋公。君子举措，可不慎欤。

［注释］

①琉球：位于台湾东北方，日本九州岛西南方大海中的群岛。②充类至义：意为把道理推广到大义上。③相亚：相似。

［译文］

在《百夷语》中记载：茶又可以叫作芽。把那些粗茶叫作芽以结，而用芽以完来称呼那些细茶。茶叶在缅甸又被称为腊扒，在那里用腊扒仪索来指代喝茶。

徐葆光的《中山传信录》中记载：

武夷山水

武夷茶被丁谓、蔡襄赏识，苏轼的诗中说，丁谓和蔡襄都在武夷的溪边种植过茶叶。

茶在琉球被称为札。

《武夷茶考》中说：丁谓制造"龙团"，蔡忠惠制造"小龙团"，这些事情都发生在北苑。从元代浙江省平章高兴那个时候开始进贡武夷，但是所谈论到的都是丁谓、蔡君谟。在苏文忠公的诗中说："武夷的溪边有茶叶，在那里丁谓、蔡襄先后都种植过茶叶。"那么在谈到北苑进贡的时候，这两人已经很欣赏武夷茶叶了。到了高兴进贡武夷之后，慢慢地就不怎么听说北苑了。古人说，茶这种东西，能够把人体内的残留物体驱除，祛除人的疲劳，它对于我们的学习，勤于政务来说也有一定的好处，和进献荔枝、桃花是不一样的。但是与它们也有相同之处，那就是它们都是被那些宦官、宫内的妃嫔们所喜欢。以正直闻名的蔡忠惠，和范仲淹、欧阳修两人有相似之处，而在献茶这件事情上却与晋公丁谓不相上下。君子的举措，难道可以不慎重吗？

[原文]

《随见录》：按沈存中《笔谈》云："建茶皆乔木。吴、蜀惟丛茇^{bá}①而已。"以余所见，武夷茶树俱系丛茇，初无乔木，岂存中未至建安欤？抑当时北苑与此日武夷有不同欤？《茶经》云："巴山、峡川有两人合抱者"，又与吴、蜀丛茇之说互异，姑识之以俟参考。

《万姓统谱》载：汉时人有茶恬，出《江都易王传》。按《汉书》：茶恬 苏林曰，茶食邪反。**则茶本两音，至唐而茶、荼始分耳。**

焦氏说：楛^{kǔ}②茶曰玉茸。（补）

[注释]

①丛茇：草木，草根。②楛：同"枯"。

[译文]

《随见录》：沈括在《梦溪笔谈》中说："建茶都是乔木。而吴、蜀只是草根罢了。"根据我在武夷所见过的茶树，也都是一些丛生的草根，乔木是没有的，难道沈括没有到过建安吗？还是因为当时的北苑和现在的武夷有所不同呢？《茶经》中所说："巴山、峡川有两人合抱者"，这又和吴、蜀两地丛生草根的说法不一样，暂且把它放在这里以供参考。

《万姓统谱》中记载：据说汉朝的时候有茶恬，这出自《江都易王传》。根据《汉书》：茶恬（苏林说，茶音为食邪反切。）那么本来茶就有两种读音，只是到了唐朝的时候才把荼和茶区别。

焦氏说：楛茶又被称为玉茸。（补）

二 茶之具

《陆龟蒙集·和茶具十咏》

[原文]

茶坞①

　　茗地曲隈^{wēi}回，野行多缭绕。向阳就中密，背涧差还少。遥盘云髻慢②，乱簇香篝小。何处好幽期，满岩春露晓。

茶人

　　天赋识灵草，自然钟野姿。闲来北山下，似与东风期③。雨后探芳去，云间幽路危。惟应报春鸟，得共斯人知。

茶笋

　　所孕和气深，时抽玉茗^{tiáo}④短。轻烟渐结华，嫩蘂初成管⑤，寻来青霭曙，欲去红云暖。秀色自难逢，倾筐不曾满。

茶籝

　　金刀劈翠筠，织似波纹斜。制作自野老，携持伴山娃。昨日斗烟粒，今朝贮绿华⑥。争歌调笑曲，日暮方还家。

茶舍

　　旋取山上材，架为山下屋。门因水势斜，壁任岩隈曲。朝随鸟俱散，暮与云同宿。不惮采撷劳，只忧官未足⑦。

[注释]

　　①茶坞：种茶的山坞。②慢：蓬松的样子。③期：指约定。④玉茗：此处意为茶树的枝条。⑤管：指草芽。⑥绿华：此处指茶叶。⑦未足：不能满足。

[原文]

茶 灶

经云：灶无突^①。

无突抱轻岚，有烟映初旭。盈锅玉泉沸，满甑（zèng）云芽熟。奇香袭春桂，嫩色凌秋菊。炀者若吾徒，年年看不足。

茶 焙

左右捣凝膏，朝昏布烟缕。方圆随样拍，次第依层取，山谣纵高下，火候还文武。见说焙前人，时时炙花脯（fǔ）。紫花，焙人以花为脯。

茶 鼎

新泉气味良，古铁形状丑。那堪风雨夜，更值烟霞友，曾过赪（chēng）石下，又住清溪口。赪石、清溪，皆江南出茶处。且共荐皋庐，皋庐，茶名。何劳倾斗酒。

茶 瓯

昔人谢呕埞（qū）^②，徒为妍词饰。《刘孝威集》有《谢呕埞启》。岂如珪璧姿，又有烟岚色。光参筠席上，韵雅金罍（léi）^③侧。直使于阗（tián）^④君，从来未尝识。

煮 茶

闲来松间坐，看煮松上雪。时于浪花里，并下蓝英^⑤末。倾余精爽健，忽似氛埃灭。不合别观书，但宜窥玉札。

[注释]

①突：此处意为烟囱。②呕埞：指有底座的茶盏。③金罍：金酒杯。④于阗：古代西域一少数民族。⑤蓝英：此处指茶。

《皮日休集·茶中杂咏·茶具》

[原文]

茶 籝

筤 筹^①晓携去，蓦过山桑坞。开时送紫茗，负处沾清露。歇把傍
云泉，归将挂烟树。满此是生涯，黄金何足数。

láng páng

茶 灶

南山茶事动，灶起岩根傍。水煮石发气，薪燃杉脂香。青琼^②蒸后凝，
绿髓炊来光。如何重辛苦，一一输膏粱^③。

茶 焙

凿彼碧岩下，恰应深二尺。泥易带云根，烧难碍石脉。初能燥金
饼，渐见干琼液。九里共杉林，皆焙名。相望在山侧。

茶 鼎

龙舒有良匠，铸此佳样成。立作菌蠢势，煎为潺湲声。草堂暮云
阴，松窗残月明。此时勺复茗，野语知逾清。

chán

茶 瓯

邢客与越人，皆能造前器。圆似月魂堕，轻如云魄起。枣花势旋
眼，葏沫^④香沾齿。松下时一看，支公亦如此。

[注释]

①筹筤：盛茶叶的竹器。②青琼：与"绿髓"一样，均指茶叶。③膏粱：
指达官显贵。④葏沫：与前面的"枣花"一样，均指浮在茶盏上的茶沫。

[原文]

《江西志》：余干县冠山有陆羽茶灶。羽尝凿石为灶，取越溪

续茶经

〇九七

童子烹茶

皮日休《闲夜酒醒》："醒来山月高，孤枕群书里。酒渴漫思茶，山童呼不起。"图中所绘的正是这一情景。

水煎茶于此。

陶榖《清异录》：豹革为囊，风神呼吸之具也。煮茶啜之，可以涤滞思而起清风。每引此义，称之为水豹囊①。

《曲洧旧闻》：范蜀公②与司马温公③同游嵩山，各携茶以行。温公取纸为帖，蜀公用小木合子盛之，温公见而惊曰："景仁乃有茶具也。"蜀公闻其言，留合与寺僧而去。后来士大夫茶具，精丽极世间之工巧，而心犹未厌。晁以道尝以此语客，客曰："使温公见今日之茶具，又不知云如何也。"

[注释]

①水豹囊：指茶的别称。②范蜀公：指宋代的范镇，他曾经被封为蜀郡公。③司马温公：指宋代的司马光，生前曾任宋宰相，死后追赠太师温国公。

[译文]

《江西志》中记载：在余干县冠山有陆羽曾经用过的茶灶。陆羽曾经在这里凿石造灶，把越溪的水取来煮茶。

陶榖在《清异录》中说：把豹子皮做成囊，风神可以用它来呼吸。煮茶来饮，就如同清风徐徐地吹来，人的那些抑郁的情绪都能被清除掉，使人的精神焕然一新。把上面的意思引申一下，所以茶也被称为水豹囊。

在《曲洧旧闻》中有这样的记载：范镇曾经和司马光一起去嵩山游玩，都把自己要喝的茶带在了身上。司马光把那些茶用纸包着，而范镇则把茶盛放在小木盒子里。司马光看到范镇的小木盒后十分惊讶地说道："景仁真是讲究啊，还要用茶具来盛放你的茶啊！"范镇听了这话以后，在离开嵩山的时候便把盒子留给了寺庙里的和尚。后来那些士大夫所用的茶具，都特别精致，在工艺方面巧夺天工，即使是这样，他们还嫌不够好。晁以道曾经对他的客人提到过此事。客人说："假如现在司马光能够见到茶具是如此的精美，真不知道会有什么样的感想。"

[原文]

《北苑贡茶别录》：茶具有银模、银圈、竹圈、铜圈等。

梅尧臣《宛陵集·茶灶》诗:"山寺碧溪头，幽人绿岩畔。夜火竹声干，春瓯①茗花乱。兹无雅趣兼，薪②桂烦燃爨。"又《茶磨》诗云:"楚匠斫山骨③，折檀为转脐。乾坤人力内，日月蚁行迷。"又有《谢晏太祝遗双井茶五品茶具四枚》诗。

《武夷志》：五曲朱文公④书院前，溪中有茶灶。文公诗云:"仙翁遗石灶，宛在水中央。饮罢方舟去，茶烟袅细香。"

[注释]

①春瓯：指茶盏。②薪：柴草。③山骨：指石头。④朱文公：朱熹，宋代经学家。

[译文]

在《北苑贡茶别录》中记载：有的茶具是用银制作成的模子，有的是银制的圈、而有的则是竹制的圈、铜制的圈等。

梅尧臣《宛陵集·茶灶》诗:"山寺碧溪头，幽人绿岩畔。夜火竹声干，春瓯茗花乱，兹无雅趣兼，薪桂烦燃爨。"他在这首诗中描写了一种在位于深山古寺溪水前的岩畔上，把石凿开做成茶灶、燃烧竹子来煮茶的情景，在描写上十分形象生动。又在《茶磨》诗中描绘到:"楚匠斫山骨，折檀为转脐。乾坤人力内，日月蚁行迷。"又有《谢晏太祝遗双井茶五品茶具四枚》的诗。

《武夷志》中说:在五曲朱文公的书院前，溪中有用来煮茶的灶。文公诗说:"仙翁遗石灶，宛在水中央，饮罢方舟去，茶烟袅细香。"

[原文]

《群芳谱》：黄山谷云:"相茶瓢与相筇竹同法，不欲肥而欲瘦，但须饱风霜耳。"

乐纯《雪庵清史》：陆叟①溺②于茗事，尝为茶论，并煎炙之法，造茶具二十四事，以都统笼贮之。时好事者家藏一副，于是若韦鸿胪、木待制、金法曹、石转运、胡员外、罗枢密、宗从事、漆雕秘阁、陶宝文、汤提点、竺副帅、司职方辈，皆入吾籯中矣。

许次杼《茶疏》：凡士人登山临水，必命壶觞，若茗椀、薰炉，置而不问，是徒豪举耳。余特置游装，精茗名香，同行异室。茶罂③、铫、注、瓯、洗、盆、巾诸具皆备，而附香奁、小炉、香囊、匙、箸。未曾汲水，先备茶具，必洁，必燥，瀹时壶盖必仰置，磁盂勿覆案上。漆气、食气，皆能败茶。

[注释]

①陆叟：这里指陆羽，古代称呼老者为叟。②溺：沉迷的意思。③罂：指长颈瓶。

[译文]

《群芳谱》中记载：黄山谷说："挑选茶瓢的方法与挑选筇竹的方法是一样的，不要挑选那些太粗的，而是要选择那些细小一点的，而且一定是要饱经风霜的。"

乐纯在《雪庵清史》中记载：陆羽老翁因为对茶事特别地沉迷，曾经写作了关于茶论以及如何来煮茶、烤茶，还有就是创制二十四种茶器，它们都在都统笼中存放。在当时，那些喜欢喝茶的人家中也都依样藏有一副。这样，像韦鸿胪、木待制、金法曹、石转运、胡员外、罗枢密、宗从事、漆雕秘阁、陶宝文、汤提点、竺副帅、司职方等茶具，都能够把它们保存在我的竹箱子里。

许次杼在《茶疏》中论述：古代的那些文人雅士在游山玩水的时候，一定把饮茶、饮酒的器具随身携带着，如果把茗碗、薰炉都置办好了却不使用，那就是空有豪举。我特地置办好了出游的装备，精美的好茶，同行的人都带了不同种类的器具。茶罂、铫、注、瓯、洗、盆、巾等各类器具都准备好了，再把香匣子、小炉、香囊、匙、筷子带上。在还没有汲水以前，把茶具先准备好，要把所有的茶具都洗擦干净，在冲茶的时候一定要把茶壶盖仰放在桌子上，瓷杯一定不要扣在案台上。因为油漆的味道、食品的味道都能把茶的味道败坏。

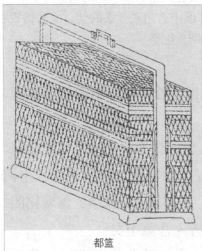

都篮

饮茶时需要用的茶具如茶碗、水勺、茶壶等都可放在都篮中，方便携带。

[原文]

朱存理《茶具图赞序》：饮之用必先茶，而制茶必有其具。锡具姓而系名，宠以爵，加以号，季宋①之弥文②；然精逸高远，上通王公，下逮林野，亦雅道也。愿与十二先生周旋，尝山泉极品以终身，此间富贵也，天岂靳③乎哉。

审安老人茶具十二先生姓名：

韦鸿胪[lú]：丈鼎，景旸[yáng]，四窗闲叟。

木待制：利济，忘机，隔竹主人。

金法曹：研古，元锴，雍之旧民；铄古，仲鉴，和琴先生。

石转运：凿齿，遄行，香屋隐君。

胡员外：惟一，宗许，贮月仙翁。

罗枢密：若药，传师，思隐寮[liáo]长。

宗从事：子弗，不遗，扫云溪友。

漆雕秘阁：承之，易持，古台老人。

陶宝文：去越，自厚，兔园上客。

汤提点：发新，一鸣，温谷遗老。

竺副帅：善调，希默，雪涛公子。

司职方：成式，如素，洁斋居士。

高濂《遵生八笺[jiān]》：茶具十六事，

审安老人茶具图

南宋审安老人的《茶具图赞》以白描手法描绘了宋代饮团饼茶常用的十二种茶具，按宋代官制并结合形制给其命名，形象生动，文化韵味浓厚。

收贮于器局内，供役于苦节君者，故立名管之。盖欲归统于一，以其素有贞心雅操，而自能守之也。商象，古石鼎也，用以煎茶。降红，铜火筋也，用以簇火，不用联索④为便。递火，铜火斗也，用以搬火。团风，素竹扇也，用以发火。分盈，挹⑤水杓也，用以量水斤两，即《茶经》水则也。执权，准茶秤也，用以衡茶，每杓水二斤，用茶一两。注春，磁⑥瓦壶也，用以注茶。啜香，磁瓦瓯也，用以啜茗。撩云，竹茶匙也，用以取果。纳敬，竹茶囊也，用以放盏。漉尘，洗茶篮也，用以浣茶。归洁，竹筅帚[xiǎn]也，用以涤壶。受污，拭抹布也，用以洁瓯。静沸，竹架，即《茶经》支镀也。运锋，剜果刀也，用以切果。甘钝，木砧墩[fù]也。

[注释]

①季宋：指宋朝末年。②弥文：更加崇尚文采。弥，更加。③靳：此处意为吝惜而不给予。④联索：古人为防散失，把两只铜筷用铁链连在一起。⑤挹：舀取。⑥磁：今作"瓷"，以下同。

[译文]

朱存理《茶具图赞序》中有这样的记载：人们首先饮用的经常是茶，但制茶的时候一定要有工具，把这些工具一一赐以姓名，封上爵位，给它们加上名号，并在它们的上面写满宋末的文字。这样就会得显志趣比较清逸高远。不管是那些王公贵族，还是山村野夫，从上到下都认为这是一种高雅的做法。我现在拥有十二茶具先生，愿意和他们一起去品尝那用泉水煮的山中最好的茶，能让我这一生享受到脱离尘俗的富贵，上天不会太吝惜而不把这个机会给我吧？

审安老人茶具十二先生的姓名分别是：韦鸿胪：丈鼎，名为景旸，号称四窗闲叟；木待制：利济，名为忘机，号称隔竹主人；金法曹：研古，名为元锴，号称雍之旧民；铄古，名为仲鉴，号称和琴先生；石转运：凿齿，名为遄行，号称香屋隐君；胡员外：惟一，名为宗许，号称贮月仙翁；罗枢密：若药，名为传师，号为思隐寮长；宗从事：子弗，名为不遗，号为扫云溪友；漆雕秘阁：承之，名为易持，号称古台老人；陶宝文：去越，名为自厚，号为兔园上客；汤提点：发新，名为一鸣，号为温谷遗老；竺副帅：善调，名为希默，号为雪涛公子；司职方：成式，名为如素，号称洁斋居士。

高濂在《遵生八笺》中记述：茶具有十六种，都在箱子里面收藏，这样在煮茶的时候便于使用。把它们一一起上名字，为的是便于管理。把它们一起存放，是因为它们都具有一种纯贞高雅的品格，并且能够把这种操守很好地保持住。商像，是古代的一种石鼎，是在煎茶的时候用的。降红，是铜制的筷子，可以用来拢火，如果把两根筷子用索链连起来的话，在使用的时候会更方便一些。递火，也就是铜火斗，是用来搬火的。团风，说的是竹扇，是用来扇风的。分盈，也就是水勺，是用来度量水的轻重的，在《茶经》中把它称为水则。执权，指的是茶秤，它被用来衡量茶的重量。每勺水有两斤重，可以用一两的茶。注春，指的是瓷瓦壶，是用来倒茶的。啜香，指的是瓷瓦瓯，是用来喝茶的。撩云，是一种用竹子做成的匙，可以用来取果子。纳敬，是用竹子做成的一种茶盘，它可以用来放茶杯。漉尘，是洗茶篮，可以用来洗茶。归洁，用竹子做成的一种小扫帚，用来清洗茶壶。受污，是拭擦的抹布，用来清洁茶瓯。静沸，是一种竹架，也就是在《茶经》里面所提到的支镄。运锋，指的是果刀，是用来切果子的。甘钝，指的是一种用木制成的砧墩。

[原文]

《王友石谱》：竹炉并分封茶具六事：苦节君，湘竹风炉也，用以煎茶，更有行省收藏之。建城，以箬为笼。封茶以贮庋^①阁。云屯，磁瓦瓶，用以杓泉以供煮水。水曹，即磁缸瓦缶，用以贮泉以供火鼎。乌府，以竹为篮，用以盛炭，为煎茶之资。器局，编竹为方箱，用以

总收以上诸茶具者。品司，编竹为圆撞提盒，用以收贮各品茶叶，以待烹品者也。

屠赤水《茶笺》：茶具：湘筼焙，焙茶箱也。鸣泉，煮茶磁罐。沉垢，古茶洗。合香，藏日支茶瓶，以贮司品者。易持，用以纳茶，即漆雕秘阁。

屠隆《考槃余事》：构一斗室相傍书斋，内设茶具，教一童子专主茶役，以供长日清谈，寒宵兀坐②。此幽人③首务，不可少废者。

《灌园史》：卢廷璧嗜茶成癖，号茶庵④。尝蓄元僧讵可庭茶具十事，具衣冠拜之。

［注释］

①庋：一种可以放东西的架子。②兀坐：端坐、危坐的意思。③幽人：这里指文人雅士。④茶庵：茶屋的意思，把人称为茶庵，意指其特别喜爱饮茶。

［译文］

《王友石谱》中记述：竹炉并分封茶具六事：苦节君，是一种用湘竹做成的风炉，它可以用来煎茶。还有苦竹君行省，指的是一种篮子，这种篮子可以用来收藏茶具。建城，指的是一种用箬竹做成的笼子，可以把那些封存的茶放置在它里面，存放在阁架上。云屯，说的是瓷瓦瓶，是用来舀泉水供煮水之用的。水曹，指的是瓷瓦瓶，是用来贮水的。乌府，也就是用竹制成的篮子，它可以用来盛放煎茶的木炭。器局，指的是一种竹编的方形箱子，它可以把上面提到的所有茶具都装上。品司，指的是一种竹编的圆形提盒，它用来收藏各个品种的茶叶，这样在煮茶时选用会比较方便。

屠赤水在《茶笺》中记载：茶具：湘筼焙，是一种用来烘茶叶的箱子。鸣泉，也就是煮茶时要用到的瓷罐。沉垢，是古代用来洗茶的一种器具。合香，收藏日常用的茶瓶，用来贮藏各个品种的茶叶。易持，它可以用来装

玉川品茶

诗人卢仝号玉川子，此图描绘的是他品茶的情景。在图的右侧可见苦节君，即湘竹风炉，是用来煎茶的器具。

茶叶，也就是所说的漆雕秘阁。

屠隆在《考槃余事》中认为：在书斋的旁边设一间斗室，把一些茶具放在里面，并派一个小童专门来管理煮茶的事情，这样可以长日清谈，寒夜端坐。这是那些文人雅士所不可缺少的。

在《灌园史》中记载：卢廷璧特别喜欢喝茶并养成了一种癖好，自号茶庵。他曾经把十种元僧讵可庭的茶具都保存了下来，非常珍惜，竟然把自己的衣冠整理得整整齐齐，向十种茶具行礼跪拜。

[原文]

王象晋《群芳谱》：闽人以粗瓷胆瓶贮茶。近鼓山支提①新茗出，一时尽学新安，制为方圆锡具，遂觉神采奕奕不同。

冯可宾《岕茶笺·论茶具》：茶壶，以窑器为上，锡次之。茶杯汝、官、哥、定如未可多得，则适意为佳耳。

李日华《紫桃轩杂缀》：昌化茶大叶如桃枝、柳梗，乃极香。余过逆旅偶得，手摩其焙甑（zèng）三日，龙麝②（shè）气不断。

瞿（qú）仙云：古之所有茶灶，但闻其名，未尝见其物，想必无如此清气也。予乃陶土粉以为瓦器，不用泥土为之，大能耐火。虽猛焰不裂。径不过尺五，高不过二尺余，上下皆镂③铭、颂、箴④、戒。又置汤壶于上，其座皆空，下有阳谷之穴，可以藏瓢瓯之具，清气倍常。

[注释]

①支提：塔的别名。②龙麝：龙指龙涎香，加热后具有持久的香气。麝指香獐子，能分泌出麝香。③镂：雕刻花纹的意思。④箴：一种文体。

[译文]

王象晋在《群芳谱》中记载：福建人在贮存茶的时候常用粗瓷胆瓶，近来在鼓山支提附近出产了一种新茶，一时间人们都学新安，用粗瓷把茶具制成方形、圆形来送人，觉得这样做是一件很光彩的事情，与众不同。

冯可宾在《岕茶笺·论茶具》中说：那些从窑里烧出来的茶壶被认为是最好的，用锡制成的就要差一些。那些在汝、官、哥、定等窑里生产出来的茶杯被认为是最好的，如果不能够多得的话，能得到一些适意的也是很不错的。

李日华在《紫桃轩杂缀》中记述：昌化的茶叶就好像桃叶一样的大，枝条就像柳树的梗一样，气味特别香。我偶然在旅途中得到一些，把手放在制茶的焙甑上摩挲了三天，龙麝的香气没有间断过。

瞿仙说：古代所提到过的那些茶灶，只是听说过，但从来没有见到过实物。

想必是没有这样的清气。我把陶土粉做成瓦器的茶灶，不用泥土来进行烧制，这样在用起来会比较耐火。即使猛烈的火焰，它也不会开裂。茶灶直径有一尺五，高有二尺多。上面和下面都刻有铭、颂、箴、戒等教育或者警示后人的话。把汤壶放置在上面，座下都是空的。在下面那些敞亮的地方，可以放上瓢、盆等物品，清气十分宜人。

[原文]

《重庆府志》：涪江青蟆石，为茶磨极佳。

《南安府志》：崇义县出茶磨，以上犹县石门山石为之尤佳。苍礜①缜密，镌琢②堪施。

闻龙《茶笺》：茶具涤毕，覆于竹架，俟其自干为佳。其拭巾只宜拭外，切忌拭内。盖布帨(shuì)虽洁，一经人手极易作气。纵器不干，亦无大害。

[注释]

①礜：指一种黑色的美石。②镌琢：刻石叫作镌，治玉叫作琢。

[译文]

《重庆府志》中记载：涪江青蟆石，作茶磨被认为是最好的。

《南安府志》中记载：在崇义县这个地方出产茶磨，而上犹县石门山石制作的茶磨更好。这种质地细密的绿黑色的石头，十分适合在上面雕琢刻字。

闻龙在《茶笺》中说：茶具在洗完以后应该在架子上扣放，最好让水汽自行干掉。只能用拭巾拭擦茶具的外部，茶具的里面一定不要用它拭擦，因为即使拭巾是清洁的，但是它们一旦经过人的手以后，就会沾染上一种气味，这种气味对茶具会有一定的影响。即使茶器没有被擦干，也不会有什么害处。

卖茶壶

泡茶离不开茶壶，茶壶以在窑里烧制的为好，比如现在常用的紫砂陶壶或瓷器茶壶，用锡制成的茶壶就差些了。

❀ 三 茶之造 ❀

[原文]

　　《唐书》：太和七年正月，吴、蜀贡新茶，皆于冬中作法为之。上务恭俭，不欲逆物性，诏所在贡茶，宜于立春后造。

　　《北堂书钞·茶谱续补》云：龙安造骑火茶①，最为上品。骑火者，言不在火前，不在火后作也。清明改火，故曰火。

　　《大观茶论》：茶工作于惊蛰②，尤以得天时为急。轻寒英华渐长，条达而不迫，茶工从容致力，故其色味两全。故焙人得茶天为度。撷③茶以黎明，见日则止。用爪④断芽，不以指揉。凡芽如雀舌、谷粒者，为斗品⑤。一枪一旗为拣芽，一枪二旗为次之，余斯为下。茶之始芽萌，则有白合，不去害茶味，既撷则有乌蒂，不去害茶色。茶之美恶，尤系于蒸芽、压黄之得失。蒸芽欲及熟而香，压黄欲膏尽亟止。如此则制造之功十得八九矣。涤芽惟洁，濯器惟净，蒸压惟其宜，研膏惟熟，焙火惟良。造茶先度日晷⑥之长短，均工力之众寡，会采择之多少，使一日造成，恐茶过宿，则害色味。茶之范度⑦不同，如人之有首面也。其首面之异同，难以槩论。要之，色莹彻而不驳⑧，质缜⑨绎而不浮，举之凝结，碾之则铿然，可验其为精品也。有得于言意之表者。白茶自为一种，与常茶不同。其条敷阐⑩，其叶莹薄。崖林之间，偶然生出，有者不过四五家，生者不过一二株，所造止于二三銙而已，须制造精微，运度得宜，则表里昭澈，如玉之在璞，他无与伦也。

[注释]

　　①骑火茶：指宋代在龙安造的最好的一种茶。②惊蛰：我国的二十四节气之一。惊蛰以后天气转暖，冬眠的动物开始出土活动。③撷：摘取的意思。④爪：这里是手指甲的意思。⑤斗品：这里指最好的茶。⑥日晷：是一种按照日影测定时刻的仪器。有时也称为日规。⑦范度：品种质量的意思。⑧驳：颜色不纯，交杂别的颜色叫作驳。⑨缜：细密的意思。⑩敷阐：形容茶树枝条多且向外伸展的样子。

[译文]

《唐书》记载:太和七年正月,吴、蜀两地向朝廷进贡的新茶,都是在冬天制成的。由于皇上崇尚节俭,不想违背茶在春天生长的特性,于是就下诏书命令贡茶的吴、蜀两个地区,要在立春以后制茶。

《北堂书钞·茶谱续补》认为:龙安造的骑火茶是上品。被称为骑火茶是因为制茶时间不是在火前,也不是在火后。清明节的时候改火,所以叫火。

《大观茶论》说:茶应该在惊蛰的时候制作,因为这时的气候最为适宜。冬天已经过去,只留下轻微的寒意,这个时候万物开始生长,枝条也慢慢地舒展开来。茶工在这个时候从容制茶,

猴子采茶

岩茶生长在岩壁沟壑中,具有独特的功效,但由于生长环境独特,很难采摘,据说有的茶农让猴子攀上山崖采摘岩茶。

能使茶在色味方面俱佳。所以烘焙茶的人能够制出好茶,是要靠天气给予机会的。采茶应在黎明的时候,太阳一出来就应该停止。采摘的时候要用指甲去掐,而不要用手指去揉。茶芽形状像雀舌、谷粒的都是好的品种。一枪一旗称为拣芽,一枪二旗要就差一点,其余的都是下等品。茶在开始发芽的时候有白合,如果不去掉它,它就会损害茶的味道,掐去后还有乌蒂,不去掉它的话,会影响茶的颜色。茶的好与坏,关键在于蒸芽、压黄的恰当与不恰当。蒸芽要等到成熟并且发出香味的时候,压黄只要把茶汁压净就立即停止。如果能够做到上面所说的这些,制茶十之八九就成功了。洗茶芽时一定要把茶芽洗干净,洗茶的器具必须要清洁。蒸压茶的时候一定要得当,研茶膏一定要熟,焙茶的火候一定要适度。制茶先要估计所用时间的长短,用多少人的工力,由此决定应该采择多少茶,这样是为当天就能够完成任务。不然的话,茶采择多了,就会制作不完,如果隔一夜,茶的颜色和味道都会受到影响。茶的品种成色各有不同,这就好像人的脸面一样。人的脸面同与不同,是很难一一说清的。不过,辨茶最重要的一点就是:要纯一没有杂色,质地细密而不虚散。拿起来的时候是凝结在一起的一块,碾的时候,有着铿然的响声,这样的茶,就是茶中的精品。要验茶的话,有了上面所说的那些还不够,还需要进一步用心去体会。白茶是另外的一种茶,与平常茶不同。它的枝条比较多,叶子光洁并且薄。是在山崖树

林中，偶然生长出来的，有这种茶树的不过四五家，而能够存活下来的不过一两株，产出的茶只有二三铸而已。制造白茶的时候，工艺要特别精细，操作要得当，表里要清澈，就好像没有被雕琢的璞玉一样，其他的茶是不能与它相比的。

[原文]

蔡襄《茶录》：茶味主于甘滑，惟北苑、凤凰山连属诸焙，所造者味佳。隔溪诸山，虽及时加意制作，色味皆重，莫能及也。又有水泉不甘，能损茶味，前世之论《水品》者以此。

《东溪试茶录》：建溪茶比他郡最先，北苑、壑源者尤早。岁多暖则先惊蛰①十日即芽；岁多寒则后惊蛰五日始发。先芽者，气味俱不佳，惟过惊蛰者最为第一。民间常以惊蛰为候。诸焙后北苑者半月，去远则益晚。凡断芽必以甲，不以指。以甲则速断不柔，以指则多湿易损。择之必精，濯之必洁，蒸之必香，火之必良，一失其度，俱为茶病。芽择肥乳，则甘香而粥面，著盏而不散。土瘠而芽短，则云脚涣乱，去盏而易散。叶梗长，则受水鲜白；叶梗短，则色黄而泛。乌蒂②、白合③，茶之大病。不去乌蒂，则色黄黑而恶。不去白合，则味苦涩。蒸芽必熟，去膏必尽。蒸芽未熟，则草木气存。去膏未尽，则色浊而味重。受烟则香夺，压黄则味失，此皆茶之病也。

装茶

[注释]

①惊蛰：二十四节气之一。每年公历的3月5日左右为惊蛰。②乌蒂：茶芽的蒂头。③白合：指两叶抱生的茶芽。

[译文]

蔡襄在《茶录》中说：茶的味道讲究的是甘甜润

滑，只有在北苑、凤凰山一带的茶场制出来的茶味道是最好的。隔溪的那些山上出产的茶，虽然经过及时精心地制作，但茶在颜色和味道方面都比较重，都不能和北苑、凤凰山一带的茶相比。还需注意的是，如果水泉不够甘甜的话，也会损害茶的味道，前人讨论《水品》说的就是这个道理。

《东溪试茶录》中论述：建溪茶和其他郡的茶相比产得要早，而北苑、鳌源的茶产得却更早。如果气候温暖，在惊蛰前十日就能发芽，如果天气寒冷，就在惊蛰后五天发芽。先长出的芽气味都不是很好，只有过了惊蛰长出的芽是最好的。民间通常把惊蛰作为制茶的节气。其他地方烘焙茶的时间和北苑相比都要晚半个月，距离北苑远的地方烘焙茶的时间则要更晚一点。采摘茶芽的时候要用手指甲，不能用手指，用指甲可以很快把芽掐掉而不会使芽变软，如果用手指头的话就容易使茶芽受到损伤，失掉水分。采茶的时候要精细，洗茶的时候要干净，蒸茶的时候要使它能够散发出香味来，用火一定要适当，如果各个环节失度的话，就会使茶产生各种各样的毛病。采择的茶芽比较肥壮，煮出的茶就比较甘甜，在茶汤的表面就会出现一层细沫，把它们倒入杯中，还不会散去。在贫瘠的土地上长出的茶芽比较短，煮出的茶汤云脚涣乱，倒入杯中容易飘散。如果茶叶的梗比较长，遇到水就会呈现出鲜白色，茶叶梗短的话就会呈泛黄色。茶芽外面的两片小叶被称为乌蒂，两嫩叶称为白合，它们都是茶叶的大隐患，如果不去掉乌蒂的话，茶叶颜色就会变成黄黑色，非常难看。如果不去掉白合的话，那么茶叶的味道就变得十分苦涩。蒸茶芽的时候一定要把它蒸熟，压茶的时候一定要尽力把茶汁压尽。如果茶芽没有蒸熟，那在茶里面就会存在草木的气味。如果膏不流尽的话，那么煮出来的茶颜色会浑浊而味道过重。茶叶受了烟，就会失去香气，压黄的茶叶会失去味道，这些都是制茶时应该注意避免的毛病。

[原文]

《北苑别录》：御园四十六所，广袤①三十余里。自官平而上为内园，官坑而下为外园。方春灵芽萌坼，先民焙十余日，如九窠（kē）、十二陇、龙游窠、小苦竹、张坑、西际，又为禁园之先也。而石门、乳吉、香口三外焙，常后北苑五七日兴工。每日采茶、蒸榨，以其黄悉送北苑并造。造茶旧分四局。匠者起好胜之心，彼此相夸，不能无毙，遂并而为二焉。故茶堂有东局、西局之名，茶铸有东作、西作之号。凡茶之初出研盆，荡之欲其匀，揉之欲其腻、然后入圈制铸，随笪（dá）过黄有方。故铸有花铸，有大龙，有小龙，品色不同，其名亦异。随纲系之于贡茶云。

采茶之法，须是侵晨，不可见日。晨则夜露未晞②，茶芽肥润。见日则为阳气所薄③，使芽之膏腴④内耗，至受水而不鲜明。故每日常以五更挝⑤鼓集群夫于凤凰山。山有伐鼓亭⑥，日役⑦采夫二百二十二人。监采官人给一牌，入山至辰刻，则复鸣锣以聚之，恐其逾时贪多务得也。大抵采茶亦须习熟，募夫之际必择土著⑧及谙⑨晓之人，非特识茶发早晚所在，而于采摘亦知其指要耳。

茶有小芽，有中芽，有紫芽，有白合，有乌蒂，不可不辨。小芽者，其小如鹰爪。初造龙团胜雪、白茶，以其芽先次蒸熟，置之水盆中，剔取其精英，仅如针小，谓之水芽，是小芽中之最精者也。中芽，古谓之一枪二旗是也。紫芽，叶之紫者也。白合，乃小芽有两叶抱而生者是也。乌蒂，茶之带头是也。凡茶，以水芽为上，小芽次之，中芽又次之。紫芽、白合、乌蒂，在所不取。使其择焉而精，则茶之色味无不佳。万一杂之以所不取，则首面不均，色浊而味重也。

惊蛰节万物始萌。每岁常以前三日开焙，遇闰⑩则后之，以其气候少迟故也。蒸芽再四洗涤，取令洁净，然后入甑，俟汤沸蒸之。然蒸有过熟之患，有不熟之患。过熟则色黄而味淡，不熟则色青而易沉，而有草木之气。故唯以得中为当。茶既蒸熟，谓之茶黄，须淋洗数过，欲其冷也。方入小榨，以去其水，又入大榨，以出其膏，水芽则以高榨压之，以其芽嫩故也。先包以布帛，束以竹皮，然后入大榨压之，至中夜取出揉匀，复如前入榨，谓之翻榨。彻晓奋击，必至于干净而后已。盖建茶之味远而力厚，非江茶之比。江茶畏沉⑪其膏，建茶惟恐其膏之不尽。膏不尽则色味重浊矣。茶之过黄，初入烈火焙之，次过沸汤爁⑫之，凡如是者三，而后宿一火，至翌日⑬，遂过烟焙之，火不欲烈，烈则面泡而色黑。又不欲烟，烟则香尽而味焦。但取其温温而已。凡火之数多寡，皆视其銙之厚薄。銙之厚者，有十火至于十五火。銙之薄者，六火至于八火。火数既足，然后过汤上出色。出色之后，置之密室，急以扇扇之，则色泽自然光莹矣。

研茶之具，以柯⑭为杵⑮，以瓦为盆，分团酌水，亦皆有数。上而

渡茶

胜雪、白茶以十六水，下而拣芽之水六，小龙凤四，大龙凤二，其余皆一十二焉。自十二水而上，曰研一团，自六水而下，曰研三团至七团。每水研之，必至于水干茶熟而后已。水不干，则茶不熟，茶不熟，则首面不匀，煎试易沉。故研夫尤贵于强有力者也。尝谓天下之理，未有不相须而成者。有北苑之芽，而后有龙井之水。龙井之水清而且甘，昼夜酌之而不竭，凡茶自北苑上者皆资焉。此亦犹锦[16]之于蜀江，胶[17]之于阿井也，讵不信然。

[注释]

①袤：古代把南北距离的长度称为袤。②晞：干燥的意思。③薄：当迫近讲。④膏腴：原来称土地肥沃为膏腴，在这里指茶叶肥壮。⑤挞：敲打的意思。⑥伐鼓亭：指击鼓亭。⑦役：使用的意思。⑧土著：指当地的人。⑨谙：当熟悉讲。⑩闰：这里指阴历的闰年。⑪沉：指没入水中，这里是怕茶膏流尽的意思。⑫爁：烤炙的意思。在这里当烫讲。⑬翌日：指明天。⑭柯：草木的枝茎称为柯，这里指树的枝干。⑮杵：舂物时用的一种木棒。⑯锦：指蜀锦。⑰胶：指阿胶。阿胶是一种透明、无臭味的、具有滋补作用的药。

[译文]

《北苑别录》中记载：御园用地有四十六处，全长有三十余里。自官平以上被称为内园，官坑以下叫作外园。一到春天的时候，茶树就长出嫩芽，御园焙茶的时间和民间比起来要早十几天，象九窠、十二陇、龙游窠、小苦竹、张坑、西际这些地方焙茶的时间又要在禁园的前面。石门、乳吉、香口三处焙茶的时间常常要比北苑晚五七日。每天采茶、蒸榨，然后把这些半成品都送到北苑来制茶。以前制茶的时候可以分为四个部分。由于茶工存在好胜的心理，彼此之间相互争斗，不可避免地要出现一些问题，于是就把制茶并成了两个部分。这样制茶的地方就出现东局、西局的名称。茶铐也被称为东作、西作。刚从研盆出来的茶，要把它荡匀，揉细腻，倒进模子里制作铐，然后放在竹席子上把它晾晒成黄色，这中间是需要工艺的。所以銙有花銙，有大龙，有小龙，因为品色不同，所以名称也就不同。按照贡茶的运送，计数编号分成纲。

采茶的时间应该在天刚破晓的时候，这个时候太阳还没有出来。因为夜间的露水还没有干，所以茶叶肥大而湿润。如果等到太阳出来再去采摘，太阳光就会照射到茶叶上使得茶叶的养分失去，并且会受到伤害，即使把它放到水里，茶的颜色也不会鲜亮。所以，每天经常在五更的时候就击鼓召集众采夫到凤凰山上去。（山有伐鼓亭，每天役使采夫二百二十二人。）监采官给每一个采夫发一个牌子。从入山一直到辰时，再敲锣把他们聚集起来，这样做是担心他们贪图多采，超时工作，想多得一些报酬。采茶的人大致都要熟悉如何采茶，招募这些人的时候，要挑选那些当地人和有采茶技术的人。不仅要求他们能够识别茶生长的规律，也要知道采摘的要领。

茶有小芽、中芽、紫芽、白合、乌蒂，对于它们一定要能够分辨清楚。小芽就像鹰爪一样小。初造龙团胜雪、白茶的时候，就是先要把茶芽蒸熟，然后放在水盆中，一定要选取最好的茶芽，有一种茶芽像针一样小，称为水芽，是小芽中的精华。中芽，古人称为一枪二旗。紫芽，说的是紫颜色的芽。白合是在小芽外生出的两片叶子，好像抱着小芽似的。乌蒂指的就是茶的蒂头。茶以水芽为上等，小芽稍微差一些，中芽比起来又差点。紫芽、白合、乌蒂，这些是根本不能要的。只要是挑选精细，选出的茶颜色和味道都会不错。假如一些不好的茶掺杂在里面，一眼看去就会显得不均匀，而且颜色浑浊，茶的味道太重。

在惊蛰节之前万物新生，每年常常在这个节气的前三天开焙，遇到闰年的话就要往后推迟时间，因为节令迟，气温还不适合焙茶。蒸的茶芽要进行多次洗涤，使它变得干净，然后再放入甑内，等水烧开后蒸。蒸的时候要避免出现两个问题：一个就是过熟，再就是不熟。如果茶过熟的话，茶的颜色就会发黄而且味道淡。不熟的话，茶的颜色就会发青而且容易沉积在水里，会产生一种草木的气味。所以蒸茶要强调温度适中。茶蒸熟后叫作茶黄，必须先用清水淋几遍，（淋洗是为了让它冷却。）才能放入小榨中榨掉水。然后再放入大榨中把茶汁榨出。（水芽用高榨压，因为芽嫩。）在榨之前，要用布或绸子将茶包好，再用竹皮把它们束紧。在榨到半夜的时候把包取出来打开，把茶揉匀，再放入大榨中，这叫作翻榨。一直到天亮都要用力打压，直至把茶汁榨干为止。建茶喝着有一种深远力厚的味道，这一点是江茶所不能比的。江茶是怕把汁挤干了，而建茶则唯恐汁去不尽。如果汁没有榨尽的话，那茶的颜色和味道就会重而且浑浊。茶过黄以后，要放到烈火上去烘焙，然后再放在开水里滚烫，这样重复三次以后，再烘焙一夜。第二天，要用烟来焙，在焙的时候，火力不能太大，如果火力太大了茶叶表面就容易起泡并且颜色发黑。同时也不能有烟熏，如果有烟熏的话茶叶的香味就会消失而且会发焦，所以用温火就可以了。需用强火还是弱火，这要看銙的厚薄，如果銙厚的话，需要过十到十五次的火，但銙薄的话，过六至八次火就可以了。火数过足之后，然后过汤出色。出色之后，要放在密室里，用扇子赶紧扇，这样的话茶就会显得十分有光泽。

研茶时的器具最好是木杵瓦盆，分团加上水，这些都是需要有一定的数量的。像龙团胜雪、白茶这样的好茶要用十六分的水，拣芽这种茶只需用六分水就可以，小龙凤四分，大龙凤二分，其余的都是十二分。十二分水以上的要研一团，六分水以下的，研三团至七团。每次用水研茶的时候，必须要等到水干茶熟以后。水不干的话，茶就不能够熟，茶不熟，研出的茶看去就显得不均匀，煎试的时候就容易沉积。所以研茶的人一定要身强力壮。天下事物的道理都是互相依赖，相辅相成的。有了北苑的芽茶，后来就有了龙井的水。龙井的水味道清甜，可以日夜汲用而不枯竭，所以北苑以上的茶都靠龙井的水。这就好像蜀锦依靠蜀江的水漂洗，阿胶的制成依靠东阿县的井水一样。难道事实不是这样的吗？

[原文]

姚宽《西溪丛语》：建州龙焙面北，谓之北苑。有一泉极清淡，谓之御泉。用其池水造茶，即坏茶味。惟龙团胜雪、白茶二种，谓之水芽，先蒸后拣。每一芽先去外两小叶，谓乌蒂①；又次取两嫩叶，谓之白合②；留小心芽置于水中，呼为水芽。聚之稍多，即研焙为二品，即龙团胜雪、白茶也。茶之极精好者，无出于此。每铸计工价近二十千，其他皆先拣而后蒸研，其味次第减也。

茶有十纲，第一纲、第二纲太嫩，第三纲最妙，自六纲至十纲，小团至大团而止。

[注释]

①乌蒂：茶的蒂头。②白合：两叶抱生的小芽。

[译文]

姚宽在《西溪丛语》中说：建州焙茶的地方，是面向北方的，所以把它称为北苑。那里有一处泉眼，泉水十分清淡，被称为是御泉。如果用这里的池水造茶的话，就会损害茶的味道。只有龙团胜雪、白茶这

拣茶

拣茶要拣择出对茶汤的味道和茶汤的颜色有损害的白合、乌蒂及盗叶。所谓白合，是"一鹰爪之芽，有两小叶抱而生者"，盗叶乃"新条叶之初生而白者"，乌蒂则是"茶之蒂头"。通过拣茶，可以区分茶叶原料的等级。

两种茶被称为水芽，是把采来的茶先蒸然后进行挑拣。每一茶芽先把外面的两小叶去掉，小叶叫作乌蒂；接着又取出两片嫩芽，嫩芽叫作白合；只把小的心芽放在水中，称为水芽。水芽聚集的稍为多了，就可以研焙为二品，那也就是所说的龙团胜雪和白茶。茶中那些最好的，也不会超过这了。每銙计算工价将近有二十千。其他的茶都是先挑拣然后再蒸研，味道慢慢变得越来越差。茶叶有十纲，第一纲、第二纲的茶叶都太嫩，只有第三纲是最好的，从六纲一直至十纲，小团至大团而止。

[原文]

黄儒《品茶要录》：茶事起于惊蛰前，其采芽如鹰爪。初造曰试焙，又曰一火，其次曰二火。二火之茶，已次一火矣。故市茶芽者，惟伺出于三火前者为最佳。尤喜薄寒气候，阴不至冻。芽登时尤畏霜，有造于一火、二火者皆遇霜，而三火霜霁①，则三火之茶胜矣。晴不至于暄②，则谷芽含养约勒③而滋长有渐，采工亦优为矣。凡试时泛色鲜白，隐于薄雾者，得于佳时而然也。有造于积雨者，其色昏黄，或气候暴暄，茶芽蒸发，采工汗手熏渍，拣摘不洁，则制造虽多，皆为常品矣。试时色非鲜白，水脚微红者，过时之病也。

茶芽初采，不过盈筐而已，趋时争新之势然也。即采而蒸，既蒸而研。蒸或不熟，虽精芽而所损已多。试时味作桃仁气者，不熟之病也，惟正熟者味甘香。蒸芽以气为候，视之不可以不谨也。试时色黄而粟纹大者，过熟之病也。然过熟愈于不熟，以甘香之味胜也。故君谟论色，则以青白胜黄白。而余论味，则以黄白胜青白。茶蒸不可以逾久，久则过熟，又久则汤干而焦釜④之气出。茶工有乏薪汤以益之，是致蒸损茶黄。故试时色多昏黯，气味焦恶者，焦釜之病也。建人谓之热锅气。夫茶本以芽叶之物就之棬⑤模。既出棬，上笪⑥焙之，用火务令通热，即以茶覆之，虚其中，以透火气。然茶民不喜用实炭，号为冷火。以茶饼新湿，急欲干以见售，故用火常带烟焰。烟焰既多，稍失看候，必致熏损茶饼。试时其色皆昏红，气味带焦者，伤焙之病也。茶饼先黄而又如阴润者，榨不干也。榨欲尽去其膏，膏尽则有如干竹叶之意，唯喜饰首面者，故榨不欲干以利易售。试时色虽鲜白，其味带苦者，渍膏之病也。茶色清洁鲜明，则香与味亦如之。故采佳品者，常于半晓间冲蒙云雾而出，或以罂罐汲新泉悬胸臆间^⑦，采得即投于中，盖欲其鲜也。如或日气烘烁，茶芽暴长，工力不给，其采芽已陈而不及蒸，蒸而不及研。研或出宿而后制，试时色不鲜明，薄如坏卵气者，乃压黄之病也。

茶之精绝者曰斗，曰亚斗，其次拣芽、茶芽。斗品虽最上，园户或止一株，盖天材间有特异，非能皆然也。且物之变势无常，而人之耳目有尽，故造斗品之家，有昔优而今劣、前负而后胜者。虽人工有至有不至，亦造化推移不可得而擅也。其造，一火曰斗，二火曰亚斗，不过十数铸而已。拣芽则不然，遍园陇中择其精英者耳。其或贪多务得，又滋色泽，往往以白合、盗叶间之。试时色虽鲜白，其味涩淡者，间白合、盗叶之病也。一凡鹰爪之芽，有两小叶抱而生者，白合也。新条叶之初生而白者，盗叶也。造拣芽者，只剔取鹰爪，而白合不用，况盗叶乎。**物固不可以容伪，况饮食之物，尤不可也。故茶有入他草者，建人号为入杂。铸列入柿叶，常品入桴^{fú}槛叶，二叶易致，又滋色泽，园民欺售直而为之。试时无粟纹甘香，盏面浮散，隐如微毛，或星星如纤絮者，入杂之病也。善茶品者，侧盏视之，所入之多寡，从可知矣。向上下品有之，近虽铸列，亦或勾使。**

[注释]

①霁：停止的意思。②暄：指太阳光的热。③约勒：意思是说约束茶的生长使其适应气候的变化。④焦釜：指锅烧焦了。⑤棬：这里指制茶的模型。⑥筥：一种比较粗的竹席。⑦悬胸臆间：挂在胸前的意思。

[译文]

黄儒在《品茶要录》中说：茶事开始在惊蛰节气之前，所采的芽像鹰爪一样。刚开始制的时候叫试焙，也叫作一火，再次制的时候叫二火。二火的茶与一火的茶相比就差了。所以那些买茶芽的，总是要等三火前的茶芽上市，因为三火前的茶芽最好。这时的天气稍微有些寒冷，虽然天阴，还不至于干冻。茶芽刚出来的时候非常怕霜，有的茶芽造于一火、二火时都会遇到霜，而到三火的时候霜就没有了，所以三火的茶就要好于一火、二火茶。晴天太阳光还没有照射时，这正是茶芽绽出，慢慢吸收营养逐渐成长的时候，采摘工在采摘的时候也要仔细挑选。在试制时，如果茶芽的颜色鲜白，那是因为在薄雾中隐藏着生长，在最佳的时机采摘。如果在雨多的时候制作，茶的颜色就会发暗发黄，如果气候特别暖，茶芽水分被蒸发，采摘工手上的汗熏染在茶芽上，茶就变得不干净了，即使制造的茶再多，那也只能是普通的茶叶。在试制时，如果茶的颜色不是鲜白的，水脚有一点微红的话，这是由于采摘的时间过长造成的。

初采的茶芽，不需要太多，装满筐就可以了，这样是为了趋时争新。采了就蒸，蒸了就研。如果蒸的茶芽不熟的话，即使是精芽也会受到很大的伤害。试制时，如果有一股桃仁气味的话，那是由于茶芽没有蒸熟造成的。只有蒸熟了的茶芽，味道才会甜而且香。蒸芽需要看火气的情况，这一点不可不谨慎。试制时如果茶芽的颜色黄而且有很大的粟纹，那是因为蒸得过熟。但是过熟要比不熟的好，因为过熟有甘香的味道。所以蔡君谟论茶的颜色，认为青白色的茶要比黄白色的好。在我看来，单从茶的味道来说，黄白色的茶要比青白色的茶好。茶不需要蒸太长的时间，时间太长了茶就会过熟。同时，蒸锅水干了也会出现焦锅的气味。这时候茶工就会采取减小火力和加水的办法来进行补救，这是导致茶被蒸坏、颜色发黄的原因。所以试制的时候如果茶的颜色昏暗，有一种焦恶气味的话，那就是由于锅烧焦了。建人把它称为热锅气。茶芽制成膏以后再倒入茶模里，成型以后取出来放置在粗竹席上用火烤，用火时一定要让席子全部热起来，然后再把茶饼倒在上面，中间要空着，这样可以透火气。但是，茶民们不喜欢用实炭，因为实炭被称作冷火。茶饼刚出来的时候是湿的，茶民想让它尽快干了好来出售，所以用火经常带有烟焰。烟焰多了，稍微不注意看候，

晒茶

晒茶也叫晒青，每筛的茶叶在半斤到十两（古制，一斤为十六两），叶软后便翻一次，至叶上枝软，就将茶叶移置架上。

就要熏损茶饼。试制的茶品如果颜色都是昏红的，有焦气味的话，这就是由于烤焙不当造成的。茶饼表面上发黄实际上潮润的，那是因为榨的时候没有把汁榨干。榨茶要求把茶汁尽可能的都榨尽，这样茶叶就会像干竹叶一样。那些从表面上看去像是烘干了而实际上并不干的茶饼，就是人故意没把茶汁榨干导致的，目的是为了早点卖出去，早点获利。试茶的时候，茶的颜色虽然鲜白，但味道有点苦，那就是因为茶膏没有榨尽。如果茶色洁净鲜亮，那么它的香气和味道都会好。所以那些采摘上品茶的人，常常都是

在天还没有完全亮的时候，就顶着云雾去采茶，或者把用瓷罐汲上新泉水挂在自己的胸前，这样就能把采得的茶随手放在罐中，便于保鲜。如果太阳出来了，在强光的照射下，茶芽就会暴长，如果加工不及时，所采的茶陈放时间过长而来不及蒸，蒸了又来不及研，或者隔一夜再去制作的话，试茶的时候颜色就不鲜明，而且有轻微的臭蛋味，那是因为压黄的毛病。

茶中的精品被称为斗、亚斗，其次是拣芽、茶芽。斗品虽然是最上等的，一户茶园可能只有一株这样的茶树。因为天然材料之间是存在差异的，都不会一样。况且事物是变化无常的，而人听到和看到的都是有限的，所以那些制造斗品茶的人家，有的过去造得很好而现在造得很差，有的以前制造得差而后来却获得了成功。虽然这看似是人的问题，有的尽力了，有的没有尽到力，这其实也是造化变幻的一种结果，不是随便就可以改动的。造茶，一火的时候叫作斗，二火的时候叫作亚斗，造出的茶只不过数十铐而已。可是拣芽就不一样了，可以在满茶园中选择那些好的来采摘。有的人贪多便会多采一些，还有的人想增加茶的色泽，往往在茶叶内掺进白合、盗叶。试茶时虽然看上去茶颜色鲜白，但是茶的味道却涩而淡，这就是掺入了白合、盗叶的原因。（那些像鹰爪一样的茶芽，外面有两片小叶抱着，这两片小叶就是人们所说的白合。茶树的新条叶长出来的盗叶是白色的。拣芽的人在摘取的时候只摘取鹰爪，是不要白合的，更何况是盗叶呢。）世间任何东西都是不能够掺杂在一起的，更何况是饮食物品呢，更不能够掺假。所以如果把草一类的东西掺入茶中，建人就把这称为入杂。铐茶中掺杂柿树的叶子，常品中掺杂枹槲叶都是不好的，这两种叶子轻易就能够得到，把它们混在茶叶中又能增加茶的色泽，所以茶园的人为了欺骗买主就把它们掺杂在一起。在试茶的时候茶叶如果没有粟纹和甜香，杯中的茶水上面有浮散，就好像细毛一样，或者如同星星点点的纤絮一样，所有的这些现象都是因为掺杂了其他叶子的毛病。那些善于品茶的人，对着茶杯侧看一下，就可以知道其中掺杂了多少。上品茶、下品茶向来都有这种掺假的现象，最近即使是铐列，也发生过类似情况。

[原文]

《万花谷》：龙焙泉在建安城东凤凰山，一名御泉。北苑造贡茶社前，芽细如针。用此水研造，每片计工直钱四万。分试其色如乳，乃最精也。

《文献通考》：宋人造茶有二类，曰片，曰散。片者即龙团旧法，散者则不蒸而干之，如今时之茶也。始知南渡[①]之后，茶渐以不蒸为贵矣。

《学林新编》：茶之佳者，造在社前；其次火前，谓寒食前也；其下则雨前，谓谷雨前也。唐僧齐己诗曰："高人爱惜藏岩里，白甀[②]

封题寄火前。"其言火前，盖未知社前之为佳也。唐人于茶，虽有陆羽《茶经》，而持论未精。至本朝蔡君谟《茶录》，则持论精矣。

《苕溪诗话》：北苑，官焙也，漕司岁贡为上；壑源，私焙也，土人亦以入贡，为次。二焙相去三四里间，若沙溪，外焙也，与二焙绝远，为下。故鲁直诗"莫遣沙溪来乱真"是也。官焙造茶，尝在惊蛰后。

朱翌《猗觉寮记》：唐造茶与今不同，今采茶者得芽即蒸熟焙干，唐则旋摘旋炒。刘梦得《试茶歌》："自傍芳丛摘鹰嘴，斯须③炒成满室香。"又云："阳崖阴岭各不同，未若竹下莓苔地。"竹间茶最佳。

[注释]

①南渡：指北宋灭亡后，宋室南迁，建立南宋。②甄：用来装茶的小口瓷。这种小口瓷本来是装水浆的。③斯须：很快的意思。

[译文]

在《万花谷》中有这样的记载：龙焙泉地处建安城东面的凤凰山，它又叫作御泉。北苑造贡茶的时候要采摘春社前的茶，它的芽就好像针一样细。在龙焙泉里汲取泉水来研造，每片茶计工价需要四万。如果煮出的茶颜色像乳汁一样，那应该算是最好的茶了。

在《文献通考》中记载：宋人造的茶可以分成两种，一种叫作片茶，一种叫作散茶。制作片茶就和制作龙团茶的旧方法是一样的，散茶就是把那些采来的茶不蒸，让它自己慢慢变干，这和当今的茶是一样的。由此才知南宋建立以后，茶逐渐以不蒸为贵。

在《学林新编》中有这样的记述：好茶，要在春社前制造；其次的要在火前造，也就是寒食前造；再下来是要在雨前造，也就是谷雨之前制造。唐代和尚齐己的诗中说："高人爱惜藏岩里，白甄封题寄火前。"在这首诗中提到了火前制茶，却不知道在春社前制茶好。唐人对茶的记述，虽然有陆羽写作的《茶经》，但论述还不够详尽，而到了本朝蔡君谟写作的《茶录》，在这方面论述得就很精了。

《苕溪诗话》中有这样的论述：北苑是官府用来焙茶的地方，每年这里的茶都要经过漕运向皇上进贡。在壑源这个地方主要是私人焙茶，这里的居民也要把所制茶进贡，不过和官焙比起来要相差很多。两处焙茶的地方相距三四里，焙出的茶却有天壤之别。至于沙溪的茶，属于外焙的茶，它们与官焙、私焙比起来相差更远，所制出的茶属于下等。所以黄鲁直的诗"莫遣沙溪来乱真"说的就是这个原因。官焙造茶常常在惊蛰节气以后。

朱翌在《猗觉寮记》中记述：唐代的制茶和现在是不一样的，现在的采茶者一采到茶芽就立即把它们蒸熟焙干，而在唐代的时候则是边摘边炒。刘梦得在《试茶歌》中这样说："自傍芳从摘鹰嘴，斯须炒成满室香。"又说道："阳崖阴岭各不同，未若竹下莓苔地。"竹间产的茶应该算是最好的茶。

[原文]

《武夷志》：通仙井在御茶园，水极甘冽，每当造茶之候，则井自溢，以供取用。

《金史》：泰和五年春，罢造茶之防①。

张源《茶录》：茶之妙，在乎始造之精，藏之得法，点之得宜。优劣定于始铛^{chēng}，清浊系乎末火。火烈香清，铛②寒神倦。火烈生焦，柴疏失翠。久延则过熟，速起却还生。熟则犯黄，生则著黑。带白点者无妨，绝焦点者最胜。藏茶切勿临风、近火。临风易冷，近火先黄，其置顿之所，须在时时坐卧之处，逼近人气，则常温而不寒。必须板房，不宜土室。板房温燥，土室潮蒸。又要透风，勿置幽隐之处，不惟易生湿润，兼恐有失检点③。

[注释]

①造茶之防：造茶的禁止令。②铛：锅、鬴的意思。③检点：时刻检查。

[译文]

在《武夷志》中这样记载：通仙井在御茶园内，水质特别甘甜清凉，每当造茶的时候，井水就会自动向上溢，制茶的人就可以取来用了。

《金史》中记述：在泰和五年春天的时候，撤销了造茶的禁令。

张源在《茶录》中说：茶的妙处，就在于制造的时候需要精湛的工艺，在储藏的时候要得法，冲泡的时候要有合适的方法。茶的好坏在于初入锅时，茶的清浊在于最后一把火。火力强，茶就会散发出一种清香的味道，锅如果不热，茶就会滋味不纯正。如果火力太大，茶容易变焦糊；而如果柴少了，火力小的话，茶又会失去翠绿的颜色。在锅里放的时间太长了，茶就会熟过头，而如果起锅太快的话，那茶还是生的。茶过熟颜色会发黄，茶如果还是生的，颜色就会发黑。焙的茶带白点无妨，如果茶中没有任何焦点那是制作得最好的。储藏茶的时候一定不要放在临近风和火的地方。如果临近风茶就比较易受冷，而靠近火茶很容易发黄。所以放置的地点一定要是人经常坐卧的地方，接近人气，就能够使茶保持常温而不至于受寒。茶要放在木板房里面，不适合放在土房子里。这是因为木板房具有温暖、干燥的特点，而土房子容易散发潮气。藏茶的房子还要通风，千万不要把茶放在阴暗隐蔽的地方，因为如果放在那些地方，茶就很容易发潮，同时还容易让人忘掉去检查这些茶。

[原文]

谢肇淛《五杂俎》：古人造茶，多舂①令细，末而蒸之。唐诗"家僮隔竹敲茶臼"是也。至宋始用碾②。若揉③而焙之，则本朝始也。但揉者，恐不及细末之耐藏耳。今造团之法皆不传，而建茶之品，亦远出吴会诸品下。其武夷、清源二种，虽与上国争衡，而所产不多。十九④赝鼎，故遂令声价靡复不振。闽之方山、太姥、支提，俱产佳茗，而制造不如法，故名不出里闬。予尝过松萝，遇一制茶僧，询其法，曰："茶之香，原不甚相远，惟焙之者火候极难调耳。茶叶尖者太嫩，而蒂多老。至火候匀时，尖者已焦，而蒂尚未熟。二者杂之，茶安得佳？"制松萝者，每叶皆剪去其尖蒂，但留中段，故茶皆一色。而工力烦矣，宜其价之高也。闽人急于售利，每斤不过百钱，安得费工如许？若价高，即无市者矣。故近来建茶所以不振也。

[注释]

①舂：把东西放在石臼或乳钵里捣掉皮壳或捣碎。②碾：把东西轧碎或压平。③揉：用手来回擦或搓。④十九：十分之九，指绝大部分。

[译文]

谢肇淛《五杂俎》：古代的人制作茶的时候，大多会失将它舂细，然后再蒸。唐诗中"家童隔竹敲茶臼"说的就是这个。到宋朝才开始用碾。至于将其揉在一起烘焙，是到本朝才开始的。但是揉在一起烘焙的茶，恐怕不如制作成细末的茶容易收藏。现在造茶团的方法没能留传下来，但建茶的品质，仍远在吴会其他品种以下。其中武夷、清源两种茶，虽然能和那些上等的相抗衡，可是产量较少，因而十之八九都是假货，这也让其身价萎靡不振。福建的方山、太姥、支提，都出产上好的茶叶，但是没有适宜的制作方法，因此名气没能传播出去。我曾经去过松萝地区，遇到一个制作茶叶的和尚，询问他制作茶叶的诀窍，他说："茶叶的香味，本身相差不是太多，只是在烘焙之时火候非常难于把握。茶叶的尖部太嫩了，而蒂部又太老了。烘焙的时候，等到火候调和时，尖部却已经焦枯了，而根部却还没有彻底熟。将两者掺杂在一起烘焙，怎么会得到好茶呢？"在制作松萝茶的时候，每片叶子都要将其尖部和蒂部剪掉，只留下中间的部分，这样烘焙出来的茶就是一样的了。只是在刀工方面过于繁琐，因此价格昂贵。闽人急于卖出赚钱，每斤不过卖百钱，怎么肯费这么多的周折呢？如果价格太高，可能就不会有人来买。因此近来建茶一直不好。

[原文]

罗廪《茶解》：采茶、制茶，最忌手汗、体膻、口臭、多涕、不洁之人及月信妇人，更忌酒气。盖茶酒性不相入，故采茶、制茶，切忌沾醉。茶性淫①，易于染著，无论腥秽及有气息之物不宜近，即名香亦不宜近。

许次杼《茶疏》：岕茶非夏前②不摘。初试摘者，谓之开园，采自正夏，谓之春茶。其地稍寒，故须待时，此又不当以太迟病之。往时无秋日摘者，近乃有之。七八月重摘一番，谓之早春。其品甚佳，不嫌少薄。他山射利③，多摘梅茶，以梅雨时采故名。梅茶苦涩，且伤秋摘，佳产戒之。茶初摘时，香气未透，必借火力以发其香。然茶性不耐劳，炒不宜久。多取入铛，则手力不匀。久于铛中，过熟而香散矣。炒茶之铛，最忌新铁。须预取一铛以备炒，毋得别作他用，一说惟常煮饭者佳，既无铁腥，亦无脂腻。炒茶之薪，仅可树枝，勿用干叶。干则火力猛炽，叶则易焰，易灭。铛必磨洗莹洁，旋摘旋炒。一铛之内，仅可四两，先用文火炒软，次加武火催之。手加木指，急急炒转，以半熟为度，微侯香发，是其候也。清明太早，立夏太迟，谷雨前后，其时适中，若再迟一二日，待其气力完足，香烈尤倍，易于收藏。

藏茶于庋阁，其方宜砖底数层，四围砖砌。形若火炉，愈大愈善，勿近土墙。顿瓮其上，随时取灶下火灰，候冷簇于瓮傍。半尺以外，仍随时取火灰簇之，令里灰常燥，以避风湿。却忌火气入瓮，盖能黄茶耳。日用所须，贮于小磁瓶中者，亦当箬包苎扎，勿令见风。且宜置于案头，勿近有气味之物，亦不可用纸包。盖茶性畏纸，纸成于水中，受水气多也。纸裹一夕既④，随纸作气而茶味尽矣。虽再焙之，少顷即润。雁宕诸山之茶，首坐此病。纸帖贻远，安得复佳。茶之味清，而性易移，藏法喜温燥而恶冷湿，喜清凉而恶郁蒸。宜清触而忌香惹。藏用火焙，不可日晒。世人多用竹器贮茶，虽加箬叶拥护，然箬性峭劲，不甚伏帖，风湿易侵。至于地炉中顿放，万万不可。人有以竹器盛茶，置被笼中，用火即黄，除火即润。忌之！忌之！

[注释]

①泆:此处指发散快。②夏前:指立夏之前。③射利:一心以利润为目标。④一夕既:一夜过后。

[译文]

罗廪在《茶解》中说:在采茶和制茶的过程中,最忌讳的是手上有汗、身体有异味、口臭、流鼻涕、不干净的人和月经期的妇人,更加忌讳酒气。这是由于茶和酒的品性相克,因此采摘制作茶叶的时候,最忌讳的就是喝了酒再去碰茶叶了。茶很容易沾染上其他的东西,因此无论是腥秽的还是有其他异味的东西都不适合接近茶,即使是很有名气的香味也不适合去靠近。

许次杼在《茶疏》中说:岕茶必须要在夏天之前进行采摘。开始采摘的时候,被称为开园,采摘到正夏的时候,就称为春茶。如果那个地方的气候稍微冷一些的话,就需要等上一段时间,但是又不要犯了太迟的毛病。从前在秋天没有采摘的,近几年开始有了。七八月的时候再采摘一次,被称为早春。它的质量非常好,就是产量少些。有的山上为了求取利润,大多去摘梅茶,因为在梅雨季节时采摘而得名。梅茶有些苦涩,而且会影响秋天的采摘,好的品种要忌讳采摘梅茶。开始采摘的茶叶,香气还没有完全散发出来,必须要借助火力让它的香气充分散发出来。但茶叶的本性是不耐劳顿的,炒的时间不应该太长。如果锅中放的茶叶太多,炒的时候手上用力就不够均匀。放在锅中的时间太长,茶叶过熟的话香气就会散尽了。炒茶的锅最忌讳的就是新铁锅。必须准备一口炒茶时专用的锅,而且不能用这个锅来炒其他的东西。也有人说经常用来煮饭的锅是最好的,既没有铁的腥味,也没有油脂的油腻味。炒茶用的柴火,只能用树枝,而不能用树干和树叶。因为树干容易导致火力过猛,树叶很容易产生火焰而且烧完熄灭。必须要将锅刷洗干净然后再炒茶叶,需要随摘随炒。一锅中,只能放入四两,先用文火将其炒软,再用武火进行催化。用手和木棒搅拌,快速翻炒,到半熟的时候为止,有一点香味散发出来,就是火候到了。清明时太早,立夏又太迟了,谷雨前后,是最佳的时间。如果再迟一两天,等茶叶的气力足够,香气更好时,就适合收藏了。

将茶叶放在庋阁中,在它的底部垫上几层砖头,四周也用砖围起来。就好像火炉一样,越大越好,不要靠近土墙。把坛子放在它的上面,随时清理掉灶下的灰,冷却之后再放在坛子旁边。半尺之外,仍用火灰围起来,使里面的灰能够长期保持干燥,这样做可以避免风和潮气。但是千万不可让火气进入坛子中,否则茶叶就会变成黄色了。把平时要用的茶,放入小瓷瓶中,应该用箬竹叶包裹起来,用麻丝捆扎,千万不能被风吹到。而且最好要放在案头,不要接近有气味的物品,也不可用纸来包裹。茶的本性非常怕纸,因为纸是从水中来的,所以纸中会有很多水气。在纸里包裹一个晚上,茶叶的味道就消失了。如果再进行烘焙一次，立即就会变潮了。雁宕等山的茶叶，最容易有这个毛病。纸贴在茶叶上面，怎么能变好呢？茶叶的味道非常清淡，而且性质非常容易转变，贮藏的时候喜欢温暖干燥而讨厌冰冷潮湿，喜欢清凉而讨厌热湿，喜欢清淡而忌讳香气。用火烘焙后收藏的时候，不能让太阳直晒。大家经常用竹器来装茶，虽然加上了竹叶来进行保护，可是竹叶有力道，不会伏帖，风和湿气很容易侵入。至于放在地炉中，那就更加不可取了。有的人用竹器来装茶，放在笼中，用火烤就会变黄，没有火就会变潮，切忌！切忌！

[原文]

　　闻龙《茶笺》：尝考《经》言，茶焙甚详。愚谓今人不必全用此法。予构一焙室，高不逾寻[①]，方不及丈，纵广[②]正等。四围及顶绵纸密糊，无小罅隙，置三四火缸于中，安新竹筛于缸内，预洗新麻布一片以衬之。散所炒茶于筛上，阖户[③]而焙。上面不可覆盖，以茶叶尚润，一覆则气闷罨黄，须焙二三时，俟润气既尽，然后覆以竹箕。焙极干出缸，待冷，入器收藏。后再焙，亦用此法，则香色与味犹不致大减。诸名茶法多用炒，惟罗岕宜于蒸焙，味真蕴藉，世竞珍之。即顾渚、阳羡，密迩[④]洞山，不复仿此。想此法偏宜于岕，未可槩施诸他茗也。然《经》已云"蒸之焙之"，则所从来远矣。吴人绝重岕茶，往往杂以黑箬，大是阙事。余每藏茶，必令樵青入山采竹箭箬，拭净烘干，护罂四周，半用剪碎拌入茶中。经年发覆，青翠如新。吴兴姚叔度言，茶若多焙一次，则香味随减一次。予验之良然，但于始焙

春茶

这道工序是将叶状茶叶加工变成粉末状或糊状。唐人捣茶，要将茶捣成"似无穰骨"。

续茶经

时，烘令极燥，多用炭箬，如法封固，即梅雨连旬，燥仍自若。惟开坛频取，所以生润，不得不再焙耳。自四月至八月，极宜致谨。九月以后，天气渐肃，便可解严矣。虽然，能不弛懈尤妙。炒茶时，须用一人从傍扇之，以祛热气，否则茶之色香味俱减，此予所亲试。扇者色翠，不扇者色黄。炒起出铛时，置大磁盆中，仍须急扇，令热气稍退。以手重揉之，再散入铛，以文火炒干之。盖揉则其津上浮，点⑤时香味易出。田子艺以生晒不炒不揉者为佳，其法亦未之试耳。

［注释］

　　①寻：八尺长。②纵广：纵为长，广为宽。③阖户：关门。④密迩：附近的意思。⑤点：即茶的冲泡。

［译文］

　　闻龙《茶笺》中说：曾经考证过《茶经》，其中详细地介绍了烘焙茶叶的方法。我认为现在不必完全按照这个方法去制作。我盖了一间用来烘焙茶叶的房子，高不超过八尺，长不过一丈，宽度和长度相等。四周和顶部都用绵纸糊得非常细密，没有一点缝隙，放进三四个火缸，把新的竹筛放在缸中，预先洗一片新的麻布放在上面。将炒的茶叶散放在竹筛上面，关上窗户进行烘焙。上面不能盖其他东西，因为茶叶还非常湿润，一旦盖上就会气息不流通，颜色就会变黄，必须等烘焙了两三个小时，等到湿润的气息散尽了之后，再盖上竹箕。直到烘焙得非常干的时候再将其取出，冷却之后放到器具中收藏。收藏后再进行烘焙，用的也是这种方法，那么香气和味道就不会有什么太大的改变。各种名茶大多是炒制的，只有罗岕茶比较适合蒸焙，让味道纯正持久，人们都非常珍惜它。即使顾渚、阳羡、附近洞山等茶，也不必按照这种方法来制作。我想这种方法只是适合于岕茶吧，不可用于其他茶叶上面。《茶经》中说过："蒸之焙之"，可见这种方法已经使用很长时间了。吴地的人非常重视岕茶，常将黑色的竹叶夹杂在里面，这是大错特错了。我每次收藏茶叶的时候，都会让年轻的樵民到山中去采摘箭竹叶，将它擦拭干净后再烘干，然后将其围在茶缸的周围，留一半剪细了拌进茶叶中。过了一年后再打开，茶叶还像刚摘出来的一样青翠。吴兴的姚叔度说，茶多烘焙一次，香味就会减弱一次。我试验了一下，果真如此。但是开始烘焙时，想要将茶叶烘焙得非常干燥，大多要用炭和竹叶，想办法进行牢固封存，即使下了很长时间的雨，这样做仍然会烘焙得非常干燥。只有经常打开坛子取茶叶，才很容易使它受潮，只好再次进行烘焙了。四月到八月，最要小心谨慎。九月之后，天气逐渐干爽了，就不怕打开了。虽然如此，如果不经常开取它则更好了。炒茶的时候需要一个人在旁边扇风，这样可以祛除热气，否则茶的颜色和香味都会受到一定损害，这都是我亲自试验过的。有人在旁边扇的话，茶的颜色是青翠的，如果没有人在旁边扇的话，那么茶的颜色就是黄的。炒好出锅之后，放入大的瓷盆里面，仍然需要用力地扇风，这样热气就能稍微减少一些。再用手去揉它，然后放入锅中，用文火进行干炒。如果揉的话茶汁就容易上浮，倒水的时候香味就很容易散发出来了。田子艺认为生晒不炒不揉的茶叶是最好的，这个办法我还没有尝试过。

[原文]

《群芳谱》：以花拌茶，颇有别致。凡梅花、木樨、茉莉、玫瑰、蔷薇、兰、蕙、金橘、栀子、木香之属，皆与茶宜。当于诸花香气全时摘拌，三停茶，一停花①，收于磁罐中，一层茶一层花，相间填满，以纸、箬封固入净锅中，重汤煮之，取出待冷，再以纸封裹，于火上焙干贮用。但上好细芽茶，忌用花香。反夺其真味。惟平等②茶宜之。

《云林遗事》：莲花茶，就池沼中，于早饭前，日初出时择取莲花蕊略绽者，以手指拨开，入茶满其中，用麻丝缚扎，定经一宿③。次早连花摘之，取茶纸包晒。如此三次，锡罐盛贮，扎口收藏。

[注释]

①三停茶，一停花：指三份茶叶里放一份花。②平等：此处作平常解。③定经一宿：一定要经过一晚。

[译文]

《群芳谱》中说：用花来拌茶，会非常别致。像梅花、木樨、茉莉、玫瑰、蔷薇、兰花、蕙、金橘、栀子、木香等，都非常适合拌入茶中。应该在这些花的香气比较浓郁的时候采摘下来和茶拌在一起，比例是三份茶叶，一份花，收起来放入瓷罐中，一层茶叶一层花间隔开来填满，用纸和竹片封好，放入干净的锅中，再放入汤中煮，取出来后让它冷却下来，然后再用纸封裹起来，放在火上焙干，储存起来待用。但是上好的细芽茶，是不需要用花香的，否则就会夺走它本身的味道。只有一般的茶叶才适合这样去做。

《云林遗事》中记载：莲花茶，在池沼之中，在早饭之前、太阳刚出来的时候择取刚刚绽放的莲花蕊，用手指拨开，往里面放满茶叶，用麻丝捆扎起来。一定要经过一夜。第二天早上同花一起采摘，用茶叶纸包裹起来进行晾晒。像这样反复三次，再用锡制的罐子装起来，把口封好收藏起来。

茶经·续茶经

一二六

[原文]

　　邢士襄《茶说》：凌露无云，采候之上。霁①日融和，采候之次。积日重阴，不知其可。

　　田艺蘅《煮泉小品》：芽茶以火作者为次，生晒者为上，亦更近自然，且断烟火气耳。况作人②手器不洁，火候失宜，皆能损其香色也。生晒茶瀹③之瓯中，则旗枪舒畅，清翠鲜明，香洁胜于火炒，尤为可爱。

　　《洞山茶系》：岕茶采焙，定以立夏后三日，阴雨又需之。世人妄云"雨前真岕"，抑亦④未知茶事矣。茶园既开，入山卖草枝者，日不下二三百石。山民收制，以假混真。好事家躬往予租，采焙戒视惟谨，多被潜易真茶去。人地相京高价分买，家不能二三斤。近有采嫩叶、除尖蒂、抽细筋焙之，亦曰片茶。不去尖筋，炒而复焙，燥如叶状，曰摊茶，并难多得。又有俟⑤茶市将阑，采取剩叶焙之，名曰修山茶，香味足而色差老，若今四方所货岕片，多是南岳片子，署为"骗茶"可矣。茶贾炫人，率以长潮等茶，本岕亦不可得。噫！安得起陆龟蒙于九京，与之赓《茶人》诗也。茶人皆有市心⑥，今予徒仰真茶而已。故余烦闷时，每诵姚合《乞茶诗》一过。

[注释]

　　①霁：雨后初晴。②作人：制作的人，此处指炒茶的人。③瀹：意为浸泡。④抑亦：也许是。⑤俟：等到。⑥市心：牟利之想法。

[译文]

　　邢士襄《茶说》：有露水而又没有云彩的时候，是最好的采摘时机。如果雨后初晴天气暖和的话，采摘的时机就会差一些。太阳被云彩遮住的阴天，不适合采摘。

　　田艺蘅《煮泉小品》中记载：茶芽用火烘焙的不算是好的，晒干的茶叶是最好的，也更加接近于自然本色，而且没有烟焰的气味。况且茶工的手和器具都不洁净，或者火候不合适，这些都会破坏茶叶的香味和颜色。把生晒的茶叶放在瓯中，那样旗枪就显得舒畅，清翠鲜明，又香又干净比火炒的更好，更加可爱。

　　《洞山茶系》：岕茶采摘下来后进行烘焙的时间定在立夏后的第三天，如果遇到阴雨就需要多等上几天。人们都说"雨前真岕"，可能并不知道关于茶的事。茶园开后，卖散茶的人会到山中来，他们每天卖掉的散茶不会少于两三百石。山民收买来制茶，用来以假乱真。谨慎的人家亲自去预定，采摘和烘焙的时候都非常认真，大多能收获真正的茶叶。人们竞相用高价采买，一家也不过能得到两三斤。最近有人把采摘的嫩叶去掉叶尖和叶蒂、抽出茶芽来进行烘焙的，也被称为片茶。如果不去掉尖和筋，炒完后再进行烘焙，就会像叶子一样干枯，因此被称为摊茶，也非常少见。还有在茶市快要结束的时候，采摘剩下的叶子来进行烘焙，又叫作修山茶，虽然香味非常浓郁但是颜色会很老，就像现在各地卖的芥片一样，大多是南岳的片子，可以将其称之为"骗茶"了。茶叶商人迷惑人，通常都会有很多茶叶商人等着采购茶叶，可是又无法得到本芥。唉！怎么能让陆龟蒙地下有知，与他唱和《茶人》诗呢？茶人都想要多卖钱，现在我们只能仰望着真茶了。因此我在烦闷的时候，就会念诵姚合的《乞茶诗》。

[原文]

《月令广义》：炒茶每锅不过半斤，先用干炒，后微洒水，以布卷起，揉做。茶择净微蒸，候变色摊开，扇去湿热气，揉做毕，用火焙干，以箬叶[①]包之。语曰："善蒸不若善炒，善晒不若善焙。"盖茶以炒而焙者为佳耳。

《月令广义》：采茶在四月。嫩则益人，粗则损人。茶之为道，释滞去垢，破睡除烦，功则著矣。其或采造藏贮之无法，碾焙煎试之失宜，则虽建芽、浙茗，只为常品耳。此制作之法，宜亟讲[②]也。

冯梦祯《快雪堂漫录》：炒茶锅令极净。茶要少，火要猛，以手拌炒，令软净取出，摊于匾中，略用手揉之。揉去焦梗，冷定复炒，极燥而止。不得便入瓶，置于净处，不可近湿。一二日后再入锅炒，令极燥，摊冷，然后收藏。藏茶之罂[③]，先用汤煮过烘燥，乃烧栗炭透红投罂中，覆之令黑。去炭及灰，入茶五分，投入冷炭再入茶，将满，又以宿箬叶实之，用厚纸封固罂口。更包燥净无气味砖石压之，置于高燥透风处，不得傍墙壁及泥地方得。

[注释]

①箬叶：俗称竹箬、箬皮，即箬竹的叶子。②亟讲：多多练习和研究。③罂：大腹小口的瓦器。或作"罃"。

[译文]

《月令广义》中说：炒茶时每锅茶不能超过半斤，先进行干炒，然后稍微洒些水，用布卷起来揉。挑出干净的茶叶稍微蒸一下，等到颜色变了之后再摊开，把湿气、热气扇去。揉好之后，再用火将湿气烘焙干净，再用竹叶包裹起来。有人说："会蒸不如会炒，会晒不如会烘焙。"茶叶炒后烘焙是最好的。

《月令广义》中又说：在四月的时候采茶。嫩茶对人身体有益，过于粗糙的茶叶对人的身体有害。茶有祛除人体滞垢的作用，可以减少人的睡眠，消除疲劳，作用十分大。如果采摘、制造、贮藏的方法不正确，碾焙煎煮又不容易把握好分寸，即使是建茶、浙茗，也只能成为普通的品种。这种制作方法，真应该多讲一讲。

冯梦桢在《快雪堂漫录》中记载：炒茶的锅要十分干净。茶叶要少些，火势要猛烈些，用手去拌炒，等到茶软了之后再取出来摊开，放进匾中，用手轻轻地揉茶。揉去已经变焦的茶梗，冷却之后再烘炒，烘炒到完全干燥为止。炒完后不应该马上放入瓶中，要放在干净而且远离潮湿的地方。一两天之后再放入锅中烘炒，等到干燥、冷却之后再进行收藏。贮藏茶叶的瓶子，先要用水煮然后再烘干。把烧红的栗炭放入瓶中，盖上之后让它变黑。再去掉炭和灰，倒进一半茶叶，将冷炭放进去，再放茶叶，快满的时候再装进干竹叶将其塞实，用厚厚的纸将瓶口封住。再包上干燥且没有气味的砖石压在瓶口上，放在干燥通风的高处，不要靠着墙壁和有泥土的地方。

[原文]

屠长卿《考槃余事》：茶宜箬叶而畏香药，喜温燥而忌冷湿。故收藏之法，先于清明时收买箬叶，拣其最青者，预焙极燥，以竹丝编之，每四片编为一块，听用。又买宜兴新坚大罂，可容茶十斤以上者，洗净焙干听用[1]。山中采焙回，复焙一番，去其茶子、老叶、梗屑及枯焦者，以大盆埋伏生炭，覆以灶中敲细，赤火既不生烟，又不易过。置茶焙下焙之，约以二斤作一焙。别用炭火入大炉内，将罂悬架其上，烘至燥极而止。先以编箬衬于罂底，茶焙燥后，扇冷方入。茶之燥，以拈起即成末为验[2]。随焙随入，既满又以箬叶覆于茶上，每茶一斤约用箬二两。罂口用尺八纸焙燥封固，约六七层，压以方厚白木板一块，亦取焙燥者。然后于向明净室或高阁藏之。用时以新燥宜兴小瓶，约可受四五两者另贮。取用后随即包整。夏至后三日再焙一次，秋分后三日又焙一次，一阳[3]后三日又焙一次，连山中共焙五次。从此直至交新，色味如一。罂中用浅，更以燥箬叶满贮之，虽久不浥[4]。又一法，以中坛盛茶，约十斤一瓶。每年烧稻草灰入大桶内，将茶瓶座于桶中，以灰四面填桶，瓶上覆灰筑实。用时拨灰开瓶，取茶些少，仍复封瓶覆灰，则再无蒸坏之患。次年另换新灰。又一法，于空楼中悬架，将茶瓶口朝下放，则不蒸。缘蒸气自天而下也。采茶时，先自带锅入山，别租一室，择茶工之尤良者，倍其雇值。戒其搓摩，勿使生硬，勿令过焦。细细炒燥，扇冷方贮罂中。采茶，不必太细，细则芽初萌而味欠足；不可太青，青则叶已老而味欠嫩。须在谷雨前后，觅成梗带叶微绿色而团且厚者为上。更须天色晴明，采之方妙。若闽广岭南，多瘴疠之气，必待日出山霁，雾瘴岚气收净，采之可也。

［注释］

①听用：等待使用。②验：标准。③一阳：指一阳节，即冬至。④泄：向外发散。

［译文］

屠长卿《考槃余事》中记载：茶叶适合用竹叶包裹而忌讳使用香叶，喜欢温暖干燥而忌讳阴冷潮湿的地方。因此收藏的办法是，先在清明时买上一些竹叶，先将最青的烘焙干燥，再用竹丝编起来，每四片编成一块，留着待用。再买来宜兴新坚可以盛十斤以上茶叶的大瓶子，洗干净后烘干备用。从山中采来焙过的茶叶，回来后再烘焙一次，去掉其中的茶子、老叶、梗屑和焦枯的东西，然后用大盆装上生炭，放在灶中敲细后点起火，火焰既不生烟，又不容易过大。把茶放在茶焙下面进行烘焙，一次大约可以烘焙两斤。另外将炭火放入大炉中，把瓶架在上面，直到干燥为止。先把编好的竹叶放在下面，茶叶烘焙干燥后对其扇风让其冷却，再放进去。茶叶干燥的标准是捻起来要成粉末。焙好后马上放进去，装满之后将竹叶盖在茶叶的上面，每一斤茶叶大约需要二两竹叶。瓶口用一尺八寸见方的干燥纸密封，大约有六七层，压上一块白色的木板，也必须是烘干过了的。然后放在明亮且干净的屋子或者高阁上面。用的时候要用干燥过的宜兴小瓶子，大约可放入四五两茶叶，另外将其储存好。取用以后马上包起来整理好。夏至过后三天还要再烘焙一次，秋分过后三天再焙一次，冬至过后三天又焙一次，连山中总共焙了五次。此后直到新茶下来的时候，颜色和味道也会始终如一。如果瓶中的茶没有填满，应改用干燥的竹叶将其填满，这样即使存放很长时间也不会外散。还有一个办法，用中等大的坛子盛茶，一瓶大约能盛上十斤。每年把烧的稻草灰放入大桶之中，将茶瓶放入大桶，用灰把桶的四周填塞满，瓶子的上面也一定要用灰压实。用的时候再将灰拨开打开瓶子，然后取出少量的茶叶，再封好茶瓶把灰盖上，那样就不会有蒸坏的顾虑了。第二年再换上新灰。还有一个办法，在空楼里面悬上一个架子，将茶瓶的口朝下放置，这样就不会出现水蒸气了。因为蒸气是从上往下走的。采茶的时候自己将锅带进山中，另外租一间房子，挑选那些采茶技术好的工人，加倍给他们工钱。不要用手揉搓，不要使茶叶生硬，防止让茶叶过焦。要慢慢地将茶叶炒干，将茶叶扇冷后再贮藏到瓶中。采摘的茶不能太细，太细是因为茶芽刚长出来，这样味道就会不足。茶不能太青，青就说明叶子已经太老了，味道欠嫩。必须在谷雨前后，找带叶子的成梗，微绿色团状而且很厚的为最好。须天气晴朗时采摘最好。像闽广岭南多有瘴疠之气，必须要等到太阳出山，雾瘴之气散尽之后，才可以去采摘。

[原文]

冯可宾《岕茶笺》：茶，雨前精神未足，夏后则梗叶太粗。然以细嫩为妙，须当交夏^①时。时看风日晴和，月露初收，亲自监采入篮。如烈日之下，应防篮内郁蒸^②，又须伞盖，至舍速倾干净匾内薄摊，细拣枯枝、病叶、蛸丝^③、青牛之类，一一别去，方为精洁也。蒸茶须看叶之老嫩，定蒸之迟速，以皮梗碎而色带赤为度。若太熟，则失鲜。其锅内汤须频换新水，盖熟汤能夺茶味也。

[注释]

①交夏：指立夏。②郁蒸：形容闷热潮湿。③蛸丝：蜘蛛等小虫结网的丝。

整茶饼

[译文]

冯可宾《岕茶笺》中说：茶叶，雨水前还没有完全长好，夏至后其梗叶又太粗了。因此要采到细嫩的好茶叶，必须等到春夏之交的时候。在风和日丽的时候，露水刚刚开始收起，亲自监督采摘到篮子中。如果是在炎炎烈日之下，应该防止茶叶在篮子中热闷潮湿，需要用伞遮盖住，等到家之后马上倒进干净的匾中薄薄地摊开，仔细地挑出枯枝、病叶、虫网丝、青牛这些东西，将其一一去掉，才能称之为干净。蒸茶的时候要根据叶子的老嫩，来决定蒸的时间，以皮梗破碎而颜色带一点赤红为标准。如果太熟了，就会不新鲜了。锅中的水必须时常更换，因为热水会将茶叶的味道夺走。

［原文］

　　陈眉公《太平清话》：吴人于十月中采小春茶，此时不独逗漏①花枝，而尤喜日光晴暖，从此蹉过②，霜凄雁冻，不复可堪③矣。

　　眉公云：采茶欲精，藏茶欲燥，烹茶欲洁。

　　吴拭云：山中采茶歌，凄清哀婉，韵态悠长，一声从云际飘来，未尝不潸然堕泪。吴歌未便能动人如此也。

［注释］

　　①逗漏：泄漏。②蹉过：错过时机。③堪：忍受。

［译文］

　　陈眉公《太平清话》中记载：吴地人在十月采摘小春茶，这时不仅花枝透漏，而且阳光晴暖。如果错过这个时节，就是霜凄雁冻，不再适合采摘了。

　　眉公说：采摘茶叶时要极其精细，贮藏茶叶应该干燥，烹制茶的水应该清新洁净。

　　吴拭说：山中的采茶歌委婉凄清，韵味悠长，声音好像从远方的云际中飘来一样，让人潸然泪下。即使吴歌也不能让人如此感动。

［原文］

　　熊明遇《岕山茶记》：贮茶器中，先以生炭火煅过，于烈日中曝之，令火灭，乃乱插茶中。封固罂口，覆以新砖，置于高爽近人处。霉天雨候，切忌发覆①，须于清燥日开取。其空缺处，即当以箬②填满，封闭如故，方为可久。

　　《雪蕉馆记谈》：明玉珍子昇，在重庆取涪江青蟆石为茶磨。令宫人以武隆雪锦茶碾，焙以大足县香霏亭海棠花，味倍于常。海棠无香，独此地有香，焙茶尤妙。

［注释］

　　①发覆：指打开封口。②箬：箬叶。

［译文］

　　熊明遇在《岕山茶记》中说：要将茶叶储存在器具之中，先将瓶子用生炭火煅烧，放在烈日下晾晒，火灭之后，再将茶叶倒入里面。然后将瓶口密封好，在上面压上新砖块，放在高处清爽接近人的地方。下雨阴天的时候千万不能打开，要等到天晴才能打开。取完茶后瓶中的茶叶减少产生空缺，应该用竹叶将其填满，像以前一样密封起来，这样才能使茶保持更长的时间。

《雪蕉馆记谈》：明玉珍的儿子昇，在重庆取涪江青礴石当茶磨。让宫人用武隆雪锦茶碾，加进大足县香霏亭的海棠花烘焙，焙出的茶比普通的茶味道要好得多。海棠本来就没有香味，只有此地的海棠花香，用它来焙茶是最好的。

[原文]

《诗话》：顾渚涌金泉，每岁造茶时，太守先祭拜，然后水稍出。造贡茶毕，水渐减，至供堂茶毕，已减半矣。太守茶毕，遂涸[1]。北苑龙焙泉亦然。

《紫桃轩杂缀》：天下有好茶，为凡手焙坏。有好山水，为俗子妆点坏。有好子弟，为庸师教坏。真无可奈何耳。匡庐顶产茶，在云雾蒸蔚中，极有胜韵，而僧拙于焙，瀹（yuè）之为赤卤[2]，岂复有茶哉。戊戌春小住东林，同门人董献可、曹不随、万南仲，手自焙茶，有"浅碧从教如冻柳，清芬不遣杂花飞"之句。既成，色香味殆绝。顾渚，前朝名品，正以采摘初芽，加之法制，所谓"罄（qìng）一亩之人，仅充半环"，取精之多，自然擅妙也。今碌碌诸叶茶中，无殊菜沈，何胜括目[3]？金华仙洞与闽中武夷俱良材，而厄于焙手。埭头本草，市溪庵施济之品，近有苏焙者，以色稍青，遂混常价。

[注释]

①涸：干枯。②赤卤：指冲茶后成为红褐色的苦涩的茶水。③括目：指注目观看。

[译文]

《诗话》：顾渚有涌金泉，每年造茶的时候，太守都要先进行祭拜，水才会冒出来。贡茶制作完之后，水就会变少了，到供堂的茶造好以后，水流就已经减去大半了。太守将茶造好之后，水就枯竭了。北苑的龙焙泉也如此。

《紫桃轩杂缀》中说：天下本来有很多好茶，可是却被一些普通人给焙坏了。有很多好山好水，可是却被凡夫俗子给玷污了。有很好的子弟，可是却被平庸的老师给教坏了。真是感觉无奈啊！匡庐的山顶出产茶叶，是在云雾的衬托之下生长而成的，因此别有一番韵致，但是和尚烘焙的技术实在是太糟糕了，因此泡出的茶好像是红卤，哪里还有什么好茶啊？戊戌的春天在东林住了一段时间，与弟子董献可、曹不随、万南仲亲自烘焙茶叶，作有"浅碧从教如冻柳，清芬不遣杂花飞"的诗句。茶制成之后，色香味都十分好。顾渚是前朝茶叶中著名的品种，将采摘的初芽进行加工，所谓的"罄一亩之入，仅充半环"，取的多是精华，自然非常美妙。制作不精的顾渚茶混在其他茶叶中，和菜叶没什么两样，怎么会引起人们的重视？金华仙洞和闽中的武夷，茶叶原料都非常好，却给烘焙坏了。埭头的本草卖溪庵施舍的品种，最近有苏焙的人，以颜色稍青为借口，同普通的茶叶价格一样了。

[原文]

《岕茶汇钞》：岕茶不炒，甑中蒸熟，然后烘焙。缘其摘迟，枝叶微老，炒不能软，徒枯碎耳。亦有一种细炒岕，乃他山炒焙，以欺好奇者。岕中人惜茶，决不忍嫩采，以伤树本。余意他山摘茶，亦当如岕之迟摘老蒸，似无不可。但未经尝试，不敢漫作。茶以初出雨前者佳，惟罗岕立夏开园。吴中所贵梗粗叶厚者，有箫箬①之气，还是夏前六七日，如雀舌者，最不易得。

《檀几丛书》：南岳贡茶，天子所尝，不敢置品②。县官修贡期以清明日入山肃祭，乃始开园采造。视松萝、虎丘而色香丰美，自是天家清供，名曰片茶。初亦如岕茶制法，万历丙辰，僧稠荫游松萝，乃仿制为片。

[注释]

①箫箬：夹带萧艾竹叶的气味。②置品：指评价等级高低。

[译文]

《岕茶汇钞》中记载：岕茶叶不炒，而是放在甑中蒸熟，然后再进行烘焙。由于它的摘取时间较晚，枝叶稍微有点老，炒过之后就不会变软，只是会变得枯碎。也有一种细炒岕茶，是在其他山上炒焙的茶叶，用来欺骗好奇的人。岕茶中的人非常爱惜茶叶，绝对不忍心采摘嫩叶而伤害了树木。我认为从别的山采摘来的茶，也应像岕茶一样采摘稍微迟些，蒸得老一些，这样做好像也可以。只是没有经过试验，不敢随便做。茶叶在雨水前刚萌发的是最好的，只有罗岕茶在立夏的时候开园采摘。吴地喜欢叶子粗厚的茶叶，有竹叶的气息，还有像雀舌这样的品种，是在立夏前六七天的时候出的，最不容易得到。

《檀几丛书》：南岳的贡茶，是专门供皇上用的，不敢评价等级的高低。县官选好贡期在清明时节到山中去祭祀，这时候才可以开园采摘制作。像松萝茶、虎丘茶颜色和香味都非常丰美，自然是皇家的供品，起名为片茶。开始的时候也是按照岕茶的方法制作，万历丙辰时，和尚稠荫游览到松萝以后，才开始仿制成片。

[原文]

冯时可《滇行记略》：滇南城外石马井泉，无异惠泉。感通寺茶，不下天池、伏龙^①。特此中人不善焙制耳。徽州松萝旧亦无闻，偶虎丘一僧往松萝庵，如虎丘法焙制，遂见嗜于天下。恨此泉不逢陆鸿渐，此茶不逢虎丘僧也。

《湖州志》：长兴县啄木岭金沙泉，唐时每岁造茶之所也，在湖、常二郡界，泉处沙中，居常无水。将造茶，二郡太守毕至，具仪注，拜敕祭泉，顷之发源。其夕清溢，供御者毕，水即微减；供堂者毕，水已半之；太守造毕，水即涸矣。太守或还旆稽期^②，则示风雷之变，或见鸷兽、毒蛇、木魅^③、阳睒^④之类焉。商旅多以顾渚水造之，无沾金沙者，今之紫笋，即用顾渚造者，亦甚佳矣。

[注释]

①伏龙：指产自苏州的吴中伏龙茶。②稽期：拖延时间，指延期。③木魅：山上的鬼怪。④阳睒：古时指阳光照耀下的浮尘呈现出的似雾非雾的幻景。

[译文]

冯时可在《滇行记略》中记载：滇南城外的石马井泉，和惠泉没有什么区别。感通寺的茶叶比起天池茶、伏龙茶也不差，只是此地人不善于焙制而已。徽州松萝以前没有听说过制茶，一次偶然的机会，虎丘一位僧人来到松萝庵，依照虎丘的方法进行焙制，松萝茶才开始天下闻名，受到人们的喜爱。遗憾的是此泉未能得到陆鸿渐的赏识，此茶未得到虎丘和尚的制作啊。

《湖州志》：长兴县城啄木岭的金沙泉，是唐代每年制造茶叶的地方。在湖州、常州两郡交界的地方，泉水

试茶

在沙子中，经常会没有水。在造茶的时候，两郡的太守到齐后，举行仪式来拜祭泉水，泉水立即就会出现。泉水在傍晚时分会清澈溢出，供皇上用的茶造好之后，泉水就减少了；等供堂茶叶造好之后，水就只剩下一半了；太守制造完茶之后，水就会干了。太守如果延长用泉水造茶的日期，天气就会出现风雷变化，有时能看到鸷兽、毒蛇、木魅、阳眂之类。商旅也多半使用顾渚的水来造茶，没有沾染金沙的。今天的紫笋茶，就是用顾渚水来制作的，也十分不错。

[原文]

高濂《八笺》：藏茶之法，以箬叶封裹入茶焙中，两三日一次，用火当如人体之温温然，而湿润自去。若火多，则茶焦不可食矣。

陈眉公《太平清话》：武夷劳峣、紫帽、龙山皆产茶。僧拙于焙，既采则先蒸而后焙，故色多紫赤，只堪供宫①干濯用耳。近有以松萝法制之者，既试之，色香亦具足，经旬月，则紫赤如故。盖制茶者，不过土著数僧耳。语三吴②之法，转转相效，旧态毕露。此须如昔人论琵琶法，使数年不近，尽忘其故调③，而后以三吴之法行之，或有当也。徐茂吴云："实茶大瓮底，置箬瓮口，封闭倒放，则过夏不黄，以其气不外泄也。"子晋云："当倒放有盖缸内。缸宜砂底，则不生水而常燥。加谨封贮，不宜见日，见日则生翳而味损矣。藏又不宜于热处。新茶不宜骤用，贮过黄梅，其味始足。"

[注释]

①宫中：此处意为寺院内部。②三吴：指今江苏、浙江、安徽一带。③故调：以前的音调。

[译文]

高濂《八笺》：储藏茶叶的方法，是用箬竹叶封裹起来放入茶焙中，两三天这样做一次，火的温度应接近于人体的温度，这样湿气就会去掉。如果火太大了，茶叶就会变得焦枯且不能食用了。

陈眉公《太平清话》中记载：武夷山高耸险峻，紫帽、龙山都出产茶叶。但是和尚不善于烘焙制作，采来茶叶先蒸然后再进行烘焙，因此茶叶会显现出紫红色，只能供宫中之人洗漱使用了。最近有用制作松萝的方法制作的，试了之后，颜色和香味也非常充足，但是过了十几天之后仍然会和以前一样出现紫红色。原来制茶的是几个当地和尚。对他们说了三吴的制作方法，于是他们相互转告效仿，又恢复到了先前的样子。就必须像前人说的弹琵琶的方法一样，让他多年都不去接近，等到将以前的方法完全忘掉之后，再用三吴的方法进行制作，也许还可以做到。徐茂吴说："把茶叶放在坛子底下，把竹叶放在坛口，封闭好之后倒放过来，经过夏天颜色也不会变黄，而且气味也不会往外泄露。"子晋说："应该将其倒放在有盖子的缸中。缸应该是砂底，那样就不会发潮而且会保持干燥。密封起来进行储存，不应看到太阳，看到太阳就容易出毛病而且会损害茶的味道。储藏也不应放在炎热的地方。新茶不适宜马上品尝，储藏期过了黄梅季节，味道才会好。"

[原文]

张大复《梅花笔谈》：松萝之香馥馥，庙后之味闲闲，顾渚扑人鼻孔，齿颊都异，久而不忘。然其妙在造，凡宇内道地①之产，性相近也，习②相远也。吾深夜被酒③，发张震封所遗顾渚，连啜而醒。

宗室文昭《古瓻集》：桐花颇有清味，因收花以熏茶，命之曰桐茶。有"长泉细火夜煎茶，觉有桐香入齿牙"之句。

[注释]

①宇内道地：指僧人道士住的寺院和道观。②习：习性，此处指茶的风味。③被酒：因为饮酒而醉。

[译文]

张大复的《梅花笔谈》中说：松萝的香味非常浓郁，庙后的茶味道比较清淡，顾渚的茶香气扑鼻，这些茶给人牙颊间的感受是不同的，让人长时间都不能够忘记。但是茶精妙的地方在于制作，大凡寺院和道观的茶，品质都十分相似，但是风味却不一样。我在深夜醉酒的时候，于是打开张震封留下的顾渚茶，连喝几杯就觉得十分清醒了。

宗室文昭《古瓻集》中说：桐花味道非常清新，因此用它的花来熏茶，称之为桐茶。有"长泉细火夜煎茶，觉有桐香入齿牙"的诗句。

[原文]

王草堂《茶说》：武夷茶自谷雨采至立夏，谓之头春；约隔二旬复采，谓之二春；又隔又采，谓之三春。头春叶粗味浓，二春三春叶渐细，味渐薄，且带苦矣。夏末秋初又采一次，名为秋露，香更浓，味亦佳，但为来年计，惜之不能多采耳。茶采后以竹筐匀铺，架于风日中，名曰晒青。俟其青色渐收，然后再加炒焙。阳羡岕片只蒸不炒，火焙以成。松萝、龙井皆炒而不焙，故其色纯。独武夷炒焙兼施，烹出之时半青半红，青者乃炒色，红者乃焙色。茶采而摊。摊而摝①，香气发越②即炒，过时不及皆不可。既炒既焙，复拣去其中老叶枝蒂，使之一色。释超全诗云："如梅斯③馥兰斯馨，心闲手敏工夫细。"形容殆尽矣。

王草堂《节物出典》：《养生仁术》云：谷雨日采茶，炒藏合法，能治痰及百病。

《随见录》：凡茶见日则味夺，惟武夷茶喜日晒。武夷造茶，其岩茶以僧家所制者最为得法。至洲茶中采回时，逐片择其背上有白毛者，另炒另焙，谓之白毫，又名寿星眉。摘初发之芽，一旗未展者，谓之莲子心。连枝二寸剪下烘焙者，谓之凤尾、龙须。要皆异其制造，以欺人射利，实无足取焉。

[注释]

①摝：震动、摇动。②发越：发散。③斯：那样。

[译文]

王草堂《茶说》：武夷的茶叶一直从谷雨采摘到立夏，称之为头春；大约过了两旬之后再采摘，就称之为二春；又隔两旬再采摘，称之为三春。头春的茶叶粗实而味道浓郁，二春三春的茶叶会逐渐变细，味道逐渐变清淡，而且带有苦味。夏末秋初的时候再去采摘一次，叫作秋露，香气变得更加浓郁，味道也会更好，但是为了来年打算，不能采摘过多。茶叶采摘之后，均匀地铺在竹筐上面，架在通风口的地方，叫作晒青。等到青色逐渐变淡，然后再进行炒焙。阳羡的岕片只蒸而不炒，用火烘焙而成。松萝、龙井都是炒而不烘焙，因此颜色非常纯净。只有武夷的茶叶用烘焙和炒两种方法制作，烹制出来的时候是半青半红的，青的是炒出来的颜色，红的是烘焙而成的颜色。采摘茶叶的时候要摊开，摊开以后用手去搅弄，香气散发出来之后马上炒，炒过了或者火候不到都不行。炒了或者烘焙了以后，再拣去老叶和枝蒂，这样茶的品质就会保持统一。释超全诗中说："如梅斯馥兰斯馨，心闲手敏工夫细。"形容得非常贴切。

王草堂《节物出典》：《养生仁术》中说："谷雨的时候所采摘的茶叶，如果炒制和贮藏的方法适当，有去痰和医治百病的作用。"

《随见录》：茶叶见到太阳后就会失去它原有的味道，只有武夷的茶叶喜欢太阳照晒。武夷制造茶叶，岩茶以寺庙里的制作方法是最佳的。把茶叶采摘回来的时候，将茶叶背上有白毛的逐个挑出来，另外进行炒焙，称为白毫，又叫作寿星眉。采摘刚萌发的茶芽，一旗没有展开的，被称为莲子心。和两寸长的枝条一起剪下来进行烘焙的，被称为凤尾、龙须。如果和这样的制作方法不同，就是为了欺人谋利，实在是不可取。

四 茶之器

[原文]

《御史台记》：唐制御史有三院：一曰台院，其僚为侍御史；二曰殿院，其僚为殿中侍御史；三曰察院，其僚为监察御史。察院厅居南。会昌初，监察御史郑路所葺①礼察厅，谓之松厅，以其南有古松也。刑察厅谓之魇厅，以寝于此者多梦魇②也。兵察厅主掌院中茶，其茶必市蜀之佳者，贮于陶器，以防暑湿。御史辄躬亲缄启，故谓之茶瓶厅。

《资暇集》：茶托子，始建中蜀相崔宁之女，以茶杯无衬，病其熨指，取楪③子承之。既啜而杯倾。乃以蜡环④楪子之央，其杯遂定，即命工匠以漆代蜡环，进于蜀相。蜀相奇之，为制名而话于宾亲，人人为便，用于当代。是后传者更环其底，愈新其制，以至百状焉。贞元初，青郓油缯为荷叶形，以衬茶碗，别为一家之楪。今人多云托子始此，非也。蜀相即今升平崔家，讯则知矣。

童子侍茶

这是元代《童子侍茶图》的局部，图中童子持茶碗，茶碗下即是茶托。

[注释]

①葺：这里是新建的意思。②魇：在这里指梦中感到压抑或呼吸困难的状况。③楪：同碟。④蜡环：指把蜡烤软之后，制成和茶杯底大小一样的蜡环，防止杯子的倾倒。

[译文]

在《御史台记》中有这样的记载：唐朝的制度把御史分成三院：一是台院，在那里设侍御史；二是殿院，在殿院里面设殿中侍御史；三是察院，那里设的是监察御史。察院厅在南面。会昌初年的时候,监察御史郑路把新建的礼察厅,起名为松厅,因为在它的南面有一棵古老的松树。刑察厅被称为魇厅,因为住在这里的人经常会梦魇。院中的茶都是由兵察厅来主管的,这些茶都是从四川买来的最好的茶,把它们储存在陶器瓶里,防止高温和潮湿。因为御史总是亲自封起茶瓶或者启封,所以这里又被称为茶瓶厅。

在《资暇集》中记载:茶托子的兴起是在建中年间,是蜀丞相崔宁的女儿发明的。开始的时候,认为茶杯没有衬托,喝茶的时候会烫到手指。于是,就用碟子把茶杯托起来。而再喝茶的时候,茶杯却倾倒了。于是把蜡做成一环放在碟子的中央,这样杯子就能够稳稳当当地放着了。考虑到蜡很容易融化,于是便用漆改制成漆环,并把它们送给蜀相观看。蜀相看了之后很是惊奇,给它取了名字叫作茶托,还把这件事情告诉了宾客和亲戚好友。人人在使用的时候都感觉很方便,于是当时就很快流传起来。到后来的时候茶托的底子也变成了环形,并且制作也越来越新,形式多种多样,品种达到一百多种。贞元初年的时候,在青郓县有人把油缯布制成荷叶的形状,用它来衬托茶碗,于是就成为另外的一种碟。现在人们说茶托子就是从这以后开始有的,这种说法是不对的。所说的蜀相也就是现在的升平崔家,想知道事情的原委去问一问就知道了。

[原文]

《大观茶论·茶器》:罗、碾。碾以银为上,熟铁次之。槽欲深而峻,轮欲锐而薄。罗欲细而面紧。碾必力而速。惟再罗,则入汤轻泛,粥面光凝,尽茶之色。盏须度茶之多少,用盏之大小,盏高茶少,则掩蔽茶色;茶多盏小,则受汤不尽。惟盏热,则茶立发耐久。筅以觔竹老者为之,身欲厚重,筅欲疏劲①,本欲壮而末必眇,当如剑脊之状。盖身厚重,则操之有力而易于运用。筅疏劲如剑脊,则击拂虽过,而浮沫不生。瓶宜金银,大小之制惟所裁给。注汤利害,独瓶之口嘴而已。嘴之口差大而宛直,则注汤力紧而不散。嘴之末欲圆小而峻削,则用汤有节而不滴沥。盖汤力紧则发速有节,不滴沥则茶面不破。勺之大小,当以可受一盏茶为量。有余不足,倾勺烦数,茶必冰矣。

蔡襄《茶录·茶器》:茶焙,编竹为之,裹以箬叶②。盖其上以收火也,隔其中以有容也。纳火其下,去茶尺许,常温温然,所以养茶色香味也。茶笼,茶不入焙者,宜密封裹,以箬笼盛之,置高处,切勿近湿气。砧椎,盖以碎茶。砧,以木为之,椎则或金或铁,取于便用。茶钤，屈金铁为之，用以炙茶。茶碾，以银或铁为之。黄金性柔，铜及鍮^{yú}石皆能生铄^③，不入用。茶罗，以绝细为佳。罗底用蜀东川鹅溪绢^④之密者，投汤中揉洗以罩之。茶盏，茶色白，宜黑盏。建安所造者绀^⑤黑，纹如兔毫，其坯微厚，燸^{xié⑥}之久热难冷，最为要用。出他处者，或薄或色紫，不及也。其青白盏，斗试自不用。茶匙要重，击拂有力，黄金为上，人间以银铁为之。竹者太轻，建茶不取。茶瓶要小者，易于候汤^⑦，且点茶注汤有准。黄金为上，若人间以银铁或瓷石为之。若瓶大啜存，停久味过，则不佳矣。

[注释]

①疏劲：指小筅帚茶筅的头要破为硬丝，这样便于搅动茶汤，而不会泛起浮沫。②箬叶：指一种竹叶。③铄：锈。④鹅溪绢：鹅溪是地名，这个地方出产一种质量很好的绢，称为鹅溪绢。⑤绀：指一种微微带红的黑色。⑥燸：火逼近称为燸。⑦候汤：煮茶时候需要辨别茶汤，不可未熟或者是过熟，要恰到好处。

[译文]

《大观茶论·茶器》中记载：罗和碾。碾用银制的是最好的，用熟铁做成的就要差一些。碾子的槽做得要尽可能深一些而且要峭峻。轮子最好是比较薄而且锋利。罗一定要细，面要箍得特别紧。在碾的时候要用力、而且要快。茶只要用罗筛两次后就会变得很细，把它放到开水里面它就会浮在面上，好像一层薄粥一样，颜色特别光亮，显现出的茶色十分均匀。需要用多大的茶杯，这要看茶的多少。如果杯子高而茶少，就会把茶的颜色给掩盖住了；而如果茶多杯子小的话，那么就装不完茶汤。只有先把茶杯烫热，然后茶叶才能很快泡开，并且在杯中保温时间也能够比较长。茶筅是一种小筅帚，它能够搅动茶末让茶泛起茶花来。它是用一种老竹做成的。在制作筅的时候一定要把筅身制作得厚重一些，筅头破竹成为硬丝，比较疏劲，上面比较粗壮而下端锐利，就好像剑脊一样。因为如果筅身厚重的话，拿起来的时候就会感到十分有力，这样在使用的时候会很方便。筅头疏劲，就好像剑的脊梁一样，这样用它来击拂茶汤的时候，就不会产生浮沫。茶瓶最好是用金银制作，至于茶瓶的大小要根据实际情况而定。冲沸水时流注是否便利通畅，要看瓶口如何。瓶口一定要紧缩而且曲度不大，注汤时候应该是笔直向下倒，这样就不会出现散洒的情况。瓶口出水处要圆小，出水流注面要陡削，注汤时候才会缓慢而有节奏，这样的话才不会导致滴沥。因为如果茶汤倒得快就会显得有节奏，倒的时候不滴沥，茶的表面就会显得很均匀。舀茶的勺子大小，要以能倒一杯茶为量。如果勺子里面的茶倒一杯用不完的话，或者是倒一杯不够，那么就需要用勺子舀很多次，这样倒入杯中的茶就比较容易凉。

蔡襄在《茶录·茶器》中说：茶焙是用竹子编成的，把竹叶裹在它的外面。上面盖好，这样火力不至于散掉，在中间的位置有隔板，可以用来放茶。在它的下面有容火器，距离隔板上的茶有一尺多远，这样可以保持茶的温热，使茶的颜色和香味保持不变。茶笼是用来装那些不入焙的茶。茶不入焙的时候，应该密封包裹起来，放在用竹叶编成的茶笼里面，把它放在高处，一定不要接近湿气。砧板和椎是用来把茶碾碎的。砧板是用木头做成的，椎是用金或铁制作的，方便使用。

碾茶场景

茶碾用银或铁制成，审安老人《茶具图赞》将茶碾称为金法曹。

茶钤是把金或铁弄弯曲制成的用来烤茶的金属夹子，茶碾是用银或铁制成的。黄金的质地比较柔软，不适合做成碾。而铜和碯石都生锈，所以也不能用。茶罗，要制作得非常细密。最好用四川东部出产的细密的鹅溪绢来做罗底，把这种绢放进水中去揉洗，然后再覆盖上去。选用茶的时候要看茶的颜色。如果茶的颜色是白色的，就比较适合选用黑色的杯子。建安所制造的一种红黑色的杯子，它的细纹就好像兔子的毛一样，它的坯稍微有点厚，如果用火烤过后，杯子就会一直很热，难以在一时之间冷却下来，这是在斗茶的时候一定要用到的。而其他地方出产的杯子，要么是坯太薄，要么是颜色发紫，都赶不上建安所制造的这种杯子。而那些青白颜色的杯子，斗茶的时候是不能用的。茶匙一定要重，这样在击拂茶汤时就会有力量。茶匙用黄金制造的被认为是最上等的，一般的茶匙都是用银或铁做成的。用竹子制成的茶匙就显得太轻，饮建安茶的时候是不用它的。茶瓶要小一点的，这样便于盛汤，同时在点茶注汤的时候会更准确。茶瓶用黄金制作的被认为是最好的，一般人都用银铁或者瓷石制作。如果瓶比较大用来存放茶汤的话，时间一长，味道就变得不好了。

[原文]

孙穆《鸡林类事》：高丽①方言，茶匙曰茶成。

《清波杂志》：长沙匠者，造茶器极精致，工直之厚，等所用白金②之数，士大夫家多有之，置几案间，但知以侈靡相夸，初不常用也。

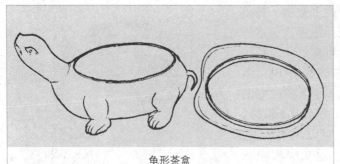

龟形茶盒

茶盒用来存放饼茶的茶末。龟形茶盒的龟甲就是盖，开盖即可取茶。更巧妙的是，茶叶还能从龟口中倒出。

凡茶宜锡，窃意以锡为合③，适用而不侈。贴以纸，则茶味易损。张芸叟云：吕申公家有茶罗子，一金饰，一棕栏。方接客索银罗子，常客也；金罗子，禁近也；棕栏，则公辅必矣。家人常挨排于屏间以候之。

《黄庭坚集·同公择咏茶碾》诗：要及新香碾一杯，不应传宝到云来。碎身粉骨方余味，莫厌声喧万壑雷。

[注释]

①高丽：指高句丽。②白金：说银子。③合：这里当"盒"讲。

[译文]

孙穆在《鸡林类事》中有这样的记载：按照高丽的方言，他们把茶匙叫成茶戍。

《清波杂志》中记载：长沙的工匠，在造茶器的时候把茶器做得特别精致，工价之高等于所用的白银的钱数。好多的仕宦人家都有工匠所制造的茶具，那些仕宦人家经常把它们放到茶几案头上，用来炫耀自己的阔绰和富有，开始的时候都不经常用它。凡茶适宜于锡，所以我认为用锡盒来装茶是最好的，锡盒比较适用而不会显得奢侈。如果用纸盒来装，茶的味道很容易受到伤害。张芸叟说：吕申公家有茶罗子，一个是用金做成的，一个是用棕栏制成的，在接待客人的时候如果用银罗子，那么客人一定是经常去的；如果接待客人的时候用金罗子，那客人一定和他不是很近；如果用辅佐大臣的话，那辅佐大臣一定会在一旁陪同。而家人常常要依次站在屏风的后面，等待有事被呼唤。

《黄庭坚集·同公择咏茶碾》诗是这样说的：要及新香碾一杯，不应传宝到云来。碎身粉骨方余味，莫厌声喧万壑雷。

[原文]

陶榖《清异录》：富贵汤①当以银铫煮之，佳甚。铜铫煮水，锡壶注茶，次之。

《苏东坡集·扬州石塔试茶》诗：坐客皆可人，鼎器手自洁。

《秦少游集·茶臼》诗：幽人躭茗饮，刳（kū）木事捣撞。巧制合臼形，雅音伴柷 桰（zhù qiāng）②。

《文与可集·谢许判官惠茶器图》诗：成图画茶器，满幅写茶诗。会说工全妙，深谙句特奇。

谢宗可《咏物诗·茶筅》：此君一节莹无瑕，夜听松声漱玉华（xiǎn）。万里引风归蟹眼，半瓶飞雪起龙芽。香凝翠发云生脚，湿满苍髯浪卷花。到手纤毫皆尽力，多因不负玉川家。

[注释]

①富贵汤：古代把用银锅来煮茶叫作富贵汤。②柷桰：桰即为柷，同为一种乐器，形制如方斗。

[译文]

陶榖在《清异录》中说：人们所说的富贵汤应该是用银铫的来煮的，这是很好的。如果用铜铫来煮水，用锡制的壶倒茶那就要差一些了。

《苏东坡集·扬州石塔试茶》诗：坐客皆可人，鼎器手自洁。

《秦少游集·茶臼》诗：幽人躭茗饮，刳木事捣撞。巧制合臼形，雅音伴柷桰。

《文与可集·谢许判官茶器图》诗：成图画茶器，满幅写茶诗。会说工全妙，深谙句特奇。

谢宗可《咏物诗·茶筅》诗：此君一节莹无瑕，夜听松声漱玉华。万里引风归蟹眼，半瓶飞雪起龙芽。香凝翠发云生脚，湿满苍髯浪卷花。到手纤毫皆尽力，多因不负玉川家。

[原文]

《乾淳岁时记》：禁中①大庆会，用大镀金氅（piè），以五色果簇钉（dīng）龙凤，谓之绣茶。

《演繁露》：《东坡后集二·从驾景灵宫》诗云："病贪赐茗浮铜叶。"按：今御前赐茶皆不用建盏，用大汤氅，色正白，但其制样以铜叶②汤氅耳。铜叶色黄褐色也。

周密《癸辛杂志》：宋时长沙茶具精妙甲天下。每副用白金三百星或五百星，凡茶之具悉备。外则以大缕银合贮之。赵南仲丞相帅潭，以黄金千两为之，以进尚方③。穆陵大喜，盖内院之工所不能为也。

[注释]

　　①禁中：此处指宫中。②铜叶：指茶盏。③尚方：古代把皇室放置器物的地方称为尚方。

[译文]

　　《乾淳岁时记》中记载：每当宫中要举行重要的庆祝活动时，都要用大的镀金的容器，摆放上各色食品和龙凤团茶，并把它叫作"绣茶"。

　　据《演繁露》中记载：在《东坡后集二·从驾景灵宫》中有诗云："病贪赐茗浮铜叶。"按：现在御前赐茶的时候都不用建州杯而是用大汤氅，它颜色纯白，样式跟铜叶汤氅是一样的。铜叶茶盏是黄褐色。

　　周密在《癸辛杂志》中记载：宋代长沙制作的茶具都十分精致，被认为是天下最好的。每副茶具制作的时候需要用白银三百星或者五百星，只要是茶具全都备齐。外面还要把茶具用大缕银盒装起来。赵南仲丞相做潭州知府，曾经用千两黄金来制作茶具，把它进献给皇宫，穆陵皇帝见到以后特别高兴，认为宫中的工匠是造不出这些精致的茶具的。

[原文]

　　杨基《眉庵集·咏木茶炉》诗：绀绿仙人炼玉肤，花神为曝紫霞腴。九天清泪沾明月，一点芳心托鹧鸪（zhè gū）。肌骨已为香魄死，梦魂犹在露团枯。嫦娥莫怨花零落，分付余醺（xūn）与酪奴①。

　　张源《茶录》：茶铫，金乃水母②，银备刚柔，味不咸涩，作铫最良。制必穿心，令火气易透。茶瓯以白瓷为上，蓝者次之。

　　闻龙《茶笺·茶镤（fù）》：山林隐逸，水铫用银尚不易得，何况镤乎？若用之恒，归于铁也。

　　罗廪《茶解》：茶炉，或瓦或竹皆可，而大小须与汤铫称。凡贮茶之器，始终贮茶，不得移为他用。

[注释]

　　①酪奴：即茶。②水母：五行说认为金生水，所以金为水母。

[译文]

　　杨基《眉庵集·咏木茶炉》诗：绀绿仙人炼玉肤，花神为曝紫霞腴。九天清泪沾明月，一点芳心托鹧鸪。肌骨已为香魄死，梦魂犹在露团枯。嫦娥莫怨花零落，分付余醺与酪奴。

　　张源在《茶录》中说：煮茶的时候适合用金属制作的锅。五行说认为金是水之母。银具刚性和柔性的特点，味道不咸也不涩，作茶锅是最好的。制作的时候要在锅盖的中心打出一个孔，这样使用的时候方便透气。白瓷的茶瓯是最好的，蓝瓷就要差一些。

闻龙在《茶笺·茶镀》中说：在山林隐逸的那些士人，用银制的小水锅来煎茶尚且不能轻易得到，更何况还想得到那些银制的镀呢？他们常用的还是用铁制成的镀。

罗廪在《茶解》中说：茶炉用瓦制或者竹制都可以，但是茶炉大小一定要和煎茶汤的铫大小相称。只要是用来贮存茶的器物，要一直用来贮存茶，不能把它们作别的用途。

[原文]

李如一《水南翰记》：韵书无氅①字，今人呼盛茶酒器曰氅。

《檀几丛书》：品茶用瓯，白瓷为良，所谓"素瓷传静夜，芳气满闲轩"也。制宜弇口②邃肠③，色浮浮而香不散。

《茶说》：器具精洁，茶愈为之生色。今时姑苏之锡注，时大彬之沙壶，汴梁之锡铫，湘妃竹之茶灶，宣成窑之茶盏，高人词客、贤士大夫，莫不为之珍重。即唐宋以来，茶具之精，未必有如斯之雅致。

《闻雁斋笔谈》：茶既就筐，其性必发于日，而遇知己于水。然非煮之茶灶、茶炉，则亦不佳。故曰饮茶富贵之事也。

[注释]

①氅：指古代一种装茶或酒的容器。②弇口：即小口。③邃肠：形容中间部分很深。

[译文]

李如一在《水南翰记》中说：在韵书上是没有氅这个字的，现在人们都把盛茶和酒的器物叫作氅。

《檀几丛书》中说：品茶的时候要用瓯，白瓷的是最好的。即所说的"素瓷传静夜，芳气满闲轩"。含意也就在这里了。在制作的时候，样式应该是口小而中间部分深，颜色显露而且不会轻易地把香气散掉。

《茶说》中说：如果茶具精致清洁，茶汤就会因为这个原因而生色。当今姑苏产的锡

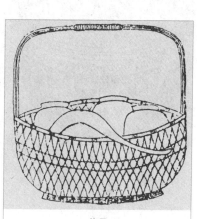

茶具

陆羽详述的茶的煮饮工具有二十四种，它们的制作和使用方法都和茶汤的品质相关，图为盛放在竹篮中的碗和勺。

壶，时大彬产的沙壶，汴梁产的锡铫，湘妃竹做成的茶灶，宣德窑和成化窑产的茶盏，那些文人雅士、官吏大臣都对这些器物十分珍视。自唐宋以来，在茶具的精致方面，没有能达到现在这样高的水平。

《闻雁斋笔谈》中说：茶装进筐中后，遇日就发挥本性，遇到它的知己水来煮，它的味道在当天就会散发出来。但是如果不用茶灶、茶炉来煮茶的话，茶的味道就不会太好。所以说饮茶是富贵人的事情。

[原文]

《雪庵清史》：泉冽①性駃②，非扃以金银器，味必破器而走矣。有馈③中泠泉④于欧阳文忠者，公讶曰："君故贫士，何为致此奇贶⑤？"徐视馈器，乃曰："水味尽矣。"噫！如公言，饮茶乃富贵事耶。尝考宋之大小龙团，始于丁谓，成于蔡襄。公闻而叹曰："君谟⑥士人也，何至作此事。"东坡诗曰："武夷溪边粟粒芽，前丁后蔡相笼加，吾君所乏岂此物，致养口体何陋耶。"此则二公又为茶败坏多矣。故余于茶瓶而有感。茶鼎，丹山碧水之乡，月涧云龛⑦之品，涤烦消渴，功诚不在芝术⑧下。然不有似泛乳花浮云脚，则草堂暮云阴，松窗残雪明，何以勺之野语清。噫！鼎之有功于茶大矣哉。故日休有"立作菌蠢⑨势，煎为潺湲⑩声"，禹锡有"骤雨松风入鼎来，白云满碗花徘徊"，居仁有"浮花原属三昧手，竹斋自试鱼眼汤"，仲淹有"鼎磨云外首山铜，瓶携江上中泠水"，景纶有"待得声闻俱寂后，一瓯春雪胜醍醐"。噫！鼎之有功于茶大矣哉。虽然，吾犹有取卢仝"柴门反关无俗客，纱帽笼头自煎吃"，杨万里"老夫平生爱煮茗，十年烧穿折脚鼎"。如二君者，差可不负此鼎耳。

鼎

鼎是古代的炊器，多为三足两耳，陆羽所设计的生火用具风炉形状就如古鼎，用铁或铜铸造，炉腹上有通风口。

[注释]

①冽：寒冷的意思。②駃：急，这里指味道容易散发。③馈：赠送的意思。④中泠泉：在唐代的文献中把扬子江南

零水称为中冷水。⑤贶：古代把厚重的赐予称为贶。⑥君谟：北宋著名书法家蔡襄，蔡襄字君谟。⑦龛：用来供佛像神位的小阁子。⑧芝术：灵芝、白术，古人认为是养生的佳品。⑨菌蠢：菌通"箘"，竹笋。蠢，当动讲。⑩潺溪：水慢慢流动的样子。

[译文]

在《雪庵清史》中有这样的记载：泉水的本性是寒冷的，味道很容易散发，如果不用金银器皿把它密封起来的话，味道就会轻易地散发掉。有人曾经给欧阳修送中冷泉的水，欧阳修见后惊讶地说："你的经济十分困难，为什么要把这种奇特的礼品送给我呢？"他慢慢地看着赠的器物说："这里面已经没有水的味道了。"因为装泉水的器物不是用金银做成的。唉！如果像欧阳公所说的那样，难道饮茶是富贵人家的事情吗？我曾经做过考证，宋朝所造的大小龙团茶，是由丁谓开始创制，一直到蔡襄才完成的。欧阳公听到这里叹息说："君谟是一位十分有学识的才士，为什么要致力于这种茶事呢？"苏东坡曾写诗道："武夷溪边粟粒芽，前丁后蔡相笼加。吾君所乏岂此物，致养口体何陋耶。"在这些地方就可以看出欧阳、苏公两个人认为茶的弊端有很多啊。所以对这茶瓶我会有所感慨。茶鼎，是在那些山清水秀的地方，长在月涧云龛的一种东西，它可以用来解渴，使人的烦恼消除，它的作用可以和灵芝、白术相媲美。假如没有那些飘着乳花、浮着云脚的茶，那么在日暮阴云笼罩的草堂里，在残雪明亮的松窗前，又怎么能喝上一杯就能野语村话谈得饶有兴致呢？啊！茶鼎对于茶来说功劳是很大的。所以皮日休有"立作菌蠢势，煎为潺溪声"的诗句，刘禹锡有"骤雨松风入鼎来，白云满碗花徘徊"的描述，吕本中有"浮花原属三昧手，竹斋自试鱼眼汤"的感慨，范仲淹有"鼎磨云外首山铜，瓶携江上中冷水"的惬意，景纶有"待得声闻俱寂后，一瓯春雪胜醍醐"的超脱。啊！所以鼎对于茶的功劳算是很大的呀。不过，我还是觉得卢仝的诗"柴门反关无俗客，纱帽笼头自煎吃"，杨万里的诗"老夫平生爱煮茗，十年烧穿折脚鼎"，在立意方面的是比较可取的。像卢、杨这二位君子，可以算得上是没有辜负了茶鼎的作用。

[原文]

冯时可《茶录》：芘莉（bì lì），一名篣筤（páng láng），茶笼也。牺，木杓也，瓢也。

《宜兴志·茗壶》：陶穴①环于蜀山，原名独山，东坡居阳羡时，以其似蜀中风景，改名蜀山。今山椒②建东坡祠以祀之，陶烟飞染，祠宇尽黑。

冒巢民云：茶壶以小为贵，每一客一壶，任独斟饮，方得茶趣。何也？壶小则香不涣散，味不躭迟。况茶中香味，不先不后，恰

有一时。太早或未足，稍缓或已过，个中之妙，清心自饮，化而裁之③，存乎其人。

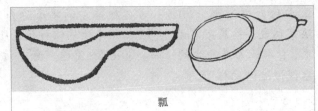

瓢

瓢常由葫芦剖开制成，是用来取水的工具。它的外形是圆的，也可以用来研茶。

[注释]

①陶穴：制陶的窑。
②山椒：指山顶。③化而裁之：通晓其中的变化而采取恰当的措施。

[译文]

冯时可在《茶录》中说：芘莉，也叫作篣筤，说的就是茶笼。牺，也就是所说的木勺，即瓢。

《宜兴志·茗壶》中记述：被陶穴围绕的蜀山，原来叫作独山，苏东坡在阳羡的时候，看到这里的风景很像蜀中，于是就把独山改名为蜀山。现在山椒修建了东坡祠堂来祭祀他，因为被陶的黑烟所熏染，祠堂的里面都变黑了。

冒巢民说：茶壶还是小一点的要好，这样每个客人就可以有一把壶，任凭自己独斟独饮，这样的话才能领略到茶中的趣味。为何要这样说呢？因为壶小的话茶的香气就不会轻易地散去，而味道也就很容易散发出来。况且茶的香味，不先不后，一会儿就能够散发出来。如果时间还不到的话，喝起来的时候味道就会显得不足，而如果时间拖得久了，茶的味道就显得有些过了头。这就需要静下心来，自斟自饮，仔细去品味，茶的奥妙之处，也会在这其中慢慢领悟出来。

[原文]

周高起《阳羡茗壶系》：茶至明代，不复碾屑①和香药制团饼，已远过古人。近百年中，壶黜②银锡及闽豫瓷，而尚③宜兴陶，此又远过前人处也。陶④曷取诸？取其制以本山土砂，能发真茶之色香味，不但杜工部云"倾金注玉惊人眼"，高流务以免俗也。至名手所作，一壶重不数两，价每一二十金，能使土与黄金争价。世日趋华，抑足感矣。考其创始，自金沙寺僧，久而逸⑤其名。又提学颐山吴公，读书金沙寺中，有青衣⑥供春者，仿老僧法为之，栗色暗暗，敦庞周正，指螺纹隐隐可按，允称第一，世作龚春，悞也。万历间，有四大家：董翰、赵梁、玄锡、时朋。朋即大彬父也。大彬号少山，不务妍媚⑦，而朴雅坚栗，妙不可思，遂于陶人⑧擅空群之目矣。此外则有李茂林、李仲芳、徐友泉；又大彬徒欧正春、邵文金、邵文银，蒋伯荂四人；陈用卿、陈信卿、闵鲁生、陈光甫；又婺源人陈仲美，重镂叠刻^⑨，细极鬼工；沈君用、邵盖、周后溪、邵二孙、陈俊卿、周秀山、陈和之、陈挺生、承云从、沈君盛、陈辰辈，各有所长。徐友泉所自制之泥色，有海棠红、朱砂紫、定窑白、冷金黄、淡墨、沉香、水碧、榴皮、葵黄、闪色、梨皮等名。大彬镌款^⑩，用竹刀画之，书法闲雅。茶洗，式如扁壶，中加一鬲^⑪鬲而细窍^⑫其底，便于过水漉沙。茶藏，以闭洗过之茶者。陈仲美、沈君用各有奇制。水杓、汤铫，亦有制之尽美者，要以椰瓢锡缶为用之恒。茗壶宜小不宜大，宜浅不宜深。壶盖宜盎不宜砥。汤力茗香俾得团结氤氲^⑬，方为佳也。壶若有宿杂气，须满贮沸汤涤之，乘热倾去，即没于冷水中，亦急出水泻之，元气复矣。

许次纾《茶疏》：茶盒以贮日用零茶，用锡为之，从大坛中分出，若用尽时再取。茶壶，往时尚龚春，近日时大彬所制，极为人所重。盖是觕砂制成，正取砂无土气耳。

[注释]

①碾屑：把茶碾成细末。②黜：废止的意思。③尚：当重视、尊崇讲。④陶：用黏土制造的器物。⑤逸：失去的意思。⑥青衣：这里指书童。⑦妍媚：当媚俗、华丽讲。⑧陶人：在这里指制陶器的工人。⑨镂叠刻：古代把用钢丝锯挖刻称为镂叠刻。⑩镌款：雕刻落款的意思。⑪盎：这里指箅子。⑫窍：当小孔讲。⑬氤氲：在这里指壶中茶水气和香味弥漫。

[译文]

周高起在《阳羡茗壶系》中记述：茶到了明代的时候便不再把它碾成细末来饮用，也不再把茶加上香料制成团饼，这大大地超过了古人。近百年中，已经淘汰了银锡制的壶和福建、河南瓷器壶，而崇尚

品茗

如果有一把好茶壶，就会给品茗添加无穷的趣味。明代中后期，紫砂茶具开始兴起，因为陶壶容易保持茶香，保温性也好。还有个原因就是紫砂壶的"淡"美迎合了明代中后期的审美风尚。

宜兴出产的一种陶土制的壶，在这一方面又远远地超过了古人。陶土是从哪里得到的呢？是把本地山上的土砂取来，用这种砂来制壶，能让茶的色香味真正发散。用这种壶来倒茶可以达到唐代诗人杜甫诗中所描绘的"倾金注玉惊人眼"的效果，一些高雅人士自然也在饮茶用壶方面花费了很大的工夫，为的是免于流俗。有名手所制作的宜兴壶，一把壶不过数两重而已，售价就要一二十金，这样就使得土与黄金争价了。世风日趋浮华，这让人很感叹。如果要考查一下宜兴壶的创始人的话，据说是金沙寺的一位和尚。因为时间太久的原因，人们都遗忘了他的名字。提学颐山吴公在金沙寺读书的时候，他的家童中有位名叫供春的，专门仿效老和尚的制作方法来做茶壶。颜色是暗暗的栗色，样子十分敦实周正，可以摸得着上面隐隐的螺纹，在制作的精致方面，可以称得上第一。人们都把供春叫作龚春，那是不正确的。万历年间的时候制作宜兴壶的有四大家：董翰、赵梁、玄锡、时朋。这里的时朋就是大彬的父亲，大彬号少山，在制作宜兴壶方面不追求华丽媚俗的风格，而是专门讲究朴素淡雅坚实的特点，他的精妙之处让人难以想象。于是在制陶人中他独占第一，没有人比得上。除他们之外还有李茂林、李仲芳、徐友泉；还有大彬的徒弟欧正春、邵文金、邵文银、蒋伯荂四人；陈用卿、陈信卿、闵鲁生、陈光甫；又有婺源人陈仲美，陶壶雕刻工艺很精细，如鬼斧神工；沈君用、邵盖、周后溪、邵二孙、陈俊卿、周季山、陈和之、陈挺生、承云从、沈君盛、陈辰辈，都各有所长。徐友泉自制的泥色有海棠红、朱砂紫、定窑白、冷金黄、淡墨、沉香、水碧、榴皮、葵黄、闪色、梨皮等。大彬刻制的落款，是用竹刀来画的，书法娴熟高雅。茶洗这种洗茶工具，样子像扁壶，中间有一个像箅子一样的隔层，隔层上面有一些小孔，可以通过这些小孔把水渗到壶底，它的作用是过水、滤沙。茶藏，指的是把洗过的茶放在带盖的一种器物中，等到凉的时候，再用开水点冲后饮用。这种被称为茶藏的器物，陈仲美、沈君用他们用各自的方法制作出独特的制品。在水杓和汤锅的制作方面，也有很美的工艺。柳做的瓢和锡做的缶比较经久耐用。适合用小的茶壶而不适合用那些大的。浅一点的比较好，不要太深。壶盖宜上翘不宜下倾。这样，就会把茶的味道和香气聚集起来，使它们充满整个茶壶。这应该算是最好的茶水了。如果有隔夜的杂味在壶内，这就需要装满开水进行洗涤，然后趁热把水倒掉，再立即用冷水把它浸泡一下，随后倒掉壶中的水。这样，就能够把茶壶的杂气清除掉了，茶壶就可以恢复原来的气味了。

许次纾在《茶疏》中说：日常喝的零茶可以把它们放在茶盒里。茶盒是用锡制作成的，把在大坛中贮存的茶分出一部分来放到里面，如果盒里茶用完了可以再到大坛中去取。过去最时兴用龚春所制的茶壶，近来时大彬所制的茶壶又十分风行，受到人们的重视，这是因为它是用粗砂制作成的，这种纯正的砂里面没有泥土的气味。

[原文]

臞仙云：茶瓯^①者，予尝以瓦为之，不用磁。用笋壳为盖，以槲叶^②赞覆于上，如箬笠状，以蔽其尘。用竹架盛之，极清无比。茶匙以竹编成，细如笊篱样，与尘世所用者大不凡矣，乃林下出尘^③之物也。煎茶用铜瓶不免汤铫，用砂铫亦嫌土气，惟纯锡为五金之母，制铫能益水德。

谢肇淛《五杂俎》：宋初闽茶，北苑为最。当时上供者，非两府禁近不得赐，而人家亦珍重爱惜。如王东城有茶囊，惟杨大年^④至，则取以具茶，他客莫敢望也。

《支廷训集》有《汤蕴之传》，乃茶壶也。

文震亨《长物志》：壶以砂者为上，既不夺香，又无熟汤气。锡壶有赵良璧者亦佳。吴中归锡，嘉禾黄锡，价皆最高。

[注释]

①茶瓯：古代一茶具，用来盛茶汤。②槲叶：指松檞树叶。③林下出尘：指隐居者所用。④杨大年：杨亿，宋人。

[译文]

臞仙说：茶瓯，我曾用瓦制作，而不是用瓷。盖子用笋壳制作，将槲叶聚拢放在上面，像斗笠一样，可以用来遮挡灰尘。再用竹架支起来，清幽无比。茶匙是用竹子编制而成的，像笊篱一样细小，和一般人用的有很大的区别，因为它是隐居者所用的。煎茶的时候用铜瓶的话汤会有锈味，如果是用砂铫子，又会显得很土气，只有纯锡才是五金之母，用它制作出来的铫子对茶水有好处。

谢肇淛《五杂俎》：宋朝初年时候的闽茶，北苑的最好。是当时向朝廷进贡的茶叶，不是两府的亲信是不可能得到这种赏赐的，因此他们也更加珍惜它。像王东城有个茶囊，只有在杨大年到的时候，才拿出来喝茶使用，其他的客人来了是不可能受到这种待遇的。

《支廷训集》中有《汤蕴之传》，就是茶壶。

文震亨《长物志》中记载：茶壶中的砂壶是上品，既不会夺走茶叶的香味，也不会有热水的味道。锡壶中的赵良璧也非常好。吴中归锡，嘉禾黄锡，两者价值都非常高。

[原文]

《遵生八笺》：茶铫、茶瓶，瓷砂为上，铜锡次之。瓷壶注茶，砂铫煮水为上。茶盏惟宣窑坛为最，质厚白莹，样式古雅有等，宣窑印花白瓯，式样得中，而莹然如玉。次则嘉窑①，心内②有茶字小盏为美。欲试茶，色黄白，岂容青花乱之。注酒亦然，惟纯白色器皿为最上乘，余品皆不取。试茶以涤器为第一要。茶瓶、茶盏、茶匙生铁，致损茶味，必须先时洗洁则美。

[注释]

①嘉窑：指明代的官窑嘉靖窑。②心内：指茶盏底部的中心。

[译文]

《遵生八笺》中记载：制造茶铫子、茶瓶，用瓷砂制造的是最好的，用铜锡制造的就要差一些。瓷壶泡茶，砂铫子煮茶是最好的。茶杯只有宣窑坛的是最好的，它的内壁厚实洁白，样式古雅有致。宣窑中有种白色印花的茶瓯，样式虽然一般，但是像玉一样光洁。差一些的还有嘉窑，有种茶杯里面写有小字十分精美。如果想要试茶，茶色是黄白的，怎么能用青花瓷器呢。倒酒也是如此，只有纯白色的器皿才是最好的，其他的都不应该拿来用。试茶的时候将器具清洗干净是最重要的。茶瓶、茶杯、茶匙很容易产生异味，有损于茶的香味，必须先要洗干净才行，这样茶的味道才会比较好。

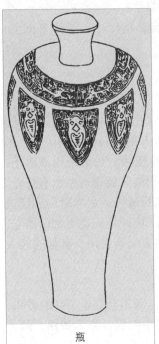

瓶

茶瓶以瓷、砂制成的为最好，并且必须清洗干净才能保证茶汤香味纯正。

[原文]

曹昭《格古要论》：古人吃茶汤用擎①，取其易干不留滞。

陈继儒《试茶》诗，有"竹炉幽讨""松火怒飞"之句。竹茶炉出惠山者最佳。

《渊鉴类函·茗盌》：韩诗"茗盌纤纤捧"。

徐葆光《中山传信录》：琉球茶瓯，色黄，描青绿花草，云出土噶喇②。其质少粗无花，但作冰纹者，出大岛。瓯上造一小木盖，朱黑漆之，下作空心托子，制作颇工。亦有茶托、茶帚。其茶具、火炉与中国小异。

葛万里《清异论录》：时大彬茶壶，有名钓雪，似带笠而钓者。然无牵合意③。

《随见录》：洋铜茶铫，来自海外。红铜荡锡，薄而轻，精而雅，烹茶最宜。

[注释]

　　①铛：通"鎗"，指扁形壶。②土噶喇：西藏的古称。③无牵合意：形容制作自然。

[译文]

　　曹昭《格古要论》：古代人喝茶汤用铛，由于它容易干而不留滞。

　　陈继儒《试茶》诗中有"竹炉幽讨""松火怒飞"的诗句。（产自惠山的竹茶炉是最好的。）

　　《渊鉴类函·茗碗》中记有韩诗："茗碗纤纤捧。"

　　徐葆光《中山传信录》：琉球的茶瓯，是黄色的，上面画有青绿的花草，说是从土噶喇传去的。它的质地细致且上面没有花纹，如果有冰纹的，那是出自大岛上的。瓯上造一个木盖，漆成了深红色，下面是一个空心托子，制作非常精致。还有茶托、茶帚等小配件。它的茶具、火炉和中国别的地方的稍有差异。

　　葛万里《清异论录》：时大彬的茶壶，有个叫作钓雪的，形状好像是戴着斗笠的钓鱼人。然而看起来很自然。

　　《随见录》：洋铜茶铫，是从海外传过来的。红铜外面包着锡，薄而轻巧，精致而典雅，最适合用来煮茶了。

五 茶之煮

［原文］

唐陆羽《六羡歌》：不羡黄金罍（léi）①，不羡白玉杯；不羡朝入省②，不羡暮入台；千羡万羡西江水，曾向竟陵③城下来。

唐张又新《水记》：故刑部侍郎刘公讳伯刍，于又新丈人行④也。为学精博，有风鉴称。较水之与茶宜者，凡七等：扬子江南零⑤水第一，无锡惠山寺石水第二；苏州虎邱寺石水第三；丹阳县观音寺井水第四；大明寺井水第五；吴淞江水第六；淮水最下第七。余尝具瓶于舟中，亲挹而比之，诚如其说也。客有熟于两浙者，言搜访未尽，余尝志之。及刺永嘉，过桐庐江，至严濑（lài），溪色至清，水味甚冷，煎以佳茶，不可名其鲜馥也。愈于扬子、南零殊远。及至永嘉，取仙岩瀑布用之，亦不下南零，以是知客之说信矣。陆羽论水次第凡二十种：庐山康王谷水帘水第一；无锡惠山寺石泉水第二；蕲州兰溪石下水第三；峡州扇子山下虾蟆（má）口水第四；苏州虎邱寺石泉水第五；庐山招贤寺下方桥潭水第六；扬子江南零水第七；洪州西山瀑布泉第八；唐州桐柏县淮水源第九；庐州龙池山岭水第十；丹阳县观音寺水第十一；扬州大明寺水第十二；汉江金州上游中零水第十三；水苦。归州玉虚洞下香溪水第十四；商州武关西洛水第十五；吴淞江水第十六；天台山西南峰千丈瀑布水第十七；柳州圆泉水第十八；桐庐

庐山瀑布

陆羽论煮茶用水的品第，把庐山谷帘泉的水评为天下第一。宋代诗人陆游曾经品尝过谷帘泉的水泡的茶，称赞其“甘腴清冷，具备众美”。

严陵滩水第十九；雪水第二十。用雪不可太冷。

[注释]

　　①罍：古代的一种形状像壶的盛酒的器皿。②省：在这里指官署的意思。③竟陵：陆羽出生的地方，有一种说法是现在的湖北钟祥，一说是湖北天门。④丈人行：在古代把长辈，长老通称为丈人行。⑤南零：一般人都把中冷认成刘伯刍所说的南零。

[译文]

　　唐朝陆羽所作的《六羡歌》中说：我从来不羡慕那些黄金壶，也不羡慕那些白玉杯，更不羡慕一天从早到晚出入官府，过那样的富贵生活。让我羡慕千万遍的是那曾经从竟陵城下流过的西江的水。

　　唐朝张又新在《水记》中记载：刘公的名讳叫伯刍，是已故的刑部侍郎，他对于又新来说是一位长辈。他有渊博的学问，见识很深，有风鉴之称。他把各地的水进行了比较，得出适合煮茶的水一共可以分为七等：一等水要属扬子江南零水；二等水是无锡惠山寺石水；三等水是苏州虎丘寺石水；丹阳县观音寺的井水可以称为四等水；五等水是大明寺井水，可以称得上是六等水的是吴淞江水；淮水最下，称为七等。我曾经带着水瓶坐着船，亲自到这些地方把水舀起来进行品尝比较，感觉真的像刘公曾经所说的那样。我的友人当中有的对两浙一带很熟悉，说我搜访得来的那些水是不全面的，我曾经把它们记下来过。后来我到永嘉作刺史，过桐庐江，到达严濑这个地方，发现这里的溪水颜色特别清，水的味道非常冰冷，用这里的溪水来煎茶，茶的气味清香无比，和扬子江南零的水比起来要好得多。在永嘉的时候，曾经用仙岩瀑布的水来煮茶，它的味道也不比南零的水差。从这里就可以看出我的朋友所说的那些话是很可信的。陆羽论水的时候把水的等级分为二十种，一等水要属庐山康王谷水帘水；二等水是无锡惠山寺石泉水；蕲州兰溪石下的水被认为是三等水；四等水是峡州扇子山下虾蟆口水；五等水是苏州虎丘寺石泉水；六等水是庐山招贤寺下方桥潭水；七等水要算扬子江南零水；洪州的西山瀑布泉是八等水；九等水是唐州桐柏县淮水源；十等水是庐州龙池山岭水；十一等水是丹阳县观音寺水；十二等水是扬州大明寺水；汉江金州上游中零水被称为是第十三等；（水苦。）十四等水是归州玉虚洞下香溪水；被称为十五等水的是商州武关西洛水；十六等水要属吴淞江水；十七等水是天台山西南峰千丈瀑布水；而柳州圆泉水被称为十八等水；十九等水说的是桐庐严陵滩水；雪水可以被认为是二十等水。（用雪不可太冷。）

[原文]

　　唐顾况《论茶》：煎以文火细烟，煮以小鼎长泉。

苏廙①《仙芽传》第九卷载"作汤十六法"②谓：汤者，茶之司命。若名茶而滥汤，则与凡味同调矣。煎以老嫩言，凡三品；注以缓急言，凡三品；以器标者，共五品；以薪论者，共五品。一得一汤，二婴汤，三百寿汤，四中汤，五断脉汤，六大壮汤，七富贵汤，八秀碧汤，九压一汤，十缠口汤，十一减价汤，十二法律汤，十三一面汤，十四宵人汤，十五贱汤，十六魔汤。

惠山品泉

惠山泉在无锡惠山山麓，泉水甘香，被称赞为"人间灵液，清鉴肌骨"。李德裕好茶，他做丞相时，派人设"递铺"，千里飞马传递惠山泉水。诗人皮日休讽刺他像杨贵妃千里递荔枝一样劳民伤财。

丁用晦《芝田录》：唐李卫公德裕③，喜惠山泉，取以烹茗。自常州到京，置驿骑传送，号曰"水递"。后有僧某曰："请为相公通水脉。盖京师有一眼井与惠山泉脉相通，汲以烹茗，味殊不异。"公问："井在何坊曲？"曰："昊天观常住库后是也。"因取惠山、昊天各一瓶，杂以他水八瓶，令僧辨析。僧止取二瓶井泉，德裕大加奇叹。

[注释]

①廙：恭敬的意思。②作汤十六法：指的是制作茶汤的十六种方法。③李卫公德裕：唐代的李德裕，他曾被封为卫国公。

[译文]

唐顾况在《论茶》中说：煮茶的时候不需要太大的火力，要文火细烟，要用小鼎长泉。

苏廙在《仙芽传》第九卷中提到了制作茶汤的十六种方法。他说：煮茶的一个重要条件就是水。如果要煮的是名茶而对煮茶的水却不进行挑选的话，煮出来的茶的味道就和一般的茶的味道没有什么区别了。按照水煮的老嫩来说可以分为三种；从注水的缓急方面来说，也可以分为三种；如果按照茶具来分共可以分为五种；如果从煮茶所用的柴来分的话，也可以分为五种。一名为得一汤，二名为婴汤，三名为百寿汤，四名为中汤，五名为断脉汤，六叫作大壮汤，七称为富贵汤，八称为秀碧汤，九称为压一汤，十名为缠口汤，十一称为减价汤，十二称为法律汤，十三名为一面汤，十四称为宵人汤，十五称为贱汤，十六叫作魔汤。

丁用晦在《芝田录》中记载：唐朝的卫国公李德裕非常喜欢惠山泉的水，经常把那里的泉水取来煮茶。他在京城居住，而惠山泉却在常州，因为从常州到京城，距离十分遥远，所以只好用驿马来送水，这叫作"水递"。有一位和尚后来对李德裕说："还是让我把水脉给您打通吧。"因为惠山泉脉和京城的一眼井是相通的，把水从里面汲取出来煮茶，和惠山泉味道是一样的。李德裕问道："那么这眼井在什么地方呢？"和尚回答说："就在昊天观常住库的后面。"于是把惠山泉和昊天观泉各拿来一瓶，把它们和其他的八瓶水混杂在一起，来让和尚辨别，和尚品尝后只取了其中的两瓶泉水。李德裕见到之后，很是惊讶，认为很神奇。

[原文]

《事文类聚》：赞黄公①李德裕居廊庙②日，有亲知③奉使于京口，公曰："还日，金山下扬子江南零水与取一壶来。"其人敬诺。及使回举棹日，因醉而忘之，泛舟至石头城下方忆，乃汲一瓶于江中，归京献之。公饮后，叹讶非常，曰："江表水味有异于顷岁矣，此水颇似建业石头城下水也。"其人即谢过，不敢隐。

《河南通志》：卢仝茶泉在济源县。仝有庄，在济源之通济桥二里余，茶泉存焉。其诗曰："买得一片田，济源花洞前。自号玉川子，有寺名玉泉。"汲此寺之泉煎茶，有《玉川子饮茶歌》，句多奇警。

《黄州志》：陆羽泉在蕲水县凤栖山下，一名兰溪泉，羽品为天下第三泉也。尝汲以烹茗，宋王元之有诗。

无尽法师《天台志》：陆羽品水，以此山瀑布泉为天下第十七水。余尝试饮，比余幽溪、蒙泉殊劣。余疑鸿渐但得至瀑布泉耳。苟遍历天台，当不取金山为第一也。

[注释]

①赞黄公：黄：通"皇"，这里指李德裕，因为李德裕是赞皇人所以把他称为赞皇公。②廊庙：这里意指朝廷。③亲知：把亲近的友人称为亲知。

[译文]

《事文类聚》中记载：被称为赞皇公的李德裕公做宰相时，有一位亲近的友人奉命要去镇江，李德裕对他说："你把事情办完回来的时候，到金山带一壶扬子江南零水回来。"这个人很恭敬地答应了他的请求。等到完成使命要坐船回京城的时候，由于喝醉了酒而把去南零取水的事情忘了，一直到船行驶到南京城下时才想起这件事来，于是顺手取了一瓶江中的水带了回来，到京城以后把它献给了李德裕，李德裕喝了之后，十分吃惊地对这个人说："最近几年江里的水味变化真是挺大的，你带的水与南京石头城下的江水很相似啊。"这个人听了之后，立即向李德裕承认错误，把实际情况向他说明，不敢有丝毫的隐瞒。

《河南通志》中记载：卢仝茶泉位于河南的济源县。卢仝在这个地方有一个庄园，有一眼茶泉在距离济源县通济桥二里多的地方。他曾经写诗道："买得一片田，济源花洞前。自号玉川子，有寺名玉泉。"把这个寺的泉水汲取出来煎茶，味道特别好。在他的《玉川子饮茶歌》中有很多新奇惊人的句子。

《黄州志》中记载：陆羽泉位于蕲水县凤栖山的下面，它也叫作兰溪泉。陆羽认为它是天下第三泉。曾经把这泉里的水汲取出来煮茶。宋代王元之还曾经写过关于此泉的诗歌。

无尽法师在《天台志》中记载：陆羽品水的时候，把天台山瀑布泉的水评为天下第十七等的水。我曾经尝试着饮用过这里的水，比我那里幽溪、蒙泉的水来要相差很远。我怀疑陆羽恐怕只是到过瀑布泉，如果他能够走遍天台的话，就不会认为金山水是一等的水了。

[原文]

　　《海录》：陆羽品水，以雪水第二十，以煎茶滞而太冷也。

　　陆平泉《茶寮记》：唐秘书省中水最佳，故名"秘水"。

　　《檀几丛书》：唐天宝中，稠锡禅师名清晏，卓锡①南岳涧上，泉忽进石窟间，字曰真珠泉。师饮之清甘可口，曰："得此瀹吾乡桐庐茶，不亦称乎！"

　　《大观茶论》：水以轻清甘洁为美，用汤以鱼目、蟹眼②连络进跃为度。

[注释]

　　①卓锡：这里指僧人居住的地方。②鱼目蟹眼：指斗茶的时候，煎汤出现像鱼目、蟹眼一样的小珠泡。

[译文]

　　《海录》中记载：陆羽品水的时候，把雪水评为第二十等水，认为它具有凝积冰冷的特性，它的这种特性在煮茶的茶汤中能够体现出来。

　　陆平泉在《茶寮记》中记述：唐秘书省中的水是最好的，所以把它称为"秘水"。

茶经·续茶经

一五八

《檀几丛书》中有这样的记述：在唐代天宝年间，名叫清晏的稠锡禅师，他特地在南岳的涧上居住，那里的泉水忽然从石洞中迸发出来，叫作真珠泉。大师喝了这里的泉水以后感觉它清甜可口，于是说道："我家乡桐庐的茶用这里的水来煮，难道不是很合适吗？"

《大观茶论》中说：那些清亮、甘甜、洁净的水是最好的，在煮水时出现像鱼目、蟹眼一样连在一起向前涌进的水珠，这是恰到好处的。

[原文]

《咸淳临安志》：栖霞洞内有水洞，深不可测，水极甘洌。魏公①尝调以瀹茗。又莲花院有三井，露井最良，取以烹茗，清甘寒洌，品为小林第一。

王氏《谈录》：公言茶品高而年多者，必稍陈。遇有茶处，春初取新芽轻炙，杂而烹之，气味自复在。襄阳试作甚佳，尝语君谟，亦以为然。

欧阳修《浮槎水记》：浮槎与龙池山皆在庐州界中，较其味不及浮槎远甚。而又新②所记，以龙池为第十，浮槎之水弃而不录，以此知又新所失多矣。陆羽则不然，其论曰："山水上，江次之，井为下，山水乳泉石池漫流者上。"其言虽简，而于论水尽矣。

[注释]

①魏公：指张浚。②又新：指唐朝人张又新。

[译文]

《咸淳临安志》中记述：栖霞洞里面有一处水洞，深不可测，里面的水甘甜、冰凉，魏公曾把里面的水汲取出来煮茶。又莲花院里面有三口井，其中露井的水质量是最好的，把它汲取出来煮茶，茶的味道清亮、甘甜、冰凉，被评为小林第一。

王氏在《谈录》中记述：那些品位高

浮槎山

浮槎山的山名来自传说，即有人居海渚，每年农历八月乘浮槎去天河。浮槎山峰峦叠嶂，而乳泉尤其闻名。欧阳修将浮槎泉和无锡惠山泉相比，认为两者之间难分上下。

的茶如果放很长时间的话，就会有一种陈茶的味道。我曾经看见一个产茶的地方，茶工在春初的时候把那些新长出的茶芽取下来轻轻烤一下，然后把它们和那些好的陈茶混杂在一起煮，那么好茶的气味就会又重新散发出来了。在襄阳试了一下这种方法，效果很不错，曾经向蔡君谟讲过这件事情，蔡君谟也是这样认为的。

欧阳修在《浮槎水记》中记述：浮槎山与龙池山都地处庐州境内，把两处的水味比较一下，龙池山的水比起浮槎山的水来要差很多。但张又新在《煎茶水记》中却把龙池水列为第十等，对于浮槎水，却把它舍弃而没有记载，从这里可以看出张又新在排列水的等级上面，是有很多失误的。陆羽就不是这样的，他在他的《茶经》中说："山上水是上等的水，江水要稍微差一些，井水是最差的，由石池漫流出来的山水钟乳泉被认为是上等的。"他的话虽然简短，但是认识很透彻。

[原文]

蔡襄《茶录》：茶或经年，则香色味皆陈。煮时先于净器中以沸汤渍之，刮去膏油。一两重即止。乃以钤（qiánqián）拑之，用微火炙干，然后碎碾。若当年新茶，则不用此说。碾时，先以净纸密裹捶碎，然后熟碾。其大要旋碾则色白，如经宿则色昏矣。碾毕即罗。罗细则茶浮，粗则沫浮。候汤最难，未熟则沫浮，过熟则茶沈。前世谓之蟹眼者，过熟汤也。沈瓶中煮之不可辨，故曰候汤最难。茶少汤多则云脚散，汤少茶多则粥面聚。建人谓之云脚、粥面。钞茶一钱七，先注汤，调令极匀。又添注入，环回击拂。汤上盏，可四分则止，视其面色鲜白，著盏无水痕为绝佳。建安斗试，以水痕先退者为负，耐久者为胜，故校胜负之说，曰相去一水两水。茶有真香，而入贡者微以龙脑和膏，欲助其香。建安民间试茶，皆不入香，恐夺其真也。若烹点之际，又杂以珍果香草，其夺益甚，正当不用。

陶毂《清异录》：馔茶而幻出物象于汤面者，茶匠通神之艺也。沙门①福全生于金乡，长于茶海，能注汤幻茶成一句诗，如并点四瓯，共一首绝句，泛于汤表。小小物类，唾手办尔。檀越日造门，求观汤戏，全自咏诗曰："生成盏里水丹青，巧画工夫学不成。却笑当时陆鸿渐，煎茶赢得好名声。"茶至唐而始盛。近世有下汤运匕，别施妙诀，使汤纹水脉成物象者，禽兽、虫鱼、花草之属，纤巧如画，但须

一六〇

曳②即就散灭，此茶之变也。时人谓之"茶百戏"。又有漏影春法。用缕纸贴盏，糁茶而去纸，伪为花身。别以荔肉为叶，松实、鸭脚③之类珍物为蕊，沸汤点搅。

[注释]

　　①沙门：佛门的意思，是梵文音译的一种略称。②须臾：当一会儿、很快讲。③鸭脚：在这里指银杏。

[译文]

　　蔡襄在《茶录》中说：那些放过一年的茶，在色、香、味方面都会陈旧。所以这种茶在煮的时候要先把它们放在干净的器皿中用开水淋浇一下，把茶饼上的膏油刮掉一两重就可以了。用茶钤夹着放在缓火上烤干，然后碾碎。如果是当年的新茶，就不需要采用这种办法了。碾的时候，要先把茶饼用干净的纸裹严实，然后再熟碾。差不多要碾到茶色发白的时候，如果把碾出来的茶放一夜的话，颜色会发暗。茶饼碾完之后要马上用茶罗进行罗，罗得细煮茶时茶末就会在上面漂浮着，罗得粗的话煮茶时就要出现茶沫。候汤是一件很难的事情，这是因为要辨别一下煎茶的水是否适度。如果水煎得不熟在表面会浮有茶沫，而如果过熟的话茶就会沉在下面。前人曾提到过的蟹眼，指的就是汤过熟了。煮茶时茶沉在瓶中熟与不熟不好辨认，所以说候汤是最难的。如果茶少而汤多就会出现云脚散，而汤少茶多的话就会形成粥面聚。（建安地方的人把这两种情况称为云脚、粥面。）把加工好的一钱七的茶末，先把一点沸汤倒入瓶中调匀，然后再把沸水倒进去，把茶盏中的茶汤用茶筅旋转打击和拂动。倒进杯子的水有四成满就差不多了。如果汤面的颜色呈现鲜白，盏上没有出现水痕是最好的。建安这个地方斗茶的时候，如果水痕先退下去的话就被看成是输了，而水痕能够保持很长的时间就算做胜利，所以在论输赢的时候有一种说法，叫作相去一水两水。茶有真香，那些入贡的茶要稍微加一点龙脑和膏油在里面，目的是来增加茶的香味。在建安这个地方民间制茶的时候，都不会把香料加进

蔡襄

　　蔡襄是北宋书法家，他熟悉茶道，著有《茶录》。《茶录》是其用小楷写成的珍贵书法精品。这是一部茶艺杰作，书中描述了斗茶的全过程。

去，避免真茶的香味被夺去。如果在煎茶、点茶的时候，把一些珍果香草掺杂在里面，那茶原来的香味会被夺去更多，那些真正讲究饮茶品位的人是不会把任何香料加在茶中的。

陶穀在《清异录》中记载：注茶的时候可以使茶面变幻出各种各样的物体形象，这需要茶匠的茶艺技巧精湛，佛门的福全在金乡出生，在茶海长大，他在注汤的时候可以使茶面变幻出一句诗来，如果同时要往四个杯子里面注点的话，就能在汤的表面，变幻出一首绝句。这种小小的技艺，唾手之间就能完成。有一次檀越找到福全让他表演汤戏，福全就作诗说："生成盏里水丹青，巧画工夫学不成。却笑当时陆鸿渐，煎茶赢得好名声。"到唐代的时候，十分盛行饮茶。近代就有注汤运匕时，施加一点秘诀在里面，可以让汤纹水脉形成物象，就如同禽兽、虫鱼、花草这类动植物一样，纤巧的就像画一样，但是在很短的时间里就会漂散开，这也就是茶的变化。当时的人们把它称为"茶百戏"。还有一种被称为漏影春法，就是把盏用细纸条粘贴起来，然后把茶末粉散上去，再去掉纸条，这样看上去让人觉得像是花枝一样。另外，把荔枝肉放在上面作为花叶，再把松子、银杏之类的珍贵物品放上作为花蕊，然后用开水点搅一下，特别好看。

[原文]

《煮茶泉品》：予少得温氏所著《茶说》，尝识其水泉之目，有二十焉。会西走巴峡，经虾蟆窟，北憩芜城，汲蜀冈井，东游故都，绝扬子江，留丹阳酌观音泉，过无锡斛①慧山②水。粉枪禾旗，苏兰薪桂，且鼎且缶，以饮以歠③，莫不瀹气涤虑，蠲④病析醒⑤，祛鄙吝⑥之生心，招神明而还观。信乎！物类之得宜，臭味之所感，幽人⑦之佳尚，前贤之精鉴，不可及已。昔郦元⑧善于《水经》，而未尝知茶；王肃⑨癖于茗饮，而言不及水，表是二美，吾无愧焉。

[注释]

①斛：舀取的意思。②慧山：这里指惠山。③歠：歠通"啜"，喝羹汤的意思。④蠲：当免除讲。⑤醒：这里指不清，烦心的状态。⑥吝：过分吝惜的意思。⑦幽人：古代把那些隐逸者称为幽人。⑧郦元：指北魏时期的郦道元，字善长。⑨王肃：北魏时期临沂人。

[译文]

《煮茶泉品》中记述：我在年轻的时候曾经得到温氏所著的《茶说》，从这本书中知道天下著名泉水的数目有二十个。我曾经向西到过巴峡，经过虾蟆窟，在北面芜城休息的时候，汲取过蜀冈井里的水，向东游过故都，一直到扬子江，在丹阳的时候饮过观音泉的水，路过无锡的时候把惠山泉水也舀起来喝了。

像粉枪禾旗这样的上等茶，如果用兰草桂木来烧鼎烹煮，一边饮用一边品尝，可以使人通气，除去烦恼，祛除疾病变得清醒，还可以把庸俗吝啬的心态驱走，使人的精神变得爽朗而达观。这确实是可信的啊！我因为有了上述的经历，才深刻地体会到世间万物的相宜，在嗅觉和味觉上得到一种美的享受，一些隐逸者的高尚情怀，和前辈贤人们的卓越见地，是不能轻易就达到的。过去郦道元虽然善于《水经》，但是对茶却没有了解；王肃虽然特别喜爱饮茶，但在他的言谈中却没有提起过水质的重要。我面对着如此的好茶、好水，内心感到满足。

［原文］

　　魏泰《东轩笔录》：鼎州北百里有甘泉寺，在道左，其泉清美，最宜瀹（yuè）茗。林麓回抱，境亦幽胜。寇莱公①谪守雷州②，经此酌泉志壁③而去。未几丁晋公窜朱崖，复经此，礼佛留题而行。天圣中，范讽以殿中丞安抚湖州，至此寺睹二相留题，徘徊慨叹，作诗以志其旁曰："平仲酌泉方顿辔，谓之礼佛继南行。层峦下瞰（kàn）岚烟路，转使高僧薄宠荣。"

［注释］

　　①寇莱公：北宋大臣寇准。②雷州：今广东雷州半岛大部。③志壁：在壁上题字。

［译文］

　　魏泰在《东轩笔录》中记载：在距离鼎州的北面百里远的地方有一座甘泉寺，在路的左边有眼泉，水质清澈味美，用来泡茶是最适合的。它的四周绿荫环抱，环境也很清静幽雅。当初寇莱公被贬到雷州的时候，路过这里停下来喝水，在墙壁上题字之后才离开。没过多长时间丁晋公又路过这里，拜完佛题了字后才走。天圣年间的时候，范讽以殿中丞的身份安抚湖州，看到了到这座寺观上面两位宰相题留的文字，徘徊感叹，在旁边作诗说："平仲酌泉方顿辔，谓之礼佛继南行；层峦下瞰岚烟路，转使高僧薄宠荣。"

［原文］

　　张邦基《墨庄漫录》：元祐六年七夕日，东坡时知扬州，与发运使晁端彦、吴倅①晁无咎，大明寺汲塔院西廊井，与下院蜀井二水校其高下，以塔院水为胜。华亭县有寒穴泉，与无锡惠山泉味相同，并尝之不觉有异，邑人知之者少。王荆公②尝有诗云："神震冽冰霜，高穴雪与平；空山淳千秋，不出呜咽声，山风吹更寒，山月相与清；北

王安石

有个故事说，王安石对苏轼说自己有疾病，要阳羡茶才能治愈，但还要瞿塘峡水煎泡才有效。苏轼答应了，但他错过了瞿塘峡，于是就取了下峡的水回来。不料王安石看了这水泡出的茶汤，就知道了苏轼是在拿下峡水冒充。原来他看茶色出来的快慢就知道了，从这里可以看出，王安石的鉴水能力非同寻常。

客不到此，如河洗烦醒。"

罗大经《鹤林玉露》：余同年友李南金云：《茶经》以鱼目、涌泉、连珠为煮水之节。然近世瀹茶，鲜以鼎镬，用瓶煮水，难以候视。则当以声辨一沸、二沸、三沸之节。又陆氏之法，以末就茶镬，故以第二沸为合量而下末。若今以汤就茶瓯瀹之，则当用背二涉三[3]之际为合量也。乃为声辨之诗曰："砌虫唧唧万蝉催，忽有千车捆载来。听得松风并涧水，急呼缥色绿磁杯。"其论固已精矣。然瀹茶之法，汤欲嫩而不欲老。盖汤嫩则茶味甘，老则过苦矣。若声如松风涧水而遽瀹之，岂不过于老而苦哉。惟移瓶去火，少待其沸止而瀹之，然后汤适中而茶味甘。此南金之所未讲也。因补一诗云："松风桂雨到来初，急引铜瓶离竹炉。待得声闻俱寂后，一瓯春雪胜醍醐。"

[注释]

①倅：下属。②王荆公：指王安石，宋代政治家、文学家。③背二涉三：古代点茶之法，即当水烧过二沸刚到三沸时，立即停火冲茶。

[译文]

张邦基在《墨庄漫录》中记载：在元祐六年七夕的时候，苏东坡任扬州知府时，和发运使晁端彦、吴倅晁无咎等人，把大明寺塔院西廊井水汲取出来，与下院蜀井的水比较了一下，认为塔院的水要好一些。在华亭县有处寒穴泉，这里的泉水和无锡惠山泉水的味道是一样的，把它们放在一起品尝，觉得没有什么不同，但当地人知道的很少。王荆公曾经有诗这样写道："神震冽冰霜，高穴雪与平；空山淳千秋，不出呜咽声；山风吹更寒，山月相与清；北客不到此，如何洗烦醒。"

罗大经在《鹤林玉露》中这样记载：我的同年好友李南金曾经说过：《茶经》把水开到像鱼的眼睛、像涌泉、像连珠一样往上冒作为水沸的标准。但是近来很少有人用鼎镬来煮茶，如果是用瓶子来煮水的话，是很难看到这些现象的。那就只好听声音来分辨水一沸、二沸、三沸的程度了。另外还有就是陆羽的方法了，他的方法是把茶末放在茶镬里煮，所以在水开到二沸时放茶叶是比较合适的。如果像现在这样把开水冲进茶壶来泡茶的话，那就应该在二沸和三沸之间，才算是比较合适的。于是就为用声音来辨别水的开沸程度写诗说："砌虫唧唧万蝉催，忽有千车捆载来。听得松风并涧水，急呼缥色绿瓷杯。"这种说法固然很精确。但对于煮茶来说，水应该是嫩的而不应该是老的。如果汤嫩的话茶叶的味道就会很甜，如果汤太老的话茶的味道就会很苦。如果水的声音像松风涧水一样，这个时候再冲茶，不就太老、太苦了吗？只能把瓶子移掉再去掉火，等到它停止沸腾时再说，那样水的温度会比较适中，茶叶就会有一种很甜美的味道。这是都是南金所没有讲到的。因此补充了这样一首诗："松风桂雨到来初，急引铜瓶离竹炉。待得声闻俱寂后，一瓯春雪胜醍醐。"

［原文］

赵彦卫《云麓漫钞》：陆羽别天下水味，各立名品，有石刻行于世。《列子》云：孔子："淄渑之合，易牙能辨之。"易牙，齐威公[1]大夫。淄渑二水，易牙知其味，威公不信，数试皆验。陆羽岂得其遗意乎？

《黄山谷[2]集》：泸州大云寺西偏崖石上，有泉滴沥，一州泉味皆不及也。

林逋《烹北苑茶有怀》：石碾轻飞瑟瑟尘，乳花烹出建溪春。人间绝品应难识，闲对《茶经》忆故人。

［注释］

①齐威公：即齐桓公，春秋五霸之一。②黄山谷：即黄庭坚，宋人。

［译文］

赵彦卫在《云麓漫钞》中记载：陆羽辨别天下水的味道，把它们的名字一一列出来，并把它们刻在石头上流传给后代的人。《列子》中说：孔子说："淄渑之合，易牙能辨之。"易牙，指的是齐威公的大夫。淄、渑说的是两种水，易牙能够把它们的味道分辨出来，威公不相信这样的事情，但是经过多次地试探却都很灵验。陆羽难道得到了他的遗意吗？

《黄山谷集》中记载：在泸州大云寺偏西的崖石上，这里往下滴一种泉水，周围泉水的味道都不能和它相比。

林逋《烹北苑茶有怀》诗：石碾轻飞瑟瑟尘，乳花烹出建溪春。人间绝品应难识，闲对《茶经》忆古人。

[原文]

《东坡集》：予顷①自汴入淮泛江，沂峡归蜀，饮江淮水盖弥年。既至，觉井水腥涩，百余日然后安之。以此知江水之甘于井也，审②矣。今来岭外，自扬子始饮江水，及至南康③，江益清驶，水益甘，则又知南江贤于北江也。近度岭入清远峡④，水色如碧玉，味益胜。今游罗浮，酌泰禅师锡杖泉，则清远峡水又在其下矣。岭外惟惠州人喜斗茶，此水不虚出也。惠山寺⑤东为观泉亭，堂曰漪澜，泉在亭中，二井石甃相去咫尺，方圆异形。汲者多由圆井，盖方动圆静，静清而动浊也。流过漪澜，从石龙口中出，下赴大池者，有土气，不可汲。泉流冬夏不涸，张又新品为天下第二泉。

[注释]

①顷：指近来。②审：意为真确不移。③南康：今江西赣州市内。④清远峡：位于广东清远。⑤惠山寺：位于江苏无锡。

[译文]

在《东坡集》中有这样的记载：我从汴京出发到淮水，然后逆流而上到达了四川，曾经喝了很多年江淮的水。到了这里之后，觉得这里井水的味道非常腥涩，喝了上百天之后才感觉好一点。由此可以知道江水和井水比起来要甜一些，这是真确不移的啊。现在来到了岭外，从扬子江就开始喝江水，一直到了南康，江水变得更加清澈，水的味道也更加甘甜，于是又知道南方的

罗浮览胜

罗浮山为岭南第一山，苏轼推崇罗浮山的卓锡泉水。相传当年惠能和尚要洗袈裟，但苦于无水，后来看见后山树木苍郁，于是振锡卓地，结果泉水应声而出，因此取名为卓锡泉。

江水和北方的江水比起来要好得多。最近来到了清远峡，发现这里水的颜色就像碧玉一样，味道也更好了。现在游览到了罗浮，喝到泰禅师锡杖泉水，清远峡的水又不能和它比了。在岭外只有那些惠州人喜欢比试茶水，此水果然是名不虚传。在惠山寺的东面有处观泉亭，堂叫作漪澜，在亭子的中间有泉水，二井之间的距离很近，这两口井一圆一方两种形状。人们多在圆井里取水，这是因为方井里的水是流动的而圆井里的水是静止的，那些不动的水自然会显得很清澈，而水流动的话就会变得浑浊。它流过漪澜，从石制的龙口中出来，往下流到大池的水里面，它的味道里有泥土的气息，不可以汲取。泉水整年都不会干涸，所以张又新把它评为是天下第二泉。

[原文]

《避暑录话》：裴晋公①诗云："饱食缓行初睡觉，一瓯新茗侍儿煎。脱巾斜倚绳床坐，风送水声来耳边。"公为此诗必自以为得意，然吾山居七年，享此多矣。

冯璧《东坡海南烹茶图》诗：讲筵分赐密云龙，春梦分明觉亦空。地恶九钻黎火洞，天游两腋玉川风。

《万花谷》：黄山谷有《井水帖》云："取井傍十数小石，置瓶中，令水不浊。"故《咏慧山泉》诗云"锡谷寒泉撷<small>音妥</small>。石俱"是也。石圆而长曰撷，所以澄水。茶家碾茶，须碾着眉上白，乃为佳。曾茶山②诗云："碾处须看眉上白，分时为见眼中青。"

[注释]

①裴晋公：裴度，唐代名人。②曾茶山：宋代诗人曾几，号茶山居士。

[译文]

在《避暑录话》中这样记载：在裴晋公的诗中说："饱食缓行初睡觉，一瓯新茗侍儿煎。脱巾斜倚绳床坐，风送水声来耳边。"他在作这首诗的时候一定是非常得意的，而我居住在山里已经七年了，已经享受了很多这样的生活了。

冯璧《东坡海南烹茶图》诗：讲筵分赐密云龙，春梦分明觉亦空。地恶九钻黎火洞，天游两腋玉川风。

《万花谷》中记载：黄山谷有本《井水帖》，里面说道："如果把井旁的十几颗小石子放在瓶子里，能够使水不浑浊。"所以在《咏慧山泉》这首诗中"锡谷寒泉撷石俱"说得很对。把那些长而圆的石头叫椭圆，它能够澄清水源。茶家在碾茶的时候，一定要碾到茶的上面出现白色，这才是最好的。曾茶山在诗中说："碾处须看眉上白，分时为见眼中青。"

[原文]

《舆地纪胜》：竹泉，在荆州府松滋县南。宋至和初，苦竹寺僧浚井①得笔。后黄庭坚谪黔过之，视笔曰："此吾虾蟆碚所坠。"因知此泉与之相通。其诗曰："松滋县西竹林寺，苦竹林中甘井泉。巴人谩说虾蟆碚，试裹春茶来就煎。"

周辉《清波杂志》：余家惠山，泉石皆为几案间物。亲旧东来，数问松竹平安信。且时致陆子泉②，茗椀殊不落寞。然顷岁亦可致于汴都③，但未免瓶盎气。用细砂淋过，则如新汲时，号拆洗惠山泉。天台竹沥水，彼地人断竹梢屈而取之盈瓮，若杂以他水则辄败。苏才翁与蔡君谟比茶，蔡茶精用惠山泉煮。苏茶劣用竹沥水煎，便能取胜。此说见江邻几所著《嘉祐杂志》。果尔，今喜击拂者④，曾无一语及之，何也？双井因山谷乃重，苏魏公尝云："平生荐举不知几何人，惟孟安序朝奉岁以双井一瓮为饷。"盖公不纳苞苴，顾独受此，其亦珍之耶。

[注释]

①浚井：指淘井以疏通水源。②陆子泉：亦指惠山泉。③汴都：指宋代都城汴梁。④击拂者：击拂为点茶，此处指喜欢斗茶的人。

[译文]

《舆地纪胜》中记载：竹泉地处荆州府松滋县的南面。宋代至和初年，苦竹寺的和尚在淘井的时候得到一支笔。后来黄庭坚被贬到贵州时路过这里，看到这支笔说："这是我丢失在虾蟆碚的那支。"由此

黄庭坚

北宋黄庭坚，号山谷道人，洪州分宁人，是"江西诗派"的宗师。宰相富弼听说黄庭坚很有才学，很想见他，二人会面之后，富弼对人说："我以为黄庭坚很了得，现在知道他不过是分宁一个茶客罢了！"黄庭坚的家乡分宁产双井茶，他本人也精通茶艺。

可以知道这两个泉水是相通的。他在诗中说:"松滋县西竹林寺,苦竹林中甘井泉。巴人谩说虾蟆碚,试裹春茶来就煎。"

周辉在《清波杂志》中记载:我家居住在惠山,几案上摆放的都是泉水和石头之类的东西。亲戚从东边来,多次询问到到松竹平安的情况。于是把它送给了陆子泉,好的茶具是少不了的。虽然把惠山的泉水取出来很快就能到汴京,即使那样也会觉得瓶子中的水不够纯。如果用细砂把水过滤一下,它就会像刚取出来的一样了,把它称为拆洗惠山泉。天台山的竹沥水,是那个地方的人把砍断的竹子弄弯以后把水装进去的,如果里面夹杂上其他的水就不好了。苏才翁和蔡君谟比茶,蔡君谟的茶要好一些,他是用惠山泉的水煮的,苏才翁的茶要差一些,他是用竹沥水煮的,而最终苏才翁却取胜了。在江邻几所写的《嘉祐杂志》里面可以看到这种说法。如果真的是这样的话,今天那些喜欢茶事的人,怎么一句都没有提到过呢?双井因为山谷才受到重视,苏魏公曾经说:"我这一生不知举荐了多少人,却只有孟安序在朝奉的时候送给我一坛双井的水。"苏魏公从来不接受礼物,却唯独接受了这坛水,由此可见对它的珍惜。

[原文]

《东京记》:文德殿两掖有东西上阁门,故杜诗云:"东上阁之东,有井泉绝佳。"山谷《忆东坡烹茶》诗云:"阁门井不落第二,竟陵谷帘空误书。"

陈舜俞《庐山记》:康王谷①有水帘,飞泉破岩而下者二三十派。其广七十余尺,其高不可计。山谷诗云"谷帘煮甘露"是也。

孙月峰《坡仙食饮录》:唐人煎茶多用姜,故薛能②诗云:"盐损添常戒,姜宜著更夸。"据此,则又有用盐者矣,近世有此二物者,辄大笑之。然茶之中等者,用姜煎,信佳。盐则不可。

[注释]

①康王谷:指庐山康王谷瀑布。②薛能:唐代大臣,诗人。

[译文]

《东京记》中记载:在文德殿的两旁有东西上阁门,所以杜诗中这样说:"东阁之东,有井泉绝佳。"山谷在《忆东坡烹茶》诗中说:"阁门井不落第二,竟陵谷帘空误书。"

陈舜俞在《庐山记》里记载:在康王谷里有水帘,泉水从岩石上飞下来之后有二三十个分流。它的宽度大约有七十多尺,不可估测水流的高度。山谷在诗中说"谷帘煮甘露"指的就是这里的水。

孙月峰在《坡仙食饮录》里记载:唐代的人多用姜来煎茶,所以薛能的诗中说:"盐损添常戒,姜宜著更夸。"按照这种说法,又有人用盐来煎茶了。如果现在还要用这两种东西来煎茶的话,应该会被人大笑的。但是如果是那些中等的茶,用姜来煎就应该很好,而盐就不行了。

[原文]

冯可宾《岕茶笺》:茶虽均出于岕,有如兰花香而味甘,过霉①历秋,开坛烹之,其香愈烈,味若新沃②。以汤色尚白者,真洞山也。他巘初时亦香,秋则索然矣。

《群芳谱》:世人情性嗜好各殊,而茶事则十人而九。竹炉火候,茗椀清缘。煮引风之碧云③,倾浮花之雪乳④。非藉汤勋,何昭茶德?略而言之,其法有五:一曰择水,二曰简器,三曰忌淆,四曰慎煮,五曰辨色。

《吴兴掌故录》:湖州金沙泉,至元中,中书省遣官致祭,一夕水溢,溉田千亩,赐名瑞应泉。

[注释]

①霉:农历每年入伏的前几天,南方因多雨而潮湿,易发霉。②新沃:刚刚冲泡。③碧云:指茶叶。④雪乳:指茶汤。

[译文]

冯可宾在《岕茶笺》里记载:茶叶虽然都是从岕地出产的,有的味道像兰花一样香甜,经过了梅雨季节,一直到秋天以后,再把坛子打开来烹煮,它的香味会比以前更浓烈,味道和新茶是一样的。如果茶水的颜色很白,那就是真正的洞山茶了。其他山峡的品种在刚开始的时候也会很香,但是经历了秋天之后就会变得索然无味了。

《群芳谱》里记载:世间人们的性情和爱好都各不相同,但对于茶来说十个人里面就有九个人喜欢。不过是煮茶的竹炉火候要得当,再加上好的茶碗、清水的缘故。煮碧绿的茶叶,倒茶汤上的茶沫。这如果不是水的功劳,又哪来这么好的茶呢?简单地说,煮茶需要有五个技巧:一是要选择水,二是要选用器具,三是不要和别的东西混杂,四是煮的时候要小心,五是能够分辨茶的颜色。

《吴兴掌故录》里面记载:湖州的金沙泉,到了至元年间,中书省派官员去祭拜,水一会儿就溢出来了,灌溉了千亩良田。所以把它赐名为瑞应泉。

[原文]

《职方志》:广陵蜀冈上有井,曰蜀井,言水与西蜀相通。《茶品》

天下水有二十种，而蜀冈水为第七。

《遵生八笺》：凡点茶，先须熁（xié）盏①令热，则茶面聚乳，冷则茶色不浮。 熁音胁，火迫也。

陈眉公《太平清话》：余尝酌中泠②，劣于惠山，殊不可解。后考之，乃知陆羽原以庐山谷帘泉为第一。《山疏》云："陆羽《茶经》言，瀑泻湍激者勿食。今此水瀑泻湍激无如矣。乃以为第一，何也？"又"云液泉在谷帘侧，山多云母，泉其液也，洪纤如指，清冽甘寒，远出谷帘之上，乃不得第一，又何也？"又"碧琳池东西两泉，皆极甘香，其味不减惠山，而东泉尤冽。"蔡君谟"汤取嫩而不取老"，盖为团饼茶言耳。今旗芽枪甲，汤不足则茶神不透，茶色不明。故茗战之捷，尤在五沸。

［注释］

①熁盏：指冲泡茶之前把茶盏放在火上烧热。②中泠：泉水名，位于今镇江金山。

［译文］

《职方志》里面记载：在广陵蜀冈上有一口井，被称为蜀井，据说这口井里的水是和西蜀的水是相通的。《茶品》中记载天下的水有二十种，而蜀冈的水可以排到第七。

《遵生八笺》里有这样的记载：泡茶的时候，一定要把杯子先烘热，那么茶就会在表面聚拢起来，如果杯子凉的话茶的颜色就会不浮。 熁音胁，说的就是火烤的意思。

陈眉公在《太平清话》里记载：我曾经喝过中泠水，比起惠山的水来要差一些，一直不明白这是什么原因。后来进行了考证，才知道陆羽原来把庐山谷帘泉的水排在第一位了。《山疏》中说："陆羽在《茶经》里说，那些泻下时很急的瀑布水不要去饮用。但是这里的瀑布流得特别湍急，却仍然把它排在第一位，这是什么原因呢？"又说："云液泉在谷帘泉的旁边，在山上有很多的云母石，泉水是它的汁水，流得非常急，泉水清冽甘冷，在水质方面要远远超过谷帘泉，它却没有被排在第一位，这又是什么原因呢？"还有，"碧琳池的东西方向上有两眼泉水，水质都十分的甘甜清香，味道比惠山一点都不差，尤其是东面的泉水还要更好一些。"蔡君谟所说的"水应该取嫩而不取老"，都是对那些团饼的茶叶而言的。现在的旗芽枪甲，如果汤水不好的话茶叶就不能完全把它的神韵散发出来，茶叶的颜色就不会很分明。所以要想斗茶取胜，水沸的程度是关键。

[原文]

　　徐渭《煎茶七类》：煮茶非漫浪①，要须其人与茶品相得，故其法每传于高流隐逸，有烟霞、泉、石磊魂②于胸次间者。品泉以井水为下。井取汲多者，汲多则水活。候汤眼鳞鳞起，沫饽鼓泛，投茗器中。初入汤少许，俟汤茗相投即满注，云脚渐开，乳花浮面，则味同。盖古茶用团饼碾屑，味易出。叶茶骤则乏味，过熟则味昏底滞③。

　　张源《茶录》：山顶泉清而轻，山下泉清而重，石中泉清而甘，砂中泉清而冽，土中泉清而厚。流动者良于安静，负阴④者胜于向阳。山削者泉寡，山秀者有神。真源无味，真水无香。流于黄石为佳，泻出青石无用。汤有三大辨：一曰形辨，二曰声辨，三曰捷辨。形为内辨，声为外辨，捷为气辨。如虾眼、蟹眼、鱼目、连珠，皆为萌汤，直至涌沸如腾波鼓浪，水气全消，方是纯熟；如初声、转声、振声、骇声，皆为萌汤，直至无声，方是纯熟；如气浮一缕、二缕、三缕，及缕乱不分，氤氲缭绕，皆为萌汤，直至气直冲贯，方是纯熟。蔡君谟因古人制茶碾磨作饼，则见沸而茶神便发。此用嫩⑤而不用老也。今时制茶，不假罗碾，全具元体⑥，汤须纯熟，元神始发也。炉火通红，茶铫始上，扇起要轻疾，待汤有声，稍稍重疾，斯文武火候也。若过乎文，则水性柔，柔则水为茶降；过于武，则火性烈，烈则茶为水制，皆不足于中和，非茶家之要旨。投茶有序，无失其宜。先茶后汤，曰下投；汤半下茶，复以汤满，曰中投；先汤后茶，曰上投。夏宜上投，冬宜下投，春秋宜中投。不宜用恶木、敝器、铜匙、铜铫、木桶、柴薪、烟煤、麸炭、牺童、恶婢、不洁巾帨，及各色果实、香药。

　　谢肇淛《五杂组》：唐薛能《茶诗》云："盐损添常戒，姜宜著更夸。"煮茶如是，味安佳？此或在竟陵翁未品题之先也。至东坡《和寄茶》诗云："老妻稚子不知爱，一半已入姜盐煎。"则业觉其非矣，而此习犹在也。今江右及楚人，尚有以姜煎茶者，虽云古风，终觉未典。闽人苦山泉难得，多用雨水，其味甘不及山泉，而清过之，然自淮而北，则雨水苦黑，不堪煮茗矣。惟雪水，冬月藏之，入夏用，乃绝佳。夫雪固雨所凝也，宜雪而不宜雨，何哉？或曰：北方瓦屋不净，多用秽泥涂塞故耳。古时之茶，曰煮，曰烹，曰煎。须汤如蟹眼，茶味方中。今之茶惟用沸汤投之，稍著火即色黄而味涩，不中饮矣。乃知古今煮法亦自不同也。苏才翁斗茶用天台竹沥水，乃竹露，非竹沥⑦也。若今医家用火逼竹取沥，断不宜茶矣。

[注释]

①漫浪：指传说的不实之词。②磊魂：堆积。③底滞：沉积而不通。④负阴：指背阴的地方。⑤嫩：指没有完全沸腾。⑥元体：指茶叶不经碾碎，维持天然的形色。⑦竹沥：竹子经加工后提取的汁液。它是一种无毒无副作用，药、食两用的天然饮品。

[译文]

徐渭在《煎茶七类》里面记载：煮茶不是一件很随便的事情，它需要煮茶人的人品和茶品相当，所以每当它的方法被传到高流隐逸者那里，就好像是烟霞、泉水、石块藏在心中一样。品水的人都把井水认为是最差的。应该选取那些经常有人饮用的井水，如果很多人都到那里汲水，那里的水就是活水。等到把水煮到起了泡泡，上面有泡沫泛出的时候，再把茶叶放进器皿里面。开始时倒的水不要太多，等到汤和茶相融的时候再把水注满，这个时候云脚就会渐渐地开了，它的上面浮着乳花，味道自然就和一般的不同。其实在以前的时候人们把茶叶做成团饼碾成碎屑来喝，味道比较容易出来。茶叶不熟味道就会比较淡，而如果过熟的话，茶的味道就变得不清爽，而且还很容易沉积在底部。

张源在《茶录》里记载：在山顶的那些泉水特别清澈而且还比较轻，在山下的那些泉水清但是比较重，在岩石下面流出的水清澈而且甘甜，在砂石中的那些泉水清澈而且冷冽，而土中的泉水清澈而且厚重。流动的水要比静止的水好，而背阴的水比向阳的水要好。如果山势峻峭，泉水就会少，山峻秀的话就有神灵在里面。真源是没有味道的，真水是没有香味的。在黄石中流出来的水被认为是最好的，而那些从青石中泻出来的水就没有什么用处。煮水的时候有三种可以分辨的方法：一是辨形，二是辨声，三是辨捷。形是从里面进行分辨，声音是从外面进行分辨，捷是根据气来分辨的。像虾眼、蟹眼、鱼目、连珠都是在水刚开时的样子，一直到水开得像波浪一样翻滚的时候，水气全部都没有以后，那才算是真的熟了。像初声、转身、振声、骇声这些都是在水刚开时鼓荡的声音，直到声音一点都没有的时候，那才算是真正的熟了。如果水气浮成一缕、二缕、三缕，一直到分辨不清，烟雾缭绕，这些现象都是刚开的时候表现出来的，一直到气息贯通，那才算是真正的熟了。蔡君谟因古代的人把茶叶碾磨成饼状，所以就认为茶的神韵在水开了之后就会散发出来。这也就是为什么水用嫩而不用老的原因。现在制造茶叶的时候，不需要用罗碾，使茶保持原来的形状就可以了，但是一定要用很开的水，才会把茶的内蕴完全散发出来。要等到炉火通红的时候，才开始把茶铫子放上去，扇风的时候动作要轻快，等到开水发出声音的时候，才能稍微扇重一点，这就是文武的火候。如果火太文的话，水性就会过柔，而水太柔的话就会被茶降伏；而如果过于武，火性太烈的话茶就会受制于水，这些都不能称为调和，都是没有得到泡茶的要领。在放茶叶的时候要按照一定的次序，不要把最好的时机失去了。先放茶后放水，这叫作下投；把茶放在一半的水中，然后再把水加满，这叫作中投；而先加水然后再把茶叶放在水里面，这被称为上投。在夏天的时候比较适合上投，冬天的时候适合下投，在春秋季节比较适合中投。不应该使用那些腐朽的木头、那些不好的器具、铜调羹、铜铫子、木桶、柴薪、烟煤、麸炭、粗鲁的童子、丑陋的婢女、不干净的毛巾等来做与茶相关的事，各种果实和香料也是不需要的。

　　谢肇淛在《五杂俎》里面记载：唐朝的薛能在《茶诗》中说："盐损添常戒，姜宜著更夸。"如果这样来煮茶，味道又怎么会好呢？或许这是在陆羽品茶之前的一种做法吧。至于东坡在《和寄茶》诗中说："老妻稚子不知爱，一半已入姜盐煎。"当时就觉得这样做是不对的，但这种习惯一直延续至今。今天的江右人和楚人，有的还是用姜来煎茶，虽说这是古代的一种风气，还是觉得这不合规矩。闽人的难处在于他们很难得到山泉水，所以他们多把雨水用来煮茶，它的味道不能和山泉水相比，但是要比山泉水清。但是在淮水以北，雨水多是苦而且黑的，这样的雨水是不能用来煮茶的。只好来用雪水，冬天的时候把雪水收藏起来，到了夏天的时候再用，这才是最好的。虽然雪也是由雨水凝固而成的，但是雪水适合而雨水就不适合，这是什么原因呢？可以这样说：因为北方的瓦屋不是很干净，多在上面涂上很脏的泥土。古时候的茶，被称为煮、烹、煎。必须等到水开得像蟹眼一样，这个时候的茶味才是正宗的。现在的茶叶只要用开水冲进去，稍微沾上火，颜色就会变黄而且味道苦涩，不适合来饮用。才知道古代煮茶的方法和现代是不一样的。苏才翁斗茶时用天台的竹沥水，其实说的是竹露，而不是竹沥。如果像今天的医生一样用火烤把竹沥从竹子里面取出来，那对茶肯定就不适合了。

[原文]

　　顾元庆《茶谱》：煎茶四要：一择水，二洗茶，三候汤，四择品。**点茶三要：一涤器，二熁盏，三择果。**

　　熊明遇《岕山茶记》：烹茶，水之功居大。无山泉则用天水①，秋雨为上，梅雨次之。秋雨冽而白，梅雨醇而白。雪水，五谷之精也，色不能白。养水须置石子于瓮，不惟益水，而白石清泉，会心亦不在远。

[注释]

①天水：即雨水。

[译文]

顾元庆在《茶谱》中记载：煎茶的时候有四个要诀：一是要选择水，二是要洗茶，三是要候汤，四是要择品。点茶时的三大要求是：一是要把器具洗干净，二是要把茶杯烧热，三是要选择茶果。

熊明遇在《岕山茶记》里记载：烹茶的时候功劳最大的是水。如果没有山泉水的时候就用雨水，最好的是秋雨，而梅雨要差一些。秋雨是寒冷且洁白，而梅雨是醇厚而洁白。雪水可以称得上是五谷的精华，颜色不能是白的。存水的时候需要在坛子里放进一些石子，这样不仅对水有好处，而且那些白色的石头和清澈的泉水，看起来也会让人觉得赏心悦目。

[原文]

《雪庵清史》：余性好清苦，独与茶宜。幸近茶乡，恣我饮啜。乃友人不辨三火三沸法，余每过饮，非失过老，则失之太嫩，致令甘香之味荡然无存，盖误于李南金之说耳。如罗玉露①之论，乃为得火候也。友曰："吾性惟好读书，玩佳山水，作佛事，或时醉花前，不爱水厄②，故不精于火候。昔人有言：'释滞消壅，一日之利暂佳；瘠气耗精，终身之害斯大。获益则归功茶力，贻害则不谓茶灾。'甘受俗名，缘此之故。"噫！茶冤甚矣。不闻秃翁之言：释滞消壅，清苦之益实多；瘠气耗精，情欲之害最大。获益则不谓茶力，自害则反谓茶殃。且无火候，不独一茶。读书而不得其趣，玩山水而不会其情，学佛而不破其宗，好色而不饮其韵，皆无火候者也。岂余爱茶而故为茶吐气哉，亦欲以此清苦之味，与故人共之耳！煮茗之法有六要：一曰别，二曰水，三曰火，四曰汤，五曰器，六曰饮。有觕茶，有散茶，有末茶，有饼茶；有研者，有熬者，有炀者，有舂者。余幸得产茶方，又兼得烹茶六要，每遇好朋，便手自煎烹。但愿一瓯常及真，不用撑肠拄腹文字五千卷也。故曰饮之时，又远矣哉。

[注释]

①罗玉露：指宋代罗大经，因著有《鹤林玉露》，而称"罗玉露"。②水厄：即饮茶。

[译文]

《雪庵清史》里面记载：我天生比较喜欢清苦，这和茶的习性很相近。幸好我居住的地方靠近茶乡，这样能够让我随意饮用。我的朋友不能把三火三沸的做法分清，我每次去他那里饮茶，茶不是太老了，就是太嫩了，使得茶香甜的味道荡然无存，这些都是被李南金的说法所误导。只有按照罗玉露那样的说法，才能把火候把握好。朋友说："我只是喜欢读书，游玩山水，做一些佛事，有时候还会醉倒在花前，不喜欢饮茶，所以不是很精通火候。前人说：'茶能够去掉人体内的阻滞和疲劳，让人一天都会感觉舒服；但如果消耗了精气，对终身的危害是很大的。获益的时候就说是茶的功劳，得到害处以后就不说是茶。'甘于忍受俗名，就是因为这个原因吧。"哎！茶真的是很冤枉啊。曾听和尚说过：去掉体内的阻滞和疲劳，清苦有很多的益处；消耗精气，情欲的危害是最大的。在获益的时候不说是由于茶，等到害了自己的时候却说是因为茶才遭的殃。不懂得把握好火候，不单茶是这样的道理。如果读书的时候不能领悟到里面的趣味，赏玩山水的时候不能领会其中的情致，学习佛法的时候不能理解它的根本，好色却又不能理解其中的韵味，都应该算是不讲火候。不是因为我爱茶才要为茶出这一口气，而是想把这种清苦的味道，和好朋友一起分享。在煮茶的方法上有六个要诀：一是要会辨别，二是水，三是火，四是汤，五是器具，六是饮。茶里面有粗茶、散茶、末茶、饼茶的分别；有研茶、熬茶、炀茶、春茶的做法。我很幸运地学会了做茶的方法，又得到了烹茶的六大要点，一旦遇到好朋友的时候，就会亲自来烹煎茶了。但愿一壶茶就能喝到茶中的真谛，不需要用五千卷的文字来撑肠挂肚。所以说饮茶有非常深远的意义。

[原文]

田艺蘅《煮泉小品》：茶，南方嘉木，日用之不可少者。品固有媺[mǐ]①恶，若不得其水，且煮之不得其宜，虽佳弗佳也。但饮泉觉爽，啜茗忘喧，谓非膏粱纨[wán]绔可语。爱著《煮泉小品》，与枕石漱流②者商焉。陆羽尝谓："烹茶于所产处无不佳，盖水土之宜也"。此论诚妙。况旋摘旋瀹[yuè]，两及其新耶。故《茶谱》亦云"蒙之中顶茶，若获一两，以本处水煎服，即能祛宿疾"，是也。今武林③诸泉，惟龙泓④入品，而茶亦惟龙泓山为最。盖兹山深厚高大，佳丽秀越，为两山之主。故其泉清寒甘香，雅宜煮茶。虞伯生诗："但见瓢中清，翠影落群岫；烹煎黄金芽，不取谷雨后。"姚公绶[shòu]诗："品尝顾渚风斯下，零落《茶经》奈尔何。"则风味可知矣，又况为葛仙翁炼丹之所哉。又其上为老龙泓，寒碧倍之，其地产茶为南北两山绝品。鸿渐第钱塘天竺灵隐者为下品，当未识此耳。而《郡志》亦只称宝云、香林、白云⑤诸茶，皆有水有茶，不可以无火，非谓其真无火也，失所宜也。李约云"茶须活火煎"，盖谓炭火之有焰者。东坡诗云"活水仍将活火烹"，是也。余则以为山中不常得炭，且死火耳，不若枯松枝为妙。遇寒月，多拾松实房蓄，为煮茶之具更雅。人但知汤候，而不知火候。火然则水干，是试火当先于试水也。《吕氏春秋》伊尹说汤五味，"九沸九变，火为之纪"。

[注释]

①媺：同"美"。②枕石漱流：指隐居。③武林：今杭州。④龙泓：位于杭州西湖凤凰岭下，即龙井所在地。⑤宝云、香林、白云：古代茶名，均出于杭州。

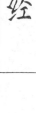

西湖

西湖峰峦俊秀，湖水青碧。龙井茶就产于西湖附近的狮子峰、虎跑等地。龙井泉亦称龙泓，水质绝美。

[译文]

田艺蘅在《煮泉小品》里面说：茶树，是南方的一种很好的树木，是人们日常生活中的一种必需品。茶的品质虽然有差别，但是如果没有好水的话，煮的方法又不得当，那么即使再好的茶也不会好喝。人在喝泉水的时候会觉得清爽，而喝茶的时候能够忘记喧嚣，这都不是那些纨绔子弟能够领悟到的。我写作《煮泉小品》，是为了与隐居的雅士们商榷。陆羽曾经说："在出产茶叶的那些地方煮茶没有不好的，这是因为那里的水土适宜。"这种说法十分正确，因为一边采摘、一边制作，在这两道工序中茶叶都是新鲜的。所以《茶谱》中说："如果能够得到一两蒙山之中最好的茶，用当地的水来煎服，能够把人体内积存很久的疾病除掉"，确实是这样的。现在在武林的那些泉水当中，只有龙泓还算是可以的，茶叶也只有龙泓山出产的是最好的。因为龙泓山山高林密，山川十分秀丽，是两山之中最好的。所以那里的水清寒而且甘香，很适合用来煮茶。虞伯生的诗中说："但见瓢中清，翠影落群岫；烹煎黄金芽，不取谷雨后。"姚公绶诗中说："品尝顾渚风斯下，零落《茶经》奈尔何。"那样茶的风味就知道了，不然的话怎么能成为葛仙翁炼丹的地方呢？比这个地方还要好的是老龙泓，水的寒碧比它要更好，在这个地方出产的茶叶是南北两山的绝品。陆鸿渐认为最差的水要属钱塘天竺灵隐寺的水，我没有尝试过。在《郡志》里面也只说宝云、香林、白云等，都有水有茶，不可以没有火，并不是说真的没有火，这里说的是掌握火候的问题。李约说"茶必须用活火煎"，活火指的是那些有焰的炭火。东坡的诗中说"活水仍将活火烹"，的确如此。我却认为如果在山中不是经常有炭的话，那就都是死火，这样的话还不如用枯松枝。遇到很冷的天气，在房子里多存放一些松实，用它来煮茶会更好。人们只知道汤候，却不怎么知道火候。火烧下去就能把水蒸干，所以试火应该排在试水的前面。《吕氏春秋》中伊尹说汤有五种味道，"九沸九变，关键就在于火候的把握上"。

[原文]

许次杼《茶疏》：甘泉旋汲①，用之斯良，丙舍②在城，夫岂易得。故宜多汲，贮以大瓮，但忌新器，为其火气未退，易于败水，亦易生虫。久用则善，最嫌他用。水性忌木，松杉为甚。木桶贮水，其害滋甚，挈瓶为佳耳。沸速，则鲜嫩风逸。沸迟，则老熟昏钝。故水入铫，便须急煮。候有松声，即去盖，以息其老钝。蟹眼之后，水有微涛，是为当时③。大涛鼎沸，旋至无声，是为过时。过时老汤，决不堪用。茶注、茶铫、茶瓯，最宜荡涤。饮事甫毕，余沥残叶，必尽去之。如或少存，夺香败味。每日晨兴，必以沸汤涤过，用极熟麻布向内拭干，以竹编架覆而庋④之燥处，烹时取用。味若龙泓，清馥隽永甚。余尝一一试之，求其茶泉双绝，两浙罕伍⑤云。

山厚者泉厚，山奇者泉奇，山清者泉清，山幽者泉幽，皆佳品也。不厚则薄，不奇则蠢，不清则浊，不幽则喧，必无用矣。江，公也，众水共入其中也。水共则味杂，故曰江水次之。其水取去人远者，盖去人远，则湛深而无荡漾之漓耳。严陵濑，一名七里滩，盖沙石上曰濑、曰滩也，总谓之浙江。但潮汐不

严子陵钓台

严子陵钓台在桐庐富春江附近，相传是东汉高士严子陵垂钓的地方。严陵濑又名七里滩，江水蜿蜒曲如游龙，青山拥春江，美景如画。这里的水清又深，而且不会被江潮影响，所以被陆羽品为好水。

及，而且深澄，故人陆品耳。余尝清秋泊钓台下，取囊中武夷、金华二茶试之，固一水也，武夷则黄而燥冽，金华则碧而清香，乃知择水当择茶也。鸿渐以婺州为次，而清臣以白乳为武夷之右，今优劣顿反矣。意者所谓离其处，水功其半者耶。去泉再远者，不能日汲。须遣诚实山僮取之，以免石头城下之伪。苏子瞻⑥爱玉女河水，付僧调水符以取之，亦惜其不得枕流焉耳。故曾茶山《谢送惠山泉》诗有"旧时水递费经营"之句。

[注释]

①旋汲：刚打上来的泉水。②丙舍：简陋的房屋，此处比喻贫苦人家。③当时：正到火候。④庋：意为收藏。⑤罕伍：很少有可以与之媲美的。⑥苏子瞻：即苏轼。

[译文]

许次纾在《茶疏》里面记载：那些用来煮茶的甘甜泉水，最好是随取随用，只有这样煮茶的效果才会好，可是在城里居住，又怎么能够随时得到那些泉水呢？所以在汲取的时候应该多汲一些，把它们放在大坛子里储存起来，但是不要用那些新的器具，因为这时它的火气还没有褪尽，容易败坏水质，也比较容易生虫。那些用了很长时间的器具才好，但就是怕把它用作其他的用途。水最忌讳的就是木头，特别是松杉这类木材。如果用木桶来储存水的话，它的危害很快就会显露出来，把水装在瓶子里面是最好的。水开得快，茶叶就会显得鲜嫩风逸。水开得迟，茶叶就容易老熟昏钝。所以水放进锅里以后，就要马上煮。等到水发出像松涛一样的声音的时候，就把锅的盖子掀开，这样可以平息它的老钝。等到泛出蟹眼般的气泡之后，水翻腾起来，这个时候是最适合的。声音鼎沸，然后就没有声音了，那就是汤过时了。过时的老汤，绝对是不能用的。茶注、茶铫、茶瓯，这些器具最好是经常洗涤。饮完茶以后，那些喝剩下的残叶，必须全部去掉。如果茶叶还留在里面的话，再用的时候就会把茶的香气夺走，败坏茶的味道。每天早晨，一定要用开水擦洗杯子，用特别软的麻布把杯子的里面擦干，然后扣在竹架子上晾干，等到下次烹茶的时候再拿出来用。味道就像龙泓泉水一样，清香隽永。我曾经一一试过，想找到一处茶叶和水都特别好的地方，但在两浙一带很少有能和它媲美的。

山厚泉水也会很厚，山奇泉水也奇，山清泉水也清，山幽泉水也幽，这些都是很好的品种。不厚则薄，不奇就蠢，不清澈就浑浊，不幽静就喧哗，肯定是一些不好的水。江，是共有的，所有的水都汇进它里面。汇集起来的水味道就会很杂，因此在这一点上说饮用江水要差一些。应到那些距离人远的地方去取水，距离人越远，水就会清湛而且没有杂物飘浮在里面。严陵濑，又被称为七里滩，大概是因为在沙石上被称为濑、被称为滩，总称为浙江。潮汐不至时，水就澄清，因此成为陆羽品评的好水。我曾经在清秋的时候把船停在钓台下，把囊中的武夷、金华两种茶拿出进行比较，虽然用的是同一种水，武夷茶就显得黄而且燥冽，金华就显得碧绿而清香，才知道在选择水的时候也应当选择茶。陆羽认为婺州要差一点，而清臣认为白乳比起武夷来要好一点，现在这种优劣已经被倒过来了。如果离开生产地的话，水佐助茶的效力要减少一半。如果距离泉水太远，那就不能天天去汲取了。这就要让那些很诚实的山里孩子去取，避免发生像石头城下取水充数这样的事情。苏子瞻非常喜欢玉女河里的水，就让和尚拿调水符去取，他仍然为不能听着水泉睡觉而感到惋惜。所以曾茶山在《谢送惠山泉》诗中有"旧时水递费经营"的句子。

[原文]

　　汤嫩则茶味不出，过沸则水老而茶乏。惟有花而无衣①**，乃得点瀹**yuè**之候耳。**

　　三人以上，止热一炉。如五六人，便当两鼎炉，用一童，汤方调适。若令兼作，恐有参差。火必以坚木炭为上。然木性未尽，尚有余烟，烟气入汤，汤必无用。故先烧令红，去其烟焰，兼取性力猛炽，水乃鼎沸。既红之后，方授水器，乃急扇之。愈速愈妙，毋令手停。停过之汤，宁弃而再烹。茶不宜近阴室②**、厨房、市喧、小儿啼、野性人、僮奴相哄、酷热斋舍。**

[注释]

　　①花而无衣：指冲泡茶时有水花但是没有浮沫。②阴室：指内房。

[译文]

　　如果水开的程度不够的话茶的味道就出不来，而如果水过沸的话茶就会老。只有冲泡时有水花而没有浮沫，才是最好的。

　　如果是三个人以上喝茶，只需要一炉。而如果是五六个人的话，那就需要用两个鼎炉，专门让一个童子来煮，只有这样才能调出好茶来。如果让人兼做的话，就很容易出现差错。用坚木炭来烧火是最好的。如果木头没有被烧透，里面还有剩余的烟味，那么烟气到了汤里，汤就被毁了。所以一定要先把木柴烧红，把里面的烟焰去掉，这个时候再用很猛烈的火力，水才容易沸腾。炭红了以后，再把烧水的器具放在上面，立即用扇子去扇。动作越快越好，手不要停下来。那些停过火的汤，宁可放弃，重新烹制。茶叶不适合和内房、厨房、喧闹的地方、小儿啼哭的地方、性格很粗犷的人、打闹的仆人、很热的房子太靠近。

罗廪《茶解》：茶色白，味甘鲜，香气扑鼻，乃为精品。茶之精者，淡亦白，浓亦白，初泼白，久贮亦白。味甘色白，其香自溢，三者得则俱得也。近来好事者，或虑其色重，一注之水，投茶数片，味固不足，香亦窅然[①]，终不免水厄之诮，虽然，尤贵择水。香以兰花为上，蚕豆花次之。煮茗须甘泉，次梅水。梅雨如膏，万物赖以滋养，其味独甘。梅后便不堪饮，大瓮满贮，投伏龙肝[②]一块以澄之，即灶中心干土也，乘热投之。李南金谓，当背二涉三之际为合量。此真赏鉴家言。而罗鹤林惧汤老，欲于松风涧水[③]后，移瓶去火，少待沸止而瀹之。此语亦未中窾[④]。殊不知汤既老矣，虽去火何救哉？贮水瓮须置于阴庭，覆以纱帛，使昼挹天光，夜承星露，则英华不散，灵气常存，假令压以木石，封以纸箬，暴于日中，则内闭其实，外耗其精，水神敝矣，水味败矣。

吴月娘扫雪烹茶

在古代，烹茶是人们的一种日常生活。《金瓶梅》第二十一回中，潘金莲请西门庆和吴月娘赏雪。正值大雪纷飞，雪在太湖石上积得很厚。吴月娘扫雪，拿茶罐烹江南凤团雀舌芽茶，与家人一起吃。

《考槃余事》：今之茶品与《茶经》迥异，而烹制之法，亦与蔡、陆[⑤]诸人全不同矣。始如鱼目微微有声为一沸，缘边涌泉如连珠为二沸，奔涛溅沫为三沸，其法非活火不成。若薪火方交，水釜才炽，急取旋倾，水气未消，谓之懒。若人过百息，水逾十沸，始取用之，汤已失性，谓之老。老与懒皆非也。

[注释]

①窅然：形容远而且淡薄，若有若无的样子。②伏龙肝：一中药名，即下文的灶心土。③松风涧水：指水沸腾时的声响和沸涌的样子。④中窾：

意为中肯，正确。⑤蔡、陆：蔡襄，陆羽。

[译文]

　　罗廪在《茶解》里记载：如果茶叶的颜色发白，味道会甘甜鲜美，香气扑鼻，这样的茶叶是很好的品种。那些茶叶中的精品，茶淡的时候颜色是白的，在茶浓的时颜色也是白的，在刚做出来的时候是白的，放置很长时间以后仍然是白的，它的香味会四处的飘溢，在色香味方面三者就都有了。近来有一些好事的人担心茶的颜色太重，在一注的水里面只放几片茶叶，这样味道就不够，香气也不浓，这样只能被讥讽为是水的灾难，尽管这样，选择水还是非常重要的。兰花的香味是最好的，而蚕豆花的香味要差一些。煮茶时一定要用甘甜的泉水，其次可以用的才是雨水。梅雨就像脂油一样，万物生长都要依赖它，它的味道十分甘甜。但是在梅雨以后就不能喝了。把梅雨装在大坛子里，在里面放一片伏龙肝，用来澄清水，这也就是灶中心的干土块，趁热的时候把它放进去。李南金说，水在二沸和三沸之间的时候是最合适的。这是真正的行家的话。罗鹤林担心汤老了，在水大沸以后，移开瓶子把炭火去掉，等到水停止沸腾的时候再说。这种说法也不一定准确。要知道如果汤已经老了，即使去了火又怎么能够挽救呢？必须把储水的瓶子放在阴暗的屋子里，把纱布盖在上面，用来遮挡白天的阳光，承接夜晚的露水，那样茶的精华就不会消散，灵气就可以被长期保留下来。假如在它上面压土木石，用纸和竹叶把它们封上，放在阳光底下晒，那样瓶里的灵气就会封闭，外面水的精气就会被耗尽，水的神韵就没有了，而水的味道也就会变坏了。

　　《考槃余事》里面记载：现在的茶叶的品种和《茶经》里所说的完全不同了，那些烹制的方法，也跟蔡襄、陆羽这些人所说的不一样。水面开始有像鱼的眼睛一样的气泡和微微沸腾的声音，这是一沸，在锅的边缘涌出像连珠一样的气泡，这是二沸，而水奔腾溅出，这是三沸。这种方法只有活火才能够做到。如果在柴火刚点着，锅刚刚烧热的时候，就急忙把茶取来泡在里面，这个时候水气还没有消散，被称为"嫩"。如果等人过了百息，水已经过了十沸，这个时候才去取用，汤的灵性就失去了，被称为"老"。"老"和"嫩"都是不好的。

[原文]

　　《夷门广牍》：虎邱石泉，旧居第三，渐品第五。以石泉潭泓^①，皆雨泽之积，渗窦^②之潢也。况阖庐^③墓隧，当时石工多闷死，僧众上栖，不能无秽浊渗入。虽名陆羽泉，非天然水。道家服食^④，禁尸气也。

　　《六砚斋笔记》：武林西湖水，取贮大缸，澄淀六七日。有风雨则覆，晴则露之，使受日月星之气。用以烹茶，甘淳有味，不逊慧麓。

以其溪谷奔注，涵浸凝渟，非复一水，取精多而味自足耳。以是知凡有湖陂大浸处，皆可贮以取澄，绝胜浅流阴井，昏滞腥薄，不堪点试也。古人好奇，饮中作百花熟水，又作五色饮，及冰蜜、糖药种种各殊。余以为皆不足尚⑤。如值精茗，适乏细劚松枝，瀹汤漱咽而已。

[译文]

《夷门广牍》里面记载：虎丘的石泉，以前是排在第三位的，而陆羽却把它排在了第五。石泉里储存的水，都是由那些雨水积存起来，由山穴中渗透出而形成的。况且当时修盖阖庐的墓道，大部分石工被闷死在里面，而且在山上居住着很多和尚，污秽不可能没有渗透进去。虽然它被称为陆羽泉，实际上并不是天然的水。而道家服食，最忌讳的就是水里有尸气。

《六砚斋笔记》里面有这样的记载：武林的西湖水，取来以后都被储存在大缸里面，要放置上六七天的时间。遇到风雨的时候就给它盖上，晴天的时候再把它打开，让它接受日月星辰的灵气。用它来烹茶，会有一种甘醇的美味，比起慧麓的水来一点都不差。因为在溪谷里的水流得很快，能够得到浸润，不只取一处的水源，把多处的精华取来，味道自然会很好。由此可知道凡是那些有湖泊浸润的地方，都可以收集水储藏、澄清，绝对要比浅流阴井的水好得多。那些水里面带有异味，是不能用来泡茶的。古人因为好奇，在饮用的时候常把很多花放在水里，还有一种被称为五色饮，把冰蜜、糖药各种东西放进里面。我认为这些都是不值得提倡的。如果有好茶叶的话，而没有松枝烧水来泡茶，茶汤也只能漱口而已。

[原文]

《竹懒茶衡》：处处茶皆有，然胜处未暇悉品。姑据近道日御①者：虎邱气芳而味薄，乍入盝，菁英浮动，鼻端拂拂如兰初析，经喉吻亦快然，然必惠麓水，甘醇足佐其寡薄，龙井味极腆厚，色如淡金，气亦沉寂，而咀咽之久，鲜腴潮舌，又必藉虎跑②空寒熨齿之泉发之，然后饮者，领隽永之滋，无昏滞之恨③耳。

松雨斋《运泉约》：吾辈竹雪神期，松风齿颊，暂随饮啄人间，终拟逍遥物外。名山未即，尘海何辞？然而搜奇炼句，液沥易枯；涤滞洗蒙，茗泉不废。月团三百，喜拆鱼缄④；槐火一箕，惊翻蟹眼。陆季疵之著述，既奉典刑⑤；张又新之编摩，能无鼓吹⑥。昔卫公宦达中书，颇烦递水；杜老潜居夔峡，险叫湿云。今者，环处惠麓，逾二百里而遥；问渡松陵，不三四日而致。登新⑦捐旧，转手杪若辘轳；取便费廉，用力省于桔槔。凡吾清士，咸赴嘉盟。运惠水：每坛偿舟力费银三分，水坛坛价及坛盖自备不计。水至，走报各友，令人自抬。每月上旬敛银，中旬运水。月运一次，以致清新。愿者书号于左，以便登册，并开坛数，如数付银。某月某日付。松雨斋主人谨订。

墜石

桔槔

桔槔是一种汲水工具，用起来比较省力，因为它凭借吊杆打水，随着吊杆一起一落，水也就从井里打出来了。

[注释]

①日御：指每天都品尝。②虎跑：指杭州虎跑泉。③恨：此处意为遗憾。④鱼缄：指书信，此处为茶。⑤典型：意为经典的著作。⑥鼓吹：指议论。⑦登新：指汲取新的泉水。

[译文]

《竹懒茶衡》里记载：茶叶到处都有，只是茶的好处没有被品评出来而已。正如近来那些每天都品茶的茶客所说的：虎丘的气味比较芳香但是有些淡，刚放进杯里的时候，青色的叶子会浮在上面，淡淡的兰花香味在鼻端飘浮着，饮用的时候感觉也很舒服，但一定要是惠麓的水，水的甘醇能够辅佐茶的清淡。龙井的味道很浓厚，淡黄的颜色，气味也不显露，只有人喝下去之后，才会觉得特别鲜腴润滑，但是它必须借助虎跑的冷泉，这样喝下去才会觉得隽永滋润，没有那种昏滞的感觉。

松雨斋在《运泉约》里面记载：在雪后的竹林里，有阵阵的松风吹拂着脸颊，我们可以在人间暂时地放饮，终日逍遥于物外。如果没有到过名山的话，又怎么能和世俗的生活告别呢？但是在搜集提炼奇警的句子时，大汗淋漓思绪变得枯竭，所以要把那些迟滞昏蒙先洗去，甘甜的泉水和上等的好茶就不能断。有三百月团，高兴地把包茶叶的封缄拆开，用槐枝燃起篝火，把泉水煮到翻起蟹眼来。根据陆羽的论述，这些都已经被奉为经典；张又新的著作，也对此加以议论。以前卫公官至中书的时候，经常让人递水；杜老潜居在夔峡，它的地势很险要，被称为湿云。现在，距离惠麓山不过两百里的路程，在松陵渡口雇一条船，用不了三四天就可以到了。汲取新泉水抛弃旧的，转手就如同辘轳一样；取用起来方便而且价钱便宜，比用吊杆打水省力得多。像我们这样的清士，都赶着去赴嘉盟。运惠水：每一坛水要付船工三分的银钱，水坛和坛盖的价钱还不计算在内。把水取来以后，通知各位朋友，让人来抬。在每月上旬的时候收钱，在中旬运水。要每个月运一次，这样可以让水保持清新。有的人要是愿意的话可以把名字写在左面，这样便于登记注册，并在上面写明所要的坛数，这样可以按照数量来付银子。某月某日付款。松雨斋主人谨订。

[原文]

《岕茶汇钞》：烹时先以上品泉水涤烹器，务鲜务洁。次以热水涤茶叶，水若太滚，恐一涤味损，当以竹筋夹茶于涤器中，反复洗荡，去尘土、黄叶、老梗既尽，乃以手搦干，置涤器内盖定。少刻开视，色青香冽，急取沸水泼之。夏先贮水入茶，冬先贮茶入水。茶色贵白，然白亦不难。泉清、瓶洁、叶少、水洗，旋烹旋啜，其色自白，然真味抑郁①，徒为目食②耳。若取青绿，则天池、松萝及岕之最下者，虽冬月，色亦如苔衣，何足为妙。若余所收真洞山茶③，自谷雨后五日者，以汤荡澼，贮壶良久，其色如玉。至冬则嫩绿，味甘色淡，韵清气醇，亦作婴儿肉香。而芝芬浮荡，则虎邱所无也。

《洞山茶系》：岕茶德全，策勋惟归洗控。沸汤泼叶，即起洗鬲（gé），敛其出液。候汤可下指，即下洗鬲，排荡沙沫。复起，并指控干，闭之茶藏候投。盖他茶欲按时分投，惟岕既经洗控，神理绵绵，止须上投耳。

[注释]

①抑郁：郁结不发散。②目食：用眼睛看。③洞山茶：茶名，岕茶中的上品。

[译文]

《岕茶汇钞》里面记载：在烹茶的时候先用上好的泉水把烹制的器具洗净，一定要做到清洁干净。然后再用热水来洗涤茶叶，如果水太滚烫，洗的时候就会损害它的味道，应该在器具中用竹制的筷子反复清洗，把茶叶里面的尘土、黄叶、老梗这些东西全部去掉，再用手拧干，然后把它们放在洗好的器具里盖上。过一会儿再打开来看一看，如果颜色清香气味甘冽，立即把开水取来倒在上面。在夏天的时候要先倒水然后再放茶叶，而在冬天的时候先放茶叶后再倒水。茶叶的颜色以白色为好，但是白色也不是太难。水是清的、瓶子是干净的、叶子少、水洗烹煮以后马上饮用，它的颜色自然是白色，但是味道就不怎么样了，只是中看罢了。如果取那些青绿颜色的，则天池、松萝及岕茶中最差的，虽然是在冬天，颜色仍然和苔衣一样，是很难说好的。像我收藏的那些真洞山茶叶，是在谷雨后的五天，用开水煮过以后晾干，在壶里储存了很长的时间，它的颜色就好像白玉一样。到了冬天的时候，颜色就会变得嫩绿，味道甘甜而色白，气味甘醇，就像婴儿的体香一样。而且它上面浮荡的那种芳香，是虎丘茶所没有的。

《洞山茶系》里面记载：岕茶的品性是非常全面的，关键就在于洗去尘土并控干。等水开了以后再把茶叶泼在上面，然后立即把它拿出来，把水沥干。

洞庭雨山

洞庭湖波涛浩瀚，气象万千。孟浩然的诗《临洞庭湖赠张丞相》有"气蒸云梦泽，波撼岳阳城。"的名句。洞庭山缥缈峰附近有泉清澈甘凉，冬夏都不干涸，是煮茶的好水。

等到开水可以向下指的时候，马上把它放下去洗涤，把里面的沙子和粉末洗净。再把它拿出来，用手指捏干，最后盖在容器中等待冲泡。而其他的那些茶叶应该按照时间来分别地投煮，只有岕茶在洗涤以后，纹理就会很清晰，只需先注水后下茶叶就可以了。

[原文]

《天下名胜志》：宜兴县湖汶镇，有于潜泉，窦穴阔二尺许，状如井。其源沃流潜通，味颇甘冽，唐修茶贡，此泉亦递进①。洞庭缥缈峰西北，有水月寺，寺东入小青坞，有泉莹澈甘凉，冬夏不涸。宋李弥大名之曰"无碍泉"。安吉州碧玉泉为冠，清可鉴发，香可瀹茗。

徐献忠《水品》：泉甘者，试称之必厚重，其所由来者远大使然也。江中南零水，自岷江发源数千里，始澄于两石间，其性亦重厚，故甘也。处士^②《茶经》，不但择水，其火用炭或劲薪。其炭曾经燔^{fán}为腥气所及，及膏木败器，不用之。古人辨劳薪^③之味，殆有旨也。山深厚者，雄大者，气盛丽者，必出佳泉。

［注释］

①递进：指随着贡茶而进贡。②处士：指唐代陆羽。③劳薪：指受过压力的柴薪。

［译文］

《天下名胜志》里面记载：在宜兴县的湖汶镇，那里有一眼地下的泉水，洞穴宽有二尺多，形状就如同井一样。它的水流是暗通的，味道十分甘冽，在唐代准备的那些贡茶，用的就是这里的泉水。在洞庭山缥缈峰的西北方，有一座水月寺，在寺东面进小青坞的地方，有泉水质清澈甘凉，长年都不会干涸，宋朝的李弥大把它命名为"无碍泉"。安吉州的碧玉泉是最好的，泉水十分的清澈，可以在它里面看见头发，泉水清香，可以用来煮茶。

徐献忠的《水品》里记载：那些甘甜的泉水，如果去称量的话它一定会很厚重，这是由于源远流长造成的。江中的南零水，从岷江发源，中途流经几千里，在两石之间水质特别澄清，它的品质也很厚重，而且有一种很甜美的味道。陆羽的《茶经》讲道，在做茶事的时候不但要选择水，而且烧火时也要用炭或硬木。如果腥气沾染到了炭，或者柴是一些朽木败器，这都不能用。古代人在辨别柴火的气味方面，也是有要诀的。如果山雄伟高大，挺拔秀丽，那样的地方一定会有好泉。

［原文］

张大复《梅花笔谈》：茶性必发于水，八分之茶遇十分之水，茶亦十分矣。八分之水试十分之茶，茶只八分耳。

《岩栖幽事》：黄山谷^①赋："汹汹乎，如涧松之发清吹；浩浩乎，如春空之行白云。"可谓得煎茶三昧。《剑扫》：煎茶乃韵事，须人品与茶相得。故其法牲牲传于高流隐逸，有烟霞泉石磊块胸次者。

［注释］

①黄山谷：指黄庭坚，宋代著名书法家。

［译文］

张大复在《梅花笔谈》里面记载：必须在水中茶叶的内蕴才能够发散出来，

如果八分的茶叶遇到了十分的水，茶也就会变成了十分。如果用八分的水去泡十分的茶，那茶叶也就只有八分了。

《岩栖幽事》里面记载：黄山谷有篇赋说："煎茶时那种汹汹的气势，就好像清风吹过松林一样；那种浩大的样子，就如同白云在天空中走过。"这可以说是得到了煎茶的要诀。《剑扫》说：煎茶也是一件很雅致的事情，它需要人品和茶品相得益彰。所以多半把那些煎茶的方法传给高人雅士，和那些心怀烟霞山川的人。

[原文]

《涌幢小品》：天下第四泉，在上饶县北茶山寺。唐陆鸿渐寓其地，即山种茶，酌以烹之，品其等为第四。邑人尚书杨麒读书于此，因取以为号。余在京三年，取汲德胜门外水烹茶，最佳。大内御用井，亦西山泉脉所灌，真天汉第一品，陆羽所不及载。俗语"芒种逢壬便立霉"，霉后积水烹茶，甚香冽，可久藏，一交夏至便迥别矣。试之良验。家居苦泉水难得，自以意取寻常水煮滚，入大磁缸，置庭中避日色。俟夜天色皎洁，开缸受露，凡三夕，其清澈底。积垢二三寸，亟取出，以坛盛之，烹茶与惠泉无异。

闻龙《它泉记》：吾乡四陲皆山，泉水在在^①有之，然皆淡而不甘。独所谓它泉者，其源出自四明^②，自洞抵埭(dài)，不下三数百里，水色蔚蓝。素砂白石，粼粼见底。清寒甘滑，甲于郡中。

《玉堂丛语》：黄谏^③尝作《京师泉品》，郊原玉泉第一，京城文华殿东大庖(páo)井第一。后谪广州，评泉以鸡爬井为第一，更名学士泉。吴栻云："武夷泉出南山者，皆洁冽味短。北山泉味迥别。盖两山形似而脉不同也。"予携茶具共访得三十九处，其最下者亦无硬冽气质。

[注释]

①在在：意为到处。②四明：山的名字，位于今浙江宁波。③黄谏：明代一翰林学士。

[译文]

《涌幢小品》里面记载：在上饶县北面的茶山寺里面有被称为天下第四的泉。唐代的陆羽曾经在那里居住，在山上种植茶，用那里的泉水烹制后饮用，把它评为第四。当地人尚书杨麒曾经在这里读书，所以把它作为自己的号。我在京城待了三年，感觉用德胜门外面的水来烹茶是最好的。皇宫里用的是井水，它也是西山泉水的水脉，真可称得上是天下第一品，在陆羽那里却没有记载。俗语说："芒种逢壬便立霉"，在梅雨之后积水来烹茶，味道特别香冽，而且可以长久贮藏，但是到了夏至就变得不同了。试过以后确实很灵验。在家里是很难得到泉水的，于是就用普通的水煮开，放到大瓷缸里面，然后把它放在院子里避免阳光照射。等到月亮皎洁的时候，再把瓷缸打开来接受露水，只需要用三个晚上，水就会变得清澈见底了。把下面积存的两三寸厚的污垢取出来，然后用坛子把水装起来，用它来煮茶，跟惠泉的水没什么区别。

闻龙在《它泉记》里面记载：在我的家乡四面都是山，到处都有泉水，虽然都比较清淡却不甘甜。只有它泉的水，源头出自四明，从洞流下超过三百多里，水的颜色就变得蔚蓝。里面有一些干净的砂子和白色的石头，水清澈见底。水质清寒而且甘滑，被认为是郡中最好的。

塞鸿煎茶

"一缕茶烟香缭绕"，在唐传奇《无双传》中，无双和众官女打扫皇陵，王仙客派仆人塞鸿扮作煎茶童子，来到无双居处外煎茶，这样无双才得以看见塞鸿，与王仙客暗通消息。

《玉堂丛语》中记载：黄谏曾经作《京师泉品》，常认为在京师有品味的泉水里面，郊外的玉泉要算是其中的一处，位于京城文华殿里的东大庖井也是其中之一。后来他被谪守广州的时候，品评泉水时认为鸡爬井算是一个，于是把它的名字改为学士泉。吴栻说："在武夷南山的那些泉水，味道虽然甘冽但是却太淡了。北山泉水的味道就和它完全不一样。虽然两座山看起来很相像但却有着本质的区别。"我曾经带着茶具访到了三十九处泉水，就连那些最差的泉水味道中也没有硬冽的气质。

[原文]

　　王新城《陇蜀余闻》：百花潭有巨石三，水流其中，汲之煎茶，清冽异于他水。

　　《居易录》：济源①县段少司空园，是玉川子煎茶处。中有二泉，或曰玉泉②，去盘谷不十里；门外一水曰漭水，出王屋山。按《通志》，玉泉在洮水上，卢仝煎茶于此，今《水经注》不载。

　　《分甘余话》：一水，水名也。郦元《水经注·渭水》："又东会一水，发源吴山。"《地里志》："吴山，古汧山③也，山下石穴，水溢石空，悬波侧注。"按此即一水之源，在灵应峰下，所谓"西镇灵湫"是也。余丙子祭告西镇，常品茶于此，味与西山玉泉极相似。

[注释]

①济源：今河南省济源市。②玉泉：泉名，即玉川泉。③汧山，位于陕西省陇县西北。

[译文]

王新城在《陇蜀余闻》中记载：在百花潭里面有三块巨大的石头，里面水在流淌，把水取回来煎茶，有一种清冽的味道，和其他的水不一样。

《居易录》里面记载：在济源县的段少司空园，那里曾是玉川子煎茶的地方。在它里面有两处泉水，也可称为是玉泉，距离盘谷不到十里的路程，门外有一条潨水，它发源于王屋山。按照《通志》里面的记载，玉泉应该是在泷水的上游，卢仝曾经在这里煎过茶，现在的《水经注》里没有这样的记载。

《分甘余话》里有这样的记载：一水，说的是水的名字，郦道元在《水经注·渭水》里记载："渭水向东流与一水合流，一水发源于吴山。"《地里志》中这样记载："吴山，指的就是古代的汧山，在山下有石穴，水就从石头的缝隙里流出来，水流特别猛烈。"如果按照这样的记载，这应该就是一水的发源地了，在灵应峰的下面，所说的"西镇灵湫"就是了。我在丙子年祭告西镇的时候，经常在这里品茶，它的味道和西山玉泉水比起来差不多。

[原文]

《古夫于亭杂录》：唐刘伯刍品水，以中泠为第一，惠山、虎邱次之。陆羽则以康王谷为第一，而次以惠山。古今耳食①者，遂以为不易②之论。其实二子所见，不过江南数百里内之水，远如峡中虾蟆碚，才一见耳。不知大江以北如吾郡，发地皆泉，其著名者七十有二③。以之烹茶，皆不在惠泉之下，宋李文叔格非，郡人也，尝作《济南水记》，与《洛阳名园记》并传。惜《水记》不存。无以正二子之陋耳。谢在杭品平生所见之水，首济南趵突，次以益都孝妇泉。在颜神镇。青州范公泉，而尚未见章邱之百脉泉，右皆吾郡之水，二子何尝多见。予尝题王秋史苹二十四泉草堂云："翻怜陆鸿渐，跬步限江东"，正此意也。

陆次云《湖壖杂记》：龙井泉从龙口中泻出。水在池内，其气恬然。若游人注视久之，忽波澜涌起，如欲雨之状。

[注释]

①耳食：指传闻中的虚妄之言。②不易：指明确无改变。③七十有二：指济南的七十二泉。

[译文]

《古夫于亭杂录》中记载：唐代的刘伯刍在品水时，认为中泠的水是最好的，而惠山、虎丘的水就要差一些。陆羽则认为庐山康王谷的水是最好的，惠山的水应该排在它的后面。从古代到现在，这被认为是定论。实际上两人所见到的，只不过就是江南几百里内的水而已，最远的也只是到了虾蟆碚，且仅仅见到一次。不知道像我们郡在大江的北面，泉水到处都是，著名的泉水就有七十二处。用它们来烹茶，味道都不在惠泉之下。宋代的李文叔，字格非，是本郡人，曾经作《济南水记》，当时这本书是和《洛阳名园记》齐名的。可惜《水记》没有被保留下来，不能在这方面补充这两人的疏漏了。谢在杭在品评他平生所见的水时，认为最好的水是济南趵突泉的水，其次是益都孝妇泉（在颜神镇）的水。青州的范公泉，但是章丘的百脉泉没有看见过，这些都是我郡的水，刘伯刍和陆羽这两人又何曾见过呢！我曾经为王秋史（苹）二十四泉草堂题诗："翻怜陆鸿渐，跬步限江东"，说的就是这个意思。

陆次云在《湖壖杂记》中记载：龙井泉是从龙口中流出来的。水在池子里，气息很平静。如果长时间观看它的话，它会突然泛起波澜来，就好像要下雨的样子。

[原文]

张鹏翮《奉使日记》：葱岭乾涧侧有旧二井，从旁掘地七八尺，得水甘洌，可煮茗。字之曰"塞外第一泉"。

《广舆记》：永平滦州①有扶苏泉，甚甘洌。秦太子扶苏尝憩此。江宁②摄山③千佛岭下，石壁上刻隶书六字，曰"白乳泉试茶亭"。钟山八功德水，一清、二冷、三香、四柔、五甘、六净、七不饐(yì juǎn)、八蠲疴(kē)。丹阳玉乳泉，唐刘伯刍论此水为天下第四。宁州双井在黄山谷所居之南，汲以造茶，绝胜他处。杭州孤山下有金沙泉，唐白居易尝酌此泉，甘美可爱。枧其地沙光灿如金，因名。安陆府沔阳有陆子泉，一名文学泉。唐陆羽嗜茶，得泉以试，故名。

[注释]

①滦州：位于今河北滦县。②江宁：指今江苏南京。③摄山：即今江苏南京栖霞山。

[译文]

张鹏翮《奉使日记》中有这样的记载：在葱岭乾涧的旁边有两口旧井，从井的旁边往地下挖七八尺深，得到的水特别甘洌，可以用来煮茶。被人们叫作"塞外第一泉"。

《广舆记》里面记载：在永平滦州有处扶苏泉，泉水非常甘洌。据说秦朝的太子扶苏曾在这里休息过。在江宁摄山千佛岭的下面，那里的石壁上刻着六个隶书的大字："白乳泉试茶亭"。钟山的泉水有八种作用，它们分别是：一是清，二是冷，三是香，四是柔，五是甘，六是净，七是不馇，八是去病。丹阳的玉乳泉，这里的水被唐代的刘伯刍称为是天下第四。宁州的双井在黄山谷居处的南面，把它的水汲取出来煮茶，绝对要比其他地方的好。在杭州孤山的下面有处金沙泉，唐代的白居易曾品尝过这里的泉水，觉得这里的水甘美可爱。看到这里地上的沙子就像金子一样光灿灿的，所以就这样来命名。安陆府沔阳有处陆子泉，又称为文学泉。因为唐代的陆羽非常喜欢喝茶，曾经品尝过这种泉水，它的名字就是由此而来的。

[原文]

《增订广舆记》：玉泉山，泉出石罅间，因凿石为螭头，泉从口出，味极甘美。潴^①为池，广三丈，东跨小石桥，名曰"玉泉垂虹"。
<small>xià</small>

玉泉山

西湖在玉泉山下，环湖十余里，荷蒲菱芡，沙鸥水鸟，于天光云影中现佳境。玉泉山泉水甘美，宜为茶饮。

《武夷山志》：山南虎啸岩语儿泉，浓若停膏，泻杯中鉴毛发，味甘而溥，啜之有软顺意。次则天柱三敲泉，而茶园喊泉可伯仲^②矣。北山泉味迥别。小桃源一泉，高地尺许，汲不可竭，谓之高泉，纯远而逸，致韵双发，愈啜愈想愈深，不可以味名^③也。次则接笋之仙掌露，其最下者，亦无硬冽气质。

[注释]

①潴：聚集淤留。②伯仲：兄弟之间，指不相上下。③名：表达，说出。

[译文]

《增订广舆记》里记载：玉泉山的水是从石头罅缝间流出来的，因把石头凿开作为龙头，泉水就从龙的口中流了出来，泉水的味道非常甘美。在水流下的那些地方形成池，方圆有三丈，东面横跨一座小石桥，称为"玉泉垂虹"。

　　《武夷山志》有这样的记载：在山南面的虎啸岩有一处语儿泉，里面的泉水浓得就像停止在那里的脂油一样，把它们放在杯子里面都可以看见毛发，水的味道特别甘甜，人喝下去之后有一种柔顺的感觉。其次就是天柱的三敲泉，茶园的喊泉又与它不相上下。北山的泉水在味道上很特别。小桃源的泉水，距离地面差不多有一尺高，那里的泉水怎么取都不会干涸，被称为高泉。泉水的味道很纯远，韵味十足，越喝越觉得深远，这种感觉是没有办法说清楚的。其次就是接笋峰的仙掌露了，这里的泉水最差的，也没有硬冽的气质。

［原文］

　　《中山传信录》：琉球烹茶，以茶末杂细粉少许入碗，沸水半瓯，用小竹帚搅数十次，起沫满瓯面为度，以敬宾。且有以大螺壳烹茶者。

　　《随见录》：安庆府宿松县东门外，孚玉山[①]**下福昌寺旁井，曰龙井，水味清甘，瀹茗甚佳，质与溪泉较重。**

［注释］

　　①孚玉山：在今安徽宿松县。

［译文］

　　《中山传信录》里记载：琉球人在泡茶的时候，把少量的茶末夹杂细米粉放在碗里。先倒入半瓯开水，再用小扫帚在里面搅拌几十次，使整个瓯面都充满了泡沫，把它用来敬献给客人。有的人还用大螺壳来煮茶。

　　《随见录》中记载：在安庆府宿松县东门外，玉孚山下福昌寺旁边有一口井，被称为龙井，里面水的味道特别甘甜，用它来泡茶是比较好的，只是水质和溪泉比起来要重一些。

六 茶之饮

[原文]

卢仝①《茶歌》②：日高丈五睡正浓，军将扣门惊周公。口传谏议
送书信，白绢斜封三道印。开缄宛见谏议面，手阅月团三百片。闻道
新年入山里，蛰虫惊动春风起。天子未尝阳羡茶，百草不敢先开花。
仁风暗结珠蓓蕾，先春抽出黄金芽。摘鲜焙芳旋封裹，至精至好且不
奢。至尊之余合王公，何事便到山人家。柴门反关无俗客，纱帽笼头
自煎吃。碧云引风吹不断，白花浮光凝椀面。一椀喉吻润；二椀破孤闷；
三椀搜枯肠，惟有文字五千卷；四椀发轻汗，平生不平事，尽向毛孔散；
五椀肌骨清；六椀通仙灵；七椀吃不得也，惟觉两腋习习清风生。

[注释]

①卢仝：唐代著名的诗人，曾自号玉
川子。著有诗集《玉川集》。②《茶歌》：指
卢仝所作的《走笔谢孟谏议惠寄新茶》，
也被称为《七碗茶诗》。

[译文] 略。

[原文]

唐冯贽《记事珠》：建人谓斗
茶曰茗战。

《北堂书钞》：杜育《荈赋》云：
茶能调神、和内、解倦、除慵①。

《续博物志》：南人好饮茶，
孙皓以茶与韦曜代酒，谢安诣陆
纳，设茶果而已。北人初不识此，
唐开元中，泰山灵岩寺有降魔师
教学禅者以不寐②法，令人多作茶
饮，因以成俗。

卢仝

唐代诗人卢仝，自号玉川子，他隐居少室
山，以苦吟为乐事。他的《茶歌》写烹茶、饮
茶的感受，潇洒豪逸，酣畅淋漓，对后代有深
远的影响。

[注释]

①慵：困倦、懒的意思。②寐：这里当睡讲。

[译文]

　　唐代冯贽在《记事珠》中说：福建建安人都把斗茶称为茗战。

　　《北堂书钞》：杜育《荈赋》中这样记载：茶能够调节人的精神，人们饮茶之后能够通经活络，消除困乏，还可以祛除人的惰性。

　　《续博物志》中记载：南方人都特别喜欢喝茶，孙皓让韦曜以茶代酒。谢安曾经到陆纳家去做客，陆纳没有用酒肴来招待他，而只是摆出一些茶果来招待客人谢安。最初的时候北方人对喝茶的习俗不很了解，在唐朝的开元年间，一位能够降魔的法师教给那些学禅的人不睡觉的办法，就是多喝茶，于是，喝茶在北方渐渐成为一种风俗。

[原文]

　　《大观茶论》：点茶①不一，以分轻、清、重、浊，相稀稠得中，可欲则止。《桐君录》②云：若有饽③，饮之宜人，虽多不为贵也。夫茶，以味为上，香甘重滑，为味之全。惟北苑、壑源之品兼之。卓绝之品，真香、灵味，自然不同。茶有真香，非龙麝可拟。要须蒸及熟而压之，及干而研，研细而造，则和美具足。入盏则馨香四达，秋爽洒然。点茶之色，以纯白为上真，青白为次，灰白次之，黄白又次之。天时得于上，人力尽于下，茶必纯白。青白者，蒸压微生。灰白者，蒸压过熟。压膏不尽则色青暗。焙火太烈则色昏黑。

[注释]

①点茶：指拿着壶在向茶杯中点水的时候要有节制，落水要准，不能够把茶面点破。②《桐君录》：唐代以前的一本药物著作。③饽：茶的味道醇厚悠长。

[译文]

　　宋徽宗赵佶在《大观茶论》中说：点茶指的就是把存放在茶瓶里煎好的水倒入茶盏中的时候，能够分辨出轻、清、重、浊等几种不同的情况，只要做到茶面的汤花稀稠适中就可以了。在唐代以前有一本药物著作叫作《桐君录》，其中谈到关于茶的内容时说：如果在茶的汤花中存在厚而绵的浮沫，味道醇厚悠长，人喝了之后对身体很好，人们可以多喝一些。茶的味道是很讲究的，如果味道香甜爽口，那茶的味道就比较全面了。能够在茶味方面做到兼而有之的只有北苑、壑源这样品位的茶。那些极品的茶，具有真正的香味，天然的灵气，和人为加工的是不同的。茶所具有的真正的香味，那些龙涎香和麝香是不能够和它们相比的。要把采摘下来的茶芽蒸熟进行压制，把它焙干以后再研细，在调膏的时候一定要调得均匀，使茶在各个方面都达到适中，充满一种美感。把沸水注入盏中，馨香就会自然散发出来，清爽而且洒然。点茶的颜色，纯白色被认为是最好的，青白色就要比纯白色稍微差一些，而灰白色就要算是不好的了，而黄白色和前面这几种颜色比起来就更差了。茶上要靠天时，然后再加上人工的努力，颜色定然是纯白色的。如果出现青白色，那就是把茶蒸压得有点生。而出现灰白色，那是因为把茶蒸压得过熟。压榨那些蒸过的茶，如果茶汁没有被榨尽，颜色就会青暗。而如果在焙茶的时候火力太强，就会出现昏黑的颜色。

[原文]

《苏文忠①集》：予去黄②十七年，复与彭城张圣途，丹阳陈辅之同来。院僧梵英葺治堂宇，比旧加严洁，茗饮芳冽。予问："此新茶耶？"英曰："茶性新旧交则香味复。"予尝见知琴者言，琴不百年，则桐之生意不尽，缓急、清浊常与雨旸、寒暑相应。此理与茶相近，故并记之。王焘集《外台秘要》有《代茶饮子》诗云，格韵高绝，惟山居逸人乃当作之。予尝依法治服，其利膈调中，信如所云。而其气味乃一贴煮散耳，与茶了无干涉。《月兔茶》诗：环非环，玦^{jué}③非玦，中有迷离玉兔儿，一似佳人裙上月。月圆还缺缺还圆，此月一缺圆何年。君不见，斗茶公子不忍斗小团，上有双衔绶带双飞鸾。

[注释]

①苏文忠：即苏轼。②黄：指黄州，今湖北黄冈。③玦：古代半圆形的玉。

[译文]

在《苏文忠集》里面记载：我离开黄州已经有十七年了，又和彭城的张圣途、丹阳的陈辅之一起来了。看到和尚梵英修整的屋子，和以前相比更干净了，茶水也是特别芳香清冽。我问："这茶叶是新的吗？"梵英说："茶叶的香味在新旧交替的时候会更浓。"我曾经听那些懂琴的人说过，琴如果还没有超过百年的话，桐木就不会失尽生机，天气和季节的变化经常跟琴的音色相互呼应。这跟茶的道理很相近，所以就一起把它们记了下来。王焘编了《外台秘要》，其中有一首《代茶饮子》的诗，格调高雅，只有那些隐居的雅士才能写出来。我曾经按照这个方法做过，它的确能让人胸中顺畅调和，我才相信了他们的说法。只要一次就煮得它的气味散失了，这和茶没有什么关系。《月兔茶》诗中说：

环非环，玦非玦，中有迷离玉兔儿，一似佳人裙上月。月圆还缺缺还圆，此月一缺圆何年。君不见，斗茶公子不忍斗小团，上有双衔绶带双飞鸾。

[原文]

坡公尝游杭州诸寺，一日，饮酽茶^①七椀，戏书云："示病维摩^②原不病，在家灵运已忘家。何须魏帝^③一丸药，且尽卢仝七椀茶。"

《侯鲭录》：东坡论茶：除烦已^④腻，世固不可一日无茶，然暗中损人不少，故或有忌而不饮者。昔人云，自茗饮盛后，人多患气、患黄，虽损益相半，而消阴助阳，益不偿损也。吾有一法，常自珍之，每食已，辄以浓茶漱口，烦腻既去，而脾胃不知。凡肉之在齿间，得茶漱涤，乃尽消缩，不觉脱去，毋烦挑剌也。而齿性便苦，缘此渐坚密，蠹疾自已矣。然率用中茶，其上者亦不常有。间数日一啜，亦不为害也。此大是有理，而人罕知者，故详述之。

[注释]

①酽茶：指浓茶。②维摩：指维摩诘，佛教圣人。③魏帝：指魏文帝曹丕。④已：止的意思。

[译文]

杭州的各个寺庙苏东坡都曾游览过，有一天，他喝了七碗浓茶，写下了这样的一首诗："示病维摩原不病，在家灵运已忘家。何须魏帝一丸药，且尽卢仝七碗茶。"

在《侯鲭录》中记载：东坡在说茶的时候，认为茶可以把人的烦恼和油腻除去。世上虽然一天都不能缺少茶，但是不少人也被茶暗中损害了，所以有的人顾及这个就不去饮茶。前代的人说，自从盛行喝茶这种风气后，人们多易肾气受损，面色黄瘁，虽说是损益参半，但是消阴壮阳，益不偿损。他有一个方法，可以用来保护自己，每次在吃饭以后，可用浓茶来漱口，那么夹杂的油腻也就没有了，而且这还不会影响到脾脏和肠胃。如果像肉等杂物还残留在牙齿之间的话，那么经过茶的过滤，它们也就会全部消缩，在不知不觉中就去掉了，不用再去挑。这样一来牙齿就变成苦性的了，就会越来越坚固致密，而牙齿里面的那些疾病就可以痊愈。平时用普通的茶就可以了，也不会常有那些最好的茶。隔上几天就喝一次，这也没有什么危害。而且还有很多的好处，但是很少有人知道，所以在这里把它们详细地记述下来。

[原文]

　　白玉蟾《茶歌》：味如甘露胜醍醐^{tí hú}，服之顿觉沉疴甦^{kē}①。身轻便欲登天衢^{qú}②，不知天上有茶无。

　　唐庚《斗茶记》：政和三年三月壬戌，二三君子相与斗茶于寄傲斋。予为取龙塘水烹之，而第其品。吾闻茶不问团、铐，要之贵新；水不问江、井，要之贵活。千里致水，伪固不可知，就令识真，已非活水。今我提瓶走龙塘，无数千步。此水宜茶，昔人以为不减清远峡。每岁新茶，不过三月至矣。罪戾之余，得与诸公从容谈笑于此，汲泉煮茗，以取一时之适，此非吾君之力欤。

[注释]

　　①甦：指复原，康复。②天衢：指天上，衢意为街道。

[译文]

　　白玉蟾在《茶歌》中说：茶的味道比醍醐还要好，就像甘露一样，把茶喝下去之后，顿时就会感觉病都没有了。身体变得很轻便，有一种飘飘欲仙的感觉，不知道在天上有没有茶叶。

　　唐庚在《斗茶记》中记载：在政和三年三月壬戌的时候，几个人相约一起到寄傲斋去斗茶。我特意把龙塘水汲取出来烹煮，评定其高下。我听说不管是团茶还是铐茶，关键是新茶就可以了；不管是江水还是井水，关键要是活水。从千里以外得到的水，真伪固然不知道，就算是真的，水也不是活水了。现在我提着瓶子走到龙塘去取水，还没有千步的距离。这里的水比较适合泡茶，古人认为它比清远峡的水

斗茶图

　　斗茶又叫"茗战"，指比赛茶的质量和烹茶技艺。斗茶的过程最关键的是点茶，也就是倒水。点茶要求茶面汤花颜色鲜白，花纹细小均匀。还要茶盏内沿与汤花相接处没有水痕，谁的茶盏内先出现水痕，谁就失败了。

一点都不差。每年新茶上市，在三月就开始了。罪戾以外，在这里能够同各位从容谈笑，打水煮茶，可以痛快一时，这其实不是因为我，而是由于茶的缘故啊。

[原文]

蔡襄《茶录》：茶色贵白，而饼茶多以珍膏油_{去声}其面，故有青、黄、紫、黑之异。善别茶者，正如相工之视人气色也，隐然察之于内，以肉理润者为上。既已末之，黄白者受水昏重，青白者受水详明，故建安人斗试，以青白胜黄白。

张淏^{hǎo}《云谷杂记》：饮茶不知起于何时。欧阳公①《集古录跋》云："茶之见前史，盖自魏晋以来有之。"予按《晏子春秋》，婴相齐景公时，食脱粟之饭②，炙三弋五卵，茗菜而已。又汉王褒《僮约》有"五阳_{一作武都}买茶"之语，则魏晋之前已有之矣。但当时虽知饮茶，未若后世之盛也。考郭璞注《尔雅》云："树似栀子，冬生，叶可煮作羹饮。"然茶至冬味苦，岂可作羹饮耶？饮之令人少睡，张华③得之，以为异闻，遂载之《博物志》。非但饮茶者鲜，识茶者亦鲜。至唐陆羽著《茶经》三篇，言茶甚备，天下益知饮茶。其后尚茶成风。回纥入朝，始驱马市茶④。德宗建中间，赵赞始兴茶税。兴元初虽诏罢，贞元九年，张滂复奏请，岁得缗^{mín}钱四十万。今乃与盐酒同佐国用，所入不知几倍于唐矣。

[注释]

①欧阳公：指宋代文学家欧阳修。②脱粟之饭：指粗米饭。③张华：晋代人，《博物志》的作者。④马市茶：指茶马市，以茶易马。

[译文]

蔡襄在《茶录》中说：茶色以白为贵，但是多把珍贵的油脂涂在饼茶上面，所以会有青、黄、紫、黑这些颜色的区别。善于识茶的那些人，就跟相士能够辨别人的气色一样，默然观察茶的内部，如果内部纹理润和的就是上品。既然已经把它碾成粉末，那些黄白色的茶烹泡以后会变得浑浊，而青白色的那些茶烹泡以后颜色鲜明，所以建安人比试茶叶，都说青白要胜过黄白。

张淏在《云谷杂记》中记载：喝茶不知道是从什么时候兴起的。欧阳修在《集古录跋》里说："历史上关于茶的记载，是在魏晋以后才有的。"我根据《晏子春秋》里面的记载，晏婴做齐景公的丞相的时候，吃的也不过是米饭、鸡蛋和茗茶。另外在汉朝王褒的《僮约》里面有"五阳（有的说是武都）买茶"这句话，这样看来，茶在魏晋以前就有了。但是虽然当时知道饮茶，却没有像后来这样风行。考证一下郭璞注释的《尔雅》说："树似栀子，冬生，叶可煮作羹饮。"但是到了冬天茶叶的味道就会变苦，又怎么能饮用呢？人喝了茶后，可以减少睡眠，张华得到上述结论后，认为这是一件奇怪的事情，就在《博物志》里面把它记载下来。这说明不但当时喝茶的人不多，而且能够认识茶叶的人也很少。到了唐代陆羽写了三篇《茶经》，详细地记述了茶，人们才渐渐地知道饮茶了。一直到后来形成了一种风气。来到京城的回纥人，开始用它们的马来换茶。德宗建中年间，赵赞开始征收茶税。在兴元初年皇上准奏把茶税给免了，贞元九年，张滂再上奏要求恢复茶税，一年就能得到四十万缗的茶税钱。现在把茶税和盐酒税一起都交给国家，所得到的那些收入比起唐朝来不知道要多多少倍啊！

[原文]

　　《品茶要录》：余尝论茶之精色者，其白合未开，其细如麦，盖得青阳之轻清者也。又其山多带砂石，而号佳品者，皆在山南，盖得朝阳之和者也。余尝事闲，乘晷景①之明净，适亭轩之潇洒，一一皆取品试。既而神水生于华池②，愈甘而新，其有助乎。昔陆羽号为知茶，然羽之所知者，皆今之所谓茶草。何哉？如鸿渐所论蒸笋并叶，畏流其膏，盖草茶味短而淡，故常恐去其膏。建茶力厚而甘，故惟欲去其膏。又论福建为未详，牲得之，其味极佳。由是观之，鸿渐其未至建安欤。

　　谢宗《论茶》：候蟾背③之芳香，观虾目之沸涌。故细沤花泛，浮饽云腾，昏俗尘劳，一啜而散。

[注释]

　　①晷景：指太阳。②华池：指人舌下处。③蟾背：形容非常不平。

[译文]

　　《品茶要录》中记载：我曾说过最精绝的茶叶，是白合还没有长出来，细得就像麦芽一样，这可能是青阳轻清的原因。又因为那里的山上有很多的砂石，而那些被称为上等茶叶的，都生长在山的南面，有充足的阳光照耀。我曾经在空闲的时候找到一处特别明净的地方，在亭轩里歇息的时候，一一品尝那些茶。然后华池中就会出现神奇的水，感觉又甘甜又清澈，它对茶性的发挥有很大的帮助。以前陆羽十分精通茶，但陆羽所知道的那些茶，都是今天所说的茶草。这是什么原因呢？如果蒸煮茶笋和叶子就像陆羽所说的那样，不让它里面的汁水流失掉，大概是因为茶草的味道很淡，所以常常怕它里面的汁水丢掉。福建的茶有很足的后劲而且味道很甘甜，所以把它里面的汁水去掉。又没有谈论到福建的茶，我得到的那些茶叶，都有很好的味道。从这里可以看出来，陆羽是没有到过建安的。

谢宗在《论茶》中记载：等到茶饼发出芳香以后，看到泛出一些像虾眼大的水泡。茶沫泛起水花，盏面的气泡云气蒸腾，只要喝一口香茶，所有的烦恼和疲惫就都消散了。

[原文]

《黄山谷集》：品茶一人得神，二人得趣，三人得味，六七人是名施茶①。

沈存中②《梦溪笔谈》：芽茶古人谓之雀舌、麦颗，言其至嫩也。今茶之美者，其质素良，而所植之土又美，则新芽一发，便长寸余，其细如针。惟芽长为上品，以其质干、土力皆有余故也。如雀舌、麦颗者，极下材耳。乃北人不识，误为品题。予山居有《茶论》，且作《尝茶》诗云："谁把嫩香名雀舌，定来北客未曾尝。不知灵草天然异，一夜风吹一寸长。"

[注释]

①施茶：施舍茶叶，指人多时饮茶，其实是浪费茶叶。②沈存中：宋代沈括，字存中。

[译文]

《黄山谷集》中记载：一个人品茶的时候可以把茶的神韵品出来，两个人品茶的时候可以把茶的趣味品出来，三个人品茶的时候可以把茶的味道品出来，如果六七个人在一起饮茶那就是施舍茶叶了。

沈括在《梦溪笔谈》中说：古人把茶叶称为雀舌、麦颗，这是就非常鲜嫩的茶叶来说的。现在的那些好茶，质量非常好，加上在土壤很肥沃的地方种植，刚刚出来的新芽，就有一寸多长，像针一样细。最好的茶的芽都特别长，这和它的水分、土壤的状况有很大的关系。像雀舌、麦颗这样的茶，只不过是最差的了。只是北方人不会辨别茶叶，把它误认为是上好的茶叶。我在山里居住的时候曾作过《茶论》,而且还写有《尝茶》诗："谁把嫩香名雀舌,定来北客未曾尝。不知灵草天然异,一夜风吹一寸长。"

[原文]

《遵生八笺》：茶有真香，有佳味，有正色。烹点之际，不宜以

徐渭

明代徐渭有"四绝",即诗、文、书、画。而他自认为"四绝"中书法为第一。此外,他还是茶文化名家,他用行书写成的《煎茶七类》,是书法艺术和茶文化相结合的精品,堪称一绝。

珍果香草杂之。夺其香者,松子、柑橙、莲心、木瓜、梅花、茉莉、蔷薇、木樨之类是也。夺其色者,柿饼、胶枣、火桃、杨梅、橘饼之类是也。凡饮佳茶,去果方觉清绝,杂之则味无辨矣。若欲用之,所宜则惟核桃、榛子、瓜仁、杏仁、榄仁、栗子、鸡头、银杏之类,或可用也。

徐渭①《煎茶七类》:茶入口,先须灌漱,次复徐啜,俟甘津潮舌,乃得真味。若杂以花果,则香味俱夺矣。饮茶宜凉台静室,明窗曲几,僧寮道院,松风竹月,晏坐②行吟,清谈把卷。饮茶宜翰卿墨客③,缁衣羽士④,逸老散人⑤,或轩冕中之超轶世味⑥者。除烦雪滞,涤醒破睡,谭渴书倦,是时茗椀策勋,不减凌烟。

[注释]

①徐渭:徐文长,明代诗人,书画家。②晏坐:舒适从容地闲坐。③翰卿墨客:指读书人。④缁衣羽士:指道士僧人。⑤逸老散人:指隐居者。⑥超轶世味:指不同世俗的人。

[译文]

《遵生八笺》中记载:茶叶的气味很香,味道也特别好,而且有纯正的颜色。在烹煮泡茶的时候,不要把水果香草夹杂在里面。像松子、柑橙、莲子心、木瓜、梅花、茉莉、蔷薇、木樨等都能够把茶的香味夺走。而像柿饼、胶枣、火桃、杨梅、橘饼之类的东西会破坏茶的颜色。要想喝到好茶,必须把果子去掉才会觉得清爽,如果在里面掺杂了其他的东西,就没有办法辨认味道了。如果特别想用的话,只能用核桃、榛子、瓜仁、杏仁、榄仁、栗子、鸡头米、银杏这一类东西。

徐渭在《煎茶七类》中说:喝茶的时候,第一口茶要先用来漱口,然后慢慢饮用,感觉到甘甜味,才是把茶真正的味道品出来了。如果把其他花果掺进茶中,就要夺走茶的香味。适合在凉台静室,窗明几净,和尚和道士居住的地方来喝茶,那些地方有风中的松林和月下的竹影,可以闲坐伴唱,读书清谈。那些文人雅士，僧人道士，潇洒闲逸的人，或是不同流俗的官宦人士适合喝茶。茶能消除人的烦恼，去掉污垢，解渴提神，祛除疲倦，茶的功劳比起唐代凌烟阁的功臣来一点都不差啊！

[原文]

　　许次纾《茶疏》：握茶手中，俟汤入壶，随手投茶，定其浮沉，然后泻啜，则乳嫩清滑，而馥郁于鼻端。病可令起，疲可令爽。一壶之茶，只堪再巡①。初巡鲜美，再巡甘醇，三巡则意味尽矣。余尝与客戏论，初巡为"婷婷袅袅②十三余"，再巡为"碧玉破瓜③年"，三巡以来，"绿叶成阴"④矣。所以茶注宜小，小则再巡已终，宁使余芬剩馥尚留叶中，犹堪饭后供啜嗽之用。人必各手一瓯，毋劳传送。再巡之后，清水涤之。若巨器屡巡，满中泻饮，待停少温，或求浓苦，何异农匠作劳，但资口腹，何论品赏，何知风味乎？

　　《煮泉小品》：唐人以对花啜茶为煞风景，故王介甫诗云"金谷千花莫漫煎"。其意在花，非在茶也。余意以为金谷花前，信不宜矣；若把一瓯对山花啜之，当更助风景，又何必羔儿酒也。茶如佳人，此论最妙，但恐不宜山林间耳。昔苏东坡诗云"从来佳茗似佳人"，曾茶山诗云"移人尤物众谈夸"，是也。若欲称之山林，当如毛女、麻姑⑤，自然仙风道骨，不浼⑥烟霞。若夫桃脸柳腰，亟宜屏诸销金帐中，毋令污我泉石。茶之团者、片者，皆出于碾磑之末，既损真味，复加油垢，即非佳品。总不若今之芽茶也，盖天然者自胜耳。曾茶山《日铸茶》诗云"宝銙自不乏，山芽安可无"，苏子瞻《壑源试焙新茶》诗云"要知玉雪心肠好，不是膏油首面新"，是也。且末茶瀹之有屑，滞而不爽，知味者当自辨之。煮茶得宜，而饮非其人，犹汲乳泉以灌蒿莸，罪莫大焉。饮之者一吸而尽，不暇辨味，俗莫甚焉。人有以梅花、菊花、茉莉花荐⑦茶者，虽风韵可赏，究损茶味。如品佳茶，亦无事此。今人荐茶，类下茶果，此尤近俗。是纵佳者能损茶味，亦宜去之。且下果则必用匙，若金银，大非山居之器，而铜又生铦，皆不可也。若旧称北人和以酥酪，蜀人入以白土，此皆蛮饮，固不足责。

[注释]

①再巡：指两次冲泡茶叶。②婷婷袅袅：古代形容女子正值十三四岁时的美丽姿态。③破瓜：古指女子十六岁时。④绿叶成阴：古指女子结婚生子的年纪。⑤毛女、麻姑：古代传说中的两位仙女。⑥浼：意为污染。⑦荐：原为铺垫，此处指献上。

[译文]

许次纾在《茶疏》中说："把茶叶拿在手里，在壶里倒入开水，随手把茶叶放在壶里面。等到茶叶沉淀以后，再把它倒出来喝，那样茶水喝起来会很清爽滑嫩，感觉在鼻子的周围都萦绕着香气。可以去除人的疾病，也可消除人的疲劳。一壶茶，只能泡两次，第一次茶的味道鲜美，第二次的味道比较甘醇，第三次就没有味道了。我曾拿这件事跟客人开玩笑，说第一次泡的茶就和婷婷袅袅的十三岁少女一样，第二次就如同刚嫁为人妇的小家碧玉，而泡第三次以后就像是生了一堆孩子一样的妇女，已经绿叶成荫了。所以每次泡茶的时候应该少泡一些，少的话再喝就没有了，宁可让那些残存的香味留在叶子当中，这样还可以在饭后用来漱口。喝的时候要一人一个茶杯，不能互相传送。喝过第二遍以后，要用清水把杯子洗干净。如果用太大的器具来装茶，倒满了之后不容易喝完，放置的时间太长水就会凉了，味道就会变得很浓很苦，这同农民劳作累了后为了解渴喝茶有什么两样？哪里还能够谈得上品尝呢，又怎么能知道茶的真正的味道呢？

《煮泉小品》中记载：唐代的人认为对着花喝茶是一件很杀风景的事情，所以王介甫曾写过这样的诗："金谷千花莫漫煎。"说的是人的心不在茶上而是在花上。对这种说法我不赞同；如果对着山花拿着茶杯品赏，应当是更有助于欣赏风景的，为什么还要喝酒呢？茶就像美人一样，这种比喻很好，但是在山林间只怕不适合。以前苏东坡曾经写过这样的诗："从来佳茗似佳人"，曾茶山有诗说："移人尤物众谈夸"，说的都是这个意思。如果在山野林间用这样的比喻，那就只有像毛女、麻姑那样的人，仙风道骨，不会玷污烟霞了。如果是桃脸柳腰的女子，那就赶快掩蔽在销金帐中吧，不要把我的泉石给污染了。茶叶中的团、片都是把茶叶碾碎后用它的粉末做成的，茶叶真正的味道损失了，再加上一些油垢，所以不会是好茶了。怎么也比不上今天的茶叶，是以天然品质取胜。曾茶山有首诗叫《日铸茶》，里面这样说："宝銙自不乏，山芽安可无"，苏子瞻在《壑源试焙新茶》诗中说："要知玉雪心肠好，不是膏油首面新"，说的就是这个意思。如果是那些不好的茶，冲的时候会出现细末，喝起来口感不清爽，善饮的人自然会分辨。如果茶煮的好但是喝茶的人却不懂得品尝，这就像用甘甜的泉水浇灌野草一样，罪过真是太大了。如果喝茶的人只是一饮而尽，对它的味道不去辨别，那也就显得太俗气了。有人在茶中放入梅花、菊花、茉莉花，虽然在风韵方面值得欣赏，但是茶的味道会被它们损害了。如果想品尝到真正的好茶，就不能这样做。现在的人在烹茶的时候把果子放进去，这种做法是最低俗的。只要是损茶的味道，再好的东西都应该去掉。况且把果子放在里面，必须用到勺子，如果勺子是用金银制成的话，又不是那些山里的人可以用的，而铜又容易生锈，这些都不可以用。如果像从前的北方人那样把酥酪加进茶里去，或者像蜀地的人那样在茶里面加进白土，这都是蛮人的饮法，不必去指责。

[原文]

罗廪《茶解》：茶通仙灵，然有妙理。山堂夜坐，汲泉煮茗，至水火相战，如听松涛，倾泻入杯，云光潋滟。此时幽趣，故难与俗人言矣。

顾元庆《茶谱》：品茶八要：一品，二泉，三烹，四器，五试，六候，七侣①，八勋②。

张源《茶录》：饮茶以客少为贵，众则喧，喧则雅趣乏矣。独啜曰幽，二客曰胜，三四曰趣，五六曰泛，七八曰施。酾③不宜早，饮不宜迟。酾早则茶神未发，饮迟则妙馥先消。

[注释]

①侣：伴侣，朋友，此处指一同品茶的朋友。②勋：功勋，此处指茶的功效。③酾：意为冲泡之后向茶盏中倒茶。

[译文]

罗廪在《茶解》中说：茶具有仙人的灵气，这的确有一种很奇妙的道理。晚上坐在依傍着山的屋子里，打水煮茶，这样可以使水与火相互作用，就如同听着松涛的声音一样，把茶倒入杯中，云光潋滟。这时候情趣的幽雅，是没有办法和那些普通人说清楚的。

顾元庆在《茶谱》中说：品茶的时候需要有八大要素：一是品，二是水，三是烹，四是器具，五是试茶，六是火候，七是茶伴，

品茶雅趣

饮茶获得的是一种惬意和宁静。如果能在幽篁之中，绿荫之下，与一二友人细细品尝，茶香淡绕，俗尘涤去，实在是一种难得的境界。

八是茶的功劳。

张源在《茶录》里说：在喝茶的时候人少是最好的，人多了就会显得有些吵闹，如果太吵闹的话，就没有一点情调了。一个人喝茶可以称为幽；两个人在一起喝可以称为胜；三四个人的时候可以称为趣，而如果是五六个人那就感觉多了，七八个人的话那就是施茶了。在倒茶的时候不应该太早，而喝的时候又不应该太迟，如果过早的话，茶的神韵还没有发散出来，太迟了的话那些美妙的味道就已经被挥发尽了。

[原文]

《云林遗事》：倪元镇素好饮茶，在惠山中，用核桃、松子肉和真粉成小块如石状，置于茶中饮之，名曰"清泉白石茶"。

闻龙《茶笺》：东坡云："蔡君谟嗜茶，老病不能饮，日烹而玩之。可发来者之一笑也。"孰知千载之下有同病焉。余尝有诗云："年老就弥甚①，脾寒量不胜。"去烹而玩之者几希②矣。因忆老友周文甫，自少至老，茗椀薰炉，无时暂废③。饮茶日有定期：旦明、晏食、禺中、晡(bū)时、下春、黄昏④，凡六举，而客至烹点不与⑤焉。寿八十五，无疾而卒。非宿植清福，乌能毕世安享？视好而不能饮者，所得不既多乎。尝蓄一龚春壶，摩挲(suō)宝爱，不啻掌珠。用之既久，外类紫玉，内如碧云，真奇物也，后以殉葬。

[注释]

①就弥甚：沉迷其中。②几希：意为差不多。③废：此处意为放弃。④"旦明、晏食"一句：分指早晨5-7时，上午7-9时，中午11-13时，下午15-17时，下午17-19时，下午19-21时。⑤不与：不计算在内。

[译文]

在《云林遗事》中记载：倪元镇一向喜欢喝茶，他在惠山的时候，就把核桃、松子肉加上真粉一起做成像石头一样的小块，把它们放在茶中喝，并取名为"清泉白石茶"。

闻龙在《茶笺》里记载：苏东坡说："蔡君谟很爱喝茶，在老了以后由于病痛而不能喝茶，他就每天烹茶玩。这样可以博得前来的宾客一笑。"怎么知道在千年以后竟然有人跟他同病相怜呢！我曾经写过这样的诗："年老就弥甚，脾寒量不胜。"煮茶是为了玩的人不是很多。所以就想起了老朋友周文甫，从小时候一直到现在，茶碗熏炉，就几乎没有停止过。每天喝茶的时间有：天明、早餐、中午、午餐、下午、黄昏，在这六个时间一定要烹茶来喝，而客人来了泡茶还要除外。他活到了八十五岁，最终他是老死而没有得病。如果他不是整天享受这样的清福，又怎么能够安享晚年呢？那些看着茶好却不能喝的，所得到的不也是很多吗？他曾经有一个龚春茶壶，平时总是爱不释手，把它视为掌上明珠。由于用得时间太长了，外面好像紫玉，而里面就像碧玉一样，这件物品真是很奇特啊！后来这个龚春茶壶跟着他一起安葬了。

［原文］

《快雪堂漫录》：昨同徐茂吴至老龙井买茶，山民十数家，各出茶。茂吴以次点试，皆以为赝，曰：真者甘香而不冽，稍冽便为诸山赝品。得一二两以为真物，试之，果甘香若兰。而山民及寺僧反以茂吴为非，吾亦不能置辨。伪物乱真如此。茂吴品茶，以虎邱为第一，常用银一两余购其斤许。寺僧以茂吴精鉴，不敢相欺。他人所得虽厚价，亦赝物也。子晋云："本山茶叶微带黑，不甚青翠。"点之色白如玉，而作寒豆香，宋人呼为白云茶。稍绿便为天池物。天池茶中杂数茎虎邱，则香味迥别。虎邱其茶中王种耶？芥茶精者，庶几妃后，天池、龙井便为臣种，其余则民种矣。

［注释］

①冽：清冽、清亮的意思。②置辨：加以分辨。

［译文］

《快雪堂漫录》中记载：昨天和徐茂吴一起到老龙井去买茶叶，在那里居住的几十家山民都种植茶叶。茂吴把他们的茶叶逐个品尝，说它们都是不好的品种，他说：味道真的甘甜清香却不清亮，而那些略微有一点清亮的就是这些山上的赝品。把得到的那一二两真的茶叶试了试，味道果然甘甜香美就好像兰花一样。但是那里的山民和寺庙里的和尚都说茂吴的这种说法是不对的，我也不能辨别出他们到底谁对谁错。那些假的茶叶能够乱真到这种程度。茂吴品尝茶叶，认为最好的就是虎丘茶，常常花费一两多银子买一斤左右的茶叶。寺庙中的和尚知道茂吴善于鉴定茶叶的真假，都不敢欺骗他。虽然别人得到的茶叶价格很昂贵，但仍然是假货。子晋说："本山的茶叶颜色中略微带着一点黑色，不是很青翠。"冲泡之后颜色白得就如同玉一样，有寒豆香，宋朝的人把它叫作白云茶。颜色再绿的就是天池茶了。如果在天池茶中夹杂一些虎丘茶就会有一种很特别香味。虎丘茶难道真是茶中的王种吗？岕茶中的精品，简直可以称为茶叶中的皇后，天池茶、龙井茶都是臣种，而其他的那些茶就好比是普通的老百姓了。

[原文]

熊明遇《岕山茶记》：茶之色重、味重、香重者，俱非上品。松萝香重；六安味苦，而香与松萝同；天池亦有草莱气，龙井如之。至云雾则色重而味浓矣。尝啜虎邱茶，色白而香似婴儿肉，真称精绝。

邢士襄《茶说》：夫茶中着①料，碗中着果，譬如玉貌加脂，蛾眉染黛，翻②累本色矣。

冯可宾《岕茶笺》：茶宜无事、佳客、幽坐、吟咏、挥翰、倘徉、睡起、宿醒③、清供、精舍、会心、赏鉴、文僮。茶忌不如法、恶具、主客不韵、冠裳苛礼④、荤肴杂陈、忙冗、壁间案头多恶趣。

[注释]

①着：此处意为加。②翻：反而。③醒：意为醉酒。④冠裳苛礼：指在正式集会的严肃场合，要严格遵守礼节。

[译文]

熊明遇在《岕山茶记》中记载：如果茶叶的颜色太深、味道太重、香气太浓，这都不是上好的品种。松萝的茶香气很重；六安的茶味道很苦涩，但是香气却和松萝很类似；天池的味道中仍有丛生的野草气味，龙井跟它是一样的。至于云雾则颜色太深而且味道很浓。曾喝过虎丘茶，它的颜色又白又香就像婴儿的肉体一样，真可以称得上是绝品了。

邢士襄在《茶说》中说：如果把调料放在茶叶中，把果子放在碗中，这就好像在美丽的外表上涂脂抹粉，描眉画目，反而把原来的颜色失去了。

冯可宾在《岕茶笺》中记载：喝茶适合在那些闲暇的时候、在有尊贵客人时、在单独坐着时、在吟诵诗歌时、在挥笔写字时、在徜徉时、在睡醒时、在隔夜醉酒时、在清供时、在精舍里、在心情好时、在鉴赏的时候、在写文章时。像不注重要领、使用粗俗的茶具、主人和客人都没有雅兴、衣冠不整、荤菜杂放、勿忙时、房间案头摆放不高尚的东西都是喝茶最忌讳的。

[原文]

谢在杭《五杂组》：昔人谓："扬子江心水，蒙山顶上茶。"蒙山在蜀雅州，其中峰顶尤极险秽，虎狼蛇虺①所居，采得其茶，可蠲②

百疾。今山东人以蒙阴山下石衣为茶当之，非矣。然蒙阴茶性亦冷，可治胃热之病。凡花之奇香者，皆可点汤。《遵生八笺》云："芙蓉可为汤。"然今牡丹、蔷薇、玫瑰、桂、菊之属，采以为汤，亦觉清远不俗，但不若茗之易致耳。北方柳芽初苗者，采之入汤，云其味胜茶。曲阜孔林楷木，其芽可以烹饮。闽中佛手柑、橄榄为汤，饮之清香，色味亦旗枪之亚也。又或以菉豆微炒，投沸汤中倾之，其色正绿，香味亦不减新茗。偶宿荒村中觅茗不得者，可以此代也。

《谷山笔麈》：六朝时，北人犹不饮茶，至以酪与之较，惟江南人食之甘。至唐始兴茶税。宋元以来，茶目遂多，然皆蒸干为末，

蒙山

　　蒙山山势绵延巍峨，山有五峰，以上清峰为最高，峰巅巨石上有茶树七株，所产之茶就是蒙顶茶，蒙顶茶是蜀茶中的上品。诗人白居易有"扬子江中水，蒙顶山上茶。"的诗句，说明在唐代蒙顶茶已有盛名。

如今香饼之制，乃以入贡，非如今之食茶，止采而烹之也。西北饮茶不知起于何时。本朝以茶易马，西北以茶为药，疗百病皆瘥^③，此亦前代所未有也。

［注释］

　　①蛇虺：虺指蝮蛇，此处泛指毒蛇。②蠲：意为除去。③瘥：痊愈。

［译文］

　　谢在杭在《五杂俎》中说：古人曾说过："扬子江心水，蒙山顶上茶。"蒙山在四川的雅州，峰顶尤其险峻，老虎、豺狼、毒蛇都爱在那个地方出没，如果能够采到那里的茶，可以治疗百病。现在一些山东人用蒙阴山下的石衣冒充茶叶，其实那不是。但是蒙阴茶的天性很冷，可以治愈人胃热的毛病。凡是那些很香的花，都可以泡茶。《遵生八笺》中说："芙蓉可以做成汤。"像牡丹、蔷

薇、玫瑰、桂、菊之类的花，如果采摘下来泡茶的话，也会让人觉得清远不俗，但是它们不像茶叶那样能够很容易冲泡出香味来。北方的柳芽在刚萌发的时候，把它们采摘下来煮水，据说比茶的味道还要好。在曲阜孔林里的楷木，据说它的新芽也可以用来泡水喝。福建的佛手柑、橄榄都可以把它们泡成茶水，人喝了之后感觉味道很清香，在颜色和味道方面一点都不比旗枪差。也可以把绿豆稍微翻炒一下，然后放到开水中，它的颜色很绿，香味和新茶比起来也不差。如果偶尔住宿在荒村里找不到茶叶，可以用这个来代替。

《谷山笔麈》中记载：在六朝的时候，北方人还不是很喜欢喝茶，都是用酥酪来代替茶，只有江南人在喝完茶之后觉得很甘甜。一直到唐代才开始征收茶税。从宋代和元代以来，茶叶的品种逐渐变得多了，但都是要把它蒸干做成粉末，像现在的饼茶，都是把它们作为贡品，并不像今天我们喝的那些茶，只要采下来就可以喝了。在西北地方的人不知道是从什么时候开始喝茶的。我朝曾经用茶叶去换马，而在西北却把茶当作药，能够治很多的病，这在从前是从来没有过的。

[原文]

　　《金陵琐事》：思屯乾道人，见万镃手软膝酸，云：“系五藏皆火，不必服药，惟武夷茶能解之。”茶以东南枝者佳，采得烹以涧泉，则茶竖立，若以井水即横。

　　《六研斋笔记》：茶以芳冽洗神，非读书谈道，不宜亵用①。然非真正契道②之士，茶之韵味，亦未易评量。尝笑时流持论，贵嘶声之曲，无色之茶。嘶近于哑，古之绕梁遏云，竟成钝置③。茶若无色，芳冽必减，且芳与鼻触，冽以舌受，色之有无，目之所审。根境不相摄，而取衷于彼，何其悖耶，何其谬耶！虎邱以有芳无色，擅茗事之品。顾其馥郁不胜兰芷，与新剥豆花同调，鼻之消受，亦无几何。至于入口，淡于勺水，清泠之渊，何地不有，乃烦有司章程，作僧流捶楚④哉。

[注释]

　　①亵用：指玷污使用。②契道：原为合道，此处作深深懂得道义解。③钝置：意为丢弃。④捶楚：意思是鞭挞。

[译文]

　　在《金陵琐事》中记载：思屯乾道人，看见万镃手软膝酸，就对他说："那是因为火气在你的五脏里面都充满了，你不用服用药物，只需要喝武夷的茶叶就可以解除这样的症状。"那些长在东南方向的茶叶是最好的，把它们采摘下来之后用山涧里的水来煮，茶叶就会竖立起来，而如果用井水来煮就会横起来。

《六研斋笔记》中记载：茶因为气味芳香纯冽，所以能够修身养神，而如果不是读书谈道，不应该随便亵渎地去用它。如果不是真正的了解底蕴的人，对于茶的韵味，是难于做出评论的。我曾嘲笑时俗之人所持的议论，他们以嘶哑的曲子，无色的茶水为好，这是荒诞不经的。如果声音沙哑，即使古代那些绕梁遏云的曲子也唱不了。如果茶叶没有颜色的话，一定会减少香气，而且香气是用鼻子闻出来的，味道是用舌头感受出来的，而有没有颜色，那是需要用眼睛来看的。声和曲，色和香是互为表里，互不抵触的，却要求无色有香的茶，不是错误的吗？因为虎丘茶有香味而没有颜色，所以被认为是茶叶中的出众者。它的芳香不能和兰芷相比，把它和新剥的豆花放在一起调制，用鼻子闻起来，也没有多少的差别。至于到了人的口中之后，就像水一样淡，那些清冷的水，在哪里会没有呢？还需要要这么繁琐的程序，让泉水被僧流污染？

[原文]

《紫桃轩杂缀》：天目清而不漓，苦而不螫，正堪与缁流漱涤。笋蕨、石濑则太寒俭，野人之饮耳。松萝极精者方堪入供，亦浓辣有余，甘芳不足，恰如多财贾人，纵复蕴藉，不免作蒜酪气。分水贡芽，出本不多。大叶老根，泼之不动，入水煎成，番有奇味。荐此茗时，如得千年松柏根作石鼎薰燎，乃足称其老气。"鸡苏佛""橄榄仙"，宋人咏茶语也。鸡苏即薄荷，上口芳辣。橄榄久咀回甘。合此二者，庶得茶蕴，曰仙、曰佛，当于空玄虚寂中，嘿嘿①证人。不具是舌根者，终难与说也。赏

贾宝玉品茶栊翠庵

《红楼梦》中写了妙玉招待贾府众人饮茶的故事，贾母喝"老君眉"，"无事忙"的贾宝玉喝"神仙茶"，林黛玉喝"龙井茶"。而其煮茶用水、茶具又多有讲究，体现出精湛的茶艺。

名花不宜更度曲，烹精茗不必更焚香，恐耳、目、口、鼻互牵，不得全领其妙也。精茶不宜泼饭，更不宜沃醉。以醉则燥渴，将灭裂吾上味耳。精茶岂止当为俗客啬？倘是日汩汩②尘务，无好意绪，即烹就，宁俟冷以灌兰，断不令俗肠污吾茗君也。罗山庙后岕精者，亦芬芳回甘。但嫌稍浓，乏云露清空之韵。以兄虎邱③则有余，以父龙井④则不足。天地通俗之才⑤，无远韵，亦不致呕秽寒月。诸茶晦黯无色，而彼独翠绿媚人，可念也。屠赤水云："茶于谷雨候、晴明日采制者，能治痰嗽、疗百疾。"

[注释]

　　①嘿嘿：此处同"默默"，即不言语。②汩汩：意为纷繁冗杂的样子。③兄虎邱：即为虎丘兄，也就是说比虎丘茶好一点。④父龙井：为龙井父，即胜过龙井很多。⑤通俗之才：通俗大众喜欢的东西。

[译文]

　　《紫桃轩杂缀》里这样记载：天目茶的味道清而不淡，苦却不涩，正好可以给僧人来漱洗。而笋蕨、石濑就显得太寒酸了，它们是村夫野人喝的。松萝茶中的那些精品可以充当贡品，不过它的茶味太浓，又不是很甘甜芳香，就像那些很有钱财的商贾一样，不管怎么掩饰，也都难免会有辛辣腥膻气。分水贡芽，它出产的不是很多。那些大叶的老根，用开水泼它也不会动，把它们放进水里煎，却更具一番风味。在制造这种茶叶的时候，如果能够得到千年的松柏根来薰烧石鼎的话，就可以把茶叶的老气烹出来。"鸡苏佛""橄榄仙"，宋朝的人用这样的称呼来赞赏茶。鸡苏指的就是薄荷，放在嘴里之后会有一些香辣的感觉。橄榄在口中多咀嚼一会儿就会变得甘甜。如果把这两样合起来，才算是得到了茶叶蕴藏的风味。要说那些仙佛，应该是在很玄妙孤寂的时候，去默默求证。如果舌头不具备敏锐的感觉，就很难对他说清楚了。在欣赏名花的时候不应该演奏音乐，在煮名茶的时候也不应该烧香，这主要是怕耳朵、眼睛、嘴巴、鼻子之间互相牵制，不能把其中最美妙的地方领会到。好茶不适合用来浇饭，更不适合在大醉的时候喝。因为醉酒后人会干燥口渴，这样肯定会损坏好茶的味道。上等的好茶岂止不该给俗客饮用呢？如果整天在世俗的事务中忙碌，没有好的情绪，即使把茶煮好了，宁可在它冷却后去浇灌那些兰花，茶君也千万不能让凡夫俗子玷污了。罗山庙后的岕茶被认为是茶中的精品，在味道和气味方面也同样芬芳甘甜。但是稍微浓了一点，所以它缺乏白云、露水这样的神韵。但和虎丘比起来要好一些，它与龙井相比，是强的，但不够悬殊。天地之间那些通俗的东西都是没有雅趣的，但也不至于把寒月弄脏了。其他的那些茶叶都晦暗没有颜色，而它却独独翠绿动人，实在是让人感叹啊。屠赤水说："要在谷雨的节气，天气晴朗的日子里采摘茶叶，这样的话能够治疗人的咳嗽，有利于治愈百病。"

[原文]

《类林新咏》：顾彦先曰：有味如臛，饮而不醉；无味如茶，饮而醒焉。醉人何用也。

徐文长《秘集致品》：茶宜精舍，宜云林，宜磁瓶，宜竹灶，宜幽人雅士，宜衲子①仙朋，宜永昼清谈，宜寒宵兀坐，宜松月下，宜花鸟间，宜清流白石，宜绿藓苍苔，宜素手汲泉，宜红妆扫雪，宜船头吹火，宜竹里飘烟。

[注释]

①衲子：僧人。

[译文]

《类林新咏》中记载：顾彦先说："有味道的东西就像肉汤一样，即使喝了以后也不会醉；那些没有味道的饮品就像茶，喝了之后可以使人的头脑变得清醒。"人喝醉了还有什么用。

徐文长在《秘集致品》中说：喝茶应该在精舍里、在云林中，用瓷瓶、竹灶，适合文人雅士，适合僧人仙朋，可以同要好的朋友竟日清谈，也可以在寒冷的夜晚独坐，在松树月光下、在花鸟间，辅以清澈的河水，有洁白的石头，有绿色的苔藓，可以用干净的手去汲取泉水，可以穿着漂亮衣服清扫积雪，可以在船头上吹火，在竹子里飘烟。

[原文]

《芸窗清玩》：茅一相云："余性不能饮酒，而独躭味于茗。清泉白石可以濯五脏之污，可以澄心气之哲①。服之不已，觉两腋习习，清风自生。吾读《醉乡记》，未尝不神游焉。而间与陆鸿渐、蔡君谟上下其议，则又爽然自释矣。"

《三才藻异》：雷鸣茶②产蒙山顶，雷发收之，服三两换骨，四两为地仙。

《闻雁斋笔谈》：赵长白自言："吾生平无他幸，但不曾饮井水耳。"

此老于茶，可谓能尽其性者。今亦老矣，甚穷，大都不能如曩时^③，犹摩挲万卷中作《茶史》，故是天壤间多情人也。

[注释]

①哲：意为聪明。②雷鸣茶：因茶芽于每年雷鸣时开始采摘而得名。③曩时：意为从前。

[译文]

《芸窗清玩》里记载：茅一相说："我生下来就不能喝酒，但对于品茶却沉醉迷恋。清泉白石茶可以洗清五脏里的污垢，可以把人心底里的浮躁澄清。喝完之后，会感觉两边腋下习习生风。我读《醉乡记》的时候，完全地沉醉在里面，和陆羽、蔡君谟这些人一起品评谈论，心里觉得特别痛快。

《三才藻异》里记载：在蒙山的顶部出产雷鸣茶，在春雷响后再采摘它，只喝下三两就感觉像脱胎换骨了一样，如果喝四两的话简直就可以羽化成仙了。

《闻雁斋笔谈》中记载：赵长白曾说："我一生没有其他的幸事，就是没有喝过井水。"对于茶，他可以说是把它的本性品尝出来了。现在他已经老了，而且还很穷，很多时候不能跟从前一样，但仍然整理很多的书籍，写作《茶史》，因此他算是天地之间的多情之人。

[原文]

袁宏道《瓶花史》：赏花，茗赏者上也，谭赏^①者次也，酒赏者下也。

《茶谱》：《博物志》云："饮真茶令人少眠。"此是实事，但茶佳乃效，且须末茶饮之。如叶烹者，不效也。

《太平清话》：琉球国亦晓烹茶。设古鼎于几上，水将沸时投茶末一匙，以汤沃之。少顷奉饮，味清香。

[注释]

①谭赏：即边清谈边赏花。

[译文]

袁宏道在《瓶花史》中说：对于赏花来说，赏花的时候喝着茶是最好的，清谈要稍微差一些，而最不好的就是喝酒。

在《茶谱》中记载：《博物志》中说："喝了那些纯正的茶可以减少人的睡眠。"这说的是真实的事情，但一定是好茶才会有效果，而且要碾碎了之后再喝。如果只是烹煮叶子，是不会有效果的。

《太平清话》中记载：对于煮茶，琉球人也是知道的。把古鼎放在茶几上，水煮沸后再把一调羹茶末放到里面，用开水调和一下。过一会儿再倒出来喝，会有一种特别清香的味道。

[原文]

《藜床沈余》：长安妇女有好事者，曾侯家睹彩笺曰："一轮初满，万户皆清。若乃狎处^①衾帏，不惟辜负蟾光^②，窃恐嫦娥生妒。涓^③于十五、十六二宵，联女伴同志者，一茗一炉，相从卜夜，名曰'伴嫦娥'。凡有冰心，忙垂玉允。朱门龙氏拜启。"陆浚原。

沈周《跋茶录》：樵海先生真隐君子也。平日不知朱门为何物，日偃仰于青山白云堆中，以一瓢消磨半生。盖实得品茶三昧，可以羽翼^④桑苎翁^⑤之所不及，即谓先生为茶中董狐可也。

王晫《快说续记》：春日看花，郊行一二里许，足力小疲，口亦少渴。忽逢解事僧邀至精舍，未通姓名，便进佳茗，踞竹床连啜数瓯，然后言别，不亦快哉。

茗炉相伴

品饮之水，以清、轻、甘、活为美。清即水色清澈透明，轻就是无杂质的软水，甘即水入口要有甜滋滋的感觉，活即流动的水。

[注释]

①狎处：即亲昵地相处。②蟾光：月光，月亮古有玉蟾的称法。③涓：意为选择。④羽翼：此处作辅助解。⑤桑苎翁：指唐代茶圣陆羽。

[译文]

《藜床沈余》中记载：长安有一位好事的妇女，曾经在王侯家看到彩色的请柬上写着："在月亮圆的时候，所有的地方都会变得明亮。如果这个时候到我们那里去玩，不仅没辜负大好的时光，就怕天上的嫦娥也会妒忌的。请在十五、十六这两天的晚上，和女伴们一起，一茶一炉，相伴着来过夜，这叫作'伴嫦娥'。如果你不嫌弃的话，还请答应我的邀请。朱门龙氏拜启。"（陆浚原。）

沈周在《跋茶录》中说：樵海先生算得上是真正隐居的君子。平时不知道富贵是什么东西，每天看着青山白云，用喝茶来消磨自己的时间。实在是把茶中真味领会到了，樵海先生可以弥补陆羽论茶的不足，所以他就称为茶中的董狐。

王晫在《快说续记》中说：春天要想看花，需要往野外走一二里的路，这时候脚步有些疲倦，口中也有点渴。如果偶尔能够遇到好心的和尚，被邀请到他住的地方，在还没有相互告诉姓名的时候，就把好茶端上来了，坐在竹床上连着喝几杯，然后再道别出来，不也是非常高兴的一件事情？

[原文]

卫泳《枕中秘》：读罢吟余，竹外茶烟轻扬；花深酒后，铛中声响初浮。个中风味谁知，卢居士①可与言者；心下快活自省，黄宜州②岂欺我哉。

江之兰《文房约》：诗书涵圣脉，草木栖神明。一草一木，当其含香吐艳，倚槛临窗，真足赏心悦目，助我幽思。亟宜烹蒙顶石花③，悠然啜饮。扶舆④沆瀣，往来于奇峰怪石间，结成佳茗。故幽人逸士，纱帽笼头，自煎自吃。车声羊肠，无非火候，苟饮不尽，且漱弃之，是又呼陆羽为茶博士之流也。

[注释]

①卢居士：指唐代卢仝。②黄宜州：即宋书法家黄庭坚。③蒙顶石花：茶名，产于四川蒙顶山，外形似花。④扶舆：意为周旋。

[译文]

卫泳在《枕中秘》中记载：读书以外的闲余时候，茶烟在竹子的外面轻轻飞扬；在鲜花深处喝完酒之后，锅中开始响起声音。又有谁能知道这中间的风味呢？卢居士是可以领会到我的感受的；心里的快乐自得，黄宜州所说的话是不骗人的。

江之兰在《文房约》中说：诗书中往往包含着非常深刻的道理，而在那些草木中也蕴藏着神明。自然界的一草一木，当它含着香气开放的时候，在窗户边倚靠着栏杆观赏它们，真的可以称得上是赏心悦目，助长我内心的幽思。这样的情景非常适合煮蒙顶石花这样的好茶来悠闲地品尝。和意气相投的朋友一起，在奇峰怪石之间来回走动，这样可以摘到那些好的茶叶。所以那些隐士贤人，头上戴着帽子，自己煎茶来喝。像羊肠小道上行走的车声，这显示着茶水的火候，如果茶不能喝完的话，就把它倒掉，这些人把陆羽尊称为茶博士。

[原文]

高士奇《天禄识余》：饮茶或云始于梁天监中，见《洛阳伽蓝记》，非也。按《吴志·韦曜传》：孙皓每宴飨，无不竟日，曜不能饮，密赐茶荈以当酒。如此言，则三国时已知饮茶矣。逮唐中世，榷茶①遂与煮海②相抗，迄今国计赖之③。

《中山传信录》:琉球茶瓯颇大,斟茶止二三分,用果一小块贮匙内。此学中国献茶法也。

王复礼《茶说》:花晨月夕,贤主嘉宾,纵谈古今,品茶次第,天壤④间更有何乐。奚俟⑤脍鲤炰羔⑥,金罍⑦玉液,痛饮狂呼,始为得意也?范文正公云:"露芽错落一番荣,缀玉含珠散嘉树。斗茶味兮轻醍醐,斗茶香兮薄兰芷。"沈心斋云:"香含玉女峰头露,润带珠帘洞口云。"可称岩茗知己。

[注释]

①榷茶:这里指官卖茶。②煮海:古代把煮海水来制盐称为煮海。③国计赖之:意思是说国家为了保证税收的主要来源,靠榷茶、榷盐的专卖专利。④天壤:这里指天地。⑤奚俟:为什么等待的意思。奚,为什么。俟,等待。⑥脍鲤炰羔:脍炙鲤鱼,火烤羔羊。⑦金罍:金杯酒。

[译文]

高士奇在《天禄识余》中记载:有人说在梁朝的天监年间饮茶才渐渐形成一种习俗,这都是记载在《洛阳伽蓝记》中的。事实上并不是这样。据《吴志·韦曜传》记载:"孙皓每次都要用一整天的时间来宴请宾客,韦曜不能饮酒,孙皓就把茶悄悄地赐给他,让他用茶来代酒。"按照这种说法,在三国的时候人们就已经知道饮茶了。在唐朝中期的时候,国家税收的两个重要来源就是官卖的茶与官卖的海盐,一直到现在国家财政来源也还是要依靠它们。

《中山传信录》中有这样的记载说:琉球出产的茶杯比较大,倒茶时倒入茶杯容量的十分之二三就可以了,再在小茶匙内放上一小块果肉。这种献茶的方法是从我国学习到的。

王复礼《茶说》中认为:在花开的早晨,有明月的夜晚,贤明的主人,和一些高雅的客人在一起谈论古今,一起来品评茶的等级,天地间没有什么比这更快乐的了。为什么一定要有烹鱼炖肉,金樽美酒,狂欢痛饮才称得上是得意呢?范仲淹曾经说:"露芽错落一番荣,缀玉含珠散嘉树。斗茶味兮轻醍醐,斗茶香兮薄兰芷。"沈心斋也这样说:"香含玉女峰头露,润带珠帘洞口云。"从这些诗句可以知道他们是岩茶的知己。

[原文]

陈鉴《虎邱茶经注补》:鉴亲采数嫩叶,与茶侣汤愚公小焙烹之,真作豆花香。昔之鬻虎邱茶者,尽天池也。

　　陈鼎《滇黔纪游》：贵州罗汉洞，深十余里，中有泉一泓，其色如黝^①。甘香清冽。煮茗则色如渥丹^②，饮之唇齿皆赤，七日乃复。

[注释]

　　①黝：当黑色讲。②渥丹：染成红色的意思。

[译文]

　　陈鉴在《虎邱茶经注补》中记述：我亲自把一些茶的嫩叶子采摘下来，和茶友汤愚公一起用小火烹煮，茶汤散发出一种豆花的香味。过去那些卖虎丘茶的人，所卖的实际都是天池出产的茶。

　　陈鼎在《滇黔纪游》中记载：在贵州有个罗汉洞，深可达十余里，有一道泉水在这个洞的里面，泉水呈现出一种黑色，它的味道却香甜冰凉，如果用它来煮茶的话，就把茶水染成了红色，人喝了之后嘴唇牙齿都会发红，要经过七天才能够恢复过来。

[原文]

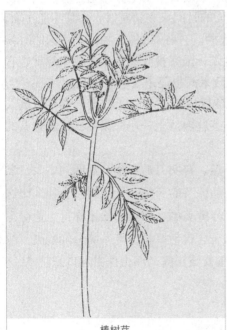

椿树芽

椿树的叶子有特殊的香味，它的嫩芽可以食用，还可以掺杂到茶里面。

　　《瑞草论》云：茶之为用味寒，若热渴、凝闷胸、目涩、四肢烦、百节^①不舒，聊四五啜，与醍醐甘露抗衡也。

　　《本草拾遗》：茗味苦微寒，无毒，治五脏邪气，益意思^②，令人少卧，能轻身、明目、去痰、消渴、利水道^③。蜀雅州名山茶有露锭芽、箴芽，皆云火前者，言采造于禁火之前也。火后者次之。又有枳壳芽、枸杞芽、枇杷芽，皆治风疾。又有皂荚芽、槐芽、柳芽，乃上春摘其芽，和茶作之。故今南人输官茶，往往杂以众叶，惟茅芦、竹箬之类，不可以入茶。自余山中草木、芽叶，皆可和合，而椿柿叶尤奇④。真茶性极冷，惟雅州⑤蒙顶⑥出者，温而主疗疾。

［注释］

①百节：人体的各个关节。②益意思：这里指有利于头脑思考问题。③利水道：利尿的意思。④奇：当奇特、好讲。⑤雅州：指现在的四川雅安。⑥蒙顶：四川省名山县蒙山顶出产的一种茶的名字。

［译文］

《瑞草论》中说：茶具有寒的本性，在人们感到热渴、胸中凝闷、眼睛发涩、四肢乏力、关节不舒服的时候，只要随便喝上四五口茶，那种味道可以比得上精制的乳酪和甘露。

《本草拾遗》中记载：茶的味道较苦，天性属寒，对人没有毒害，能治人的五脏，使人正气疏通，对人的头脑思考问题有好处，可以减少人的困倦，让人的身体变得比较轻，眼睛变得明亮，它还有去痰消渴、利尿的作用。在四川雅州的名山茶有露铵芽、铤芽，这些茶都是火前茶，也就是说这些茶要在寒食禁火以前采摘。火后的茶和这种茶比起来要差一些。又有枳壳芽、枸杞芽、枇杷芽，据说它们能治疗伤风。还有像皂荚芽、槐芽、柳芽这几种茶，它们都是在上春的时候采摘，把茶叶和它们的嫩叶混在一起制成茶。所以现在南方人常常在送交的官茶中掺和一些其他的树叶，只有茅芦叶和竹叶，不能把它们放进茶里面。其他那些生长在山中的草木、芽叶都可以掺杂在茶里面，尤其是椿树芽和柿树叶要比其他的更好一点。那些真正的茶本性极寒，但在雅州蒙顶山产的茶本性却很温和，而且能够治疗人的疾病。

［原文］

李时珍《本草》：服葳灵仙、土茯苓者，忌饮茶。

《群芳谱》：疗治方：气虚、头痛，用上春茶末，调成膏，置瓦盏内覆转，以巴豆四十粒，作一次烧，烟熏之，晒干碾细，每服一匙。别入好茶末，食后煎服立效。又赤白痢下，以好茶一斤，炙捣为末，浓煎一二盏，服久痢亦宜。又二便不通，好茶、生芝麻各一撮，细嚼，滚水冲下，即通。屡试立效。如嚼不及，擂烂滚水送下。

《随见录》：《苏文忠①集》载，宪宗赐马总治泄痢、腹痛方：以生姜和皮切碎如粟米，用一大钱并草茶相等煎服。元祐二年，文潞公②得此疾，百药不效，服此方而愈。

[注释]

①苏文忠：即苏轼。②文潞公：即宋代文彦博。

[译文]

李时珍在《本草》中说：人如果服用了葳灵仙、土茯苓，就不能够喝茶了。

《群芳谱》中记载：治病的药方：气虚、头痛，要用上春的茶末，把它们调成膏后，放在瓦杯内反复转动，和四十粒巴豆一起烧一下，再让烟熏一下，然后把它们晒干碾细和成乳状，每次服用一小茶匙。另外，可以用好的茶末，在饭后煎服，可以立刻见到效果。如果患上赤白痢疾的病，用一斤上等的茶，把它们烤一下捣成碎末，煎一二杯浓浓的茶，多服用几次痢疾就会好。大小便如果不通的话，用一撮好茶和生芝麻，放在口中细嚼一下，用开水把它们冲下，大小便立刻就能通畅。这样多次试用都会立即见到效果。如果不能细嚼的话，可以用滚开的水把擂烂的茶和芝麻送服下去。

《随见录》中记载：《苏文忠集》里面记述了这样一件事，唐宪宗赐给马总治泄痢、肚疼的方子：这个方子是把没有去掉皮的生姜切碎如粟米那样，取一大钱和草茶同时煎服。在元祐二年的时候，文潞公得了这种病，各种药都服用了还不见效果，他按照这个方子服用了几次，病很快就好了。

七 茶之事

[原文]

《晋书》：温峤（qiáo）表遣取供御之调，条列真上茶千片，茗三百大薄①。

《洛阳伽蓝记》：王肃初入魏，不食羊肉及酪浆等物，常饭鲫鱼羹，渴饮茗汁。京师士子道肃一饮一斗，号为"漏卮（zhī）"②。后数年，高祖见其食羊肉酪粥甚多，谓肃曰："羊肉何如鱼羹？茗饮何如酪浆？"肃对曰："羊者是陆产之最，鱼者乃水族之长，所好不同，并各称珍，以味言之，甚是优劣。羊比齐鲁大邦③，鱼比邾莒（zhū jǔ）④小国，惟茗不中，与酪作奴。"高祖大笑。彭城王勰（xié）谓肃曰："卿不重齐鲁大邦，而爱邾莒小国，何也？"肃对曰："乡曲所美，不得不好。"彭城王复谓曰："卿明日顾我，为卿设邾莒之食，亦有酪奴。"因此呼茗饮为"酪奴"，时给事中刘缟慕肃之风，专习茗饮。彭城王谓缟曰："卿不慕王侯八珍，而好苍头⑤水厄⑥。海上有逐臭之夫，里内有学颦之妇，以卿言之，即是也。"盖彭城王家有吴奴，故以此言戏之。后梁武帝子西丰侯萧正德归降时，元乂欲为设茗，先问："卿于水厄多少？"正德不晓乂意，答曰："下官生于水乡，而立身以来，未遭阳侯⑦之难。"元乂与举座之客皆笑焉。

[注释]

①薄：古代用来计算物品数量的单位。②漏卮：盛不满的酒器，喻指王肃喝茶非常多，像永远都喝不够一

温峤

温峤字太真，是东晋政治家，他请朝廷派人取供御物品，里面就包括上等茶。

样。卮，古代盛酒的器皿。③齐鲁大邦：周武王封姜子牙于齐，封姬旦于鲁，封地都在今山东一带，土地广大，人口众多，因此称为大邦。④邾莒：邾、莒都是周代诸侯国，两国占地面积都很小，人口稀少，因此说邾莒小国。⑤苍头：古代的奴仆以苍巾饰头，因此称为奴仆为苍头。苍，深青色。⑥水厄：即厄于水。意指被水溺没，指饮茶。⑦阳侯：水神名。《淮南子注》说，陵阳国侯死在水中成为水神，能为大波，造成伤害，因此称阳侯之难。

[译文]

《晋书》中记载：温峤上表请求朝廷派遣人去取供皇上调用的物品，开具真正的上等茶一千片，茗三百大薄。

《洛阳伽蓝记》中记载：王肃刚到魏国，不吃羊肉乳酪等食物，常常吃鲫鱼羹，渴了就喝茶汤。京城的一些读书人说王肃一次能喝一斗茶，因此称他为"漏卮"。过了几年，高祖发现王肃吃羊肉和酪粥非常多，便问王肃说："羊肉比起鱼羹来怎么样呢？喝茶比起喝酪浆怎么样呢？"王肃回答说："羊是陆地上生长得最好的，鱼是水族中最好的，由于人的饮食爱好不相同，所以对羊肉、鱼肉的看法也各不相同。从两者的味道来说，好坏相差很远。羊就好比是齐、鲁等辽阔的大邦,而鱼就好比是邾、莒等小国。只有茶不行，茶只能给乳酪做奴隶。"高祖听后大笑起来。彭城王勰问王肃说："你不看重齐、鲁辽阔的大邦，而却偏爱邾、莒小国是什么原因呢？"王肃回答说："自己家乡的美味，怎么能不爱好呢。"彭城王勰又对王肃说："你明天到我家去，我给你设置邾、莒之食来款待你，还有酪奴。"从此以后人们就把茶饮叫作"酪奴"。当时给事中刘缟仰慕王肃的为人和饮茶习惯，专门学喝茶。彭城王勰对刘缟说："你不羡慕王侯的珍馐美味，却喜欢仆人饮茶。海上有追逐腥臭味的人，里弄中有东施效颦的女人。依你所言，大概就是指这类人吧。"因为彭城王勰家中有吴地来的奴隶，所以这样开玩笑。后来梁武帝的儿子西丰侯萧正德归降的时候，元义想设茶招待他，先问正德说："你饮茶能喝多少？"正德不知道其中的含意，回答说："下官在水乡长大，但是从来没有遭受过水神阳侯的伤害。"元义和满座的客人都哈哈大笑起来。

[原文]

《海录碎事》：晋司徒长史王濛（méng），字仲祖，好饮茶，客至辄饮之。士大夫甚以为苦，每欲候濛，必云："今日有水厄。"

《续搜神记》：桓宣武有一督将，因时行病后虚热，更能饮复茗，一斛（hú）二斗乃饱，才减升合，便以为不足，非复一日。家贫，后有客造之，正遇其饮复茗，亦先闻世有此病，仍令更进五升，乃大吐，有一物出，如升大，有口，形质缩皱，状似牛肚。客乃令置之于盆中，以一斛二斗复浇之，此物嚼（xí）①之都尽，而止觉小胀。又增五升，便悉混然从口中涌出。既吐此物，其病遂瘥^{chài}②，或问之："此何病？"客答云："此病名斛二瘕^{jiǎ}③。"

[注释]

①噏：同"吸"。②瘥：疾病治愈。③瘕：肚子中集结成块的病。

[译文]

《海录碎事》中记载：晋司徒长史王濛，字仲祖，喜欢喝茶，只要有客人来就将大家聚集在一起喝茶，可士大夫都认为喝茶是个苦事情，每次去谒见王濛之前都会说："今天有水灾。"

《续搜神记》中记述：桓宣武有一位督将因为得了流行病，身体虚热，更加能喝茶了。要喝一斛二斗才能够喝饱，只要是减少一点点，就会觉得没有喝够。这种情况一直持续了很长时间。他家境贫困，后来有一位客人到访，正碰到他正在饮复茗，客人先前知道他有喝茶的病，于是就让他喝了一斛二斗茶之后，又让他喝了五升。他喝过之后大吐起来，吐出了像升大的一个东西。那个东西有口，形体缩皱，形状好像牛肚一样。客人于是让把这个东西放在盆子中，用一斛二斗茶水来浇它，结果被吸得干干净净，只是稍微有些发胀。再浇了五升茶水，这个东西就不能再吸收了，全部从口中涌了出来。督军吐出这个东西之后，他的病就好了。有人问客人："督军得的是什么病呢？"客人回答说："这个病叫作斛二瘕。"

[原文]

《潜确类书》：进士权纾^{shū}文云："隋文帝微时，梦神人易其脑骨，自尔脑痛不止。后遇一僧曰：'山中有茗草，煮而饮之当愈。'帝服之有效，由是人竞采啜。因为之赞。其略曰：'穷《春秋》①，演河图②，不如载茗一车。'"

《唐书》：太和七年，罢吴蜀冬贡茶。太和九年，王涯献茶，以涯为榷茶使，茶之有税自涯始。十二月，诸道盐铁转运榷茶使令孤楚奏："榷茶不便于民。"从之。陆龟蒙嗜茶，置园顾渚山③下，岁取租茶，自判品第。张又新为《水说》七种，其二惠山泉、三虎邱井、六淞江水。人助其好者，虽百里为致之。日登舟设篷席，赍^{jī}④束书、茶灶、笔床、钓具往来。江湖间俗人造门，罕觏^{gòu}⑤其面。时谓江湖散人，或号天随子、甫里先生，自比涪翁⑥、渔父、江上丈人。后以高士征，不至。

[注释]

①穷春秋：即读完、研究透彻《春秋》。穷，穷尽，此指读完的意思。《春

虎丘

虎丘井的水长年不断，受到茶客们的赞咏。相传春秋时的吴王阖闾就葬在虎丘。秦始皇东巡至此时，曾见白虎蹲在墓上，这也是虎丘的得名。

秋》，原为鲁国国史，起自鲁隐公元年到鲁哀公十四年，经孔子删定而成，系编年史。②演：演示。河图：《河图》和《洛书》，传说伏羲时期，有龙马从黄河中出现，背负着《河图》，有神龟从洛水中出现，背负着《洛书》，儒家认为是《周易》和《洪范》的来源。③顾渚山：在今浙江长兴县，产茶之地。④赍：带着。⑤觏：遇到。⑥涪翁：据《后汉书》记载：有老父不知道来自何处，经常在涪水边钓鱼，因此称其为涪翁。遇到人有病，用石针扎皮肉进行医治，并著有针经诊脉法传于后世。

[译文]

《潜确类书》中记述：进士权纾文说："隋文帝未曾发迹之时，梦中有位神人给他替换脑骨，从此他就头痛不止，后来遇到一位和尚，告诉他说：'山中有一种茶草，把它煮了喝头就不痛了。'隋文帝按照他所说的方法服用后果然见效。从此人们就竞相采这种茶来煮着喝。并为此事作赞歌，大概是：'穷《春秋》，演河图，不如载茗一车。'"

《唐书》中记载：太和七年，朝廷决定不再让吴蜀两地冬天向朝廷贡茶。太和九年，王涯献茶，朝廷任命王涯为榷茶使。从王涯开始向茶征税。这年十二月，诸道盐铁转运榷使令狐楚向朝廷奏本，说"榷茶对老百姓不利"。朝廷采纳了他的意见。唐朝陆龟蒙喜欢喝茶，在浙江长兴顾渚山下置办了一个茶园，将地租给别人种茶，他每年从中收取茶租，由自己来判定所产茶的等级。张又新写了《水说》，将天下的水质分为七种，惠山泉水居第二位，虎丘井水居第三位，淞江水居第六位。人们帮陆龟蒙取他喜欢的水，即使有上百里的路程，也要想方设法把水弄来。他每天坐着船，在船上设篷席，带上一些书、茶灶、笔床、钓具等在水上往返行驶。江湖中的俗人到他家中去，很少见到他。当时的人们称他为江湖散人，或称为天随子、甫里先生，他自己又将自己比作是涪翁、渔父、江上丈人。后来朝廷认为他是高士，召他去做官，他没有去。

[原文]

《国史补》：故老云，五十年前多患热黄，坊曲有专以烙黄为业者。

灞浐诸水中，常有昼坐至暮者，谓之浸黄。近代悉无，而病腰脚者多，乃饮茶所致也。韩晋公滉^①闻奉天之难，以夹练囊盛茶末，遣健步^②以进。党鲁使西番，烹茶帐中，番使问："何为者？"鲁曰："涤烦消渴，所谓茶也。"番使曰："我亦有之。"取出以示曰："此寿州者，此顾渚者，此蕲门者。"

唐赵璘《因话录》：陆羽有文学，多奇思，无一物不尽其妙，茶术最著。始造煎茶法，至今鬻茶之家，陶其像，置炀突间，祀为茶神，云：宜茶足利。巩县为瓷偶人，号"陆鸿渐"，买十茶器得一鸿渐，市人沽茗不利，辄灌注之。复州一老僧是陆僧弟子，常诵其《六羡歌》，且有《追感陆僧》诗。

[注释]

①韩滉：长安人，生于723年，卒于787年，他的书、画都非常有名气，唐贞元初曾参加平定藩镇叛乱，官至检校左仆射、同中书门下平章事。②健步：形容人走得非常快，这里指走路快的仆人。

[译文]

《国史补》中记载：老人们说，五十多年前有很多人得了热黄病，于是街巷乡里就出现了一种以烙黄为职业的人，专给人治疗这种热黄病。在灞河、浐河等几条河水中，经常可以看到有人从白天坐到天黑，这叫作浸黄。近代已经完全没有这种病发生了。但是腰和脚患病的人还有很多，这是由于饮茶过多造成的。晋国公韩滉听到奉天之难后，知道有战事发生，于是将夹练囊中装满了茶末，派遣走路快的人带着送上去。党鲁出使到西番，在帐中煮茶，番使问他："为什么煮茶呢？"党鲁说："茶有去烦止渴的作用。"番使又说："我也有茶。"于是拿了出来，让党鲁看，并说："这是寿州茶，这是顾渚茶，这是蕲门茶。"

唐赵璘《因话录》中记载：陆羽很有文学修养，经常产生一些不同寻常的想法。每一件事情都会做得非常好，他对于茶术的研究尤其突出。他开创了煎茶的方法。至今卖茶的人家中还用陶土塑造成他的偶像，摆放在炉灶之间，将他作为茶神供奉。并说这样能够保证茶质量好，能够赚更多的钱。巩县有人制作了瓷偶像，叫作"陆鸿渐"，从他那里买十件茶器就可以得到一个"陆鸿渐"的瓷偶像，卖茶的人赚不到钱的时候，就会用水灌瓷偶像。复州有一位老和尚是陆羽的徒弟，他经常读陆羽的《六羡歌》，同时他自己也著有《追感陆僧》诗。

[原文]

唐吴晦《撷言》：郑光业策试^①，夜有同人突入，吴语曰："必先必先，可相容否？"光业为辍半铺之地。其人曰："仗取一杓水，更讬煎一椀茶。"光业欣然为取水、煎茶。居二日，光业状元及第②，其人启谢曰："既烦取水，更便煎茶。当时不识贵人，凡夫肉眼；今日俄为后进，穷相骨头。"

唐李义山《杂纂》：富贵相：捣药碾茶声。

唐冯贽《烟花记》：建阳进茶油花子饼，大小形制各别，极可爱。宫嫔缕金于面，皆以淡妆，以此花饼施于鬓上，时号"北苑妆"。

唐《玉泉子》：崔蠡知制诰③丁太夫人忧，居东都里第时，尚苦节啬，四方寄遗茶药而已，不纳④金帛，不异寒素。

[注释]

①策试：古代科举考试，士子问对策，故曰"策试"。②及第：考中之意。③制诰：唐制规定，凡是任命官吏或进行赏罚要用制书，称为制诰。此处指丁太夫人是受过封赏有地位的人。④纳：接受。

[译文]

唐何晦《摭言》记载：郑光业参加策试，夜里，和他同时参加策试的人突然来到他的房中，用吴语说："必先必先，能否让我进来？"光业于是腾出一半地方让他歇息。这个人接着又说："既然仰仗你得到了一勺水，现在再托你煎一碗茶吧。"光业十分高兴地为他取水煎茶。住了两天，光业考中了状元，这个人便道谢说："我不但麻烦你取了水，还请你替我煎了茶。当时我没有看出你是位贵人，真是凡夫俗眼啊，现在我一下成为后进，骨子里仍然是一幅穷相啊。"

唐李义山《杂纂》说：富贵人家的标志：经常能听到捣药碾茶的声响。

唐冯贽《烟花记》中记述：福建建阳向宫中进贡茶油花子饼，有大的，有小的，形状各不相同，极其可爱。宫中的嫔妃脸上贴着镂空的金花，都是淡妆，然后再将茶油花子饼插在鬓角上，非常好看，当时有人将这种装扮叫作"北苑妆"。

唐《玉泉子》记述：崔蠡为制诰丁太夫人居丧守孝，住在东都普通宅子里，崇尚节俭，生活非常清苦，从各地寄来的物品仅有茶和药而已，从不接受金银绸缎等贵重物品，同贫寒之家所过的日子没有多大区别。

[原文]

《颜鲁公帖》：廿九日南寺通师设茶会，咸来静坐，离诸烦恼，亦非无益。足下此意，语虞十一①，不可自外耳。颜真卿顿首顿首。

《开元遗事》：逸人②王休居太白山下，日与僧道异人往还。每至冬时，取溪冰敲其晶莹者煮建茗，共宾客饮之。

[注释]

①语虞十一：即可以从言语中猜出十分之一。②逸人：即隐士。

[译文]

《颜鲁公贴》说：二十九号南寺的通师举行茶会，都来静坐，祛除忧愁烦恼，也没有什么不好的。足下的意思，言语之间猜出十分之一，不要把自己当外人啊。颜真卿拜首。

《开元遗事》记载：王休隐居在太白山下，每天与和尚、道士交往。每到冬天时，就敲取冻结的晶莹的溪冰来煮建茶，和宾客一起饮用。

[原文]

《李邺侯家传》：皇孙奉节王好诗，初煎茶加酥椒之类，遗泌①求诗，泌戏赋云："旋沫翻成碧玉池，添酥散出琉璃眼。"奉节王即德宗也。

《中朝故事》：有人授舒州牧，赞皇公德裕谓之曰："到彼郡日，天柱峰茶可惠数角。"其人献数十斤，李不受。明年罢郡，用意精求，获数角投之。李阅而受之曰："此茶可以消酒食毒。"乃命烹一觥，沃②于肉食内，以银合闭之。诘旦视其肉，已化为水矣。众服其广识。

[注释]

①泌：指李泌，唐代县侯。②沃：浇。

[译文]

《李邺侯家传》记载：皇孙奉节王喜爱诗歌，开始煎茶时会在里面加上酥椒之类的东西，送给李泌，求他作诗，泌作诗取笑他说："旋沫翻成碧玉池，添酥散出琉璃眼。"奉节王就是德宗。

天柱峰

舒州的天柱峰，也叫霍山，所产的六安瓜片茶，在明代就有名声，《儒林外史》中的杜慎卿品茗时喝的就是"六安毛尖茶"。在文中的故事中，李德裕对于天柱峰茶可以解酒的功效有先见之明，可见天柱峰茶的价值很早就被人所认识了。

《中朝故事》：有人出任舒州牧，赞皇公李德裕对他说："等你到了舒州，可以赠给我一些天柱峰的茶叶。"那个人就送给了他几十斤，李德裕不肯接受。第二年那个人罢官离开，刻意精益求精，送给他几两茶叶。李德裕欣然接受，说："这种茶可以解酒的危害。"于是让人烹煮了一酒杯，放在肉食里面，用银盒子密封起来。第二天清晨再来看，肉已经化成了水。众人都非常佩服赞皇公的远见卓识。

[原文]

　　段公路《北户录》：**前朝短书杂说，呼茗为薄、为夹。又梁《科律》有薄茗、千夹云云。**

　　唐苏鹗《杜阳杂编》：**唐德宗每赐同昌公主馔①，其茶有绿华、紫英之号。**

　　《凤翔退耕传》：**元和时，馆阁汤饮待学士者，煎麒麟草。**

　　温庭筠《采茶录》：**李约字存博，汧公子也。一生不近粉黛，雅度简远，有山林之致。性嗜茶，能自煎，尝谓人曰："当使汤无妄沸，庶可养茶。始则鱼目散布，微微有声；中则四际泉涌，累累若贯珠；终则腾波鼓浪，水气全消。此谓老汤三沸之法，非活火不能成也。"客至不限瓯数，竟日爇②火，执持茶器弗倦。曾奉使行至陕州硖石县东，爱其渠水清流，旬日忘发。**

[注释]

　　①馔：指饮食酒水。②爇：燃烧的意思。

[译文]

　　段公路《北户录》中说：前朝有些文章把茗称作薄，称作夹。又有梁《科律》中称它为薄茗、千夹等。

　　唐苏鹗《杜阳杂编》：唐德宗每次赏赐给同昌公主的茶，其中有的叫作绿华、紫英。

　　《凤翔退耕传》：在元和年间，馆阁中煮麒麟草来招待学士。

　　温庭筠《采茶录》：李约，字存博，是汧国公李勉的儿子。他一生不近女色，风度娴雅，颇有山林雅趣。他特别爱喝茶，常常自己煎煮，曾经对人说："不要让水一直地沸腾，这样才可以养茶。开始时水泡就像是散布在水面上的鱼眼睛，发出非常小的声音；然后就像泉水一样向四围喷涌，泛起成串的珠子；最后就像澎湃的波浪，水气全部都消散了。这就是所谓的老汤三沸的方法，不是活火是不能达到这种效果的。"客人来时不限制瓯数，整天烧火，拿着茶器都不感觉疲倦。曾经奉命行使经过陕州硖石县东边，因为喜爱那里清澈的渠水，留在那里十几天都忘记出发了。

[原文]

《南部新书》：杜幽公悰，位极人臣，富贵无比。尝与同列①言平生不称意有三，其一为澧州刺史，其二贬司农卿，其三自西川移镇广陵，舟次瞿塘，为骇浪所惊，左右呼唤不至，渴甚，自泼汤茶吃也。大中三年，东都进一僧，年一百二十岁。宣皇问服何药而至此？僧对曰："臣少也贱，不知药。性本好茶，至处惟茶是求，或出日过百余椀，如常日亦不下四五十椀。"因赐茶五十斤，令居保寿寺，名饮茶所曰"茶寮"。有胡生者，失其名，以钉铰②为业，居雪溪而近白苹洲。去厥居十余步有古坟，胡生每瀹茗必奠酹之。尝梦一人谓之曰："吾姓柳，平生善为诗而嗜茗。及死，葬室在于今居之侧，常衔子之惠，无以为报，欲教子为诗。"胡生辞以不能，柳强之曰："子但率言③之，当有致矣。"既寤。试构思，果若有冥助者。厥后遂工焉，时人谓之"胡钉铰诗。"柳当是柳恽也。又一说，列子终于郑，今墓在效薮，谓贤者之迹，而或禁其樵牧焉。里有胡生者，性落魄。家贫，少为洗镜、锼钉之业。遇有甘果名茶美酝，辄祭于列御寇之祠垄，以求聪慧而思学道，历稔④，忽梦一人，取刀划其腹，以一卷书置于心腑。及觉，而吟咏之意，皆工美之词，所得不由于师友也。既成卷轴，尚不弃于猥贱之业，真隐者之风，远近号为"胡钉铰"云。

[注释]

①同列：即同僚。②钉铰：洗镜、补锅、锔碗等。③率言：直率而言，即随意说出。④历稔：经过了一年。

[译文]

《南部新书》：幽国公杜悰，地位显赫，十分富贵。曾和同僚说起平生不如意的事情有三件：一是做澧州的刺史，第二是被贬为司农卿，第三是从西川到广陵，船行经过瞿塘江的时候，被大风浪所惊吓，却没有呼唤到一个人，口很渴，于是就自己煎茶来喝。大中三年，东都来了一个和尚，有一百二十岁了。宣皇问他吃了什么药才这样长寿？和尚回答说："我出身低贱，不曾吃过什么药。只是一生喜欢喝茶，每到一处都化求茶水，有时候一天所求的茶超过了百碗，最低也不会少于四五十碗。"因此宣皇赏赐给他五十斤茶叶，让他居住在保寿寺中，将喝茶的地方称为"茶寮"。有位姓胡的人，名字已经不知道了，以钉铰为职业，居住在雪溪靠近白苹洲的地方。距离他家十几步有一座古坟，他每次喝茶的时候必定要对古坟奠祭一杯。后来梦到一个人对他说："我姓柳，擅长作诗而且喜欢喝茶。死后，埋葬在你现在居所的旁边，常常得到你的恩惠，我没有什么可以报答的，想教你作诗。"胡生推辞说自己不行，柳坚持说："你只管直言，到时候就行了。"醒来之后，尝试着去构思作诗，果然觉得好像有人在暗中帮助自己一样。后来他的诗写得非常工整，后人称为"胡钉铰诗。"这里所指的柳应该是柳恽。（还有一种说法是，）列子在郑国去世，现在他的墓地在郊外杂草丛生的地方，作为贤者的墓地，不允许人到那里砍柴放牧。当地有一个姓胡的人，非常落魄。家中贫穷，小时候从事钉铰的工作。每当有甘甜的果子、好的茶水和美味佳肴，就拿到列子的祠堂中去祭祀，以求变得聪明而明白道理。有一天忽然梦到一个人，用刀划开了他的腹部，将一卷书放在了他的心腑之中。等他醒来后，吟咏出来的诗都是华美工丽的词句，而且都不是从老师和朋友那学来的。他既具备了这样的才华，也不放弃以前的工作，真是具有隐者的风范。远近的人都称他为"胡钉铰"。

扬子江

扬子江南零水在金山一带，被陆羽评定为天下第七。南零水实为一种泉水，由于在漩涡深处，很难汲取，因而也尤其珍贵。南宋文天祥曾称赞南零水为"扬子江心第一泉"。

[原文]

张又新《煎茶水记》：代宗朝，李季卿刺湖州，至维扬逢陆处士鸿渐。李素熟陆名，有倾盖之欢，因之赴郡，泊扬子驿，将食，李曰："陆君善于茶，盖天下闻名矣，况扬子南零水又殊绝。今者二妙，千载一遇，何旷之乎！"命军士谨信者操舟挈瓶，深诣南零。陆利器以俟之。俄水至，陆以杓扬其水曰："江则江矣，非南零者，似临岸之水。"使曰："某操舟深入，见者累百，敢虚给①乎？"陆不言，既而倾诸盆，至半，陆遽止之，又以杓扬之曰："自此南零者矣。"使蹶然大骇，伏罪曰："某自南零赍②至岸，舟荡覆半，至惧其少，挹岸水增之，处士之鉴，神鉴也，其敢隐乎！"李与宾从数十人皆大骇愕。

《茶经》本传：羽嗜茶，著经三篇。时鬻茶者，至陶羽形置炀突间，祀为茶神。有常伯熊者，因羽论，复广著茶之功。御史大夫李季卿宣慰江南，次临淮，知伯熊善煮茗，召之。伯熊执器前，季卿为再举杯。其后尚茶成风。

[注释]

①绐：古同"诒"，欺骗，欺诈。②赍：携带，拿东西给人。

[译文]

张又新在《煎茶水记》中说：代宗朝时，李季卿任湖州刺史，到维扬的时候遇到了陆羽。李季卿本来对陆羽的名字非常熟，对他很仰慕，因此前去拜访，在扬子驿馆，快要吃饭的时候，李季卿说："陆处士善于煮茶水，这是天下人皆知的，何况扬子江南零的水又非同寻常。现在这两种妙处遇到了一起，真是千载难逢的好机会啊，怎么能错过呢？"于是让军中亲信拿着瓶子划着船，去南零取水。陆羽准备好器具等着。一会儿水取来了，陆羽用勺子舀起水说："江水倒是江水，可并非南零的水，好像是岸边的水。"使者说："我划船深入江中，超过上百的人都看到了，难道还会有假吗？"陆羽就不再说话了，然后把水往盆子里倒，倒了一半的时候，陆羽才停住，又用勺子舀起水来说："从这里开始才是南零的水。"使者顿时大吃一惊，马上认错说："我从南零运水到岸边的时候，船一晃水被洒掉了一半，因为怕水太少，于是就将岸边的水加到了里面，处士的判断，真是神明，我怎么还敢隐瞒实情呢！"李季卿和随从几十人都感到非常惊愕。

《茶经》本传：陆羽喜欢喝茶，著有《茶经》三篇。当时喜欢煮茶的人，将陆羽的陶像放在灶龛间，作为茶神祭祀。有个叫常伯熊的，因为受陆羽的影响，也作文章称赞茶的好处。御史大夫李季卿到江南宣慰，次日到了淮水，知道常伯熊擅长煮茶，于是就将他召来。常伯熊在茶器前煮茶，李季卿喝了好几杯。后来喝茶就成了一种风气。

[原文]

《金銮密记》：金銮故例，翰林当直学士，春晚人困，则日赐成象殿茶果。

《梅妃传》：唐明皇与梅妃斗茶，顾诸王戏曰："此梅精也，吹白玉笛，作惊鸿①舞，一座光辉，斗茶今又胜吾矣。"妃应声曰："草工之戏，惧胜陛下。设使调和四海，烹饪鼎鼐②，万乘自有宪法，贱妾何能较胜负也。"上大悦。

杜鸿渐《送茶与杨祭酒书》：顾渚山中紫笋茶两片，一片上太夫人，一片充昆弟③同歠，此物但恨帝未得尝，实所叹息。

[注释]

①惊鸿：形容女性轻盈如雁之身姿。②烹饪鼎鼐：比喻治理国家。③昆弟：即兄弟。

[译文]

《金銮密记》中说：金銮以前的惯例，翰林院值班的学生，春天傍晚时候人非常容易犯困，于是就每天赐给成象殿茶果。

《梅妃传》：唐明皇和梅妃斗茶，对诸王开玩笑说："这人是梅精，吹白玉制成的笛子，舞姿像惊鸿一样，使满座生辉，现在斗茶又把我赢了。"梅妃回答说："草木这样的游戏，偶尔胜过陛下。假如论治理天下，处理国家大事，万岁自然有高明的办法，我就不敢和您比较高下了。"皇上听后非常开心。

杜鸿渐《送茶与杨祭酒书》：取顾渚山中的紫笋茶叶两片，一片送给太夫人，一片送给兄弟你，这种东西皇上没有品尝过，实在是令人叹息啊。

[原文]

《白孔六帖》：寿州刺史张镒，以饷钱百万遗陆宣公赞①。公不受，止受茶一串，曰："敢不承公之赐。"

《海录碎事》：邓利云："陆羽，茶既为癖，酒亦称狂。"

《侯鲭录》：唐右补阙綦毋旻②，音英。博学有著述才，性不饮茶，尝著《伐茶饮序》，其略曰："释滞消壅，一日之利暂佳；瘠气耗精，终身之累斯大。获益则归功茶力，贻患则不咎茶灾。岂非为福近易知，为祸远难见欤？"旻在集贤，无何以热疾暴终。

[注释]

①陆贽：唐代文臣。苏州嘉兴（今属浙江）人，字敬舆。②綦毋旻：唐代江西有名的诗人。

[译文]

《白孔六帖》：寿州刺使张镒，送给陆宣公百万两银钱。陆宣公拒绝了，只接受了一串茶叶，说："怎么敢不接受你的赏赐呢！"

《海录碎事》：邓利说："陆羽，于茶可称为癖，于酒也可称为狂。"

《侯鲭录》：唐代的右补阙綦毋煛，博学多才且有很多著作，但他不喜欢喝茶，曾经著有《伐茶饮序》，他在书中说："茶能消除体内的积滞，一天的好处只是短暂的；它会消耗精气，累及终身的危害才是大的。只要是好处就归功于茶，而坏处却不去追究茶的责任。难道不是福近容易知道，祸远却难看到吗？"他在集贤殿，没多久却因为热疾而暴病身亡。

[原文]

《苕溪渔隐丛话》：义兴①贡茶非旧也。李栖筠典②是邦，僧有献佳茗，陆羽以为冠于他境，可荐于上。栖筠从之，始进万两。

烟波钓徒张志和

唐代诗人张志和，晚年在江南扁舟垂钓，游山泛湖，号"烟波钓徒"。唐肃宗赐给张志和奴婢，他让他们为自己在竹林里煎茶。

《合璧事类》：唐肃宗赐张志和奴、婢各一人，志和配为夫妇，号渔童、樵青。渔童捧钓收纶③，芦中鼓枻④；樵青苏兰薪桂，竹里煎茶。

《万花谷》：《顾渚山茶记》云："山有鸟如鸲鹆⑤而小，苍黄色，每至正二月作声云'春起也'，至三四月作声云'春去也。'采茶人呼为报春鸟。"

[注释]

①义兴：即江苏宜兴，紫笋茶的出产地。②典：此处为掌管。③纶：钓鱼竿上的钓线。④枻：指船桨。⑤鸲鹆：即八哥。

[译文]

《苕溪渔隐丛话》：义兴的贡茶并非以前就有。李栖筠在此地当官的时候，有位和尚进献了上好的茶叶，陆羽认为这种茶叶比其他地方的品种都要好，可以作为贡品献给皇上。李栖筠采纳了他的说法，才开始进贡万两贡茶。

《合璧事类》：唐肃宗赐给张志和男女仆人各一人，志和让他们结为夫妇，称他们为渔童、樵青。渔童负责整理渔具，在芦中划船；樵青负责砍柴伐薪，在竹林中煎茶。

《万花谷》：《顾渚山茶记》中说："山中有像鸲鹆一样的苍黄色的小鸟，但比鸲鹆要小，每到二月就会发出'春起也'的叫声，到三四月的时候会发出'春去也'的叫声。采茶人把它叫作'报春鸟'。"

[原文]

董逌《陆羽点茶图跋》：竟陵大师积公①嗜茶久，非渐儿煎奉不向口。羽出游江湖四五载，师绝于茶味。代宗召师入内供奉，命宫人善茶者烹以饷，师一啜而罢。帝疑其诈，令人私访，得羽，召入。翌日，赐师斋，密令羽煎茗遗②之，师捧瓯喜动颜色，且赏且啜，一举而尽。上使问之，师曰："此茶有似渐儿所为者。"帝由是叹师知茶，出羽见之。

《蛮瓯志》：白乐天③方斋，刘禹锡正病酒④，乃以菊苗斋、芦菔鲊馈乐天，换取六斑茶以醒酒。

《诗话》：皮光业，字文通，最耽茗饮。中表请尝新柑，筵具甚丰，簪绂丛集。才至，未顾尊罍，而呼茶甚急，径进一巨觥，题诗曰："未见甘心⑤氏，先迎苦口⑥师。"众哗云："此师固清高，难以疗饥也。"

[注释]

①竟陵大师积公：是指陆羽做僧人时的师父。②遗：送上。③白乐天：即唐代著名诗人白居易。④病酒：指因为饮酒而醉。⑤甘心：使心中甜，此处代指酒。⑥苦口：使口中苦，此处代指茶。

[译文]

董逌在《陆羽点茶图跋》中说：竟陵大师积公虽然喜欢喝茶已经很久了，但不是陆羽煎的茶他不尝。在陆羽外出游览的四五年中，大师再没有喝过茶。代宗把大师请进宫内侍奉，让宫中善于煮茶的人烹煮好茶给他喝，竟陵大师喝一口就不喝了。皇上怀疑有诈，让人私自去寻访，将陆羽请进宫中。第二天，暗中命令将陆羽所煎制的茶水给他，大师捧着茶瓯喜形于色，一边欣赏一边喝，一下子就喝光了。皇上让人去问他，大师说："这茶好像是陆羽所泡的啊。"皇上于是赞叹大师对茶有研究，让陆羽出来和他相见。

《蛮瓯志》记载：白乐天斋戒的时候，刘禹锡还在酒醉之中，于是用菊苗粉、芦菔干送给白乐天，以换取六斑茶叶来醒酒。

《诗话》：皮光业，字文通，非常喜欢喝茶。中表请他品尝新鲜的柑橘，筵席十分丰盛，很多有身份的人都来了。文通一到，不顾酒杯，而大声叫茶，于是主人就让人抬来一个很大的茶杯，题诗说："未见甘心氏，先迎苦口师。"众人都说："此师固清高，难以疗饥也。"

[原文]

《太平清话》：卢仝自号癖王，陆龟蒙自号怪魁。

《潜确类书》：唐钱起，字仲文，与赵莒为茶宴，又尝过长孙宅，与朗上人作茶会，俱有诗纪事。

《湘烟录》：闵康侯曰："羽著《茶经》，为李季卿所慢①，更著《毁茶论》。其名疾，字季疵者，言为季所疵也。事详传中。"

[注释]

①慢：对人不礼貌。

[译文]

《太平清话》中记载：卢仝给自己取的号是癖王，陆龟蒙给自己取的号是怪魁。

《潜确类书》：唐代的钱起，字仲文，和赵莒一起举行茶宴，曾经路过长孙家，和朗上人一起举行茶会，这些事情都有诗记载的。

《湘烟录》：闵康侯说："陆羽写了一本《茶经》，但是被李季卿所轻视，因此著有《毁茶论》。陆羽名疾，字季疵，就是说为季所疵。这件事详细地记在他的传记中。"

[原文]

《吴兴掌故录》：长兴①啄木岭，唐时吴兴、毗陵二太守造茶修贡，会宴于此。上有境会亭，故白居易有《夜闻贾常州崔湖州茶山境会欢宴》诗。

包衡《清赏录》：唐文宗谓左右曰："若不甲夜视事，乙夜观书，何以为君？"尝召学士于内庭，论讲经史，较量文章，宫人以下侍茶汤饮馔。

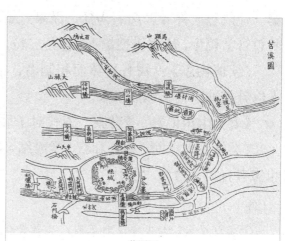

苕溪图

吴兴苕溪从三国时代就出产名茶，陆羽晚年隐居于此，与吴中地区的诗僧皎然、隐士张志和等往来。此图为清代嘉庆年间《余杭县志》上所绘的苕溪图。

《名胜志》:唐陆羽宅在上饶县东五里。羽本竟陵人,初隐吴兴苕溪,自号桑苎翁,后寓新城时,又号东冈子。刺史姚骥尝诣②其宅,凿沼为溟渤(míngbó)之状,积石为嵩华③之形。后隐士沈洪乔葺④而居之。

[注释]

①长兴:即浙江湖州,紫笋、 芥山、洞山、太子茶均出于此。②诣:到,造访。③嵩华:指山岳。④葺:修整。

[译文]

《吴兴掌故录》: 长兴的啄木岭,是唐朝时吴兴、 毗陵两地的太守造茶修贡的地方,他们曾经在这里举行宴会。上面有个境会亭,因此白居易有《夜闻贾常州崔湖州茶山境会欢宴》诗。

包衡《清赏录》中说:唐文宗对随从说:"如果不在甲夜处理事情,在乙夜看书,怎么可以做君王呢?"他曾经招学士到内庭,谈论经史,比试文章,宫中的下人服侍他们喝茶吃饭。

《名胜志》:唐朝陆羽的房子在上饶县东面五里左右的地方。陆羽本是竟陵人,开始隐居在吴兴苕溪,自称桑苎翁,后来住在新城,又号称东冈子。刺史姚骥曾经造访他的居所,其中里面有人工开凿的湖泊,用石头垒成的假山。后来隐士沈洪乔将其修葺一新居住在里面。

[原文]

《饶州志》:陆羽茶灶在余干县冠山石峰。羽尝品越溪水为天下第二,故思居禅寺,凿石为灶,汲泉煮茶。曰丹炉,晋张氲(yūn)作。大德时总管常福生,从方士搜炉下,得药二粒,盛以金盒,及归开视,失之。

《续博物志》:物有异体而相制者,翡翠屑金①,人气粉犀②,北人以针敲冰,南人以线解茶。

《太平山川记》:茶叶寮(liáo),五代时于履居之。

《类林》:五代时,鲁公和凝,字成绩,在朝率同列,递日以茶相饮,味劣者有罚,号为"汤社"。

[注释]

①翡翠屑金:古代传说翡翠可以让黄金化为粉屑。②犀:即犀牛角。

[译文]

《饶州志》:陆羽的茶灶在余干县冠山的石峰上。陆羽品尝了越溪的水后评其为天下第二,因此想要居住在禅寺中,将石头凿成了灶,汲取泉水来煮茶。

有一个炉子被称为丹炉，是晋朝时期张氲制造的，元朝大德时期的总管常福生，跟随方士搜寻这个炉子，从中得到了两粒丹药，盛放在金盒子中。回家再打开来看时，已经不见了。

《续博物志》：不相同的物体之间可以相互制约，翡翠可以让黄金化为粉末，人气可以让犀牛角成为粉末，北方的人用针来敲冰，南方的人用线来解茶。

《太平山川记》：茶叶寮，是五代时期于履的住所。

《类林》：五代时期，鲁公和凝，字成绩，在朝中率领同僚每天喝茶，茶味道不好的要受到处罚，被称为"汤社"。

[原文]

《浪楼杂记》：天成四年，度支奏，朝臣乞假省觐者，欲量赐茶药，文班自左右常侍至侍郎，宜各赐蜀茶三斤，蜡面茶二斤，武班官各有差。

马令《南唐书》：丰城毛炳好学，家贫不能自给，入庐山与诸生留讲，获镪①即市②酒尽醉。时彭会好茶，而炳好酒，时人为之语曰："彭生作赋茶三片，毛氏传诗酒半升。"

《十国春秋·楚王马殷世家》：开平二年六月，判官高郁请听民售茶，北客收其征以赡军，从之。秋七月，王奏运茶河之南北，以易缯纩③、战马，仍岁贡茶二十五万斤，诏可。由是属内民得自摘山造茶而收其算，岁入万计。高另置邸阁居茗，号曰"八床主人"。

[注释]

①镪：指银两。②市：买。③缯纩：指丝绵。

[译文]

《浪楼杂记》：天成四年，宫中开排支出的奏章中说，朝臣请假省亲的，要适当地赐给茶药，文官从左右常待到侍郎，每个人赏赐蜀茶三斤，蜡面茶叶二斤，武官根据不同的情况赐给茶药。

马令《南唐书》中记载：丰城的毛炳非常喜欢学习，家中很贫穷不能养活自己，就去庐山教书，有了钱后就去市集上买酒喝，直到喝醉为止。那时的彭会喜欢茶而毛炳喜欢酒，因此人们说："彭生作赋茶三片，毛氏传诗酒半升。"

《十国春秋·楚王马殷世家》：开平二年六月，判官高郁向朝廷请求允许百姓买卖茶叶，对北方商人收税以补给军队，他的建议被采纳。七月的时候，王奏请在南北之间通过水路运送茶叶，以换取丝绸、战马，每年向朝廷进贡茶叶二十五万斤，皇上准许。从此以后管辖之内的百姓到山里去采茶制茶，按照他们的收入来征税，每年收入以万计。高郁还另外建造房屋放置茶叶，号为"八床主人"。

[原文]

　　《荆南列传》：文了，吴僧也，雅善烹茗，擅绝一时。武信王时来游荆南，延①住紫云禅院，日试其艺，王大加欣赏，呼为汤神，奏授华亭水大师。人皆目为乳妖。

　　《谈苑》：茶之精者北苑，名白乳头。江左有金蜡面。李氏别命取其乳作片，或号曰"京挺""的乳"二十余品。又有研膏茶，即龙品也。

　　释文莹《玉壶清话》：黄夷简雅有诗名，在钱忠懿王俶幕中，陪樽俎②二十年。开宝③初，太祖赐俶"开吴镇越崇文耀武功臣制诰"。俶遣夷简入谢于朝，归而称疾，于安溪别业保身潜遁。著《山居》诗，有"宿雨一番蔬甲嫩，春山几焙茗旗香"之句，雅喜治宅，咸平中，归朝为光禄寺少卿，后以寿终焉。

[注释]

　　①延：请的意思。②樽俎：指宴席。③开宝：宋太祖赵匡胤的年号。

[译文]

　　《荆南列传》：吴国有个叫文了的和尚，有烹茶的雅致，可以称为当时一绝。武信王到荆南来游玩的时候，暂时住在紫云禅院中，每天看他的茶艺，对他大加赞赏，把他称为汤神，奏请授封他为华亭水大师。别人都把他看成是乳妖。

　　《谈苑》：最好的茶叶产自北苑，名字叫作白乳头。江左有茶叶名叫金蜡面。李氏让人取它的乳芽制作成茶片，称为"京挺""的乳"等二十多个品种。还有研膏茶，就是所谓的龙品。

　　释文莹《玉壶清话》中说：黄夷简素有诗名，在忠懿王钱俶的幕府中，做了二十年幕僚。开宝年初，太祖赐俶为"开吴镇越崇文耀武功臣制诰"。钱俶让夷简到朝上去谢恩，他回来之后就称病，到安溪隐居修养身心。黄夷简著有《山居》诗，有"宿雨一番蔬甲嫩，春山几焙茗旗香"的诗句。他一向喜欢整治住宅，在咸平年间，回到朝中被封为光禄寺少卿，以寿终年。

[原文]

　　《五杂俎》：建人喜斗茶，故称茗战。钱氏子弟取雪上瓜，各言其中子之的数①，剖之以观胜负，谓之瓜战。然茗犹堪战，瓜则俗矣。

　　《潜确类书》：伪闽甘露堂前，有茶树两株，郁茂婆娑，宫人呼为清人树。每春初，嫔嫱戏于其下，采摘新芽，于堂中设倾筐会。

《宋史》：绍兴四年初，命四川宣抚司支茶博焉。旧赐大臣茶有龙凤饰，明德太后②曰："此岂人臣可得。"命有司③别制入香京挺以赐之。

[注释]

①的数：确切的数。②明德太后：指赵光义的皇后李氏。③有司：指主管部门。

[译文]

《五杂俎》：建人喜欢斗茶，因此称为茗战。姓钱的子弟摘取雪溪的瓜，各自说出其中瓜子的数目，剖开然后分辨胜负，因此被称为瓜战。然而茗可以战，瓜就显得有些俗气了。

《潜确类书》：在伪闽王宫甘露堂的前面，有两棵茶树，茂盛婆娑，宫中人称之为清人树。每年初春的时候，宫中的嫔妃们都会在树下嬉戏，采摘新生长出来的茶芽，到屋子中开设倾筐会。

《宋史》：绍兴四年初，朝廷命令四川的宣抚司拿出了很多茶叶。以前封赐给大臣的茶叶上面有龙凤的装饰，明德太后说："这种茶叶哪是身为人臣可以得到的呢？"于是命令有司另外制作叫京挺的茶送进宫中赏赐给大臣们。

[原文]

《宋史·职官志》：茶库掌茶，江、浙、荆、湖、建、剑茶茗，以给翰林诸司赏赉出鬻①。

《宋史·钱俶传》：太平兴国②三年，宴俶长春殿，令刘铢、李煜③预坐。俶贡茶十万斤，建茶万斤，及银绢等物。

《甲申杂记》：仁宗朝，春试进士集英殿，后妃御太清楼观之。慈圣光献④出饼角以赐进士，出七宝茶以赐考官。

[注释]

①鬻：指卖出。②太平兴国：为宋太宗赵炅的年号。③李煜：南唐后主。④慈圣光献：指宋仁宗赵祯的皇后曹氏。

[译文]

《宋史·职官志》：茶库是掌管茶的，江州、浙州、荆州、湖州、建州、剑州茶茗，以便赏赐给诸位翰林。

《宋史·钱俶传》：太平兴国三年，皇上在长春殿设宴款待钱俶，让刘铢、李煜陪同，钱俶进献贡茶十万斤，建茶万斤，以及银钱布匹等物品。

《甲申杂记》：仁宗年间，在集英殿举行进士的春试，后宫嫔妃们站在楼上

陆羽像

茶圣陆羽，字鸿渐，唐代竟陵人，因沉溺于茗事，被人认为有甘草癖，与晋代杜预的《左传》癖同样成为美谈。

观看。慈圣光献皇后拿出饼角来赏赐给进士，拿出七宝茶来赏赐给考官。

[原文]

《玉海》：宋仁宗天圣三年，幸南御庄观刈麦，遂幸玉津园，燕①群臣，闻民舍机杼②，赐织妇茶彩。

陶穀《清异录》：有得建州茶膏，取作耐重儿八枚，胶以金缕，献于闽王曦，遇通文之祸，为内侍所盗，转遗贵人。符昭远不喜茶，尝为同列御史会茶，叹曰："此物面目严冷，了无和美之态，可谓冷面草也。"孙樵《送茶与焦邢部书》云："晚甘侯③十五人遣侍斋阁。此徒皆乘雷而摘，拜水而和，盖建阳丹山碧水之乡，月涧云龛之品，慎勿贱用之。"汤悦有《森伯④颂》，盖名茶也。方饮而森然严乎齿牙，既久，而四肢森然，二义一名，非熟乎汤瓯境界者谁能目之。吴僧梵川，誓愿燃顶供养双林⑤。传大士自往蒙顶山上结庵种茶。凡三年，味方全美。得绝佳者曰"圣杨花""吉祥蘂"，共不逾五斤，持归供献。宣城何子华邀客于剖金堂，酒半，出嘉阳严峻所画陆羽像悬之，子华因言："前代惑骏逸者为马癖，泥贯索者为钱癖，爱子者有誉儿癖，躭书者有《左传》癖，若此叟溺于茗事，何以名其癖？"杨粹仲曰："茶虽珍，未离草也，宜追目陆氏为甘草癖。"一座称佳。

[注释]

①燕：同"宴"，意为设宴款待。②机杼：指织布机。③晚甘侯：茶的戏称，因茶先苦后甘。④森伯：亦为茶的戏称。⑤双林：指释迦牟尼。

[译文]

《玉海》：宋仁宗天圣三年，皇上到南御庄视察割麦的情况，随后来到玉津园，设宴款待群臣，百姓听说后放下手中的活出来观看，皇上赏赐给织布的妇女们茶叶。

陶穀《清异录》：有得到建州茶膏的人，拿来做成了八枚小块，将金丝贴在上面，献给闽王曦，后来发生通文之祸，这些茶被内侍偷走了，转送给了贵人。符昭远不喜欢喝茶，御史们举行茶会，他说："这种东西面目最为冷峻，看起来没有丝毫和美之意，可以称之为冷面草了。"孙樵在《送茶与焦刑部书》中说："晚甘侯十五人派到侍斋阁。这些茶叶都是趁着打雷的时候采来的，这样水才能使它更加和美，建阳是丹山碧水的地方，月涧云龛的品种，千万不要糟蹋了它。"汤悦著有《森伯颂》，讲的都是茶，刚饮茶的时候感觉口中冷森，时间长了以后就会觉得四肢清爽，一种茶有两种感觉，如果不是熟悉汤瓯的人，谁能够分辨出来呢？吴地的和尚梵川，他的誓愿是供养佛祖。相传他亲自在蒙顶山上盖庵房种茶，茶树种了三年之后，味道才开始全美。最好的茶，被称为"圣杨花""吉祥蕊"，总共不超过五斤，拿回来进献。宣城何子华邀请客人到剖金堂，酒喝到一半时，拿出嘉阳严峻所画的陆羽像挂起来，子华说："前代将爱马人称之为马癖，喜欢泥贯索的称为钱癖，喜欢儿子的称为誉儿癖，爱书之人有《左传》癖，像这个人沉溺于茗事，那应该叫他什么癖呢？"杨粹仲说："茶叶虽然珍贵，但是仍然离不开草木的本质，应该追奉陆羽为甘草癖。"满座的人都认为很好。

[原文]

《类苑》：学士陶谷得党太尉家姬，取雪水烹团茶以饮，谓姬曰："党家应不识此？"姬曰："彼麤人安得有此，但能于销金帐中浅斟低唱，饮羊羔儿酒耳。"陶深愧其言。胡峤《飞龙涧饮茶》诗云："沾牙旧姓余甘氏，破睡当封不夜侯。"陶谷爱其新奇，令犹子①彝和之。彝应声云："生凉好唤鸡苏②佛，回味宜称橄榄仙。"彝时年十二，亦文词之有基址者也。

《延福宫曲宴记》：宣和③二年十二月癸巳，召宰、执、亲王、学士曲宴于延福宫，命近侍取茶具，亲手注汤击拂。少顷，白乳浮盏面，如疏星淡月，顾诸臣曰："此自烹茶。"饮毕，皆顿首谢。

[注释]

①犹子：指侄儿。②鸡苏：即水苏、龙脑，一种叶子芬香的草，可以用来烹鸡。③宣和：宋徽宗年号。

[译文]

《类苑》：学士陶谷得到了党太尉家的家姬，拿来雪水烹煮团茶喝，对家姬说："党家大概不认识这个东西吧？"家姬说："他们都是粗人，怎么会有这些东西

qiáo

呢？只不过是在销金帐中浅斟低唱，喝羊羔酒罢了。"陶谷听后，为自己的话感到非常愧疚。胡峤《飞龙涧饮茶》诗："沾牙旧姓余甘氏，破睡当封不夜侯。"陶谷很喜欢这新奇的诗句，让侄子陶彝来对诗，陶彝应声说："生凉好唤鸡苏佛，回味宜称橄榄仙。"陶彝当时十二岁，文词已有了一定的根基。

《延福宫曲宴记》：宣和二年十二月癸巳，皇上召集宰相、执事、亲王、学士到延福宫中参加宴席，命令身边的侍从取来茶具，皇上亲手泡茶。一会儿，杯子上浮现出了乳白色的泡沫，像疏星淡月一般，皇上回头对大臣们说："这是我自己煮的茶。"喝完之后，大臣们都磕头谢恩。

[原文]

　　《宋朝纪事》：洪迈选成《唐诗万首绝句》，表进，寿皇①宣谕："阁学选择甚精，备见博洽，赐茶一百銙，清馥香一十贴，薰香二十贴，金器一百两。"

司马光

相传司马光曾与苏轼斗茶，当时的社会风尚以白茶为最佳，二人都是白茶，无法分出胜负，但苏东坡是以雪水沏茶，水质更好，茶味更佳，于是胜了司马光。

　　《乾淳岁时纪》：仲春上旬，福建漕司进第一纲茶，名"北苑试新"，方寸小銙，进御止百銙，护以黄罗软盝②，藉以青箬，裹以黄罗，夹复臣封朱印，外用朱漆小匣镀金锁，又以细竹丝织笈贮之，凡数重。此乃雀舌水芽，所造一銙之值四十万，仅可供数瓯之啜尔。或以一二赐外邸，则以生线分解转遗，好事以为奇玩。

[注释]

　　①寿皇：指宋孝宗。②盝：古代的小型妆具。

[译文]

　　《宋朝纪事》：洪迈选编成《唐诗万首绝句》，上表进献，寿皇在谕中称赞他说："阁学选择得非常精练，显示了广博的学识，赏赐茶叶一百銙，清馥香十帖，薰香二十帖，金器一百两。"

　　《乾淳岁时纪》：在仲春上旬，福建漕运司进献了第一批茶，名字叫作"北苑试新"，是方寸小銙，进贡给皇上的也只有百銙，把它们放在黄罗软盝里面，上面盖上青色的竹叶，再在外面裹上黄罗，盖上大红的封印，用红漆小盒子装上，加上一把镀金锁，用细竹丝织的箱子储存着，一般都要经过这些步骤。这就是所说的雀舌水芽，一铐可以值四十万，却只能喝数杯而已。皇上偶尔会赏赐一点给外面的官员，而且还要用生线将茶转赠，好事的人认为这是奇特的东西。

[原文]

《南渡典仪》：车驾幸学①，讲书官讲讫，御药传旨宣坐赐茶。凡驾出，仪卫有茶酒班殿侍两行，各三十一人。

《司马光日记》：初除学士待诏李尧卿宣召称："有敕。"口宣毕，再拜，升阶，与待诏坐，啜茶。盖中朝旧典也。

欧阳修《龙茶录后序》：皇祐②中，修《起居注》，奏事仁宗皇帝，屡承天问，以建安贡茶并所以试茶之状谕臣，论茶之舛谬③。臣追念先帝顾遇之恩，览本流涕，辄加正定，书之于石，以永其传。

[注释]

①幸学：指来到太学。②皇祐：宋仁宗年号。③舛谬：错误。

[译文]

《南渡典仪》：皇上亲临太学的时候，在讲学官讲完之后，御药传圣旨给讲学官赐座赐茶。只要是皇上圣驾出巡，司仪队中就有茶酒班的殿侍们分侍在两旁，各有三十一个人。

《司马光日记》中记载：初授学士待诏李尧卿宣召称："有敕。"宣召完毕之后，拜两次，走上台阶，和待诏坐在一起，喝茶。这些都是中朝的旧典了。

欧阳修《龙茶录后序》：皇祐年间，编撰《起居注》，向仁宗皇帝启奏事情的时候，皇上多次询问，还告诉我建安贡茶以及为什么试茶的原因，还论及茶叶的一些谬误。我想起先帝的知遇之恩，看到皇帝所批阅的奏本痛哭流涕，于是加以更正，并将其刻在石头之上。以便能永远流传后世。

[原文]

《随手杂录》：子瞻①在杭时，一日中使至，密谓子瞻曰："某出京师辞官家②，官家曰：辞了娘娘来。某辞太后殿，复到官家处，引某至一柜子旁，出此一角密语曰：'赐与苏轼，不得令人知。'遂出所赐，乃茶一斤，封题皆御笔。"子瞻具札，附进称谢。潘中散适为处州守，一日作醮，其茶百二十盏皆乳花，内一盏如墨，诘之，则酌酒人误酌茶中。潘焚香再拜谢过，即成乳花，僚吏皆惊叹。

《石林燕语》：故事：建州岁贡大龙凤、团茶各二斤，以八饼为斤。仁宗时，蔡君谟知建州，始别择茶之精者为小龙团，十斤以献，斤为十饼。仁宗以非故事，命劾之，大臣为请，因留而免劾，然自是遂为岁额。熙宁③中，贾清为福建运使，又取小团之精者为密云龙，以二十饼为斤，而双袋谓之双角团茶。大小团袋皆用绯④，通以为赐也。密云龙独用黄盖，专以奉玉食。其后又有瑞云翔龙者。宣和后，团茶不复贵，皆以为赐，亦不复如向日之精。后取其精者为铐茶，岁赐者不同，不可胜纪矣。

[注释]

①子瞻：苏轼的字。②官家：此处意为皇帝。③熙宁：宋神宗年号。④绯：指红色的丝绸。

[译文]

《随手杂录》：苏轼在杭州的时候，有一天中使来到这里，悄悄对他说："我在京师向皇上辞行时，皇上对我说：辞了娘娘再来。于是我就去辞别了太后，再去皇上那里，皇上把我拉到一个柜子旁，拿给我一件东西并悄悄地说：'将这个赏赐给苏轼，不能让其他人知道。'于是拿出了所赏赐的东西，原来是一斤茶叶，上面的封题都是皇上亲自写的。"苏轼写了一封信，交给中使向皇上道谢。潘中散任处州太守时，一天举行祭礼，一百二十杯茶中都有乳花，只有中间的一杯是黑色的，责问下人，原来是倒酒的人误将酒倒入了茶里面。潘中散焚香再拜谢过，酒水就变成了乳花，手下的人都感觉惊讶。

《石林燕语》：按旧例：每年建州都要向朝廷进贡大龙凤、团茶各两斤，八块为一斤。仁宗时，蔡君谟任建州知府，开始采摘茶叶中的精品，制造成小龙团，进献十斤，十块为一斤。仁宗认为有违惯例，要对他进行处罚，大臣们都为他求情，因此才得以留下来并免除了处罚，然而从那以后，小龙团就变成了每年必须进贡的物品。熙宁年间，贾清任福建转运使，又挑出小团之中上好的制作成密云龙，二十块为一斤，分为双袋，被称为双角团茶。大小团袋都是用红色的丝绸，可作为赏赐物品使用。密云龙只用黄色的盖子，专门用它来供奉给皇上品用。后来又有被称为瑞云翔龙的品种。宣和之后，团茶就不再那样贵重了，都用它来作为赠送的物品，也没有以前那样精致了。后来将好的团茶挑选出来制成铐茶，每年赏赐给不同的人，简直就多得没有办法记录了。

[原文]

《春渚纪闻》：东坡先生一日与鲁直①、文潜诸人会，饭既②，食骨儿血羹。客有须薄茶者，因就取所碾龙团遍啜坐客。或曰："使龙茶能言，当须称屈。"

魏了翁《先茶记》：眉山李君铿，为临邛茶官，吏以故事，三日谒先茶。君诘其故，则曰："是韩氏而王号，相传为然，实未尝请命于朝也。"君曰："饮食皆有先，而况茶之为利，不惟民生食用之所资，亦马政、边防之攸^③赖。是之弗图^④，非忘本乎！"于是撤旧祠而增广焉，且请于郡，上神之功状于朝，宣赐荣号，以侈神赐。而驰书于靖，命记成役。

[注释]

①鲁直：黄庭坚的字。②既：完成之后。③攸：所。④弗图：即不计划，不去做。

[译文]

《春渚纪闻》：东坡先生有一天和鲁直、文潜等人相约会面，吃完饭之后，再吃小饼血羹。有客人说需要喝淡茶才行，于是就取出碾细的龙团茶分给在座的宾客饮用。有人说："要是龙团能说话，必定要叫屈。"

魏了翁在《先茶记》中记载：眉山的李君铿任临邛茶官的时候，官吏说按照规矩，新茶三天之内必须先进献给朝廷。李君铿问他原因，他说："这是韩氏为王时流传下来的一贯做法，但实际并没有请命于朝廷。"李君铿说："饮食都有先后，何况茶叶这种东西呢，它不仅仅是百姓衣食所依靠的，就是马政、边防对它都有所依赖。这些都不顾了，难道不是忘本吗？"于是将以前的祠堂拆掉加以扩大，而且请示上郡，将茶叶的功绩上报朝廷，希望能够赏赐荣号，以此来告慰神灵。于是就将这件事情报知周边，记录下来写成了这篇文章。

[原文]

《拊掌录》：宋自崇宁后复榷茶，法制日严。私贩者固已抵罪，而商贾官券清纳有限，道路有程。纤悉^①不如令，则被击断，或没货出告。昏愚者往往不免。其侪乃目茶笼为草大虫^②，言伤人如虎也。

《苕溪渔隐丛话》：欧公《和刘原父扬州时会堂绝句》云："积雪犹封蒙顶树，惊雷未发建溪春。中州地暖萌芽早，入贡宜先百物新。"时会堂，造贡茶所也。余以陆羽《茶经》考之，不言扬州出茶，惟毛文锡《茶谱》云："扬州禅智寺，隋之故宫，寺傍蜀冈，其茶甘香，味如蒙顶焉。"

第不知入贡之因，起何时也。

[注释]

①纤悉：细微之处。②大虫：即老虎。

[译文]

《拊掌录》：宋朝从崇宁年间以后开始专卖茶叶，管理的法律非常严峻。私自贩茶的人虽然都已经被抓捕认罪，但是官府对商贾的管理是非常有限的，并且路途遥远不好管理。但是如果有知道而不遵从法令的，就会被截下来，没收货物并出示布告。愚蠢的人常常免不了遭殃。他们的同类将茶笼视为草大虫，意思是说像老虎一样伤害人。

《苕溪渔隐丛话》：欧公在《和刘原父扬州时会堂绝句》中说："积雪犹封蒙顶树，惊雷未发建溪春。中州地暖萌芽早，入贡宜先百物新。"（时会堂，是制造贡茶的地方。）我用陆羽的《茶经》来考证，没有说过扬州出产茶叶，只有毛文锡在《茶谱》里面说："扬州的禅智寺，是隋朝的旧宫殿，寺庙依着蜀冈，茶味甘甜清香，跟蒙顶茶味道相同。"但是不知道入贡的起因以及从什么时候开始的。

[原文]

《卢溪诗话》：双井老人以青沙蜡纸裹细茶寄人，不过二两。

《青琐诗话》：大丞相李公昉尝言，唐时目外镇①为粗官，有学士贻外镇茶，有诗谢云："粗官乞与真虚掷，赖有诗情合得尝。"外镇即薛能也。

《玉堂杂记》：淳熙丁酉十一月壬寅，必大轮当内直②，上曰："卿想不甚饮，比赐宴时，见卿面赤。赐小春茶二十铸，叶世英墨五团，以代赐酒。"

[注释]

①外镇：指外郡的节度使之类。②内直：指到翰林院值班。

[译文]

《卢溪诗话》：双井老人用青沙蜡纸包裹细茶寄给别人，但不会超过二两。

《青琐诗话》：大丞相李公昉曾经说过，唐朝的时候人们认为外镇是粗官，有位学士赠送茶叶给外镇，得到的谢诗说："粗官乞与真虚掷，赖有诗情合得尝。"（外镇就是薛能。）

《玉堂杂记》：淳熙丁酉年十一月壬寅，轮到周必大在大内值班，皇上说："想来你应该不太会喝酒，赏赐宴席的时候，我看见你脸色赤红。赏赐给你二十铃小春茶，五团叶世英墨，用它们来代替赏赐给你酒。"

[原文]

陈师道《后山丛谈》：张忠定公令崇阳，民以茶为业。公曰："茶利厚，官将取之，不若早自异也。"命拔茶而植桑，民以

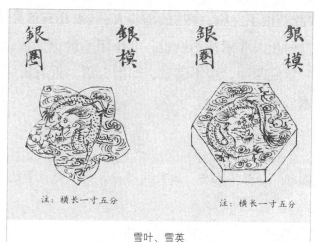

注：横长一寸五分　　注：横长一寸五分

雪叶、雪英

此为宋代北苑贡茶名品，是六角形团茶，横长一寸五分，面有龙纹。

为苦。其后榷茶，他县皆失业，而崇阳之桑皆已成，其为绢而北者，岁百万匹矣。文正李公既薨①，夫人诞日，宋宣献公时为侍从。公与其僚二十余人诣第②上寿，拜于帘下，宣献前曰："太夫人不饮，以茶为寿。"探怀出之，注汤以献，复拜而去。

张芸叟《画墁录》：有唐茶品，以阳羡为上供，建溪、北苑未著也。贞元中，常衮为建州刺史，始蒸焙而研之，谓研膏茶。其后稍为饼样，而穴其中，故谓之一串。陆羽所烹，惟是草茗尔。迨③本朝建溪独盛，采焙制作，前世所未有也，士大夫珍尚鉴别，亦过古先。丁晋公为福建转运使，始制为凤团，后为龙团，贡不过四十饼，专拟上供，即近臣之家，徒闻之而未尝见也。天圣中，又为小团，其品迥嘉于大团。赐两府，然止于一斤，惟上大斋宿两府，八人共赐小团一饼，缕④之以金。八人析⑤归，以侈⑥非常之赐，亲知⑦瞻玩，赓唱以诗，故欧阳永叔有《龙茶小录》。或以大团赐者，辄剖方寸，以供佛、供仙、奉家庙，已而奉亲并待客享子弟之用。熙宁末，神宗有旨，建州制密云龙，其品又加于小团。自密云龙出，则二团少粗，以不能两好也。子元祐中详定殿试，是年分为制举考第，各蒙赐三饼，然亲知诛责，殆将不胜。熙宁中，苏子容使北，姚麟为副，曰："盍载些小团茶乎？"子容曰：

"此乃供上之物，畴⑧敢与北人。"未几有贵公子使北，广贮团茶以往，自尔北人非团茶不纳也，非小团不贵也。彼以二团易蕃罗一匹，此以一罗酬四团，少不满意，即形言语。近有贵貂⑨守边，以大团为常供，密云龙为好茶云。

[注释]

①薨：死，去世。②诣第：指来到府第。③迨：到了。④缕：包裹的意思。⑤析：分开。⑥侈：此处指过分。⑦亲知：亲朋好友。⑧畴：谁。⑨贵貂：皇帝身边的近贵。

[译文]

陈师道在《后山丛谈》中说：张忠定公任崇阳令的时候，百姓都以种茶为生。张忠公说："茶叶的利润非常丰厚，官府肯定会收取回去，不如早点改种别的东西。"于是下令拔掉茶叶种植桑树，百姓深受其苦。后来等官府治理茶叶时，其他地方的百姓都失业了，而崇阳生产的桑已经能制成绢，每年有百万匹卖到北方。李文正去世以后，夫人过生日，宋宣献公那时是侍从。他和自己的同僚二十多人一起去给她祝寿，在帘外跪拜，宣献公上前说："太夫人不喝酒，现在我就用茶为您祝寿。"从怀里面拿出茶来，注水献上，再拜而去。

张芸叟在《画墁录》中说：唐朝的茶叶之中，以阳羡的最好，建溪、北苑的茶还不是那么著名。贞元年间，常衮任建州刺史的时候，才开始蒸焙碾细它，被称之为研膏茶。后来做成饼的样子，在中间穿上洞，因此称为一串。陆羽所烹煮的，只不过是草茗。到了本朝建溪时期才开始变得兴盛起来，采摘烘焙制作，是以前所没有见过的，士大夫珍惜茶，鉴别茶的优劣，也是以前没有过的。丁晋公任福建转运使的时候，才开始制造凤团，后来是龙团，每年也只制造四十块，专门用来进贡，就是附近当官的人家，也只是听说过而没有见过。天圣年间又制造了小团，这个品种比大团更加好。赏赐给两府的，也只有一斤，只有皇上大斋住在两府的时候，八个人总共才赏赐了一块小团，在上面用金丝装饰起来。八个人把小团茶分开后拿了回去，认为这是十分珍贵的赏赐，将其看成是非常珍稀的观赏物品，并作诗来赞美它，所以欧阳修作有《龙茶小录》。有的赏赐的是大团，也只是割取一点用来供佛、供仙、供奉家庙，然后用来招待亲友、客人和留给自己的后人用。熙宁末年，神宗有旨，建州制造密云龙，它的品质比小团还要好。自从密云龙出来之后，两团就稍微显得有些粗糙了，因为不能做到两种都好。我在元祐年间制定殿试时，那一年分为制举考第，蒙皇上赏赐每个人三块茶饼，可是分送给亲友知交都不够。熙宁年间，苏子容出使北方的时候，姚麟为副手，姚麟说："你带了小团茶叶没有啊？"子容说："这是进贡给皇上的物品，怎么敢赠送给北方的人呢？"不久有个贵公子出使到北方，大量进购团茶带了过去，从此以后北方的人开始非团茶不收，不是小团茶他们就不觉得珍贵。有的用两团换一匹蕃马，有的却用一匹蕃马换四团，稍微感到不满意，立即就会翻脸吵起来。近来有皇帝的近贵驻守边关，大团成为常用之物，说密云龙是好茶。

[原文]

《鹤林玉露》：岭南人以槟榔代茶。彭乘《墨客挥犀》：蔡君谟，议茶者莫敢对公发言，建茶所以名重天下，由公也。后公制小团，其品尤精于大团。一日，福唐蔡叶丞秘教召公啜小团，坐久，复有一客至，公啜而

元代赵孟頫《侍童煎茶图》

味之曰："此非独小团，必有大团杂之。"丞惊，呼童诘之，对曰："本碾造二人茶，继有一客至，造不及，即以大团兼之。"丞神服公之明审。王荆公为学士时，尝访君谟，君谟闻公至，喜甚，自取绝品茶，亲涤器，烹点以待公，冀①公称赏。公于夹袋中取消风散一撮，投茶瓯中，并食之。君谟失色，公徐曰："大好茶味"。君谟大笑，且叹公之真率②也。

鲁应龙《闲窗括异志》：当湖德藏寺有水陆斋坛，往岁富民沈忠建每设斋，施主虔诚，则茶现瑞花，故花俨然可睹，亦一异也。

[注释]

①冀：意为希望。②真率：即真诚率直。

[译文]

《鹤林玉露》:岭南人常用槟榔来替代茶叶。彭乘的《墨客挥犀》记载:蔡君谟，谈论茶的人都不敢在他的面前说话，建茶之所以闻名天下，就是因为他的缘故。后来他制造的小团，品质比大团更加好。有一天，福唐蔡叶丞秘密地让人去叫他来喝小团，坐了很长时间，又有一位客人来了，蔡君谟喝了茶说:"这里面不只有小团，一定还带有大团。"蔡叶丞很吃惊，立即把童子叫来责问,童子回答说:

"本来只是碾造了两个人的茶叶，后来又来了一位客人，没有时间制作了，于是就在里面掺杂了一些大团。"蔡叶丞被他的神明判断所折服。王荆公为学士的时候，曾经拜访过蔡君谟，蔡君谟听说他来了，十分高兴，亲自取来上等的好茶，洗干净器具，煮水泡茶来招待他，希望得到王荆公的赞赏。荆公从夹袋里面取出一撮消风散，放进茶杯中，然后喝了下去。蔡君谟看后大惊失色，荆公却慢慢地说："茶叶的味道真好。"蔡君谟大笑，感叹王荆公实在是坦率。

鲁应龙《闲窗括异志》：当湖德藏寺有个水陆斋坛，以前富民沈忠建每次来这里设斋，如果施主非常虔诚，那么茶水就会显现出祥瑞的花纹，而且里面的花清晰可见，这也是一件很奇异的事。

[原文]

周辉《清波杂志》：先人①尝从张晋彦觅茶，张答以二小诗云："内家②新赐密云龙，只到调元六七公。赖有山家供小草，犹堪诗老荐春风。""仇池③诗里识焦坑，风味官焙可抗衡。钻余权幸亦及我，十辈遣前公试烹。"诗总得偶病，此诗俾其子代书，后误刊《于湖集》中。

赌场煎茶

此图是清初李渔《无声戏》第八回《鬼输钱活人还赌债》中的场景，赌场上的人有的在掷骰子，有的紧盯着桌子，还有的在招呼茶水。旁边有小童在煎茶水，摆放着各种茶具。从图可看出茶已经深入到市井的每一个角落。

焦坑产庾岭下，味苦硬，久方回甘。如"浮石已干霜后水，焦坑新试雨前茶"，东坡《南还回至章贡显圣寺》诗也。后屡得之，初非精品，特彼人自以为重，包裹钻权幸，亦岂能望建溪之胜。

《东京梦华录》：旧曹门街北山子茶坊内，有仙洞、仙桥，士女往往夜游，吃茶于彼。

《五色线》：骑火茶，不在火前，不在火后故也。清明改火，故曰"骑火茶"。

《梦溪笔谈》：王城东素所厚惟杨大年。公有一茶囊，惟大年至，则取茶囊具茶，他客莫与也。

［注释］

①先人：指祖先，此处意为父亲。②内家：此处指朝廷。③仇池：指苏轼，因其曾作《仇池笔记》。

［译文］

周辉在《清波杂记》中记载：我的先人曾经到张晋彦那里寻觅茶叶，张晋彦用两首小诗来回复说："内家新赐密云龙，只到调元六七公。赖有山家供小草，犹堪诗老荐春风。""仇池诗里识焦坑，风味官焙可抗衡。钻余权幸亦及我，十辈遣前公试烹。"此诗在对偶上有弊病，是他让儿子代写的，后来误刊刻在《于湖集》中。焦坑茶产自庚岭下，味道又苦又硬，时间放长了味道才会变得甘甜一些。就好像是"浮石已干霜后水，焦坑新试雨前茶"，和苏轼的《南还回至章贡显圣寺》诗中所说的一样。后来多次得到它，开始的时候并不是好茶，仅仅是当地人自认为很好而已，于是就将它包裹起来专门送给有权势的人，又怎能超过建溪茶呢？

《东京梦华录》：旧曹门街北山子茶坊中有仙洞、仙桥，士女常常会在晚上去那里喝茶、游玩。

《五色线》记载：骑火茶的得名，是因为它不在火前，也不在火后的缘故。清明时期改火，因此称之为"骑火茶"。

《梦溪笔谈》中记载：王城东一向器重杨大年。他有一个茶囊，只有杨大年来的时候，才从茶囊中将茶取出来泡茶，其他客人是不会享受到这种待遇的。

［原文］

《华夷花木考》：宋二帝北狩①，到一寺中，有二石金刚并拱手而立，神像高大，首触桁栋，别无供器，止有石盂、香炉而已。有一胡僧出入其中，僧揖坐问："何来？"帝以南来对。僧呼童子点茶以进，茶味甚香美。再欲索饮，胡僧与童子趋堂后而去。移时不出，入内求之，寂然空舍。惟竹林间有一小室，中有石刻胡僧像，并二童子侍立，视之俨然如献茶者。

马永卿《懒真子录》：王元道尝言：陕西子仙姑，传云得道术，能不食，年约三十许，不知其实年也。陕西提刑阳翟李熙民逸老，正直刚毅人也，闻人所传甚异，乃往青平军自验之。既见道貌高古，不觉心服，因曰："欲献茶一杯可乎？"姑曰："不食茶久矣，今勉强一啜。"既食，少顷垂两手出，玉雪如也②。须臾，所食之茶从十指甲出，凝于地，色犹不变，逸老令就地刮取，且使尝之，香味如故，因大奇之。

[注释]

①北狩：向北狩猎，此处指北宋时期宋徽宗、宋钦宗被金人掳去。②玉雪如也：如玉雪也，像白玉和白雪一样。

[译文]

《华夷花木考》：宋二帝被金人掳去，来到一所寺庙，有两个石制的金刚并排拱手站立在那里，神像非常高大，头部快要碰到屋顶的横木了，上面没有其他的贡器，只有石盂和香炉而已。有个胡僧从里面出来，作揖问道："你从哪里来？"皇上说从南面来。和尚让童子泡茶，茶水的味道非常香美。想要再喝的时候，胡僧和童子已经往堂后去了。很长时间也没有出来，到里面去看，房舍都是空的。只在山林间有一座非常小的房子，里面有一个石刻的胡僧像，两个童子侍立在左右，看起来像是刚刚献茶的人。

马永卿《懒真子录》：王元道曾说：陕西的子仙姑，传言得到了法术，可以不吃东西，大概有三十多岁了，但是不知道她的实际年龄。陕西提刑阳翟李熙民字逸老，是位正直刚毅的人，听到人们的传言这样奇异，于是就亲自到青平军中去查证。他看到仙姑道貌高古，不觉得心中折服，因此说："我想献给你一杯茶可以吗？"仙姑说："很久没有喝茶了，今天勉强喝一口吧！"喝过之后，一会儿她的两只手垂出，手指白如玉雪。过了一会，所喝的茶水都从十指之间流出，滴落在地上凝固住了，颜色仍然没有改变。逸老让人就地刮起来，并让人品尝，香味和从前一样，大为惊奇。

陆游

南宋诗人陆游，景仰茶圣陆羽，因自己也姓陆，便以陆羽后裔自居。和陆羽一样，他也自称"桑苎翁"。陆游一生创作了三百多首茶事诗，终生爱茶。

[原文]

《朱子文集·与志南上人书》：偶得安乐茶，分上廿瓶。

《陆放翁集·同何元立蔡肩吾至丁东院汲泉煮茶》诗云：云芽近自峨眉得，不减红囊顾渚春。旋置风炉清樾①下，他年奇事属三人。

《周必大集·送陆务观赴七闽提举常平茶事》诗云：暮年桑苎$^{②}_{zhù}$毁
《茶经》，应为征行不到闽。今有云孙持使节，好因贡焙祀茶人。

[注释]

　　①清樾：指清凉的树阴。②桑苎：指茶圣陆羽，号桑苎翁。

[译文]

　　《朱子文集·与志南上人书》：偶尔得到安乐茶，分上二十瓶。

　　《陆放翁集·同何元立蔡肩吾至丁东院汲泉煮茶》诗中说：云芽近自峨眉得，
不减红囊顾渚春。旋置风炉清樾下，他年奇事属三人。

　　《周必大集·送陆务观赴七闽提举常平茶事》诗中说：暮年桑苎毁《茶经》，
应为征行不到闽。今有云孙持使节，好因贡焙祀茶人。

[原文]

　　《梅尧臣集》：《晏成续^{①}太祝遗双井茶五品，茶具四枚，近诗
六十篇，因赋诗为谢》。

　　《黄山谷集》：有《博士王扬休碾密云龙，同事十三人饮之戏作》。

　　《晁补之集·和答曾敬之秘书招能赋堂烹茶》诗：一盌分来百越春，
玉溪小暑却宜人。红尘他日同回首，能赋堂中偶坐身。

　　《苏东坡集》：《送周朝议守汉川诗》云："茶为西南病，甿俗$^{②}_{méng}$记
二李。何人折其锋，矫矫六君子。"注：二李，杞与稷也。六君子谓师道与
侄正儒、张永徽、吴醇翁、吕元钧、宋文辅也。盖是时蜀茶病民，二李乃始敝之人，
而六君子能持正论者也。仆在黄州，参寥自吴中来访，馆之东坡。一日，
梦见参寥所作诗，觉而记其两句云："寒食清明都过了，石泉槐火一
时新。"后七年，仆出守钱塘，而参寥始仆居西湖智果寺院，院有泉
出石缝间，甘冷宜茶。寒食之明日，仆与客泛湖自孤山来谒参寥，汲
泉钻火烹黄蘗$_{niè}$茶。忽悟所梦诗，兆于七年之前。众客皆惊叹。知传记
所载，非虚语也。

[注释]

　　①晏成续：宋人，晏殊的后人。②甿俗：即民俗。

[译文]

　　《梅尧臣集》：有《晏成续太祝遗双井茶五品，茶具四枚，近诗六十篇，
因赋诗为谢》诗。

《黄山谷集》：有《博士王扬休碾密云龙，同事十三人饮之戏作》诗。

《晁补之集·和答曾敬之秘书见招能赋堂烹茶》诗中说：一碗分来百越春，玉溪小暑却宜人。红尘他日同回首，能赋堂中偶坐身。

《苏东坡集》：《送周朝议守汉川诗》中说："茶为西南病，蜀俗记二李。何人折其锋，矫矫六君子。"（二李指的是李杞与李稷。六君子指的是师道和正儒、张永徽、吴醇翁、吕元钧、宋文辅。当时蜀茶专卖让百姓受害，二李是最初造敝的人，而六君子是能保持正直言论的人。）我在黄州，道谱从吴中来拜访，住在东坡。一天，梦到参寥作的诗句，醒来后仍记得其中两句："寒食清明都过了，石泉槐火一时新。"七年之后，我到钱塘去任职，而参寥当时居住在西湖智果寺院中，院里面石缝中有泉水流出，味道甘冷非常适宜泡茶。寒食节的第二天，我和客人从孤山一起坐船来看望参寥，他汲取泉水放在火上烹煮黄蘗茶。忽然明悟梦中的诗句，七年前就有梦兆了。在座的客人听后都感到非常吃惊。知道传记上所记载的，并非虚构。

东坡试砚

苏轼号东坡居士，是北宋时期的著名文学家。司马光任宰相时，苏轼为礼部侍郎，却因反对司马光尽废新法而被贬。他和司马光不但在政治上意见相左，二人也有茶墨之辩。苏轼"奇茶妙墨俱香"一语让司马光也不得不佩服。

[原文]

东坡《物类相感志》：芽茶得盐，不苦而甜。又云："吃茶多腹胀，以醋解之。"又云："陈茶烧烟，蝇速去。"

《杨诚斋集·谢傅尚书送茶》：远饷新茗，当自携大瓢，走汲溪泉，束涧底之散薪[1]，然折脚之石鼎，烹玉尘，啜香乳，以享天上故人之惠。愧于胸中之书传，但一味搅破菜园耳。

郑景龙《续宋百家诗》：本朝孙志举，有《访王主簿同泛菊茶》诗。

吕元中《丰乐泉记》：欧阳公既得酿泉[2]，一日会客，有以新茶献者。公敕汲泉瀹之。汲者道仆覆水，伪汲他泉。代公知其非酿泉，诘之，乃得是泉于幽谷山下，因名"丰乐泉"。

[注释]

①散薪：指以败枝散叶为柴薪。②酿泉：应该是"让泉"，位于今安徽滁州市琅琊山。

[译文]

苏轼的《物类相感志》中记载："茶芽中放入盐，这样茶不仅不苦反而会很甜。"又说："喝茶容易导致腹部胀痛，可用醋来解决这种病症。"又说："用陈茶叶烧烟，苍蝇很快就会被赶走了。"

《杨诚斋集·谢傅尚书送茶》：您从很远的地方送我新茶，应当自己携带大瓢，以汲取溪底的泉水，收集山涧中的散柴烧火，选择石鼎烹煮，品尝这样香甜的好茶，是在享受天上故人的恩惠。可惜胸中没有诗句可以流传，只是羊踏破菜园罢了。

郑景龙《续宋百家诗》：本朝的孙志举，写有《访王主簿同泛菊茶》诗。

吕元中《丰乐泉记》：欧阳修已经得到酿泉，一天会见客人的时候，有人送给他新茶叶。欧阳修让仆人汲取泉水来泡茶叶。汲水的人半路将水洒了，于是便用其他的泉水代替了。欧阳修知道他所汲取的不是酿泉的水，责问他，才知道泉水是幽谷山下的，因此把它叫作"丰乐泉"。

[原文]

《侯鲭录》：黄鲁直云："烂蒸同州羊，沃以杏酪，食之以匕，不以箸。抹南京面作槐叶冷淘^①，糁（sǎn）以襄邑熟猪肉，饮共城香稻，用吴人脍（kuài）松江之鲈。既饱，以康山谷^②帘泉烹曾坑^③斗品。少焉，卧北窗下，使人诵东坡《赤壁》前后赋，亦足少快。"又见《苏长公外纪》。

《苏舜钦传》：有兴则泛小舟出盘、阊二门^④，吟啸览古，渚茶野酿，足以消忧。

《过庭录》：刘贡父知长安，妓有茶娇者，以色慧称。贡父惑之，事传一时。贡父被召至阙，欧阳永叔^⑤去城四十五里迓^⑥之，贡父以酒病未起。永叔戏之曰："非独酒能病人，茶亦能病人多矣。"

[注释]

①冷淘：指过水凉面之类的食物。②康山谷：位于庐山。③曾坑：位于福建建阳，是北苑茶的著名出产地。④盘、阊二门：指古代苏州的二门。⑤欧阳永叔：即欧阳修，永叔为修字。⑥迓：指迎接。

[译文]

《侯鲭录》：黄庭坚说："把同州羊蒸烂，再在上面浇上杏酪，用刀子直接切着吃，不要用筷子。把南京面作槐叶凉面，加上襄邑的熟猪肉，喝共城的香稻酒，吃吴人制作松江的鲈鱼。吃饱之后，用康山谷帘泉烹煮曾坑的斗品茶。之后，卧在北窗下，让人诵读东坡的《前赤壁赋》《后赤壁赋》，这是件非常愉快的事情。"（另见于《苏长公外纪》）。

《苏舜钦传》：有兴致的时候就乘小船出盘、阊两门，谈古论今，在水边饮茶，在山野饮酒。这样足以消除忧虑。

《过庭录》：刘贡父在长安任职的时候，有个叫茶娇的妓女，以美色和聪慧著称。贡父被迷惑住了，此事流传一时。贡父被召到京城，欧阳修到城外四十五里的地方去迎接他，贡父因喝醉了起不来。欧阳修就开玩笑说："不只酒能醉人，茶也能让人迷惑很长时间啊。"

[原文]

《合璧事类》：觉林寺僧志崇制茶有三等：待客以惊雷荚，自奉以萱草带，供佛以紫茸香。凡赴茶者，辄以油囊盛余沥。江南有驿官，以干事①自任。白太守曰："驿中已理，请一阅之。"刺史乃往，初至一室为酒库，诸酝皆熟，其外悬一画神，问："何也？"曰："杜康②。"刺史曰："公有余也。"又至一室为茶库，诸茗毕备，复悬画神，问："何也？"曰："陆鸿渐。"刺史益喜。又至一室为菹③库，诸俎④咸具，亦有画神，问："何也？"曰："蔡伯喈。"刺史大笑，曰："不必置此。"江浙间养蚕，皆以盐藏其茧而缫丝，恐蚕蛾之生也。每缫毕，即煎茶叶为汁，捣米粉搜之。筛于茶汁中煮为粥，谓之洗缸粥。聚族以啜之，谓益明年之蚕。

《经鉏堂杂志》：松声、涧声、禽声、夜虫声、鹤声、琴声、棋声、落子声、雨滴阶声、雪洒窗声、煎茶声，皆声之至清者。

[注释]

①干事：指做事干练。②杜康：又名少康，是中国历史上第一个奴隶制国家夏朝的第五位国王，中国酿酒业的开山鼻祖，其所造之酒也被命名为"杜康酒"。③菹：指肉酱。④俎：指砧板。

[译文]

《合璧事类》：觉林寺和尚志崇制作的茶叶有三种：招待客人的时候用惊雷荚，自己喝的时候用萱草带，供佛的时候用紫茸草。凡是来喝茶的人，都用油囊来装余下来的茶水。江南有个驿官，以办事干练自居。对太守说："驿馆中的事情已经料理好了，请你一一过目。"刺史于是就去了，开始到了酒库，酿造的酒都还是热的，在外面悬挂着一幅画像，刺史问："这是谁？"回答说："是杜康。"刺史又说："他确实可以称得上是酒神了。"又来到茶库，里面装满了各种著名的茶叶，也悬挂着一幅画像，刺史问："这是谁？"回答说："是陆羽。"刺史听后更加高兴。又到一间屋子，是放置肉酱的，有各种砧板，也悬挂了一幅画像，刺史问："这是谁？"回答说："是蔡伯喈。"刺史大笑起来，说："这幅神像就不必挂了。"江浙地区养蚕，都会将盐藏在茧里面再去缫丝，防止蚕茧生出蚕蛾。每次缫完丝之后，都会把茶叶煎成汁水，然后将米粉捣细。筛在茶水里面煮成粥，称为洗缸粥。让整个家族的人都来喝，据说是对明年的蚕有好处。

《经钼堂杂志》：松声、涧声、禽声、夜虫声、鹤声、琴声、棋声、落子声、雨滴落在台阶上的声音、雪花飘洒在窗户上的声音、煎茶的声音，都是清雅有致的声音。

[原文]

《松漠纪闻》：燕京①茶肆设双陆②局，如南人茶肆中置棋具也。

《梦粱录》：茶肆列花架，安顿奇松、异桧_{gui}等物于其上，装饰店面，敲打响盏。又冬月添卖七宝擂茶、馓子葱茶。茶肆楼上专安着妓女，名曰"花茶坊"。

《南宋市肆记》：平康③歌馆，凡初登门，有提瓶献茗者。虽杯茶，亦犒数千，谓之点花茶。诸处茶肆，有清乐茶坊、八仙茶坊、珠子茶坊、潘家茶坊、连三茶坊、连二茶坊等名。谢府有酒名"胜茶"。

[注释]

①燕京：即今北京。②双陆：古时一博戏。③平康：歌妓的住处。

[译文]

《松漠纪闻》：燕京的茶肆里面设置了双陆局，如南方人的茶肆中就会摆放棋具一样。

《梦粱录》：茶肆中摆放了花架，将奇松、异桧等东西放置在上面，用来装饰门面，并敲响杯子。到了冬天，添置了七宝擂茶、馓子葱茶。还有的茶肆楼上专门安置了妓女，叫作"花茶坊"。

《南宋市肆记》：平康歌馆中，凡是初次登门的人，都有人提着瓶子来献茶。即使是一杯茶，也要犒劳给几千钱，这被称为点花茶。各地方的茶肆，有清乐茶坊、八仙茶坊、珠子茶坊、潘家茶坊、连三茶坊、连二茶坊等名称。谢府有种酒名字就叫作"胜茶"。

[原文]

　　宋《都城纪胜》：大茶坊皆挂名人书画，人情茶坊本以茶汤为正。水茶坊，乃娼家聊设果凳，以茶为由，后生辈甘于费钱，谓之干茶钱。又有提茶瓶及龊茶^①名色。

　　《臆乘》：杨衒之作《洛阳伽蓝记》，曰食有酪奴，盖指茶为酪粥之奴也。

　　《琅环记》：昔有客遇茅君^②，时当大暑，茅君于手巾内解茶叶，人与一叶，客食之五内清凉。茅君曰："此蓬莱穆陀树叶，众仙食之以当饮。"又有宝文之蘽，食之不饥，故谢幼贞诗云："摘宝文之初蕊，拾穆陀之坠叶。"

[注释]

　　①龊茶：这是宋朝的一种习俗，官衙吏卒向店家商人点送茶汤，强行索取钱财。②茅君：传说中的仙人。

[译文]

　　宋朝《都城纪胜》：大茶坊里面都挂有名人的书画，人情茶坊本来是售卖茶水的。水茶坊，是娼家所设置，随意摆放一些果盘座椅，只是以茶为由，就会有人心甘情愿地付钱，被称为干茶钱。还有提茶瓶和龊茶等名目。

　　《臆乘》：杨衒之作的《洛阳伽蓝记》，说食有酪奴，指的就是茶是酪粥的辅助食品。

　　《琅环记》：以前有人遇到茅君，当时正是最炎热的暑天，茅君从手巾中拿出茶叶，给每个人一叶，客人吃完后感觉五脏六腑都非常清凉。茅君说："这是蓬莱穆陀树的叶子，是仙人所饮用的。"还有宝文刚长出的花蕊，吃后就不会感到饥饿了，因此谢幼贞有诗说："摘宝文之初蕊，拾穆陀之坠叶。"

[原文]

　　杨南峰《手镜》载：宋时姑苏^①女子沈清友，有《续鲍令晖香茗》赋。

　　孙月峰《坡仙食饮录》：密云龙茶极为甘馨，宋廖正，一字明略，晚登苏门，子瞻大奇之。时黄、秦、晁、张^②号"苏门四学士"，子瞻待之厚，每至必令侍妾朝云取密云龙烹以饮之。一日，又命取密云龙，家人谓是四学士，窥之乃明略也。山谷诗有"矞云龙"，亦茶名。

[注释]

①姑苏:即今苏州。②黄、秦、晁、张:指宋代黄庭坚、秦观、晁补之、张耒。

[译文]

杨南峰《手镜》中记载:宋朝时期姑苏的女子沈清友,作了一首《续鲍令晖香茗》赋。

孙月峰《坡仙食饮录》:密云龙茶特别甘甜清香,宋廖正,字明略,宋廖公晚年入苏轼门下为弟子,苏轼十分器重他。那时黄庭坚、秦观、晁补之、张耒号称"苏门四学士",苏轼厚待他们,每次来时必定让侍妾朝云取密云龙烹饮款待。一天,朝云又来取密云龙,家中的人以为是要招待四位学士,偷看后才知道是要款待明略。山谷诗中有"矞云龙",也是茶叶的名字。

[原文]

《嘉禾志》:煮茶亭在秀水县西南湖中,景德寺之东禅堂。宋学士苏轼与文长老尝三过湖上,汲水煮茶,后人因建亭以识其胜。今遗址尚存。

《名胜志》:茶仙亭在滁州琅^{láng}玡^{yá}山,宋时寺僧为刺史曾肇①建,盖取杜牧《池州茶山病不饮酒》诗"谁知病太守,犹得作茶仙"之句。子开诗云:"山僧独好事,为我结茆茨^{cí}。茶仙榜草圣,颇宗樊川诗。"盖绍圣二年肇知是州也。

[注释]

①曾肇:字子开,宋朝政治家,是唐宋八大家之一曾巩的弟弟。

[译文]

《嘉禾志》:煮茶亭在秀水县西南的湖中,景德寺的东禅堂。宋代学士苏轼和文长老曾经三次经过这个湖,汲取湖水煮茶,因此后人建造了亭子

朝云

朝云是苏东坡的侍妾,最为了解苏东坡的心意。东坡曾言:"知我者,唯有朝云也。"在文中,东坡让朝云为苏门四学士烹名贵的密云龙茶。

作为名胜。现在遗址仍在。

《名胜志》：茶仙亭位于滁州的琅玡山，宋朝时的和尚为刺史曾肇所建造，大概是取自杜牧《池州茶山病不饮酒》诗中的"谁知病太守，犹得作茶仙"的诗句吧。子开的诗中说："山僧独好事，为我结茅茨。茶仙榜草圣，颇宗樊川诗。"绍圣二年曾肇任此州长官。

[原文]

陈眉公《珍珠船》：蔡君谟谓范文正曰："公《采茶歌》云：'黄金碾畔绿尘飞，碧玉瓯中翠涛起。'今茶绝品，其色甚白，翠绿乃下者耳，欲改为'玉尘飞''素涛起'，如何？"希文①曰善。又，蔡君谟嗜茶，老病不能饮，但把玩而已。

《潜确类书》：宋绍兴中，少卿②曹戬之母喜茗饮。山初无井，戬乃斋戒祝天，斫地才尺，而清泉溢涌，因名孝感泉。大理③徐恪，建人也，见贻乡信铤子茶，茶面印文曰"玉蝉膏"，一种曰"清风使"。蔡君谟善别茶，建安能仁院有茶生石缝间，盖精品也。寺僧采造得八饼，号"石岩白"。以四饼遗君谟，以四饼密遣人走京师遗王内翰禹玉。岁余，君谟被召还阙，过访禹玉，禹玉命子弟于茶笥中选精品碾以待蔡，蔡捧瓯未尝，辄曰："此极似能仁寺石岩白，公何以得之？"禹玉未信，索帖验之，乃服。

[注释]

①希文：指宋代范仲淹，字希文。②少卿：官职名，隋唐之后指正卿的副手。③大理：官职名，即秦汉时期的廷尉、掌管刑狱，北齐之后改称为大理寺卿。

[译文]

陈眉公《珍珠船》：蔡君谟对范文正说："你在《采茶歌》中说：'黄金碾畔绿尘飞，碧玉瓯中翠涛起'。可是现在茶叶中上好的品种，颜色都发白，翠绿的反是不好的，因此想改为'玉尘飞''素涛起'，如何？"范文正认为改得不错。还有，蔡君谟喜好茶，到了老年病得不能喝茶了，只是拿在手中玩赏罢了。"

《潜确类书》：在宋朝绍兴年间，少卿曹戬的母亲十分喜欢喝茶。最初山中没有井，曹戬非常虔诚，向上苍祈祷，才在地上挖了一尺，清澈的泉水就溢满奔涌出来了，因此人们称之为孝感泉。大理徐恪，是建安人，看到赠送家乡的铤子茶，茶叶的上面印有"玉蝉膏"几个字，另一种叫作"清风使"。蔡君谟善于辨识茶叶，建安的能仁院有在石缝之中生长的茶，这种茶是精品。寺庙中的和尚采摘后制作了八块，称为"石岩白"。将其中的四块送给了蔡君谟，将另外四块暗中派人到京城送给了内翰王禹玉。一年之后，蔡君谟被召回朝廷，去访问禹玉，禹玉让弟子在茶筒中精选好的茶叶碾碎来招待蔡君谟，蔡君谟捧着茶瓯没有喝，说："这个茶非常像是能仁寺的石岩白，你是如何得到的呢？"禹玉不信，把帖子拿过来检验，才信服。

[原文]

《月令广义》：蜀之雅州名山县蒙山有五峰，峰顶有茶园，中顶最高处曰上清峰，产甘露茶。昔有僧病冷且久，尝遇老父①询其病，僧具告之。父曰："何不饮茶？"僧曰："本以茶冷，岂能止乎？"父曰："是非常茶，仙家有所谓雷鸣者，而亦闻乎？"僧曰："未也。"父曰："蒙之中顶有茶，当以春分前后多构②人力，俟雷之发声，并手采摘，以多为贵，至三日乃止。若获一两，以本处水煎服，能祛宿疾。服二两，终身无病。服三两，可以换骨。服四两，即为地仙。但精洁治之，无不效者。"僧因之中顶筑室，以俟及期，获一两余，服未竟而病瘥。
惜不能久住博求。而精健至八十余岁，气力不衰。时到城市，观其貌若年三十余者，眉发绀绿。后入青城山③，不知所终。今四顶茶园不废，惟中顶草木繁茂，重云积雾，蔽亏日月，鸷兽时出，人迹罕到矣。

[注释]

①老父：指老人家。②构：此处指召集。③入青城山：指学道成仙。青城山位于今四川都江堰西南，山中有八大洞，七十二小洞，道教称为"第五洞仙圣地"。

[译文]

《月令广义》：蜀地雅州的名山县的蒙山有五座山峰，山峰顶部有个茶园，中顶最高的山峰被称为上清峰，出产甘露茶。曾经有个和尚得了冷病，已经很长时间了，曾遇见老人，老人询问他的病，和尚将病情据实以告。老人说："你为什么不喝茶呢？"和尚说："茶水本来就是凉性的，又怎么能够治病呢？"老人回答说："我所说的不是普通的茶叶，而是仙家所说的雷鸣茶，你听说过这种茶吗？"和尚说："没有。"老人说："蒙山的中顶有茶，在春分前后多召集一些人力，等到雷声响过之后，再去采摘，越多越好，三天之后就要停止。如果采摘了一两，就用本地的水煎服，就可以祛除长时间积存的病痛。服食二两的话，全身的病痛就好了。如果服食了三两，简直就可以脱胎换骨了。服四两，就可以成为地仙了。只要用精洁的茶来治疗，没有不见效的。"因此那个和尚在中顶建造了房屋，等到那个时候，获得了一两多茶，还没有服用完就痊愈了，可惜不能在那个地方久住多求。而他身体健康，直到八十多岁气力仍然不衰弱。当时他到城中来，看他的外貌就好像是三十多岁的样子，眉毛和头发都是墨绿色的。后来进了青城山，不知道最后去了哪里。现在四顶茶园仍然还存在，只有中顶的山峰草木茂盛，上面积雾重重，太阳被遮挡住了，时常有猛兽出没，人迹罕至。

[原文]

《太平清话》：张文规以吴兴白苎、白苹洲、明月峡中茶为三绝。文规好学，有文藻。苏子由①、孔武仲、何正臣诸公，皆与之游。

夏茂卿《茶董》：刘煜，字子仪，尝与刘筠饮茶，问左右："汤滚也未？"众曰："已滚。"筠云："金日鲧哉。"煜应声曰："吾与②点也。"黄鲁直以小龙团半铤，题诗赠晁无咎，有云：曲几蒲团听煮汤，煎成车声绕羊肠。鸡苏胡麻留渴羌，不应乱我官焙香。东坡见之曰："黄九③恁地怎得不穷。"

[注释]

①苏子由：即苏辙。②与：此处为赞同。③黄九：指黄庭坚。

[译文]

《太平清话》：张文规以吴兴白苎、白苹洲、明月峡中的茶叶为三绝。文规好学，非常有文采。苏子由、孔武仲、何正臣等人，都与他交游。

夏茂卿《茶董》：刘煜，字子仪，曾和刘筠一起品茶，问旁边的人说："水烧开了没有？"众人都回答说："烧开了。"刘筠说："都说烧开了。"刘煜应声说："我来点茶。"黄庭坚在半块小龙团上题诗赠送给晁无咎，说："曲几蒲团听煮汤，煎成车声绕羊肠。鸡苏胡麻留渴羌，不应乱我官焙香。"苏轼看到之后说："黄庭坚这样怎么会不穷呢。"

[原文]

陈诗教《灌园史》：杭妓周韶有诗名，好蓄奇茗，尝与蔡公君谟斗胜，题品风味，君谟屈焉。江参，字贯道，江南人，形貌清癯①，嗜香茶以为生。

《博学汇书》：司马温公②与子瞻③论茶墨云："茶与墨二者正相反，茶欲白，墨欲黑；茶欲重，墨欲轻；茶欲新，墨欲陈。"苏曰："上茶妙墨俱香，是其德同也；皆坚，是其操同也。"公叹以为然。

[注释]

①清癯：意为清奇瘦朗。②司马温公：即司马光，被封为温国公。
③子瞻：苏轼的字。

[译文]

陈诗教《灌园史》：杭州的妓女周韶善于作诗，特别喜爱储存好茶，曾经
和蔡君谟比试，题品茶的风味，蔡君谟最后认输。江参，字贯道，江南人，形
貌清瘦，一生喜爱香茶。

《博学汇书》：司马温公和苏轼讨论茶叶和墨的时候说："茶和墨两者正好
相反，茶要白，而墨要黑；茶要重，而墨要轻；茶要新，而墨要陈。"苏轼说："上
好的茶和上好的墨都十分香，是因为它们有着相同的品性；都非常坚硬，因此
它们本质相同。"司马温公认为苏轼说得很有道理。

[原文]

元耶律楚材^①诗《在西域作茶会值雪》，有"高人惠我岭南茶，烂
赏飞花雪没车"之句。

《云林遗事》：光福徐达左，构养贤楼于邓尉山中，一时名士多
集于此。元镇为尤数^②焉，尝使童子入山担七宝泉，以前桶煎茶，以
后桶濯足。人不解其意，或问之，曰："前者无触，故用煎茶，后者
或为泄气^③所秽，故以为濯足之用。"其洁癖如此。

陈继儒《泥古录》：至正辛丑九月三日，与陈徵君同宿愚庵师房，
焚香煮茗，图石梁秋瀑，翛然有出尘之趣。黄鹤山人王蒙题画。

[注释]

①耶律楚材：契丹人，元太宗时任中书令。②数：此处作频繁解。③泄气：
此处意为屁。

[译文]

元朝耶律楚材在其《在西域作茶会值雪》诗中，有"高人惠我岭南茶，烂
赏飞花雪没车"的好诗句。

《云林遗事》：光福徐达左在邓尉山中建造了一座养贤楼，当时很多名士聚
集在那里。倪元镇往来尤其频繁，他曾派童子到山中去挑七宝泉的水，用前桶
里面的水煎茶，用后桶里面的水洗脚。别人不解，问他，他回答说："前面的水
没和任何东西接触过，因此用来煎茶，后面的水可能被挑水人的浊气污染了，

因此用它来洗脚。"他爱干净到了这种程度。

陈继儒《泥古录》：至正辛丑年九月三日，和陈徵君一起住在愚庵师房中，烧香煮茶，画山石和秋天的瀑布，悠然有超尘脱俗的情趣。黄鹤山人王蒙题画。

[原文]

周叙《游嵩山记》：见会善寺中有元雪庵头陀茶榜石刻，字径三寸，遒伟可观。

钟嗣成《录鬼簿》：王实甫有《苏小郎夜月贩茶船》传奇。

《吴兴掌故录》：明太祖①喜顾渚茶，定制岁贡止三十二斤，于清明前二日，县官亲诣采茶，进南京奉先殿焚香而已，未尝别有上供。

[注释]

①明太祖：即朱元璋。

[译文]

周叙在《游嵩山记》中记载：看到会善寺中有元雪庵头陀茶榜石刻，字长三寸，笔迹遒劲有力，值得欣赏。

钟嗣成《录鬼簿》：王实甫有《苏小郎夜月贩茶船》传奇。

《吴兴掌故录》：明太祖喜欢喝顾渚茶，规定每年要进贡三十二斤，清明节前两天，县官就会亲自去指挥采茶，只是到南京奉先殿去焚香而已，也没有到别的地方去上供。

[原文]

《七修汇稿》：明洪武①二十四年，诏天下产茶之地，岁有定额，以建宁为上，听茶户采进，勿预有司②。茶名有四：探春、先春、次春、紫笋，不得碾揉为大小龙团。

杨维桢《煮茶梦记》：铁崖道人卧石床，移二更，月微明，及纸帐梅影，亦及半窗，鹤孤立不鸣。命小芸童汲白莲泉，燃槁湘竹，授以凌霄芽③为饮供。乃游心太虚，恍兮入梦。

陆树声《茶寮记》：园居敞小寮于啸轩埤垣④之西，中设茶灶，凡瓢汲、罂、注、濯、拂之具咸庀。择一人稍通茗事者主之，一人佐炊汲。客至，则茶烟隐隐起竹外。其禅客⑤过从予者，与余相对结跏趺坐，啜茗汁，举无生话⑥。时秒秋⑦既望⑧，适园无诤居士，与五台僧演镇、终南僧明亮，同试天池茶于茶寮中。漫记。

[注释]

①洪武：明太祖朱元璋的年号。②勿预有司：指不必先通过有关主管部门。③凌霄芽：云雾茶。④埠垣：指矮墙。⑤禅客：做客的佛教徒。⑥举无生话：指所说的都不是红尘中的事。⑦杪秋：农历九月。⑧既望：农历十六日。

[译文]

《七修汇稿》：明朝洪武二十四年，诏告天下所有采茶之地，每年都有一定的数量，以建宁茶最好，听任茶户采摘，不需要报告相关部门。茶叶有四种名字：探春、先春、次春、紫笋，不能碾揉制成大小龙团。

杨维桢《煮茶梦记》：铁崖道人卧在石床上，到了二更，月亮微微发亮，窗户上显现出梅花的影子，等照了半扇窗户的时候，野鹤安静地孤立在那里。让小芸童汲取白莲泉水，点燃枯槁的湘竹，把凌霄芽煮了饮。这才收敛心神，渐渐进入了梦乡。

陆树声《茶寮记》：在啸轩矮墙的西面有一个小茶寮，中间设置有茶灶，瓢汲、罂、注、濯、拂等器具都很完备。挑选一个稍微懂茶的人来管理它，另一个人帮着烧火、汲水。客人来了，茶烟就会隐隐升起在竹林的外面。如果是出家之人来拜访，我们就一起相对而坐，喝茶，不说世俗中的话。农历九月十六日，适园无诤居士来了，和五台的和尚演镇、终南的和尚明亮，一起在茶寮中品尝天池茶。因此就将这件事随意记录下来。

[原文]

《墨娥小录》：千里茶，细茶一两五钱，孩儿茶一两，柿霜一两，粉草末六钱，薄荷叶三钱。右为细末调匀，炼蜜丸如白豆大，可以代茶，便于行远。

汤临川①《题饮茶录》：陶学士谓“汤者，茶之司命②”，此言最得三昧。冯祭酒③精于茶政，手自料涤，然后饮客。客有笑者，余戏解之云：“此正如美人，又如古法书名画，度④可着俗汉手否！”

陆钎《病逸漫记》：东宫出讲，必使左右迎请讲官。讲毕，则语东宫官云：“先生吃茶。”

《玉堂丛语》：愧斋陈公，性宽坦，在翰林时，夫人尝试之。会客至，公呼：“茶！”夫人曰：“未煮。”公曰：“也罢。”又呼曰：“干茶！”夫人曰：“未买。”公曰：“也罢。”客为捧腹，时号“陈也罢”。

[注释]

①汤临川：即汤显祖，明代戏曲作家，代表作《牡丹亭》。②司命：神名，主人天寿，此处指汤是茶的关键。③冯祭酒：即明代文学家冯梦桢。④度：指设想。

[译文]

《墨娥小录》：千里茶，细茶一两五钱，孩儿茶一两，柿霜一两，粉草末六钱，薄荷叶三钱。碾成细末调配均匀，炼成和白豆一样大的蜜丸，可用来代替茶叶，出远门的时候方便携带。

汤临川《题饮茶录》：陶学士说："汤，是茶叶的灵魂。"这种说法最能体现茶的神味。冯祭酒精通茶艺，亲手烹煮，然后让客人饮用。客人当中有笑他的，我开玩笑似的解释说："这就好比美人，又好似古代的法书名画，怎么可以让俗人的手去玷污呢？"

陆钰《病逸漫记》：太子上课，一定会让侍从去迎接讲官。讲完之后，对讲官说："先生请吃茶。"

《玉堂丛语》：愧斋陈公，性格宽厚坦诚，在翰林院的时候，他的夫人曾经去试探他。客人来了，他喊："上茶！"夫人回答说："还没有煮。"他说："也罢。"又喊："干茶！"夫人回答："还没有买。"他说："也罢。"客人们捧腹大笑，因此称呼他为"陈也罢。"

[原文]

沈周《客坐新闻》：吴僧大机所居古屋三四间，洁净不容唾。善瀹茗，有古井清冽为称。客至，出一瓯为供饮之，有涤肠潒胃之爽。先公与交甚久，亦嗜茶，每人城必至其所。

沈周《书岕茶别论后》：自古名山，留以待羁人迁客①，而茶以资高士，盖造物②有深意。而周庆叔者为《岕茶别论》，以行之天下。度铜山金穴中无此福，又恐仰屠门而大嚼③者未必领此味。庆叔隐居长兴，所至载茶具，邀余素瓯黄叶间，共相欣赏。恨鸿渐、君谟不见庆叔耳，为之覆茶三叹。

[注释]

①羁人迁客：流放迁徙的人。②造物：即造物主，就是大自然。③仰屠门而大嚼：比喻用不切实际的办法来安慰自己。

[译文]

沈周《客坐新闻》：吴地的和尚大机所居住的古屋有三四间，洁净得让你不忍心弄脏那里。他善于茶事，有清澈甘洌的古井水供他使用。客人来时，就拿出一瓯茶来给客人喝，可以洗涤肠胃十分清爽。先公和他有很长时间的交往，也非常喜欢喝茶，每次到城中去必定要到他的住所拜访。

沈周《书岕茶别论后》：自古以来，名山是留给旅客游人游览的，而茶是留给高洁雅士品尝的，大概造物都是有一定深意的。而周庆叔因著有《岕茶别论》而传遍天下。我猜想住在铜山金穴中的人是没有这种福气的，恐怕吃大鱼大肉的人也未必能领略到其中的意味。庆叔隐居在长兴，走到哪里都会带着茶具，他邀请我在素瓯黄叶之间，一起欣赏品尝。只可惜鸿渐、君谟没有看到庆叔啊，为此我盖上茶再三叹息。

［原文］

冯梦桢《快雪堂漫录》：李于鳞为吾浙按察副使，徐子与以岕茶之最精饷①之。比遇子与于昭庆寺问及，则已赏皂役②矣。盖岕茶叶大梗多，于鳞北士，不遇③宜也。纪之以发一笑。

闵元衡《玉壶冰》：良宵燕坐④，篝灯煮茗，万籁俱寂，疏钟时闻，当此情景，对简编而忘疲，彻衾枕而不御⑤，一乐也。

［注释］

①饷：赠送的意思。②皂役：指侍从等人。③不遇：此处指不被看重。④燕坐：即闲坐。⑤不御：不用，即不睡觉。

［译文］

冯梦桢《快雪堂漫录》：李于鳞在浙江任按察副使的时候，徐子与把岕茶中最精致的赠送给了他。等到子与在昭庆寺遇到他问起这件事情，他已经将茶赏赐给差役们了。因为岕茶叶子大而且梗较多，对于李于鳞这样的北方人来说，不容易看出其好处，因此写下来聊为一笑。

闵元衡《玉壶冰》：在这么好的夜晚闲坐，烧火煮茶，四周静寂，时时听到远处的钟声，此情此景，看书而忘记了疲劳，也不用睡觉了，真是一件快乐的事情啊。

龙湫

龙湫即龙湫瀑布，在浙江的雁荡山，明代徐霞客曾在此游览。龙湫茶为雁山五珍之一。

［原文］

《瓯江逸志》：永嘉①岁进茶芽十斤，乐清茶芽五斤，瑞安、平阳岁进亦如之。

雁山五珍：龙湫②茶、观音竹、金星草、山乐官③、香鱼也。茶即明茶。紫色而香者，名"玄茶"，其味皆似天池④而稍薄。

王世懋《二酉委谭》：余性不耐冠带，暑月尤甚，豫章天气蚤⑤热，而今岁尤甚。春三月十七日，觞客于滕王阁，日出如火，流汗接踵⑥，头涔涔几不知所措。归而烦闷，妇为具汤沐，便科头⑦裸身赴之。时西山云雾新茗初至，张右伯适以见遗，茶色白大，作豆子香，几与虎邱埒。余时浴出，露坐明月下，亟命侍儿汲新水烹尝之。觉沆瀣⑧入咽，两腋风生。念此境味，都非宦路所有。琳泉蔡先生老而嗜茶，尤甚于余。时已就寝，不可邀之共啜。晨起复烹遗之，然已作第二义矣。追忆夜来风味，书一通以赠先生。

[注释]

①永嘉：位于今浙江温州。②龙湫：瀑布名，位于浙江雁荡山，产白云茶。③山乐官：雁荡山一鸟名。④天池：指苏州天池山茶。⑤蚤：同"早"。⑥踵：指脚后跟。⑦科头：指光着头。⑧沆瀣：清凉的气息。

[译文]

《瓯江逸志》：永嘉年间进献茶芽十斤，进献乐清茶芽五斤，瑞安、平阳年间进贡的茶芽数量也是这样的。雁山五珍指的是：龙湫茶、观音竹、金星草、山乐官、香鱼。这些茶是明茶，紫色而带有香气，叫作"玄茶"，味道和天池很相似，只是要稍微淡一点。

王世懋《二酉委谭》：我本性不喜欢戴帽子，尤其是在天气炎热的时候，豫章的天气早热，而且今年尤其如此。三月十七日，和客人一起在滕王阁喝酒，太阳出来就好像火一样，汗水一直流到了脚跟，头上汗水涔涔让人不知所措。回来之后十分烦闷，妻子为我烧水沐浴，于是就光着头裸身进去了。当时西山的云雾新茶刚刚出产，张右伯正好送给了我一些，茶叶白而大，散发着豆子一样的香味，味道和虎丘相似。我正好沐浴完了，坐在明月之下，让童子汲取新水来烹煮茶叶。喝下后，只觉得气息清凉，两边腋下好像生风一样。想到这样的情景，都不是官场仕途所能体会到的。琳泉蔡先生老了之后喜欢喝茶，比我更加厉害。可惜已是睡觉的时间了，不能邀请他一起来喝茶。早晨起来再烹煮送给他，可是已经不比当时的意味了。回想起昨天晚上的风味，书写下来赠送给他。

[原文]

《涌幢小品》：王琎，昌邑人，洪武初，为宁波知府。有给事①来谒，具茶。给事为客居间②，公大呼："撤去！"给事惭而退。因号"撤茶太守"。

《临安志》：栖霞洞内有水洞，深不可测，水极甘洌，魏公尝调以瀹茗。

《西湖志余》：杭州先年有酒馆而无茶坊，然富家燕会③，犹有尊供④茶事之人，谓之"茶博士"。

《潘子真诗话》：叶涛诗极不工而喜赋咏，尝有《试茶》诗云"碾成天上龙兼凤，煮出人间蟹与虾。"好事者戏云："此非试茶，乃碾玉匠人尝南食也。"

[注释]

①给事：官吏名，这里指下属。②居间：一会儿。③燕会：即宴会。④尊供：指专门从事。

[译文]

《涌幢小品》：王琏，昌邑人，洪武初年，任宁波知府。有个给事前来拜访，准备好了茶。这位给事为别人前来说情，王琏大叫："撤去！"给事非常惭愧地退下了。王琏因此被称为"撤茶太守"。

《临安志》记载：栖霞洞中有个水洞，深不可测，水特别甘甜清洌，魏公曾经将它取来泡茶。

《西湖志余》：杭州以前有酒馆而没有茶坊，但是富贵人家的聚会，却有专门负责茶事之人，他们被称为"茶博士"。

《潘子真诗话》：叶涛的诗极其不工整而又偏偏喜欢作诗，曾经在《试茶》诗中说："碾成天上龙兼凤，煮出人间蟹与虾。"好事的人开玩笑说："这不是在试茶，而是碾玉的工匠在品尝南方的食物。"

[原文]

董其昌《容台集》：蔡忠惠公①进小团茶，至为苏文忠公②所讥，谓与钱思公进姚黄花同失士气。然宋时君臣之际，情意蔼然，犹见于此。且君谟未尝以贡茶干宠③，第④点缀太平世界一段清事而已。东坡书欧阳公滁州二记，知其不肯书《茶录》。余以苏法书之，为公忏悔。否则蛰龙诗句，几临汤火，有何罪过。凡持论不大远人情可也。金陵春卿署中，时有以松萝茗相贻者，平平耳。归来山馆得啜尤物，询知为闵汶水所蓄。汶水家在金陵，与余相及，海上之鸥⑤，舞而不下，盖知希为贵，鲜游大人者，昔陆羽以精茗事，为贵人所侮，作《毁茶论》，如汶水者，知其终不作此论矣。

[注释]

①蔡忠惠公：指宋朝蔡襄。②苏文忠公：指苏轼。③干宠：指求得恩宠。④第：但。⑤海上之鸥：比喻隐逸之人。

[译文]

　　董其昌《容台集》：蔡忠惠公进献小团茶，结果被苏文忠公所讥笑，说他跟钱思公进献姚黄花一样有失士气。然而宋朝时期的君臣之间，情意十分浓厚，在此可见一斑。况且蔡襄没有以进献茶叶邀取宠幸，只是点缀出了一段太平世界的清事而已。在滁州，东坡写给欧阳公两篇文章，知道他不肯写《茶录》。我以苏公的写法来写，向欧阳公忏悔。不然苏轼的蛰龙诗句，几乎靠近了汤火，有什么过错呢？只要所持的言论不和人情相差太远就可以了。金陵春卿的府上，经常有人送给他松萝茶，当时感觉非常普通。回到山馆之后，品尝后感觉是特别好的茶，询问之后才知道是闵汶水所储藏的。汶水的家在金陵，和我很近，他是位隐士，才知道因为稀少而非常珍贵，很少被大人得到。以前陆羽因为精通茶事，被贵人所侮辱，作《毁茶论》。像汶水这样的人，知道他肯定不会这样说了。

摄山

　　摄山也称栖霞山，以山多药草可以摄养，故名摄山，为佛教名山。茶圣陆羽曾在摄山栖霞寺的茶坪采茶，皇甫冉有《送陆鸿渐栖霞寺采茶诗》。

[原文]

　　李日华《六研斋笔记》：摄山①栖霞寺有茶坪，茶生榛莽中，非经人剪植者。唐陆羽入山采之，皇甫冉作诗送之。

　　《紫桃轩杂缀》：泰山无茶茗，山中人摘青桐芽点饮，号"女儿茶"。又有松苔，极饶奇韵。

　　《钟伯敬集》：《茶讯》诗云："犹得年年一度行，嗣音幸借采茶名。"伯敬与徐波元叹交厚，吴楚风烟相隔数千里，以买茶为名，一年通一讯，遂成佳话，谓之茶讯。尝见《茶供说》云：娄江逸人朱汝圭，精于茶事，将以茶隐，欲求为之记，愿岁岁采渚山青芽，为余作供。余观楞严坛②中设供，取白牛乳、砂糖、纯蜜之类。西方沙门婆罗门，以葡萄、甘蔗浆为上供，未有以茶供者。鸿渐长于苾刍③者也，杼山④禅伯也，而鸿渐《茶经》、杼山《茶歌》俱不云供佛。西土以贯花燃香供佛，不以茶供，斯亦供养之缺典也。汝圭益精心治办茶事，金芽素瓷，清净供佛，他生受报，往生香国。经诸妙香而作佛事，岂但如丹丘羽人饮茶，生羽翼而已哉。余不敢当汝圭之茶供，请以茶供佛。后之精于茶道者，以采茶供佛，为佛事，则自余之谂⑤汝圭始，爰作《茶供说》以赠上。

[注释]

①摄山：指今南京紫金山。②楞严坛：指佛坛。③苾刍：同"比丘"，指受戒的出家佛弟子。④杼山：指唐代诗僧皎然，陆羽的挚友。⑤谂：即了解。

[译文]

李日华《六研斋笔记》：摄山栖霞寺中有个茶坪，茶叶生长在杂草之中，没有经过人工修剪处理。唐代的陆羽到山上去采摘，皇甫冉写诗来送他。

《紫桃轩杂缀》：泰山没有茶叶，山中居住的人采摘青桐芽来泡着喝，称之为"女儿茶"。还有松苔，喝起来味道很好。

《钟伯敬集》：《茶讯》诗中说："犹得年年一度行，嗣音幸借采茶名。"伯敬与徐波交情深厚，吴楚之间相隔有几千里之遥，他们以买茶为名，每年通一次消息，成为一段佳话，被称为茶讯。曾经看到《茶供说》中说：娄江逸人朱汝圭，对茶事十分精通，将隐于茶，他想求我为他作记文，他愿意每年采摘渚山中的青芽，赠送给我作供品。我看楞严坛中所设置的供品，都是白牛乳、砂糖、纯蜜之类的东西。西方的沙门婆罗门，用葡萄、甘蔗浆作为上供的物品，还没有用茶来进贡的。鸿渐长在佛门中，杼山是修禅之人，而鸿渐的《茶经》、杼山的《茶歌》都没有说过用茶供佛这件事情。西方习惯用花来焚香供佛，而不用茶，还没有过用茶供养的记录。朱汝圭一向对茶的事情非常精细，用很好的茶芽和素净的瓷器，清静供佛，希望来生能够得到回报，往生到天国去。用这么多的好香来做佛事，难道不是跟丹丘羽人一起喝茶，生出了羽翼一样吗？我不敢受汝圭的茶供，请代用茶来供佛。后来精通茶道之人，以采茶供奉佛祖为佛事，那就是从汝圭开始的，因此我作《茶供说》来送给他。

[原文]

《五灯会元》：摩突罗国有一青林枝叶茂盛地，名曰"优留茶"①。

僧问如宝禅师曰:"如何是和尚家风?"师曰:"饭后三碗茶。"僧问谷泉禅师曰:"未审客来,如何祗待②?"师曰:"云门胡饼赵州茶"。

《渊鉴类函》:郑愚《茶诗》:"嫩芽香且灵,吾谓草中英。夜臼和烟捣,寒炉对雪烹。"因谓茶曰草中英。素馨花曰裨茗,陈白沙③《素馨记》以其能少裨于茗耳。一名那悉茗花。

[注释]

①优留茶:即优留茶山,位于印度摩突罗国。②祗待:即招待。③陈白沙:明代理学家陈献章,新会人。

[译文]

《五灯会元》:摩突罗国有一块林木茂盛的地方,名叫"优留茶"。和尚问宝禅师说:"和尚的家风是什么?"宝禅师回答说:"饭后三碗茶。"和尚问谷泉禅师说:"如果有客人来的话,应该如何接待呢?"谷泉禅师说:"云门胡饼赵州茶。"

《渊鉴类函》:郑愚《茶诗》:"嫩芽香且灵,吾谓草中英。夜臼和烟捣,寒炉对雪烹。"因此说茶是草中的英灵。素馨花被称为裨茗,陈白沙的《素馨记》认为它于茗有裨益。又被称为那悉茗花。"

[原文]

《佩文韵府》:元好问诗注:"唐人以茶为小女美称。"

《黔南行记》:陆羽《茶经》纪黄牛峡①茶可饮,因令舟人求之。有媪卖新茶一笼,与草叶无异,山中无好事者故耳。初余在峡州问士大夫黄陵茶,皆云粗涩不可饮。试问小吏,云:"惟僧茶味善。"令求之,得十饼,价甚平也。携至黄牛峡,置风炉清樾间,身自候汤,手撴②得味。既以享黄牛神,且酌元明尧夫,云:"不减江南茶味也。"乃知夷陵士大夫以貌取之耳。

[注释]

①黄牛峡:位于今湖北宜昌。②撴:指捋取。

[译文]

《佩文韵府》:元好问的诗注:"唐代人将茶作为小女子的美称。"

《黔南行记》:陆羽的《茶经》中记载有黄牛峡的茶可以饮用,因此我让船家去求取。有位妇女在卖一笼新茶,样子和草叶没有什么区别,这是由于山中没有精通茶事的人的缘故。当初我在峡州问士大夫黄陵茶味道怎么样，都说味道粗涩不能喝。试着问小吏，说："只有和尚制造的茶味道很好。"让他去求取，结果得到了十块，价格不贵。带到黄牛峡，把风炉放在山林间，自己来煮，味道果然很好。既将茶享祀黄牛神，而且还送给元明尧夫，他喝了之后说："不比江南的茶味道差。"这才知道夷陵的士大夫只是以貌取物而已。

[原文]

《九华山录》：至化城寺，谒金地藏塔，僧祖瑛献土产茶，味可敌北苑。

冯时可《茶录》：松郡佘山亦有茶，与天池无异，顾采造不如。近有比邱[①]来，以虎邱法制之，味与松萝等。老衲亟逐之曰："毋为此山开膻径[②]而置火坑。"

[注释]

①比丘：指僧徒。②膻径：腥膻之路，此处指俗世红尘。

[译文]

《九华山录》：到达化城寺，拜访金地藏塔，和尚祖瑛拿出当地产的茶，味道要胜过北苑茶。

冯时可《茶录》：松郡佘山也有茶叶，和天池的茶没有什么区别，只是采摘和制作的方法比不上天池茶。最近来了一个和尚，用制造虎丘茶的方法来制造它，味道和松萝差不多。老和尚将他赶走了，说："不要用这种方法把这座山推到火坑里去。"

[原文]

冒巢民《岕茶汇钞》：忆四十七年前，有吴人柯姓者，熟于阳羡茶山，每桐初露白[①]之际，为余入岕，箬笼携来十余种，其最精妙者，不过斤许数两耳。味老香深，具芝兰金石之性。十五年以为恒[②]。后宛姬[③]从吴门归余，则岕片必

董青莲

董小宛号青莲，是明末"秦淮八艳"之一，后归与冒襄为妾。明亡后，她随冒襄逃难，与其同甘共苦直到去世。冒襄曾写《影梅庵忆语》，追忆了他和董小宛的爱情故事。在文中，董小宛饮阳羡茶喜加黄熟香等香料。

需半塘顾子兼，黄熟香必金平叔，茶香双妙，更入精微。然顾、金茶香之供，每岁必先虞山柳夫人④、吾邑陇西之倩姬与余共宛姬，而后他及。金沙于象明携岕茶来，绝妙。金沙之于精鉴赏，甲于江南，而岕山之棋盘顶，久归于家，每岁其尊人⑤必躬往采制。今夏携来庙后、棋顶、涨沙、本山诸种，各有差等，然道地之极真极妙，二十年所无。又辨水候火，与手自洗，烹之细洁，使茶之色香性情，从文人之奇嗜异好，一一淋漓而出。诚如丹丘羽人所谓，饮茶生羽翼者，真衰年称心乐事也。吴门七十四老人朱汝圭，携茶过访。与象明颇同，多花香一种。汝圭之嗜茶自幼，如世人之结斋于胎年，十四入岕，迄今，春夏不渝者百二十番，夺食色以好之。有子孙为名诸生，老不受其养。谓'不嗜茶，为不似阿翁⑥。'每辣骨入山，卧游虎岰，负笼入肆，啸傲瓯香。晨夕涤瓷洗叶，啜弄无休，指爪齿颊与语言激扬赞颂之津津，恒有喜神妙气与茶相长养，真奇癖也。

[注释]

①桐初露白：指桐花初发的时候。②恒：经常。③宛姬：指董小宛，名白，号青莲，金陵人（今江苏南京），歌妓，"秦淮八艳"之一。1639年结识复社名士冒辟疆。明亡后小宛随冒家逃难，此后与冒辟疆同甘共苦直至去世。④虞山柳夫人：即柳如是，"秦淮八艳"之一，活动于明清易代之际的著名歌妓才女。她个性坚强，正直聪慧，魄力奇伟，声名不亚于李香君、卞玉京和顾眉生。⑤尊人：指父母。⑥阿翁：指爷爷。

[译文]

冒巢民《岕茶汇钞》：记得四十七年前，有姓柯的吴地人，对阳羡的茶叶很熟悉，每次桐花初发的时候，他就进入茶园，用竹笼带回来十几种，其中最好的，不过一斤几两。味道清香，具备了芝兰金石的性质。十五年一直如此。后来宛姬在吴门嫁给我，则必需半塘顾子兼的岕片，金平叔的黄熟香，茶香双妙，更细致入微了。提供顾、金茶香，每年必须按照虞山柳夫人、我们家乡陇西的倩姬、我和宛姬，然后再是其他人这样的顺序。金沙的于象明携带着岕茶而来，真是太好了。金沙于家对茶叶的鉴赏很精通，江南第一，而岕山的棋盘顶早就属于于家，每年他们家的长者必定要亲自去采摘制造。今年夏天又带来了庙后、棋顶、涨沙、本山等品种，各有差异，更是特别地道美好，可以说二十年都没有过。又能掌握好水温和火候，自己将手洗干净之后用洁净的器具烹煮，使茶叶的颜色和香味更好，正好把文人的特殊爱好一一发挥出来。就像丹丘羽人所说的喝茶生出羽翼的人一样，真正是晚年最称心如意的事情了。吴门七十四岁的老人朱汝圭，带着茶叶来拜访。跟象明的差不多，只是多了一种花的香味。汝圭从小就喜欢喝茶，就像是与生俱来的习惯一样。他十四岁入岕山，到现在春夏不停经过了一百二十番，不爱食色而爱茶。他有子孙为著名的诸生，但是老了也不需要他们来赡养，说'如果不喝茶的话，那就不像是长辈了'。每次壮着胆子进山，跟老虎和虫兽们周旋，背着茶笼进入茶肆，啸傲茶香。早晚都在洗碗烹茶，没完没了，手舞足蹈，喜形于色，说出了很多赞美的话，大有神情气色跟茶叶相提并论之势，真是很奇怪的癖好。

[原文]

《岭南杂记》：潮州灯节，饰姣童为采茶女，每队十二人或八人，手挈花篮，迭进而歌，俯仰抑扬，备极妖妍。又以少长者二人为队首，擎彩灯，缀以扶桑、茉莉诸花。采女进退作止，皆视队首。至各衙门或巨室唱歌，赉以银钱、酒果。自十三夕起至十八夕而止。余录其歌数首，颇有《前溪》《子夜》之遗。

郎瑛《七修类稿》：歙人闵汶水，居桃叶渡上，予往品茶其家，见其水火皆自任，以小酒盏酌客，颇极烹饮态，正如德山担青龙钞，高自矜许而已，不足异也。秣陵好事者，尝诮闽无茶，谓闽客得闽茶咸制为罗囊，佩而嗅之以代旃檀[1]。实则闽不重汶水也。闽客游秣陵者，宋比玉、洪仲韦辈，类依附吴儿强作解事，贱家鸡而贵野鹜，宜为其所诮欤。三山薛老亦秦淮汶水也。薛尝言

郓哥不忿闹茶肆

在小说《水浒传》中，茶坊是潘金莲的故事发生的地点之一。郓哥在王婆的茶坊发觉西门庆和潘金莲二人有私情，很为武大郎感到不平，于是与王婆大闹。

茶经·续茶经

汶水假他味作兰香，究使茶之真味尽失。汶水而在，闻此亦当色沮，薛尝住为巘，自为剪焙，遂欲驾汶水上。余谓茶难以香名，况以兰定茶，乃咫尺见也，颇以薛老论为善。延邵人呼制茶人为碧竖，富沙陷后，碧竖尽在绿林中矣。蔡忠惠《茶录》石刻在瓯宁邑庠^②壁间。予五年前拓数纸寄所知，今漫漶^③不如前矣。闽酒数郡如一，茶亦类是。今年予得茶甚夥，学坡公义酒事，尽合为一，然与未合无异也。

[注释]

①蒳檀：即檀香。②邑庠：即乡学。③漫漶：磨灭不清。

[译文]

《岭南杂记》：潮州的灯节，常把姣童装扮成采茶女的样子，每一列队伍十二或八个人，手中提着花篮，边走边唱着歌谣，跳着舞，非常好看。还将年龄比较大的两个人放在队伍的前面，让他们举着彩灯，戴上扶桑、茉莉等花。后面的人是进是退，都要跟随前面的队伍。到各衙门或者大户人家去唱歌，会收到银钱、酒果等赏赐。从十三晚上开始一直到十八的晚上才结束。我记录下来她们的几首歌曲，有些《前溪》《子夜》等诗歌的遗味。

郎瑛《七修类稿》：歙州人闵汶水居住在桃叶渡上，我到他家中去品茶，看到他的水和火都由自己控制，用小酒杯来招待客人，极尽烹饮态，就像德山挑着青龙钞，显得有一点清高罢了，没有什么不同。秣陵好事的人，曾经讥讽福建没有茶叶，说福建人得到福建的茶叶之后都制成罗囊，佩带在身上并且闻它，以此来代替檀香。实际上福建的人不看重汶水。闽人到秣陵游玩，像宋比玉、洪仲章等人，都依附吴人强作解事，不重视家鸡而重视野鹜，当然会被别人嘲笑了。三山的薛老也是秦淮的汶水。薛曾经说汶水借助别的味道而作兰花的香味，这样就导致茶叶失去了真味。如果汶水在的话，听到这个说法应该感到非常沮丧、难过了。薛曾经住在为巘，亲自挑选烘焙，想要超过汶水。我说茶叶很难因为香而出名的，何况在里面加上兰花，真是没有见识，我认为薛老说得非常对。延邵人把制造茶叶的人称为碧竖，富沙失陷后，制造茶叶的人都在绿林之中。蔡忠惠将《茶录》刻在瓯宁乡学的墙上。五年前我曾经用几张纸拓下来，寄给我认识的人，现在字迹模糊，已经不如从前清楚了。福建几个郡的酒都一样，茶叶也是如此。今年我得到了很多种茶叶，学习东坡处理酒的方法，其合而为一，却和没有合之前是一样的。

[原文]

李仙根《安南杂记》：交趾称其贵人曰"翁茶"。翁茶者，大官也。

《虎邱茶经补注》：徐天全自金齿^①谪回，每春末夏初，入虎邱开

茶社。罗光玺作《虎邱茶记》，嘲山僧有"替身茶"。吴匏庵与沈石田^②游虎邱，采茶手煎对啜，自言有茶癖。

《渔洋诗话》：林确斋者，亡其名，江右人。居冠石，率子孙种茶，躬亲畚锸负担，夜则课读《毛诗》《离骚》。过冠石者，见三四少年，头着一幅布，赤脚挥锄，琅然歌出金石，窃叹以为古图画中人。

[注释]

①金齿：位于云南保山市。②沈石田：指明代书画家沈周。

[译文]

李仙根《安南杂记》：交趾称贵人为"翁茶"。翁茶，就是大官的意思。

《虎丘茶经补注》：徐天全从金齿被贬谪回来，每年春末夏初的时候，都会到虎丘去开茶社。罗光玺著《虎丘茶记》，嘲笑山中的和尚，其中有"替身茶"的说法。吴匏庵和沈石田一起到虎丘去游玩，采摘茶叶后亲自去煎煮对饮，都说自己有茶癖。

《渔洋诗话》：林确斋，名字已经不可查考了，江右人。居住在冠石，带领子孙一起种茶，自己挑担挖土，晚上读《毛诗》《离骚》。经过冠石的人，看到三四个头上戴着头巾，光着脚挥舞着锄头，唱着歌的少年，还以为是古代图画中的人物呢。

[原文]

《尤西堂集》有《戏册茶为不夜侯制》。

朱彝尊《日下旧闻》：上巳后三日，新茶从马上至，至之日宫价五十金，外价二三十金。不一二日，即二三金矣。见《北京岁华记》。

《曝书亭集》：锡山^①听松庵僧性海^②，制竹火炉，王舍人^③过而爱之，为作山水横幅，并题以诗。岁久炉坏，盛太常因而更制，流传都下，

朱彝尊

朱彝尊为清初文学家、学者，他在诗词上成就卓著，是浙西词派的开创者。朱彝尊学识相当渊博，一生有多种著述，在他的文集中记载了一些茶事。

群公多为吟咏。顾梁汾典籍仿其遗式制炉，及来京师，成容若^④侍卫以旧图赠之。丙寅之秋，梁汾携炉及卷过余海波寺寓，适姜西溟、周青士、孙恺似三子亦至，坐青藤下，烧炉试武夷茶，相与联句成四十韵，用书于册，以示好事之君子。

[注释]

①锡山：位于今江苏无锡。②性海：指明代高僧普真。③王舍人：明代书画家，普真的好友。④成容若：指清代文学家纳兰性德。

[译文]

《尤西堂集》有《戏册茶为不夜侯制》。

朱彝尊《日下旧闻》：上巳后三天，用马将新茶运来，那天宫中的价格是五十金，宫外的价格是二三十金。没有过一两天，就只有二三金了。见《北京岁华记》。

《曝书亭集》：锡山听松庵的和尚性海，制造了一个竹火炉，王舍人看到后非常喜爱，就为他作了山水横幅，并在上面题诗。时间长了炉子就坏了，盛太常仿照它进行重新制作，后来流传到城中，群公很多都为他作诗。顾梁汾根据典籍仿照它的样子制造了这种炉子，等来到了京城，侍卫成容若将以前的图赠送给他。丙寅的秋天，梁汾带着炉子和书经过我在海波寺的寓所时，正好姜西溟、周青士、孙恺似三个人也来了，坐在青藤下面烧炉子品尝武夷的茶叶，一起联句作成了四十首诗，将它记录下来，用来给好事的君子看。

山中煎茶

倪元镇是元代书画家，喜好饮茶。他曾用核桃、松子和真粉做成园林假山盆景，放在茶汤中，取名为"清泉白石茶"，十分雅致。

[原文]

蔡方炳《增订广舆记》：湖广长沙府攸县，古迹有茶王城，即汉茶陵城也。

葛万里《清异录》：倪元镇饮茶用果按者，名清泉白石。非佳客不供。有客请见，命进此茶。客渴，再及而尽，倪意大悔，放盏入内。

黄周星①九烟梦读《采茶赋》，只记一句云："施凌云以翠步。"

[注释]

　　①黄周星：明末清初人。

[译文]

　　蔡方炳《增订广舆记》：湖广长沙府的攸县，古迹中有个茶王城，就是汉代的茶陵城。

　　葛万里《清异录》中说：倪元镇喝茶加进果子的方法，叫作清泉白石。不是好的客人是不会拿出来的。有客人拜见，就让端出了这种茶。客人口渴，倒上茶就喝完了，倪元镇觉得非常后悔，就将杯子收到里面去了。黄周星，字九烟，梦读《采茶赋》，只记得其中的一句是："施凌云以翠步。"

[原文]

　　《别号录》：宋曾几吉甫，别号茶山。明许应元子春，别号茗山。

　　《随见录》：武夷五曲朱文公①书院内有茶一株，叶有臭虫气，及焙制出时，香逾他树，名曰臭叶香茶。又有老树数株，云系文公手植，名曰宋树。

　　（补）《西湖游览志》：立夏之日，人家各烹新茗，配以诸色细果，馈送亲戚比邻，谓之七家茶。南屏谦师②妙于茶事，自云得心应手，非可以言传学到者。

[注释]

　　①朱文公：指宋代文学家朱熹。②南屏谦师：指宋代杭州南屏山净慈寺和尚谦师。

[译文]

　　《别号录》：宋朝的曾几字吉甫，别号茶山。明朝的许应元字子春，别号为茗山。

　　《随见录》：武夷五曲朱文公的书院中有一株茶树，叶子散发着一种臭虫气，可是等到烘焙制造出来以后，香气就远远胜过了其他的茶树，名字叫作臭叶香茶。还有几棵老树，据说是文公亲自栽种的，名叫宋树。

　　《西湖游览志》：立夏那一天，家家都各自煮新茶，再配上各种颜色的细果，赠送给亲戚、邻居，这叫作七家茶。南屏谦师对茶事非常精通，自认为是得心应手了，不是用语言传授就可以学得到的。

[原文]

　　刘士亨有《谢璘上人惠桂花茶》诗云：金粟金芽出焙篝，鹤边小

试兔丝瓯①。叶含雷信三春雨，花带天香八月秋。味美绝胜阳羡种，神清如在广寒游。玉川句好无才续，我欲逃禅问赵州②。

李世熊《寒支集》：新城之山有异鸟，其音若箫，遂名曰箫曲山。山产佳茗，亦名箫曲茶。因作歌纪事。

[注释]

①兔丝瓯：兔毫盏。②赵州：指唐代高僧赵州从谂禅师。

[译文]

刘士亨有《谢璘上人惠桂花茶》诗：金粟金芽出焙篝，鹤边小试兔丝瓯。叶含雷信三春雨，花带天香八月秋。味美绝胜阳羡种，神清如在广寒游。玉川句好无才续，我欲逃禅问赵州。

李世熊《寒支集》：新城的山上有种异常的鸟，它的声音就像箫一样，于是把它的名字叫作箫曲山。山中产好茶，也叫箫曲茶。因此作歌纪事。

[原文]

《禅元显教编》：徐道人居庐山天池寺，不食者九年矣。畜一墨羽鹤，尝采山中新茗，令鹤衔松枝烹之。遇道流，辄相与饮几椀。

张鹏翀《抑斋集》有《御赐郑宅茶赋》云：青云幸接于后尘，白日捧归乎深殿。从容步缓，膏芬齐出螭头^{chī}①；肃穆神凝，乳滴将开蜡面。用以濡毫^{pí}②，可媲文章之草；将之比德，勉为精白③之臣。

[注释]

①螭头：形容团茶龙形图案。②濡毫：指润笔锋。③精白：原为乳白的茶色，比喻世士的精忠清白。

[译文]

《禅元显教篇》：徐道人住在庐山天池寺中，已经有九年不吃东西了。他养了一只仙鹤，长着黑色的羽毛，他在山中采摘新茶的时候，让仙鹤衔来松枝煮茶。遇到其他道人，就一起喝上几碗。

张鹏翀《抑斋集》有《御赐郑宅茶赋》：青云幸接于后尘，白日捧归乎深殿。从容步缓，膏芬齐出螭头；肃穆神凝，乳滴将开蜡面。用以濡毫，可媲文章之草；将之比德，勉为精白之臣。

八 茶之出

[原文]

《国史补》：风俗贵茶，其名品益众。南剑有蒙顶①石花，或小方、散芽，号为第一。湖州有顾渚之紫笋，东川有神泉小团、绿昌明、兽目，峡州有小江园、碧涧寮、明月房、茱萸寮，福州有柏岩、方山露芽，婺州（wù）有东白、举岩、碧貌，建安有青凤髓，夔州（kuí）有香山，江陵有楠木，湖南有衡山，睦州有鸠坑，洪州有西山之白露，寿州有霍山之黄芽，绵州之松岭，雅州之露芽，南康之云居，彭州之仙崖、石花，渠江之薄片，邛州之火井、思安，黔阳之都濡、高株，泸川之纳溪、梅岭，义兴之阳羡、春池、阳凤岭，皆品第之最著者也。

[注释]

①蒙顶：茶名。产自四川名山县西南十五里的蒙山。山上有五座山峰，最高的叫上清峰，峰顶有一块巨石，石头上长有七株茶树，相传是甘露大师亲手所植，产茶非常少，明代每年向朝廷进贡一钱多一点。

[译文]

《国史补》中记载：民间的风俗非常重视饮茶，茶的名字和品种越来越多。南剑的茶有蒙顶石花，或者叫小方、散芽，号称天下第一。湖州茶有顾渚的紫笋，东川茶有神泉小团、绿昌明、兽目，峡州茶有小江园、碧涧寮、明月房、茱萸寮，福州茶有柏岩、方山露芽，婺州茶有东白、举岩、碧貌，建安茶有青凤髓，夔州茶有香山，江陵茶有楠木，湖南茶有衡山，睦州茶有鸠坑，洪州茶有西山的白露，寿州茶有霍山的黄芽，绵州的松岭，雅州的露芽，南康的云居，彭州的仙崖、石花，渠江的薄片，邛州的火井、思安，黔阳的都濡、高株，泸州的纳溪、梅岭，义兴的阳羡、春池、阳凤岭，都是品第十分高的茶。

唐代茶区图

[原文]

　　《文献通考》：片茶之出于建州者，有龙、凤、石乳、的乳、白乳、头金、蜡面、头骨、次骨、末骨、麁骨、山挺十二等，以充岁贡及邦国之用，泊本路食茶。余州片茶，有进宝双胜、宝山两府出兴国军；仙芝、嫩蕊、福合、禄合、运合、脂合出饶、池州；泥片出虔州；绿英、金片出袁州；玉津出临江军；灵川出福州；先春、早春、华英、来泉、胜金出歙州；独行灵草、绿芽片金、金茗出潭州；大拓枕出江陵、大小巴陵；开胜、开桊、小桊、生黄翎毛出岳州；双上绿牙、大小方出岳、辰、澧州；东首、浅山薄侧出光州。总二十六名。其两浙及宣、江、鼎州止以上中下或第一至第五为号。其散茶，则有太湖、龙溪、次号、末号出淮南；岳麓、草子、杨树、雨前、雨后出荆湖；清口出归州；茗子出江南。总十一名。

　　叶梦得《避暑录话》：北苑茶正所产为曾坑，谓之正焙；非曾坑为沙溪，谓之外焙。二地相去不远，而茶种悬绝。沙溪色白过于曾坑，但味短而微涩，识者一啜，如别泾渭也。余始疑地气土宜，不应顿异如此。及来山中，每开辟径路，刳①治岩窦②，有寻③丈之间，土色各殊，肥瘠、紧缓、燥润，亦从而不同。并植两木于数步之间，封培、灌溉略等，而生死、丰悴如二物者。然后知事不经见，不可必信也。草茶极品惟双井④、顾渚，亦不过各有数亩。双井在分宁县，其地属黄氏鲁直家也。元祐间，鲁直力推赏于京师，族人交致之，然岁仅得一二斤尔。顾渚在长兴县，所谓吉祥寺也，其半为今刘侍郎希范家所有。两地所产，岁亦止五六斤。近岁寺僧求之者，多不暇精择，不及刘氏远甚。余岁求于刘氏，过半斤则不复佳。盖茶味虽均，其精者在嫩芽。取其初萌如雀舌者，谓之枪。稍敷而为叶者，谓之旗。旗非所贵。不得已取一枪一旗犹可，过是则老矣。此所以为难得也。

[注释]

　　①刳：挖空、破开。②窦：孔、洞。③寻：古代的长度单位，八尺为一寻。④双井：在江西省分宁县西南三十里、宋代诗人黄庭坚居所的南溪。汲取

此井的水种茶，绝胜他处，因此称之为双井茶。

[译文]

《文献通考》中记载：建州出产的片茶有：龙、凤、石乳、的乳、白乳、头金、蜡面、头骨、次骨、末骨、粗骨、山挺十二等，这些茶每年向朝廷进贡，供国家需要，以至于本地饮茶所需。余州的片茶，有进宝双胜、宝山两府都出自兴国军，仙芝、嫩蕊、福合、禄合、运合、脂合都产自饶、池两州；泥片产自虔州；绿英、金片产自袁州；玉津产自临江军；灵川产自福州；先春、早春、华英、来泉、胜金产自歙州；独行灵草、绿芽片金、金茗产自潭州；大拓枕产自江陵、大小巴陵；开胜、开卷、小卷、生黄翎毛产自岳州；双上绿牙、大小方产自岳、辰、澧州；东首、浅山薄侧产自光州。总共有二十六种。其中两浙和宣、江、鼎州只以上、中、下或者以第一至第五为号。至于散茶，有太湖、龙溪、次号、末号产自淮南；岳麓、草子、杨树、雨前、雨后产自荆湖；清口产自归州；茗子产自江南。总共有十一种。

叶梦得《避暑录话》中记述：北苑茶的正品产自曾坑，叫作正焙；不是曾坑所产而是沙溪产的叫作外焙。曾坑和沙溪两地相隔不远，而茶的品种却相差很多。沙溪茶颜色比曾坑茶要白，但是茶味不绵长而且有点发涩，懂茶之人只要尝上一口，就会泾渭分明。我开始疑惑这两地的气候、土质都适合种茶，而且相距不远，种出的茶不应该相差这样多。后来到山中，每开辟一条路，凿开一个岩洞，只有几丈远的距离，土地的颜色就很不相同，土质的肥沃、贫瘠、板结、松软、干燥、湿润也随之而变化。同时在几步之间所种植的两棵树，培土、灌水大致相等，而生长的结果却是，有的十分茂盛，有的却枯萎了，成为截然相反的两株植物。我也感到如果不是自己亲眼去看，不一定会相信。草茶中品级最高的是双井、顾渚两种，两种茶的产地也不过各数亩。双井在分宁县，属黄鲁直家所有。元祐年间，黄鲁直极力向京师推荐这种茶，他家族的一些人也把自己所产茶进贡，但是一年仅有一二斤茶的产量。顾渚在长兴县吉祥寺，其中一半归侍郎刘希范家所有。两部分所产，一年只出产五六斤。近年来，寺中的和尚对这种茶，没有时间去精心采摘，因此远远不如刘希范家

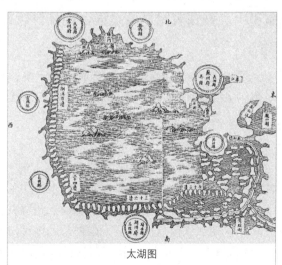

太湖图

太湖及其周边地区有悠久的茶文化历史，出产众多的名茶。

的茶好。我每年都会向刘希范要茶，如果他给我的茶叶超过了半斤，那么茶的质量就不是很好。因为这种茶的味道虽然比较均匀，可是精华则完全在嫩芽上面。取初发芽的茶像鸟雀的舌头一样，叫枪。茶芽稍稍展开成为叶子，叫旗。旗并不贵重，不得已取一枪一旗还可以。采摘一定要及时，否则茶叶就老了。这就是一枪一旗也非常难得的缘故。

[原文]

《归田录》：腊茶出自剑建，草茶盛于两浙。两浙之品，日注①为第一。自景祐以后，洪州双井白芽渐盛，近岁制作尤精，囊以红纱，不过一二两，以常茶十数斤养之，用辟暑湿之气。其品远出日注上，遂为草茶第一。

《云麓漫钞》：茶出浙西②，湖州为上，江南常州次之。湖州出长兴顾渚山中，常州出义兴君山悬脚岭北岸下等处。

《蔡宽夫诗话》：玉川子《谢孟谏议寄新茶》诗有"手阅月团三百片"及"天子须尝阳羡茶"之句。则孟所寄，乃阳羡茶也。杨文公《谈苑》："蜡茶出建州，陆羽《茶经》尚未知之，但言福建等州未详，往往得之，其味极佳。江左③近日方有蜡面之号。"丁谓《北苑茶录》云："创造之始，莫有知者。"质之三馆④检讨⑤杜镐，亦日在江左日，始记有研膏茶。欧阳公《归田录》亦云"出福建"，而不言所起。按唐氏诸家说中，往往有蜡面茶之语，则是自唐有之也。

[注释]

①日注：山名，在浙江绍兴东南五十里。②浙西：指浙江西部，管辖杭州、湖州、嘉兴等地。③江左：指长江以东，今江苏等地。④三馆：即昭文馆、集贤院、史馆，职责是修史、藏书、校雠。⑤检讨：官名，宋代有史馆检讨。

[译文]

《归田录》中记述：腊茶产自剑州、建州，草茶以两浙为盛。两浙的茶，日注茶要数第一。自景祐年以后，洪州双井白芽逐渐盛行起来，近年来，这种茶的制作更加精细。用红纱袋包裹一二两双井白芽，用几十斤普通茶护养着它，以防止它受热气湿气的侵袭。这种茶远远超过了日注茶，成为草茶中的第一。

《云麓漫钞》中说：浙西湖州产的茶为上等，江南常州的要差一些。湖州茶产在长兴的顾渚山中，常州茶产在义兴君山悬脚岭北岸下等处。

《蔡宽夫诗话》记述：玉川子《谢孟谏议寄新茶》诗中有"手阅月团三百片"

及"天子须尝阳羡茶"之句。则孟所寄是阳羡茶。杨文公《谈苑》中说:"蜡茶产自建州,陆羽写《茶经》的时候,还不知道,只是说福建等州不详,往往得到那里的茶,味道十分好。江左近来才出现了蜡面茶的称呼。"丁谓《北苑茶录》中说:"没有人知道蜡茶何时开始制作。"问三馆检讨杜镐,他也说在江左时,开始记得有研膏茶的事情。欧阳公《归田录》也说"这种茶出产自福建",但没有说是什么时候开始制作的。在唐代各家的文章中,常常会出现蜡面茶一类的话,说明唐朝时就开始制作这种茶了。

[原文]

《事物纪原》:江左李氏别令取茶之乳作片,或号京铤(dǐng)、的乳及骨子等,是则京铤之品,自南唐①始也。《苑录》云:"的乳以降,以下品杂炼售之,惟京师去者,至真不杂,意由此得名。"或曰,自开宝来,方有此茶。当时识者云,金陵僭国(jiàn)②,惟曰都下,而以朝廷为京师。今忽有此名,其将归京师乎。

罗廪《茶解》:按唐时产茶地,仅仅如季疵所称。而今之虎邱、罗岕、天池、顾渚、松萝、龙井、雁宕、武夷、灵川、大盘、日铸、朱溪诸名茶,无一与焉。乃知灵草在在有之,但培植不嘉,或疏于采制耳。

《潜确类书·茶谱》:袁州之界桥,其名甚著,不若湖州之研膏、紫笋,烹之有绿脚垂下。又婺州有举岩茶,片片方细,所出虽少,味极甘芳,煎之如碧玉之乳也。

雁荡山

雁荡山绵延不绝,山高,雨多,雾多,有悠久的产茶历史,出产雁荡毛峰茶。"雁荡茶,龙湫泉"的说法自古闻名。

[注释]

①南唐:国名,五代十国之一。拥有今江苏、淮南、江西、福建以及广西北部等地。②僭国:冒用国家称号,此处指在金陵的李氏集团。

[译文]

《事物纪原》中记述：江左南唐李氏又下令用茶乳作片，有的叫作京铤、的乳及骨子等，由此可见，京铤这种茶，是从南唐时期开始制作的。《苑录》中说："的乳以下的茶，用下等茶叶掺杂在一起制成，然后拿到市场上去卖，不过运送到京师的片茶，的确是真正的上品茶制作而成的。叫作京铤，也许是因此而得名吧。"也有人说，自开宝年间才开始出现这种茶，当时那些有见识的人说，南唐妄自称国，对自己国都所在之地只称呼为都下，而把朝廷所在之地开封称为京师。现在忽然有京铤这个名字，表示南唐将要归顺宋朝吧。

罗廪《茶解》中记述：按照唐朝时期产茶的地方，仅仅如陆羽所说。而现在的虎丘、罗岕、天池、顾渚、松萝、龙井、雁宕、武夷、灵川、大盘、日铸、朱溪等名茶都没有被提到。可见茶这种有灵气的草，到处都有。只是不好培植，或者不去采摘制作，所以没有被发现。

《潜确类书·茶谱》中记述：袁州的界桥茶，名气非常大，但是不像湖州的研膏、紫笋，煮出来后有绿脚下垂。还有婺州的举岩茶，每一片方方正正而又细密，产量虽然要少一些，但是味道既甜且香，用水煎煮一下，茶水就会现出碧玉般的颜色。

[原文]

《农政全书》：玉垒关外宝唐山，有茶树产悬崖，笋长三寸五寸，方有一叶两叶。涪^{fú}州出三般茶：最上宾化，其次白马，最下涪陵。

《煮泉小品》：茶自浙以北皆较胜。惟闽、广以南，不惟水不可轻饮，而茶亦当慎之。昔鸿渐未详岭南诸茶，但云"往往得之，其味极佳"。余见其地多瘴疠^{zhàng lì}①之气，染着水草，北人食之，多致成疾，故谓人当慎之也。

《茶谱通考》：岳阳之含膏冷，剑南之绿昌明，蕲门之团黄，蜀川之雀舌，巴东之真香，夷陵②之压砖，龙安③之骑火。

[注释]

①瘴疠：热带山林中的潮湿空气和瘟疫散发的氤氲之气。②夷陵：今湖北宜昌。③龙安：今四川安县东北。

[译文]

《农政全书》中记述：玉垒关外的宝唐山，在悬崖上长有茶树，枝芽有三、五寸长，才有一两片叶子。涪州出产三种茶：最上等的是宾化茶，其次是白马茶，最下等的是涪陵茶。

《煮泉小品》中记述：浙江以北所产的茶都比较好，只有福建、广东以南地区，不仅那里的水不能轻易喝，而且茶也要慎重对待，不要随便品尝。以前陆羽不了解岭南的各种茶，只是说："往往得之，其味极佳。"我看到那里瘴疠之气很多，水草受到污染，北方人饮用，很多人都会得疾病，所以说应当慎重对待。

《茶谱通考》中说：岳阳产的茶有含膏冷，剑南产的茶有绿昌明，蕲门产的茶有团黄，蜀川产的茶有雀舌，巴东产的茶有真香，夷陵产的茶有压砖，龙安产的茶有骑火。

[原文]

《江南通志》：苏州府吴县西山产茶，谷雨前采焙。极细者，贩于市，争先腾价，以雨前为贵也。

《吴郡虎邱志》：虎邱茶，僧房皆植，名闻天下。谷雨前摘细芽焙而烹之，其色如月下白，其味如豆花香。近因官司征以馈远，山僧供茶一斤，费用银数钱。是以苦于赍送。树不修葺，甚至刈[1]斫之，因以绝少。

[注释]

①刈：割，割掉。

[译文]

《江南通志》中说：苏州府吴县西山出产茶，谷雨以前进行采摘烘焙。非常精致的茶，拿到市场上去卖，售价会竞相攀升。因为买主都知道雨前的茶是最贵重的。

《吴郡虎丘志》中记述：虎丘茶种植在僧人的房前屋后，这种茶，天下闻名。在谷雨前将它的细芽采摘下来进行烘焙，然后再进行煎煮，它的汤就好像是月亮照耀出的银白色一样，它的味道就好像是豆花香气。近来官员征收这种茶赠送给远方，山僧供应一斤茶，只给数钱银两。僧人苦于官员们收茶作为赠品，也就不对茶树进行修葺整理了，甚至将树砍掉，因此现在虎丘茶很少可以看到了。

[原文]

米襄阳《志林》：苏州穹 窿山下有海云庵，庵中有二茶树，其二株皆连理，盖二百余年矣。

《姑苏志》：虎邱寺西产茶，朱安雅云："今二山门西偏，本名茶岭。"

陈眉公《太平清话》：洞庭中西尽处，有仙人茶，乃树上之苔藓也，四皓[1]采以为茶。

《图经续记》：洞庭②小青山坞出茶，唐宋入贡。下有水月寺，因名"水月茶"。

[注释]

①四皓：汉初四位隐士：东国公、绮里季、夏黄公、角里先生，四人被称为商山四皓。②洞庭：指洞庭湖，湖中有很多小山，以君山最为著名。

君山拾翠

君山在洞庭湖中，四周环水，雨水充沛，常年云雾缭绕，适合茶树的生长，所产的君山银针茶从唐代起就是贡品。

[译文]

米襄阳《志林》说：苏州的穹窿山下有座海云庵，这座庵中有两株茶树，两棵树是合抱在一起生长的，大概已经有两百多年的时间了。

《姑苏志》说：虎丘寺西边产茶，朱安雅说："现今山门偏西的地方，原来叫作茶岭。"

陈眉公《太平清话》说：洞庭湖的西尽头出产一种仙人茶，这种茶原来是树上生长出来的苔藓。有四个白发老人采摘之后作为茶使用。

《图经续记》说：洞庭湖中的小青山坞出产茶叶，唐宋时期这种茶才开始向朝廷进贡。因为山下有一座水月寺，因此称这种茶为"水月茶"。

[原文]

《古今名山记》：支硎山茶坞多种茶。

《随见录》：洞庭山①有茶，微似岕而细，味甚甘香，俗呼为"吓杀人"。产碧螺峰者尤佳，名"碧螺春"。

《松江府志》：佘山在府城北，旧有佘姓者修道于此，故名。山产茶与笋，并美，有兰花香味。故陈眉公云："余乡佘山茶与虎邱相伯仲②。"

[注释]

①洞庭山：江苏太湖中有东、西二山，东山为古莫厘山，西山为古包山。

②伯仲：此处指不相上下。

[译文]

《古今名山记》说：支硎山茶坞种植了很多茶树。

《随见录》说：洞庭山产茶，所产的茶有点像芥茶，只是稍微细些，味道甜香，民间把它叫作"吓杀人"。这种茶叶产于洞庭山碧螺峰上的是最好的，叫作"碧螺春"。

《松江府志》记述：佘山在松江府的城北，过去有位姓佘的人在此修道，因此人们将山称之为佘山。山上出产茶叶和竹笋，质量都非常好，有兰花的味道。因此陈眉公说："我家乡出产的佘山茶和虎丘茶，质地不相上下。"

[原文]

《常州府志》：武进县章山麓有茶巢岭，唐陆龟蒙尝种茶于此。

《天下名胜志》：南岳古名阳羡山，即君山北麓。孙皓①既封国后，遂禅此山为岳，故名。唐时产茶充贡，即所谓云南岳贡茶也。常州宜兴县东南别有茶山。唐时造茶入贡，又名唐贡山，在县东南三十五里，均山乡。

陆龟蒙

陆龟蒙是唐代文学家，他以隐士自诩，号江湖散人，与皮日休并称为"皮陆"。陆龟蒙嗜好作诗和饮茶，在浙江湖州的顾渚山下开辟了一处茶园，还给各种茶叶区分等级。

[注释]

①孙皓：三国时期吴国最后一个皇帝。

[译文]

《常州府志》：武进县章山的山脚下有个茶巢岭，唐代的陆龟蒙曾经在此地种茶。

《天下名胜志》：南岳在古时叫作阳羡山，也就是君山的北麓。孙皓封国之后，于是就封此山为岳，名字就是这样得来的。唐代产茶充当贡品，所说的就是南岳的贡茶。常州宜兴县东南有座茶山。唐朝时期人们采茶进贡，因此又称之为唐贡山，在县城东南三十五里的地方，到处都是山。

[原文]

《武进县志》：茶山路在广化门外十里之内，大墩小墩连绵簇拥，有山之形。唐代湖、常二守会阳羡造茶修贡，由此往返，故名。

《檀几丛书》：茗山在宜兴县西南五十里永丰乡，皇甫冉有《送羽南山采茶》诗，可见唐时贡茶在茗山矣。唐李栖筠①守常州日，山僧献阳羡茶。陆羽品为芬芳冠世，产可供上方。遂置茶舍于洞灵观，岁造万两入贡。后韦夏卿徙于无锡县罨画溪上，去湖㳇一里所。许有谷诗云"陆羽名荒旧茶舍，却教阳羡置邮忙"是也。义兴南岳寺，唐天宝中有白蛇衔茶子坠寺前，寺僧种之庵侧，由此滋蔓，茶味倍佳，号曰"蛇种"。土人重之，每岁争先饷遗。官司需索，修贡不绝。追今方春采茶，清明日，县令躬享白蛇于卓锡泉亭，隆厥典也。后来檄取，山农苦之，故袁高有"阴岭茶未吐，使者牒②已频"之句。郭三益诗："官符星火催春焙，却使山僧怨白蛇。"卢仝《茶歌》："安知百万亿苍生，命坠颠崖受辛苦。"可见贡茶之累民，亦自古然矣。

[注释]

①李栖筠：为李吉甫父亲，人称"赞皇公"。②牒：指由官方颁发的证明某事的文件。

[译文]

《武进县志》：茶山路在广化门外十里以内，大墩和小墩连起来簇拥连绵在一起，就成了山的形状。唐代的湖州、常州两地的太守，到阳羡制造茶叶进贡，就从此地往返，由此而得名。

《檀几丛书》：茗山在宜兴县西南五十里的永丰乡，皇甫冉曾经作有《送羽南山采茶》诗，可见唐朝时贡茶就在茗山出产了。唐代李栖筠任常州太守时，山中的和尚进献阳羡茶。陆羽品尝之后认为它的香味无与伦比，可拿来进贡给皇上。于是就在洞灵观中建造了一个茶舍，每年制造上万两进贡朝廷。后来韦夏卿迁徙到无锡县的罨画溪上，住在距离水流分支的地方一里左右。许有谷的诗句"陆羽名荒旧茶舍，却教阳羡置邮忙"说的就是这个。义兴的南岳寺，传说唐朝天宝年间有白蛇衔着茶子落在寺庙的前面，寺中的和尚将其种植在庵旁，从此滋生蔓长，茶味非常好，叫作"蛇种"。当地人非常重视它，每年都争先恐后地食用赠送，官府也不断索要作为贡品进献朝廷。入春开始采茶，清明那天，县令会亲自到卓锡泉亭去躬请白蛇，典礼非常隆重。后来索要的太多了，山中的茶农深受其苦，因此袁高有"阴岭茶未吐，使者牒已频"的诗句。郭三益诗中说:"官符星火催春焙,却使山僧怨白蛇。"卢仝《茶歌》:"安知百万亿苍生,命坠颠崖受辛苦。"可见贡茶对茶民的连累,自古以来都如此。

[原文]

《洞山茶系》:罗岕,去宜兴而南,逾八九十里。浙直分界,只一山冈,冈南即长兴山。两峰相阻,介就夷旷①者,人呼为"岕云"。履其地,始知古人制字有意。今字书岕字,但注云"山名耳"。有八十八处,前横大涧,水泉清骏,漱润茶根,泄山土之肥泽,故洞山为诸岕之最,自西氿溯涨渚而入,取道茗岭,甚险恶。县西南八十里。自东氿(sù)溯湖汊而入,取道濡岭,稍夷,才通车骑。所出之茶,厥有四品:第一品,老庙后。庙祀山之土神者,瑞草丛郁,殆②比③茶星胙蠁(xiǎng)矣。地不下二三亩,苕溪姚象先与婿分有之。茶皆古本,每年产不过二十斤,色淡黄不绿,叶筋淡白而厚,制成梗绝少。入汤色柔白如玉露,味甘,芳香藏味中,空濛深永,啜之愈出,致④在有无之外。第二品,新庙后、棋盘顶、纱帽顶、手巾条、姚八房及吴江周氏地,产茶亦不能多。香幽色白,味冷隽,与老庙不甚别,啜之差觉其薄耳。此皆洞顶岕也。总之岕品至此,清如孤竹,和如柳下⑤,并入圣矣。今人以色浓香烈为岕茶,真耳食⑥而眯⑦其似也。第三品,庙后涨沙、大衮头、姚洞、罗洞、王洞、范洞、白石。第四品,下涨沙、梧桐洞、余洞、石场、丫头岕、留青岕、黄龙、岩灶、龙池,此皆平洞本岕也。外山之长潮、青口、箬庄、顾渚、茅山岕,俱不入品。

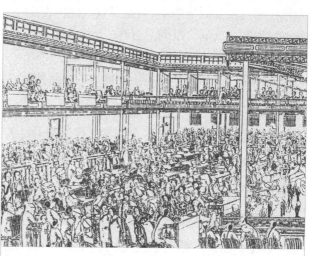

茶馆图

清代,上层茶文化衰落,民间茶馆成为主流。各类茶馆遍布城乡,形成了多姿多彩的茶馆文化。图为《点石斋画报》中的茶馆图。

[注释]

①夷旷:指平坦广阔。②殆:指大概、大约。③比:意为象征。④致:

指风韵。⑤柳下：即柳下惠，春秋时期鲁国人，柳下惠被认为是遵守中国传统道德的典范，他"坐怀不乱"的故事中国历代广为传颂。⑥耳食：指耳闻不实的传言。⑦眯：指朦胧不明真相。

[译文]

《洞山茶系》：罗岕，在宜兴南面大约八九十里的地方。浙直分界，只是一座山冈，山冈的南面是长兴山。两座山相阻隔，其间的空旷之地，别人叫作"岕云"。真正踏在这片土地上的时候，才知道古人造字是很有深意的。今天的"岕"字，注说的是山名。有八十八处，前面横着特大的山涧，泉水非常清澈，滋润着茶树，使山上的土地十分肥沃，因此说洞山茶是所有茶中最好的。从西汭沿着涨渚逆流而上，经过茗岭，地势非常险恶。（在县城西南八十里的地方。）从东汭沿着湖水分叉的地方进入，经过瀫岭，稍微平垣，才能通过车辆。所出产的茶叶，共有四个品种：第一，是老庙后。庙中祭祀的是山上的土地神，瑞草丛生，大约象征茶星灵通。面积总共也不超过两三亩，属于苕溪的姚象先和女婿两人所有。茶树都是古树，每年产量不超过二十斤，颜色淡黄而不绿，叶子的筋脉淡白且非常厚，制成了茶后梗很少。放入开水中颜色柔白就好像玉露一般，味道非常甘甜，芳香深藏于味道之中，余味悠远，越喝越能够品出香味来，让人如痴如醉。第二，新庙后、棋盘顶、纱帽顶、手巾条、姚八房以及吴江周氏那里，出产的茶叶也不是很多。幽香色白，味道冷隽，和老庙的没有太大的区别，只是喝后感觉味道淡薄。这些都是洞顶岕。总之岕品种的茶叶到了这种程度，清如孤竹一样，和顺如柳下惠一样，都成了圣洁的东西。现在人们认为颜色深香气浓郁的是岕茶，只是不真实的传言而已。第三，庙后的涨沙、大衮头、姚洞、罗洞、王洞、范洞、白石。第四个品种，下涨沙、梧桐洞、余洞、石场、丫头岕、留青岕、黄龙、岩灶、龙池，这些都是平洞本岕。外山的长潮、青口、涽庄、顾渚、茅山岕，都不能称得上是好品种。

[原文]

《岕茶汇钞》：洞山茶之下者，香清叶嫩，着水香消。棋盘顶、纱帽顶、雄鹅头、茗岭，皆产茶地。诸地有老柯、嫩柯，惟老庙后无二，梗叶丛密，香不外散，称为上品也。

《镇江府志》：润州之茶，傲山①为佳。

《寰宇记》：扬州江都县蜀冈有茶园，茶甘旨如蒙顶。蒙顶在蜀，故以名冈。上有时会堂、春贡亭，皆造茶所，今废，见毛文锡《茶谱》。

《宋史·食货志》：散茶出淮南，有龙溪雨前、雨后之类。

[注释]

①傲山：位于今南京江宁。

[译文]

《岕茶汇钞》：洞山茶中较差的，香味清新叶子很嫩，放在水中香味就全部消散了。棋盘顶、纱帽顶、雄鹅头、茗岭，都是出产茶叶的地方。这些地方有老柯、嫩柯，只有老庙后不一样，梗叶茂密，放在水中香气也不会往外流散，称得上是上品。

《镇江府志》：润州的茶叶，傲山的是最好的。

《寰宇记》：扬州江都县蜀冈有茶园，茶叶非常甘甜就好像是蒙顶出产的一样。蒙顶在蜀地，因此用蒙来命名山。上面有时会堂、春贡亭，都是制造茶叶的地方，现在已荒废了，见毛文锡的《茶谱》。

《宋史·食货志》：散茶出自淮南，在龙溪有雨前、雨后之分。

[原文]

《安庆府志》：六邑俱产茶，以桐①之龙山②、潜③之闵山者为最。蒔^{shí}茶源在潜山县。香茗山在太湖县。大小茗山在望江县。

《随见录》：宿松县产茶，尝之颇有佳种，但制不得法。倘别其地，辨其等，制以能手，品不在六安下。

《徽州志》：茶产于松萝，而松萝茶乃绝少，其名则有胜金、嫩桑、仙芝、来泉、先春、运合、华英之品，其不及号者为"片茶八种"。近岁茶名，细者有雀舌、莲心、金芽；次者为芽下白，为走林，为罗公；又其次者为开园，为软枝，为大方。制名号多端，皆松萝种也。

[注释]

①桐：指安徽的桐城市。②龙山：即龙眠山。③潜：指安徽的潜山县。

[译文]

《安庆府志》：六邑都出产茶叶，以桐城的龙山、潜山的闵山出产的茶叶是最好的。蒔茶源在现在的潜山县。香茗山在现在的太湖县。大小茗山在现在的望江县。

《随见录》：宿松县出产茶叶，经过品尝后发现有好的品种，但制作时方法不对。如果分别其出产地，区分出它们的等级，让能手来进行制作，那么品味不会在六安茶之下。

《徽州志》：茶叶是松萝出产的，而松萝茶却非常少，其有名的只有胜金、嫩桑、仙芝、来泉、先春、运合、华英等品种，另外还有不知具体名字的被统称为"片茶八种"。近年来的茶叶，较好的有雀舌、莲心、金芽；稍微差一些的有芽下白、走林、罗公；再差一点的有开园、软枝、大方等。名称虽然众多，但都出产自松萝。

[原文]

　　吴从先《茗说》：松萝子土产也，色如梨花，香如豆蕻，饮如嚼雪。种愈佳，则色愈白，即经宿①无茶痕②，固足美也。秋露白片子更轻清若空，但香大惹人，难久贮，非富家不能藏耳。真者其妙若此，略溷他地一片，色遂作恶，不可观矣。然松萝地如掌③，所产几许，而求者四方云至，安得不以他混耶？

　　《黄山志》：莲花庵旁，就石缝养茶，多轻香冷韵，袭人断腭④。

[注释]

　　①经宿：经过一夜。②茶痕：指茶盏的四周没有茶迹。③地如掌：形容产茶之地极小，如巴掌般大。④袭人断腭：形容茶香浓烈袭人，使人惊诧。

[译文]

　　吴从先《茗说》：当地生产的松萝子，颜色和梨花一样，香味好像是豆蕻，喝起来好像是在吃雪。颜色越白的品种就越好，如果被搁置了一晚上仍然没有茶痕的，那就是非常好的品种了。秋露白片子更加的清新可人，但是香味却浓郁熏人，难以长期储存，不是富裕的人家是没有办法贮藏好的。像这样真正的好东西，如果和其他地方的茶叶混杂在一起，颜色就会立即变坏，简直就不能看了。然而出产松萝的地方有限，产量也非常少，而四面八方的人都来求索索要，怎么能不掺杂其他的品种呢？

　　《黄山志》：莲花庵的附近，在石头的缝隙里种植有茶叶，大多清香冷韵，喝起来香气醉人。

[原文]

　　《昭代丛书》：张潮云："吾乡天都①有抹山茶，茶生石间，非人力所能培植。味淡香清，足称仙品。采之甚难，不可多得。"

　　《随见录》：松萝茶近称紫霞山者为佳，又有南源、北源名色。其松萝真品殊不易得。黄山绝顶有云雾茶，别有风味，超出松萝之外。

　　《通志》：宁国府属宣、泾、宁、旌、太②诸县，各山俱产松萝。

[注释]

　　①天都：指黄山的天都峰。②宣、泾、宁、旌、太：分指宣城、泾县、

宁国、旌德、太湖，均位于今安徽省。

[译文]

《昭代丛书》：张潮说："我的家乡黄山天都峰出产一种抹山茶，茶树生长在石头之间，并非人力所能栽培出的。味道香甜清淡，可称得上是茶中的极品了。采摘起来非常困难，很难多得。"

《随见录》：近来据说紫霞山的松萝茶是最好的，还有南源、北源这些地方的有名品种。它们中真正的松萝实在是很难得

黄山始信峰

黄山有奇松、怪石、云海、温泉"四绝"，云雾缭绕之处易出好茶。据《黄山志》载，黄山云雾茶产自莲花庵石缝所生长的茶树，因受到云雾的滋润，格外清香。

到。黄山的顶峰上有云雾茶，别有一番风味，比松萝还要好。

《通志》：宁国府所管辖的宣城、泾县、宁国、旌德、太湖等县，各个山上都出产松萝茶叶。

[原文]

《名胜志》：宁国县鸦山在文脊山北，产茶充贡。《茶经》云"味与蕲州同"。宋梅询有"茶煮鸦山雪满瓯"之句，今不可复得矣。

《农政全书》：宣城县有丫山，形如小方饼横铺，茗芽产其上。其山东为朝日所烛，号曰阳坡，其茶最胜。太守荐之，京洛人士题曰"丫山阳坡横文茶"，一名"瑞草魁"。

《华夷花木考》：宛陵①茗池源茶，根株颇硕，生于阴谷，春夏之交，方发萌芽。茎条虽长，旗枪不展，乍紫乍绿。天圣初，郡守李虚己同太史梅询尝试之，品以为建溪、顾渚不如也。

[注释]

①宛陵：指今安徽宣城。

[译文]

《名胜志》：宁国县的鸦山在文脊山的北面，出产的茶叶是进献朝廷的贡

品。《茶经》中说"味道和蕲州的一样"。宋代的梅询有"茶煮鸦山雪满瓯"诗句，现在不可能再得到了。

《农政全书》：宣城县的丫山，形状好像横铺着的小方饼一样，茶叶产自这里。山的东面早上就被升起来的太阳照射，名叫阳坡，那里的茶叶是最好的。太守将它推荐给别人，京城的人士为它题词说"丫山阳坡横文茶"，又叫"瑞草魁"。

《华夷花木考》：宛陵茗池出产的茶叶，根部十分丰硕，生长在背阴的山谷中，春夏之交的时候，才萌发出新芽。茎和枝条虽然都很长，但是叶子并不是展开的，略带紫绿色。天圣初年，郡县太守李虚己和太史梅询曾品尝，认为建溪、顾渚的茶都比不上它。

[原文]

《随见录》：宣城有绿雪芽，亦松萝一类。又有翠屏等名色。其泾川涂茶，芽细、色白、味香，为上供之物。

《通志》：池州府属青阳、石埭(dài)、建德，俱产茶。贵池亦有之，九华山闵公墓茶①，四方称之。

《九华山志》：金地茶，西域僧金地藏②所植，今传枝梗空筒者是。大抵烟霞云雾之中，气常温润，与地上者不同，味自异也。

[注释]

①闵公墓茶：茶名，指九华山闵茶。②金地藏：唐代僧人。

[译文]

《随见录》：宣城有绿雪芽，也属于松萝的一种。还有翠屏等各种名茶。其中泾川的涂茶，茶芽十分细，颜色十分白，味道十分香，都是上供时所用的物品。

《通志》：池州府所管辖的青阳、石埭、建德，都出产茶叶。贵池也产茶叶，九华山的闵公墓茶，各地人都称赞它。

《九华山志》：金地茶，是西域的和尚金地藏种植的，现在人们传说的茶的枝梗中是空的就是它。大概是因为生长在烟霞云雾之中，气候温暖湿润，因此与地上生长的茶不一样，味道自然也就不相同了。

[原文]

《通志》：庐州府属六安、霍山，并产名茶，其最著惟白茅贡尖，即茶芽也。每岁茶出，知州具本恭进。六安州有小岘山出茶，名小岘春，为六安极品。霍山有梅花片，乃黄梅时①摘制，色香两兼而味稍薄。又有银针、丁香、松萝等名色。

《紫桃轩杂缀》：余生平慕六安茶，适一门生作彼中守，寄书托求数两，竟不可得，殆绝意乎。

陈眉公《笔记》：云桑茶出琅玡山^②，茶类桑叶而小，山僧焙而藏之，其味甚清。广德州建平县雅山出茶，色香味俱美。

采茶入贡

安徽六安州（相当于今安徽六安、霍山等市县及湖北英山县）的英山、霍山等地盛产茶叶。此图为清代当地妇女、小孩正在采茶。采茶的最佳时间是在谷雨之前，如果耽误了时间，茶叶就老了，泡出的茶味道就薄了。这时候，官员会选办精品茶进贡给皇帝。

[注释]

①黄梅时：指农历四五月间，正当梅子黄时。②琅玡山：位于今安徽滁州。

[译文]

《通志》：庐州府管辖的六安、霍山，都出产好茶叶，其中最著名的只有白茅贡尖，也就是茶芽。每年茶芽长出来的时候，知州就会拟好奏章进献。六安州的小岘山出产茶叶，叫作小岘春，是六安茶中最好的品种。霍山的梅花片，在黄梅季节采摘制作，颜色和香味都很好，只是味道稍微有些淡。还有银针、丁香、松萝等著名的品种。

《紫桃轩杂缀》：我生平最喜欢的是六安茶，恰好我的一个学生在那里做中守，于是写信给他想要求取几两，竟然没有能得到，真是太绝人意了。

陈眉公《笔记》：云桑茶出自琅玡山，茶叶像桑叶那样小，山中的和尚烘干储藏，味道十分清爽。广德州建平县雅山出产的茶叶，色香味都非常好。

[原文]

《浙江通志》：杭州钱塘、富阳及余杭径山多产茶。《天中记》："杭州宝云山出者，名宝云茶。下天竺香林洞者，名香林茶。上天竺白云峰者，名白云茶。"田子艺云："龙泓今称龙井，因其深也。《郡志》称有龙居之，非也。盖武林^①之山，皆发源天目，有龙飞凤舞之谶^{chèn}，故西湖之山以龙名者多，非真有龙居之也。有龙，则泉不可食矣。泓上之阁，亟宜去之，浣花诸池尤所当浚^②。"

[注释]

①武林：此处指杭州。②浚：疏通的意思。

[译文]

《浙江通志》：杭州的钱塘、富阳以及余杭径山等山都出产茶叶。《天中记》中说："杭州宝云山出产宝云茶。下天竺香林洞中出产一种香林茶。上天竺白云峰出产一种白云茶。"田子艺说："龙泓现在被称为龙井，是因为它很深的缘故。《郡志》中说其中有龙居住，其实什么也没有。武林的山，都发源于天目，古人认为它有龙飞凤舞的气势，因此西湖的山用龙来命名的有很多，可并非真的有龙居住在里面。如果真有龙的话，那泉水就不能喝了。井上的房子，就应该拆除，洗花的池子更加应当清理了。"

[原文]

《湖壖杂记》：龙井产茶，作豆花香，与香林、宝云、石人坞、垂云亭者绝异。采于谷雨①前者尤佳，啜之淡然，似乎无味，饮过后，觉有一种太和之气。弥绗于齿颊之间，此无味之味乃至味也。为益于人不浅，故能疗疾。其贵如珍，不可多得。

《坡仙食饮录》：宝严院垂云亭亦产茶，僧怡然以垂云茶见饷，坡报以大龙团。

[注释]

①谷雨：二十四节气之一。谷雨雨水增多，大大有利谷类农作物的生长。每年公历 4 月 20日～ 21日时为谷雨。

[译文]

《湖壖杂记》：龙井出产的茶叶，散发着豆花一样的香味，和香林、宝云、石人坞、垂云亭都不同。在谷雨之前采摘的茶更好，喝的时候会觉得味道非常淡，似乎和没有味道一样，可是饮用之后，就会有一种很调和的气息，游走于牙齿和两颊之间，这种似乎没有任何味道的味道，才是最好的味道。有益于人的身心健康，因此能够治疗疾病。它就像珍珠一样珍贵，非常不容易得到。

《坡仙食饮录》：宝严院垂云亭也出产茶叶，怡然和尚赠送垂云茶，苏轼回送给他大龙团。

[原文]

陶谷《清异录》：开宝中，窦仪①以新茶饷予，味极美，奁面标云"龙陂山子茶"。龙陂是顾渚山之别境。

《吴兴掌故》：顾渚左右有大小官山，皆为茶园。明月峡在顾渚侧，

绝壁削立，大涧中流，乱石飞走，茶生其间，尤为绝品。张文规诗所谓"明月峡中茶始生"，是也。顾渚山，相传以为吴王夫差自此顾望原隰^②可为城邑，故名。唐时，其左右大小官山皆为茶园，造茶充贡，故其下有贡茶院。

[注释]

　　①窦仪：宋代大臣。②隰：低湿的地方。

[译文]

　　陶毂《清异录》：开宝年间，窦仪把新茶赠送给我，味道非常好，盒子的上面标有"龙陂山子茶"几个字。龙陂是顾渚山外的地方。

　　《吴兴掌故》：顾渚山两旁有大小官山，上面都是茶园。明月峡在顾渚山的旁边，陡峭的山崖耸立，宏大的涧水从中流过，石头杂乱无章，茶树就生长在其中，是最好的品种。张文规诗中所说的"明月峡中茶始生"，说的就是这个。顾渚山，传说吴王夫差当年曾在这里，瞭望平原可以为城池，因此命名。唐朝时，它的旁边大小官山都是茶园，制作茶叶进献朝廷，因此它的下面设置了贡茶院。

[原文]

　　《蔡宽夫诗话》：湖州紫笋茶出顾渚，在常、湖二郡之间，以其萌茁紫而似笋也，每岁入贡，以清明日到，先荐宗庙，后赐近臣。

　　冯可宾《岕茶笺》：环长兴境，产茶者曰罗嶰、曰白岩、曰乌瞻、曰青东、曰顾渚、曰筱浦，不可指数。独罗嶰最胜。环嶰境十里而遥为嶰者，亦不可指数。嶰而曰岕，两山之介也。罗隐隐此，故名，在小秦王庙后，所以称庙后罗岕也。洞山之岕，南面阳光，朝旭夕辉，云滃雾浡^①，所以味迥别也。

[注释]

　　①云滃雾浡：指云雾氤氲笼罩。

[译文]

　　《蔡宽夫诗话》：湖州的紫笋茶出自顾渚，在常州、湖州两郡之间，因为茶芽是紫色的而且像笋子一样，因此得名。每年都会向朝廷进贡，要在清明的时候进献到，先要祭奠祖宗，然后再赏赐亲近的臣子。

　　冯可宾《岕茶笺》：环绕长兴境内，出产茶叶的地方有罗嶰、白岩、乌瞻、青东、顾渚、筱浦等等，没有办法全部列举出来，其中只有罗嶰是最好的。嶰境方圆十里之地，也被称为嶰地，也无法将其全部罗列出来。嶰又叫作岕，意思是指两山之间。罗隐曾在此地隐居，因此将它命名为罗嶰，在小秦王庙的后面，被称为庙后罗芥。洞山的芥茶，南面有充分的阳光，早上照耀在朝阳之下，晚上沐浴在夕阳的余晖之下，接受着雨雾的滋养，因此味道非常特别。

[原文]

《名胜志》：茗山在萧山县西三里，以山中出佳茗也。又上虞县后山，茶亦佳。

《方舆胜览》：会稽①有日铸岭，岭下有寺，名资寿。其阳坡名油车，朝暮常有日，茶产其地；绝奇。欧阳文忠云："两浙草茶，日铸第一。"

《紫桃轩杂缀》：普陀老僧贻余小岩茶一裹，叶有白茸，瀹之无色，徐②引觉凉透心腑。僧云："本岩岁止五六斤，专供大士，僧得啜者寡矣。"

[注释]

①会稽：古地名，故吴越地。会稽因绍兴会稽山得名。②徐：慢慢地。

[译文]

《名胜志》：茗山在萧山县西面约三里的地方，因山中出产极好的茶叶，所以称之为茗山。另外上虞县的后山，茶叶也十分好。

《方舆胜览》：会稽山有日铸岭，岭下有座寺庙，叫作资寿。山的南面称为油车，早晚都有太阳照耀，此地出产的茶非常好。欧阳修说："两浙茶草，日铸第一。"

《紫桃轩杂缀》：普陀山的老和尚曾送给我一包小岩茶，叶子上长着白色的茸毛，用水冲泡的时候没有什么颜色，可是慢慢品味就会感觉心肺被凉透了。和尚说："这种茶叶本山每年只出产五六斤，专供大士享用，能够喝到的和尚非常少。"

[原文]

《普陀山志》：茶以白华岩顶者为佳。

《天台记》：丹丘出大茗，服之生羽翼。

桑庄《茹芝续谱》：天台①茶有三品：紫凝、魏岭、小溪是也。今诸处并无出产，而土人所需，多来自西坑、东阳、黄坑等处。石桥诸山，近亦种茶，味甚清甘，不让他郡，盖出自名山雾中，宜其多液而全厚也。但山中多寒，萌以较迟，兼之做法不佳，以此不得取胜。又所产不多，仅足供山居②而已。

《天台山志》：葛仙翁茶圃^{pǔ}在华顶峰上。

《群芳谱》：安吉州茶亦名紫笋。

《通志》：茶山在金华府兰溪县。

《广舆记》：鸠坑茶出严州府淳安县。方山茶出衢^{qú}州府龙游县。

[注释]

　①天台：指浙江天台山。②山居：此处指居住在山上的居民。

[译文]

　《普陀山志》：茶叶以属于白华岩顶产的为上品。

　《天台记》：丹丘出产大的茶叶，服用之后能生出羽翼。

　桑庄《茹芝续谱》：天台山的茶叶有三个品种：即紫凝、魏岭、小溪。现在这些地方已经不出产了，当地人所用的茶，大多是来自西坑、东阳、

天台山

天台山的最高峰华顶所产的茶为最佳，称为华顶云雾或华顶茶。历史上的天台茶有三品，即紫凝、魏岭、小溪。

黄坑等地。石桥等山，近来也种植茶叶，味道甘甜清香，不比其他的地方差，大概是由于山中多云雾，因此茶汁液多而且厚实。但是山中的寒气非常重，萌发的也非常晚，加上制作的方法不恰当，因此不能取胜。又因为产量不多，因此只能供给山上的居民使用。

　《天台山志》：葛仙翁的茶园在华顶峰上。

　《群芳谱》：安吉州出产的茶叶也叫作紫笋。

　《通志》：茶山在金华府兰溪县境内。

　《广舆记》：鸠坑茶出产自严州府淳安县。方山茶出产自衢州府的龙游县。

[原文]

　劳大与《瓯江逸志》：浙东多茶品，雁宕山称第一。每岁谷雨前三日，采摘茶芽进贡。一枪两旗而白毛者，名曰"明茶"；谷雨日采者，名"雨茶"。一种紫茶，其色红紫，其味尤佳，香气尤清，又名"玄茶"，其味皆似天池而稍薄。难种薄收，土人^①厌人求索，园圃中少种，间^②有之亦为识者取去。按卢仝《茶经》云："温州无好茶，天台瀑布

水、瓯水味薄，惟雁宕山水为佳。"此茶亦为第一，曰去腥腻、除烦恼、却昏散、消积食。但以锡瓶贮者，得清香味，无以锡瓶贮者，其色虽不堪观，而滋味且佳，同阳羡山岕茶无二无别。采摘近夏，不宜早，炒做宜熟，不宜生，如法可贮二三年。愈佳愈能消宿食醒酒，此为最者。

[注释]

①土人：此处指当地人。②间：指偶尔。

[译文]

劳大与《瓯江逸志》：浙东地区多出产茶叶，雁宕山可称为第一。在每年谷雨前三天，采摘茶芽进献朝廷。一枪两旗而且有白色的茸毛的，叫作"明茶"；谷雨当天采摘的，叫作"雨茶"。另外还有一种紫茶，颜色是红紫色，味道非常好，香气清新怡人，因此又叫作"玄茶"，它的味道比天池茶稍微淡一点。因为又难以种植而且收获得很少，所以当地人都非常讨厌别人来求取索要，茶园中种得少，即使有一点也被熟识的人拿走了。按照卢仝《茶经》中所说的："温州没有好茶，天台的瀑布水、瓯水，水味非常淡，只有雁宕山的水是最好的。"这种茶也是一等的，可以除腥腻，除去烦恼和昏散，消除积食。用锡瓶来储存的，味道异常清香，不用锡瓶储存的，颜色不好看但是滋味却很好，跟阳羡山的岕茶没有什么区别。在接近夏天的时候采摘，不宜采摘过早，炒的时候应该是熟的而不应该生，以这种方法制作的茶可以储存两三年。越是好的茶叶越能消化食物和解酒，这才是最好的。

[原文]

王草堂《茶说》：温州中垄①及溇②茶皆有名，性不寒不热。

屠粹忠《三才藻异》：举岩，婺wù茶也，片片方细，煎如碧乳。

《江西通志》：茶山在广信③府城北，陆羽尝居此。洪州西山白露鹤岭，号绝品，以紫清香城者为最。及双井茶芽，即欧阳公所云"石上生茶如凤爪"者也。又罗汉茶如豆苗，因灵观尊者自西山持至，故名。

[注释]

①垄：地名。②溇：原指水边，此处做茶名。③广信：府名，位于今江西上饶。

[译文]

王草堂《茶说》中说：温州的中垄和溇上的茶叶都非常出名，品性不冷也不热。

屠粹忠《三才藻异》中记载：举岩，就是婆茶，每一片都很方正细小，煎煮出来的茶就好像碧乳一样。

《江西通志》：茶山在广信府的北面，陆羽曾在那里居住过。洪州西山的白露鹤岭所产的茶，号称为绝品，以紫清香城为最好。还有双井茶芽，就是欧阳修所说的"石上生茶如凤爪"。还有形状像豆苗一样的罗汉茶，因为是灵观尊者从西山带到此地来的，因此才如此命名。

庐山图

相传从汉代起庐山就开始种茶了。唐朝诗人白居易贬至江州时，曾在香炉峰下开辟园圃，种植茶树。

[原文]

《南昌府志》：新建县鹅冈西有鹤岭，云物鲜美，草林秀润，产名茶异于他山。

《通志》：瑞州^①府出茶芽，廖暹《十咏》呼为雀舌香焙云。其余临江、南安等府俱出茶，庐山亦产茶。袁州府界桥出茶，今称仰山、稠平、木平者佳，稠平者尤妙。赣州府宁都县出林岕，乃一林姓者以长指甲炒之，采制得法，香味独绝，因之得名。

[注释]

①瑞州：古代府名，位于今江西高安。

[译文]

《南昌府志》：新建县鹅冈西面有个鹤岭，物品鲜美，草木秀丽，所出产的名茶和其他地方的不相同。

《通志》：瑞州府出产的茶芽，廖暹在《十咏》中将其称之为雀舌香焙。其他像临江、南安等府都出产茶叶，庐山也出产茶叶。袁州府界桥出产茶叶，现在被称为仰山、稠平、木平的很好，稠平的为最好。赣州府宁都县出产林岕，是一个姓林的人用长指甲炒制而成的，采摘和制作的方法都非常合适，因此香味非常特别，因此才得到了这个名字。

[原文]

　　《名胜志》：茶山寺在上饶县城北三里，按《图经》，即广教寺。中有茶园数亩，陆羽泉一勺。羽性嗜茶，环居皆植之，烹以是泉，后人遂以广教寺为茶山寺云。宋有茶山居士曾吉甫，名几，以兄开忤①秦桧，奉祠侨居此寺，凡七年，杜门②不问世故。

　　《丹霞洞天志》：建昌府麻姑山产茶，惟山中之茶为上，家园植者次之。

　　《饶州府志》：浮梁县③阳府山，冬无积雪，凡物早成，而茶尤殊异。金君卿诗云："闻雷已荐鸡鸣笋，未雨先尝雀舌茶。"以其地暖故也。

[注释]

　　①忤：意为冒犯，冲撞。②杜门：指闭门。③浮梁县：位于今江西景德镇市。

[译文]

　　《名胜志》：茶山寺在上饶县城北三里的地方，根据《图经》中的记载，就是广教寺。里面有几亩茶园，有一眼陆羽泉。陆羽喜欢喝茶，他所居住的四周都种植着茶叶，用泉水来煎煮，后来的人就将广教寺称之为茶山寺。宋代有个号为茶山居士的曾吉甫，名几，因为他的哥哥曾开得罪了秦桧，因此建造了祠堂在此地居住，七年以来，闭门不问世事。

　　《丹霞洞天志》：建昌府的麻姑山出产茶叶，只有山中的茶叶是上品，家园中种植的要稍差一些。

　　《饶州府志》：浮梁县的阳府山，冬天无积雪，因此所有的作物都提前成熟，而且茶叶尤其特殊。金君卿的诗中说："闻雷已荐鸡鸣笋，未雨先尝雀舌茶。"就是因为这个地方非常暖和的缘故。

[原文]

　　《通志》：南康府出匡茶，香味可爱，茶品之最上者。九江府彭泽县九都山出茶，其味略似六安。

　　《广舆记》：德化茶出九江府。又崇义县多产茶。

　　《吉安府志》：龙泉县匡山有苦斋，章溢所居，四面峭壁，其下多白云，上多北风，植物之味皆苦。野蜂巢①其间，采花蘖作蜜，味亦苦。其茶苦于常茶。

[注释]

　　①巢：名词做动词，筑巢。

[译文]

《通志》：南康府出产的匡茶，味道清香美味，茶叶的品质是最好的。九江府彭泽县九都山出产的茶叶，它的味道和六安的茶有点相似。

《广舆记》：德化茶产自九江府。还有崇义县也多出产茶叶。

《吉安府志》：龙泉县匡山有苦斋，章溢居住在此地，四面都是悬崖峭壁，下面漂浮着很多白云，上面多刮北风，所有植物的味道都是苦的。野蜜蜂在里面筑巢，采花蕊酿蜜，味道也非常苦。那里出产的茶叶比普通的茶都要苦。

[原文]

《群芳谱》：太和山骞林茶，初泡极苦涩，至三四泡，清香特异，人以为茶宝。

《福建通志》：福州、泉州、建宁、延平、兴化、汀州、邵武诸府，俱产茶。

《合璧事类》：建州出大片方山之芽，如紫笋，片大极硬。须汤①浸之，方可碾。治头痛，江东老人多服之。

《天下名山记》：鼓山半岩茶，色香，风味当为闽中第一。不让虎邱、龙井也。雨前者每两仅十钱，其价廉甚。一云前朝每岁进贡，至杨文敏②当国，始奏罢之。然近来官取，其扰甚于进贡矣。柏岩，福州茶也。岩即柏梁台。

[注释]

①汤：沸水，热水。②杨文敏：即明代书法家杨荣。

[译文]

《群芳谱》：太和山骞林茶，第一次冲泡时味道非常苦涩，泡了三四回之后，就觉得十分清香了，人们都认为它是茶中之宝。

《福建通志》：福州、泉州、建宁、延平、兴化、汀州、邵武等地，都出产茶叶。

《合璧事类》：福州出产大片的方山茶叶，如紫笋，叶片十分大且很硬。需要浸在开水中，才能将其碾细。它可以治疗头痛，很多江东的老人都服用它。

《天下名山记》：鼓山的半岩茶，颜色和风味，都称得上是闽中第一。不比虎丘、龙井茶差。雨前的每两仅仅价值十钱，价钱非常便宜。又有说从前朝代每年都要进贡，到杨文敏时，才将这种规矩奏请废除了。然而近来官府索取，扰民的程度比以前进贡更加厉害。柏岩，是福州出产的茶叶。岩就是柏梁台。

[原文]

《兴化府志》：仙游县出郑宅茶，真者无几，大都以赝^{yàn}者杂之，虽香而味薄。

陈懋^{mào}仁《泉南杂志》：清源山茶，青翠芳馨，超轶①天池之上。南安县英山茶，精者可亚②虎邱，惜所产不若清源之多也。闽地气暖，桃李冬花，故茶较吴中差早。

《延平府志》：樱毛茶出南平县，半岩者佳。

[注释]

①超轶：即超过。②亚：此处做接近解。

[译文]

《兴化府志》：仙游县所出产的郑宅茶，真正的没有多少，大都会掺杂赝品，虽然非常香但是味道却十分淡。

陈懋仁《泉南杂志》：清源的山茶，颜色青翠味道芳馨，比天池茶还要好。南安县的英山茶，其中最好的可以比得上虎丘，可惜出产的数量没有清源多。福建地区气候温暖，在冬天桃李都能开花，因此茶叶比吴地的茶叶要早。

《延平府志》：棕毛茶出产自南平县，半山上生长的是最好的。

[原文]

《建宁府志》：北苑在郡城东，先是建州贡茶首称北苑龙团，而武夷石乳之名未著。至元时，设场于武夷，遂与北苑并称。今则但知有武夷，不知有北苑矣。吴越间人颇不足闽茶，而甚艳北苑之名，不知北苑实在闽也。

宋无名氏《北苑别录》：建安之东三十里，有山曰凤凰，其下直北苑，旁联诸焙，厥土赤壤①，厥茶惟上上。太平兴国中，初为御焙，岁模龙凤，以羞贡篚②，盖表珍异。庆历中，漕台益重其事，品数日增，制度日精。厥今茶自北苑上者，独冠天下，非人间所可得也。方其春虫震蛰③，群夫雷动，一时之盛，诚为大观。故建人谓至建安而不诣北苑，与不至者同。仆因摄事，得研究其始末，姑撷^{zhí}④其大概，修为十余类目，曰《北苑别录》云。御园：九窠十二陇，麦窠，壤园，龙游窠，小苦竹，苦竹里，鸡薮窠，苦竹，苦竹源，鼯^{wú}鼠窠，教练陇，凤凰山，大小焊，横坑，猿游陇，张坑，带园，焙东，中历，东际，西际，官平，石碎窠，上下官坑，虎膝窠，楼陇，蕉窠，新园，天楼基，院坑，曾坑，黄际，马安山，林园，和尚园，黄淡窠，吴彦山，罗汉山，水桑窠，铜场，师如园，灵滋，苑马园，高畬，大窠头，小山。右四十六所，广袤三十余里，自官平而上为内园，官坑而下为外园。方春灵芽萌坼⑤，先民焙十余日，如九窠十二陇、龙游窠、小苦竹、张坑、西际，又为楚园之先也。

武夷九曲溪

名茶大红袍生长在武夷九龙窠谷底的悬崖上。这里的茶树苍郁挺拔、格外繁茂。相传，明朝一位秀才服用了寺中方丈所采九龙窠崖上的茶叶后病愈。秀才考中后，为了报恩，把钦赐的红袍披在茶树上，这也是大红袍之名的由来。

[注释]

①厥土赤壤：那里的土壤是红色的黏性土。②羞贡篚：指作为佳味上贡。③春虫震蛰：即惊蛰。④摭：采选的意思。⑤萌坼：生出新芽来。

[译文]

《建宁府志》：北苑在郡城的东面，建州贡茶开始叫作北苑龙团，而武夷石乳并不很出名。到至元年间时，在武夷扩大了生产规模，于是才开始和北苑齐名。现在的人只知道有武夷，而不知道有北苑。吴越当地的人不重视闽茶，而非常羡慕北苑茶的名声，却不知道北苑茶其实就是闽茶。

宋朝无名氏《北苑别录》：建安东面三十里的地方，有一座凤凰山，它的下面就是北苑，旁边设置有很多烘焙的场所，土壤肥沃，最适合种茶。太平兴国年间，开始烘焙时是为了制作贡品，每年做成龙凤团，用圆形的竹筐装起来，看起来非常珍贵。庆历年间，漕台也非常重视这件事，品种数量也逐渐增加，制作也更加精致。现在北苑的上等茶叶，是天下无与伦比的，不是普通人可以得到的。春天到来时，很多人一起出动，一时之间，非常壮观。因此建人说到建安而不到北苑，跟没有到这里一样。我因为要处理事务，研究过它的前后始末，现在摘录其中的大概，将其编纂为十几种，题目叫作《北苑别录》。

御园：九窠十二陇，麦窠，壤园，龙游窠，小苦竹，苦竹里，鸡薮窠，苦竹，苦竹源，鼯鼠窠，教练陇，凤凰山，大小焊，横坑，猿游陇，张坑，带园，焙东，中历，东际，西际，官平，石碎窠，上下官坑，虎膝窠，楼陇，蕉窠，新园，天楼基，院坑，曾坑，黄际，马安山，林园，和尚园，黄淡窠，吴彦山，罗汉山，水桑窠，铜场，师如园，灵滋，苑马园，高畲，大窠头，小山。以上四十六处，方圆三十多里，从官平往上是内园，从官坑往下是外园。春天茶芽开始萌发时，官焙比茶农要早十几天进行烘焙，如九窠十二陇、龙游窠、小苦竹、张坑、西际，又在楚园前面。

[原文]

《东溪试茶录》：旧记建安郡官焙三十有八。丁氏旧录云"官私之焙千三百三十有六"，而独记官焙三十二。东山之焙十有四：北苑龙焙一，乳橘内焙二，乳橘外焙三，重院四，壑岭五，渭源六，范源七，苏口八，东宫九，石坑十，建溪十一，香口十二，火梨十三，开山十四。南溪之焙十有二：下瞿一，濛洲东二，汾东三，南溪四，斯源五，小香六，际会七，谢坑八，沙龙九，南乡十，中瞿十一，黄熟十二。西溪之焙四：慈善西一，慈善东二，慈惠三，船坑四。北山之焙二：慈善东一，丰乐二。外有曾坑、石坑、壑源、叶源、佛岭、沙溪等处。惟壑源之茶，甘香特胜。茶之名有七：一曰白茶，民间大重[1]，出于近岁，园焙时有之。地不以山川远近，发不以社[2]之先后。芽叶如纸，民间以为茶瑞，取其第一者为斗茶。次曰柑叶茶，树高丈余，径头七八寸，叶厚而圆，状如柑橘之叶，其芽发即肥乳，长二寸许，为食茶之上品。三曰早茶，亦类柑叶，发常先春，民

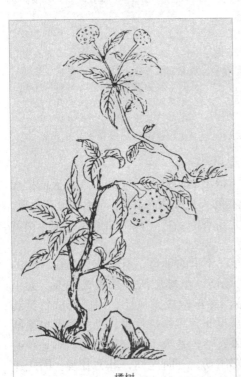

橘树

柑叶茶的叶子又厚又圆，像柑橘树的叶子一样，是茶叶中的佳品。

间采制为试焙者。四曰细叶茶，叶比柑叶细薄，树高者五六尺，芽短而不肥乳，今生沙溪山中，盖土薄而不茂也。五曰稽茶，叶细而厚密，芽晚而青黄。六曰晚茶，盖稽茶之类，发比诸茶较晚，生于社后。七曰丛茶，亦曰丛生茶，高不数尺，一岁之间发者数四，贫民取以为利。

［注释］

①大重：指非常重视。②社：指春社，在春分前后，为祭祀土地神的节日。社日那天，乡农集会，以酒肉祭神，然后宴饮。春社大致在严冬已尽、冰雪初融、春暖花开、大地复苏之时。

［译文］

《东溪试茶录》：以前所记载的建安郡官焙共有三十八处。丁氏旧录中说："官府和私人烘焙的共有一千三百三十六处。"但是只记载了其中的三十二种官焙。东山的烘焙有十四处：一是北苑龙焙，二是乳橘内焙，三是乳橘外焙，四是重院，五是壑岭，六是渭源，七是范源，八是苏口，九是东宫，十是石坑，十一是建溪，十二是香口，十三是火梨，十四是开山。南溪烘焙的地方共有十二处：下瞿，濛州东，汾东，南溪，斯源，小香，际会，谢坑，沙龙，南乡，中瞿，黄熟。西溪的烘焙有四个地方：慈善西，慈善东，慈惠，船坑。北山烘焙的地方有两个：慈善东，丰乐。另外有曾坑、石坑、壑源、叶源、佛岭、沙溪等地。只有壑源的茶叶，特别甘甜香美。茶叶的名字有七个：一是白茶，民间非常重视，是近几年出产的，园焙有时会有。不能根据山川的远近来判断产地，不能根据春社先后来预计萌芽。茶叶就像纸一样，民间认为茶叶十分吉祥，因此通过斗茶得出其中的第一名。其次是柑叶茶，树有一丈多高，直径七八寸，叶子又厚又圆，就像柑橘的叶子一样，发出的芽就是肥乳，长两寸多，是茶叶之中最好的品种。三是早茶，也和柑橘叶非常相似，经常在早春时萌发，民间采摘这种茶来试焙。四是细叶茶，叶子比柑橘叶要细薄，树有五六尺高，茶芽短小而不肥厚，现在在沙溪山中有种植，因为土地贫瘠而生长得不茂盛。五是稽茶，叶子细小且十分厚密，茶芽出来比较晚而且呈现青黄色。六是晚茶，属于稽茶一类，发芽比其他的茶叶都要晚，生长在春社之后。七是丛茶，也叫作丛生茶，树不过几尺高，一年能够萌发四次新芽，贫民拿它来卖钱。

［原文］

《品茶要录》：壑源①、沙溪，其地相背，而中隔一岭，其去无数里之遥，然茶产顿殊②。有能出力移栽植之，亦为风土所化。窃尝怪茶之为草，一物耳，其势必由得地而后异。岂水络地脉偏钟粹于壑源，而御焙占此大冈巍陇，神物伏护，得其余荫耶？何其甘芳精至而美擅天下也。观夫春雷一鸣，筠笼才起，售者已担簦挈囊^{dēng qiè tuó}于其门，或先期而散留金钱，或茶才入笪^{dá}而争酬所直^③。故壑源之茶，常不足客所求。其有桀猾之园民，阴取沙溪茶叶，杂就家棬^{quān}而制之。人耳其名，睨其规模之相若，不能原其实者，盖有之矣。凡壑源之茶售以十，则沙溪之茶售以五，其直大率仿此。然沙溪之园民，亦勇于觅利，或杂以松黄，饰其首面。凡肉理怯薄，体轻而色黄者，试时鲜白，不能久泛，香薄而味短者，沙溪之品也。凡肉理实厚，质体坚而色紫，试时泛盏凝久，香滑而味长者，壑源之品也。

[注释]

　　①壑源：宋代福建有名的产茶地方。②殊：差别。③直：同"值"。

[译文]

　　《品茶要录》：壑源、沙溪，两个地方背靠背，中间隔着一道山岭，相距没有几里路，然而所出产的茶叶却有很大差别。有人费力将壑源的茶树进行移植，

舟上品茗

但也被沙溪的水土所同化。因此难怪说茶是草木，必须顺应土地的优势而后才能显示出不同。难道不是水络地脉偏偏钟情于壑源吗？而御焙占据了这样的大冈巍陇，神物伏护，难道不是得到了护佑吗？不然它怎能甘芳美味天下第一呢。春雷一响，竹笼才开始挑出去，而要购买的人已拿着扁担到了门口，有的人预先留下一些定金，或者茶叶刚挑回来就争着报价。因此壑源的茶，总是供不应求。其中有些狡猾的茶农，暗中用沙溪的茶叶掺杂在里面一起制作。听说壑源茶的名声，外表看起来又差不多，有的人就不知道其中的真假。如果壑源茶叶售价是十，那么沙溪茶叶的售价就是五，它们的价值基本上是这样。然而沙溪的园民，也竞相牟利，有的将松黄掺杂在里面，来装饰它的表面。凡是肉理很薄、很轻而且颜色很黄，试的时候

颜色鲜白，不能长时间浮在上面，香味很淡且保持的时间不长的，就是沙溪茶。凡是肉理厚实、质地坚硬且带有紫色的，试的时候在茶杯上漂浮很长时间，香味纯正且持续时间很长的，就是壑源茶。

［原文］

《潜确类书》：历代贡茶以建宁为上，有龙团、凤团、石乳、滴乳、绿昌明、头骨、次骨、末骨、鹿骨、山挺等名，而密云龙最高，皆碾屑作饼。至国朝始用芽茶，曰探春、曰先春、曰次春、曰紫笋，而龙凤团皆废矣。

《名胜志》：北苑茶园属瓯宁县。旧《经》云："伪闽龙启①中里人张晖，以所居北苑地宜茶，悉献之官，其名始著。"

《三才藻异》：石岩白，建安能仁寺茶也，生石缝间。建宁府属浦城县江郎山出茶，即名江郎茶。

［注释］

①龙启：五代时期闽王王延钧的年号。从 933 年至 934 年。

［译文］

《潜确类书》：历代的贡茶中都认为建宁的最好，名称有龙团、凤团、石乳、滴乳、绿昌明、头骨、次骨、末骨、鹿骨、山挺等，而密云龙是最好的，都是把茶碾碎做成饼。到本朝才开始用芽茶，名为探春、先春、次春、紫笋，而龙凤团都已经没有了。

《名胜志》：北苑的茶园属于瓯宁县。以前《茶经》中说："伪闽龙启中里人张晖，因为自己所住的北苑土地适宜种植茶树，便把土地全部献给了官府，它才开始著名起来。"

《三才藻异》：石岩白，产于建安能仁寺中，生长在石缝之间。建宁府所管辖的浦城县江郎山出产的茶叶，叫作江郎茶。

［原文］

《武夷山志》：前朝不贵①闽茶，即贡者亦只备宫中浣濯②瓯盏之需。贡使类以价，货京师所有者纳之。间有采办，皆剑津廖地产，非武夷也。黄冠③每市山下茶，登山贸之，人莫能辨。茶洞在接笋峰侧，洞门甚隘，内境夷旷，四周皆穹崖壁立。土人种茶，视他处为最盛。崇安殷令招黄山僧以松萝法制建茶，真堪并驾，人甚珍之，时有"武夷松萝"之目。

[注释]

①贵：形容词做意动用法，以……为贵。②浣濯：指洗刷。③黄冠：指的是道士。

[译文]

《武夷山志》：从前的朝代不注重福建的茶叶，即使有作为贡品的也只是备宫里面清洗茶杯用。贡使分类标价，付给到京师出售茶的人。偶尔直接采办，都是剑津廖那些地方所出产的，并不要武夷的。道士每年买山下的茶叶，再到山上去卖，人们也不能够分辨出来。茶洞在接笋峰的旁边，洞门相当狭窄，里面很空旷，四周都是悬崖峭壁。当地人种植茶，认为那个地方长得最好。崇安殷令让黄山的和尚用松萝制作茶的方法来制作建茶，可以和松萝茶相提并论，人们都认为它非常珍贵，因此当时有"武夷松萝"的称呼。

[原文]

王梓①《茶说》：武夷山周回②百二十里，皆可种茶。茶性，他产多寒，此独性温。其品有二：在山者为岩茶，上品；在地者为洲茶，次之。香清浊不同，且泡时岩茶汤白，洲茶汤红，以此为别。雨前者为头春，稍后为二春，再后为三春。又有秋中采者，为秋露白，最香。须种植、采摘、烘焙得宜，则香味两绝。然武夷本石山，峰峦载土者寥寥，故所产无几。若洲茶，所在皆是，即邻邑近多栽植，运至山中及星村墟市贾售，皆冒充武夷。更有安溪所产，尤为不堪。或品尝其味，不甚贵重者，皆以假乱真误之也。至自莲子心、白毫皆洲茶，或以木兰花熏成欺人，不及岩茶远矣。

[注释]

①王梓：清代康熙年间崇安县县令。②周回：指四周。

[译文]

王梓《茶说》：武夷山的周围方圆一百二十里，都可以种植茶叶。其他地方出产的茶大多是寒性的，而只有此地是温性的。它的品种有两个：在山上生长的是岩茶，是最好的；在平地上生长的是洲茶，要略微差一点。香味浊清不一样，冲泡的时候岩茶的颜色是白色的，而洲茶的颜色却是红色的，这就是不同之处。雨前的是初春，之后是二春，再往后就是三春，还有秋天采摘的，是秋露白，特别馨香。必须要种植、采摘、烘焙都非常到位，那样香气和味道才能两绝。然而武夷本来就是石山，山峦之上的土极其少，因此产量很低。如果是洲茶，则到处都是，就是临近的县城也都有栽种，将它运到山中的乡村、集市上去卖，用来顶替武夷茶。更有安溪所出产的茶，非常不好。假如品尝它的味道，不是很浓重的，都是以假来乱真的。至于莲子心、白毫这些洲茶，有的用木兰花熏成来欺骗敲诈别人，那和岩茶的味道就相差很远了。

[原文]

张大复《梅花笔谈》：《经》云："岭南生福州、建州。"今武夷所产，其味极佳，盖以诸峰拔立。正陆羽所云"茶上者生烂石中"者耶。

《草堂杂录》：武夷山有三味茶，苦、酸、甜也，别是一种，饮之味果屡变，相传能解酲①消胀。然采制甚少，售者亦稀②。

《随见录》：武夷茶，在山上者为岩茶，水边者为洲茶。岩茶为上，洲茶次之。岩茶，北山者为上，南山者次之。南北两山，又以所产之岩名为名，其最佳者，名曰工夫茶。工夫之上，又有小种，则以树名为名。每株不过数两，不可多得。洲茶名色，有莲子心、白毫、紫毫、龙须、凤尾、花香、兰香、清香、奥香、选芽、漳芽等类。

[注释]

①酲：指醉酒。②稀：亦为少。

[译文]

张大复《梅花笔谈》：《茶经》中说："岭南茶出产自福州、建州。"如今武夷所出产的茶，味道很好，这是因为这些山峰很挺拔。就像陆羽所说的"上好的茶生长在烂石之中"。

《草堂杂录》：武夷山有三味茶，味道苦、酸、甜，是很特别的一种，喝后味道果真会多次变化，相传不仅能够解酒而且还能消除腹胀。但是采摘的人非常少，出售的人也非常少。

《随见录》：武夷茶，在山上生长的是岩茶，在水边生长的是洲茶。岩茶比较好，而洲茶比它要差。岩茶，北山上生长的要好一些，而南山上生长的要差一些。南北两座山，又根据所出产的茶叶名字来命名。其中最好的茶，叫作工夫茶。比工夫茶还要好的，还有小种，则用树的名字来命名。每一棵树不过出产几两，不能获得很多。洲茶的品种，有莲子心、白毫、紫毫、龙须、凤尾、花香、兰香、清香、奥香、选芽、漳芽等品种。

[原文]

《广舆记》：泰宁茶出邵武①府。福宁州大姥山出茶，名"绿雪芽"。

《湖广通志》：武昌茶，出通山者上，崇阳蒲圻者次之。

《广舆记》：崇阳县龙泉山，周二百里。山有洞，好事者持炬而入，行数十步许，坦平如室，可容千百众，石渠流泉清冽，乡人号曰鲁溪。

岩产茶，甚甘美。

《天下名胜志》：湖广江夏县洪山，旧名东山，《茶谱》云："鄂州东山出茶，黑色如韭，食之已头痛。"

[注释]

①邵武：古代府名，位于今福建邵武。

[译文]

《广舆记》：泰宁茶出自邵武府。福宁州大姥山出产茶叶，称为"绿雪芽"。

《湖广通志》：武昌的茶叶，通山的比较好，崇阳蒲圻出产的要稍差一些。

《广舆记》：崇阳县龙泉山，方圆二百里。山中有洞，好事之人拿着火把进去，走进去几十步远，里面好像卧室一样平坦，可容纳上千人，石渠流出的泉水非常清澈，乡里的人都称之为鲁溪。岩上出产的茶叶，非常甘甜味美。

《天下名胜志》：湖广江夏县的洪山，以前叫东山，《茶谱》中说："鄂州东山生产的茶叶，黑的就像韭菜一样，服用之后可以止头痛。"

[原文]

《武昌郡志》：茗山在蒲圻县北十五里，产茶。又大冶县亦有茗山。

《荆州土地记》：武陵七县通出茶，最好。

《岳阳风土记》：灊湖诸山旧出茶，谓之灊湖①茶。李肇所谓"岳州灊湖之含膏"是也。唐人极重之，见自篇什。今人不甚种植，惟白鹤僧园有千余本。土地颇类北苑，所出茶一岁不过一二十斤，土人谓之"白鹤茶"，味极甘香，非他处草茶可比并。茶园地色亦相类，但土人不甚植尔。

岳阳

[注释]

①灊湖：位于今湖南岳阳市，所产灊湖含膏茶又名"岳阳含膏冷"。

[译文]

《武昌郡志》：茗山距蒲圻县北十五里远的地方，出产茶叶。另外大冶县中也有茗山。

《荆州土地记》：武陵辖区的七

个县都出产茶叶，而且质量都非常好。

《岳阳风土记》：滃湖周围的山以前都出产茶叶，叫作滃湖茶。李肇所说的"岳州滃湖之含膏"说的就是这个。唐朝人十分重视，多次将它记录到书中。现在的人已经不太种植了，只有白鹤僧园中还有千余棵。此处的土地和北苑距离很近，所出产的茶叶每年也不超过一二十斤，当地人将其称之为"白鹤茶"，味道非常甘香，非其他地方的茶叶可比。茶园土地的颜色也非常相似，只是当地的人不多种植罢了。

[原文]

《通志》：长沙茶陵州，以地居茶山之阴，因名。昔炎帝①葬于茶山之野。茶山即云阳山，其陵谷间多生茶茗故也。长沙府出茶，名安化茶。辰州②茶出溆浦。郴州亦出茶。

《类林新咏》：长沙之石楠叶，摘芽为茶，名栾茶③，可治头风。湘人以四月四摘杨桐草，捣其汁拌米而蒸，犹糕糜④之类，必啜此茶，乃去风也。

《合璧事类》：谭郡之间有渠江，中出茶，而多毒蛇猛兽，乡人每年采撷不过十五六斤，其色如铁，而芳香异常，烹之无脚。湘潭茶，味略似普洱，土人名曰"芙蓉茶"。

《茶事拾遗》：谭州有铁色，夷陵有压砖。

《通志》：靖州⑤出茶油，蕲水有茶山，产茶。

《河南通志》：罗山茶，出河南汝宁府信阳州。

《桐柏山志》：瀑布山，一名紫凝山，产大叶茶。

[注释]

①炎帝：传说中的上古帝王名。②辰州：古州名，治所在今湖南怀化市沅陵县。③栾茶：为石楠树叶茶。④糕糜：指糕点和粥类食品。⑤靖州：治所在今湖南省靖县。

[译文]

《通志》：长沙的茶陵州，因为地处茶山的北面，因此得名。从前炎帝被埋葬在茶山之野。茶山就是云阳山，因为山谷中多出产茶叶而得名。长沙府出产的茶叶，名叫安化茶。辰州茶出自溆浦。郴州也出产茶叶。

《类林新咏》说：长沙的石楠叶，采摘它的芽制成茶，叫作栾茶，可治疗头风。湖南人在农历四月四日采摘杨桐草，捣出它的汁和米拌在一起蒸熟，就如同蒸烂了的米糕，喝这种茶，可治愈头风。

续茶经

三一五

西樵山

晚唐诗人曹松在隐居西樵山时，把茶从浙江移植至此，并教给当地人采制茶叶的方法。这样看来，西樵山种茶的历史也有千余年了。

《合璧事类》：谭郡里面有渠江，渠江出产茶叶，但是毒蛇猛兽非常多，当地人每年不过采摘十五六斤，它的颜色好像铁一样，但味道却异常芳香，烹煮之后没有梗。湘潭的茶叶，味道和普洱茶有些相像，当地人称之为"芙蓉茶"。

《茶事拾遗》：谭州有种铁色茶，夷陵有种压砖茶。

《通志》：靖州出产茶油，蕲水有茶山，出产茶叶。

《河南通志》：罗山茶，产自河南汝宁府的信阳州。

《桐柏山志》：瀑布山，也叫紫凝山，出产大叶茶。

[原文]

《山东通志》：兖州府费县蒙山石巅，有花如茶，土人取而制之，其味清香，迥异他茶，贡茶之异品也。

《舆志》：蒙山一名东山，上有白云岩产茶，亦称蒙顶。王草堂云：乃石上之苔为之，非茶类也。

《广东通志》：广州韶州南雄、肇庆各府及罗定州，俱产茶。西樵山在郡城西一百二十里，峰峦七十有二，唐末诗人曹松[1]，移植顾渚茶于此，居人遂以茶为生业。韶州府曲江县曹溪茶，岁[2]可三四采，其味清甘。潮州大埔县、肇庆恩平县，俱有茶山。德庆州有茗山，钦州灵山县亦有茶山。

[注释]

①曹松：唐代诗人。②岁：一年即一岁。

[译文]

《山东通志》：兖州府费县蒙山顶上，有种花像茶叶一样，当地人采摘后并进行制作，味道清香和其他的茶叶不同，这是贡茶中的奇异品种。

《舆志》：蒙山又叫东山，上面的白云岩出产茶叶，也称为蒙顶。（王草堂说：只是石头上的苔藓罢了，并非茶叶。）

《广东通志》：广州韶州南雄、肇庆各地以及罗定州，都出产茶叶。西樵山距郡城西面一百二十里的地方，有七十二座山峰，唐朝末年的诗人曹松，将顾渚茶树移植到了此地，此地的人从此以后就开始以种茶为生。韶州府曲江县的曹溪茶，每年可采摘三四次，其味道极其清香甘甜。潮州的大埔县、肇庆的恩平县，都有茶山。德庆州也有茶山，钦州灵山县也有茶山。

［原文］

吴陈琰《旷园杂志》：端州白云山出云独奇，山故莳①茶在绝壁，岁不过得一石②许，价可至百金。

王草堂《杂录》：粤东珠江之南产茶，曰"河南茶"。潮阳有凤山茶，乐昌有毛茶，长乐有石茗，琼州有灵茶、乌药茶云。

［注释］

①莳：种植、栽种。②石：古代容量单位，十斗为一石。

［译文］

吴陈琰《旷园杂志》：端州白云山上的云非常独特，当地人故意将茶叶种植在峭壁上，每年不过收获一石多一点，价值上百金。

王草堂《杂录》：粤东珠江的南面出产茶，又叫作"河南茶"。潮阳有凤山茶，乐昌有毛茶，长乐有石茗茶，琼州有灵茶、乌药茶等。

［原文］

《岭南杂记》：广南出苦橙茶，俗呼为苦丁，非茶也。茶大如掌，一片入壶，其味极苦，少则反有甘味，噙咽利咽喉之症，功并山豆根。化州①有琉璃茶，出琉璃庵。其产不多，香与峒芥相似。僧人奉客，不及一两。罗浮有茶，产自山顶石上，剥之如蒙山之石茶，其香倍自广芥，不可多得。

《南越志》：龙川县出皋卢②，味苦涩，南海谓之过卢。

《陕西通志》：汉中府兴安州等处产茶，如金州、石泉、汉阴、平利、西乡诸县各有茶园，他郡则无。

［注释］

①化州：治所在今广东茂名的化州市。②皋卢：木名，叶子状如茶，味苦，可以代茶饮用。

[译文]

《岭南杂记》：广南出产苦橙茶，俗称为苦丁，但并非茶叶。这种茶的叶子很大，好像手掌一样，放一片在壶里，味道非常苦涩，放入少量反而会有甜味，将其含在嘴中能治疗咽喉病痛，效果和山豆根是一样的。化州有种琉璃茶，产自琉璃庵。数量不多，香气和峒芥非常类似。和尚们拿它来招待客人，每年收获还不到一两。罗浮有种茶，生长在山顶的石头之上，剥开之后就好像是蒙山的石茶，香味比广芥的要好，数量也非常少。

《南越志》：龙川县出产皋卢，味道极其苦涩，南海称之为过卢。

《陕西通志》：汉中府兴安州等地方出产茶叶，如金州、石泉、汉阴、平利、西乡等县都有茶园，别的地方没有。

[原文]

《四川通志》：四川产茶州县凡二十九处，成都府之资阳、安县、灌县、石泉、崇庆等；重庆府之南川、黔江、酆都、武隆、彭水等；夔州府之建始、开县等，及保宁府、遵义府、嘉定州、泸州、雅州、乌蒙等处。东川茶有神泉、兽目，邛州茶曰火井。

《华阳国志》：涪陵无蚕桑，惟出茶、丹漆、蜜蜡。

《华夷花木考》：蒙顶茶受阳气全，故芳香。唐李德裕①入蜀得蒙饼，以沃于汤瓶之上，移时尽化，乃验其真蒙顶。又有五花茶，其片作五出。

[注释]

①李德裕：唐代政治家、文学家。

[译文]

《四川通志》：四川生产茶叶的州县有二十九处，成都府的资阳、安县、灌县、石泉、崇庆等地；重庆府的南川、黔江、酆都、武隆、彭水等地；夔州府的建始、开县等地，还有保宁府、遵义府、嘉定州、泸州、雅州、乌蒙等。东川茶有叫作神泉、兽目的，邛州茶叫作火井。

《华阳国志》：涪陵没有蚕桑，只出产茶叶、丹漆、蜜蜡。

《华夷花木考》：蒙顶茶因为吸收阳光充分，所以非常香。唐朝的李德裕到蜀地之后得到了蒙饼，就将它放在汤瓶上面，一会儿都化了，以此来检验蒙顶茶的真假。另外还有五花茶，有五出茶片。

[原文]

毛文锡《茶谱》：蜀州晋原、洞口、横原、珠江、青城，有横芽、

雀舌、鸟觜、麦颗，盖取其嫩芽所造以形似之也。又有片甲、蝉翼之异。片甲者，早春黄芽，其叶相抱如片甲也；蝉翼者，其叶嫩薄如蝉翼也，皆散茶之最上者。

《东斋纪事》：蜀雅州蒙顶产茶，最佳。其生最晚，每至春夏之交始出，常有云雾覆其上，若有神物护持①之。

［注释］

①护持：保护，护佑。

［译文］

毛文锡《茶谱》：蜀州的晋原、洞口、横原、珠江、青城，有横芽、雀舌、鸟觜、麦颗，都是采摘茶的嫩芽制作而成的，根据它们的形状命名的。还有片甲、蝉翼的差别。所谓片甲，是早春发芽，叶子拥抱在一起好像是片甲一样。所谓蝉翼，是指它的叶子好像蝉翼一样嫩薄，它们都是散茶当中最好的。

《东斋纪事》：蜀地雅州蒙顶出产的茶叶是最好的。它发芽时间很晚，每年春夏之交开始发芽，往往会有云雾笼罩在茶树上，就好像是有神灵的护佑一样。

［原文］

《群芳谱》：峡州茶有小江园、碧涧寮（liáo）、明月房、茱萸寮等。

陆平泉《茶寮纪事》：蜀雅州蒙顶上有火前茶，最好，谓禁火①以前采者。后者谓之火后茶，有露芽、谷芽之名。

《述异记》：巴东有真香茗，其花白色如蔷薇，煎服令人不眠，能诵无忘。

《广舆记》：峨眉山茶，其味初苦而终甘。又泸州茶可疗风疾。又有一种乌茶，出天全六番讨使司境内。

峨眉山

峨眉雄险秀丽，适宜茶树生长。

茶经·续茶经

三二〇

斩茶

［注释］

　　①禁火：约同于清明。

［译文］

　　《群芳谱》：峡州的茶有小江园、碧涧寮、明月房、茱萸寮等。

　　陆平泉《茶寮纪事》：蜀地雅州蒙顶山上出产的火前茶是最好的，是在禁火之前采摘的。禁火之后采摘的被称为火后茶，也有露芽、谷芽的叫法。

　　《述异记》：巴东有真正的香茶，它的花的颜色白得就好像蔷薇一样，煎服之后可以让人减少睡眠，增强记忆力。

　　《广舆记》：峨眉山的茶叶，最初味道是苦涩的而后却是微微发甜的。还有泸州的茶叶可以治疗风疾。还有一种乌茶是产自天全六番讨使司所管辖的境内。

［原文］

　　王新城①《陇蜀余闻》：蒙山在名山县西十五里，有五峰，最高者曰上清峰。其巅一石大如数间屋，有茶七株，生石下，无缝罅，云是甘露大师②手植。每茶时叶生，智炬寺③僧辄报有司往视。籍记其叶之多少，采制才得数钱许。明时贡京师仅一钱有奇。环石别有数十株，曰陪茶，则供藩府诸司之用而已。其旁有泉，恒用石覆之，味精妙，在惠泉之上。

　　《云南记》：名山县出茶，有山曰蒙山，联延数十里，在西南。按《拾遗志》《尚书》所谓"蔡蒙旅平"者，蒙山也，在雅州。凡蜀茶尽在此。

［注释］

　　①王新城：指清代王士祯，新城人。新城，今山东桓台县。②甘露大师：一说为宋代西域不动上师，一说为汉代吴理真。③智炬寺：位于蒙顶山。

［译文］

　　王新城《陇蜀余闻》：蒙山在名山县西面十五里，上面有五座山峰，其中最高的叫作上清峰。山顶一块大石大约有几间屋子大，石头下面生长着七棵茶树，没有任何缝隙，据说是甘露大师亲手栽种的。每当茶叶长出来后，智炬寺的和尚就会立即报告给有司，有司去查看，记下它叶子的数量，采摘制作之后所得不过几钱而已。明朝时进贡给京师也只有一钱多一点。环石还有几十棵茶树，被称为陪茶，供给藩府诸司的官员享用。它的旁边有山泉，一直用石头压着，味道极其精妙，比起惠泉来还要好。

《云南记》：名山县出产茶叶，有一座蒙山，绵延几十里，在西南方向。按照《拾遗志》《尚书》中所记载的"蔡蒙旅平"，所指的就是蒙山，在雅州地区。只要是蜀地的茶叶都产自这里。

［原文］

《云南通志》：茶山在元江府城西北普洱界。太华山在云南府西，产茶色似松萝，名曰"太华茶"。普洱茶出元江府普洱山，性温味香。儿茶出永昌府，俱作团。又感通茶出大理府点苍山感通寺。

《续博物志》：威远州即唐南诏银生府之地，诸山出茶，收采无时[①]，杂椒姜烹而饮之。

《广舆记》：云南广西府出茶。又湾甸州出茶，其境内孟通山所产，亦类阳羡茶，谷雨前采者香。曲靖府出茶，子丛生，单叶子可作油。

［注释］

①无时：指没有固定时间。

［译文］

《云南通志》：茶山在元江府城西北的普洱境内。太华山在云南府的西面，所出产的茶叶颜色好像松萝一样，名叫"太华茶"。普洱茶出自元江府的普洱山，品性温和味道清香。儿茶出自永昌府，都被制作成团状。另外感通茶是大理府点苍山感通寺所产。

《续博物志》：威远州就是唐朝南诏银生府的所在地，那里每座山都出产茶叶，收获和采摘都没有固定时间，可以配上椒、姜等烹煮饮用。

《广舆记》：云南广西府出产茶叶。另外湾甸州出产茶叶，在它境内孟通山所出产的茶，类似于阳羡茶，在谷雨前采摘的茶最香。曲靖府出产的茶叶，茶子丛生，单叶子的可以用来榨油。

［原文］

许鹤沙《滇行纪程》：滇中阳山茶，绝类松萝。

《天中记》：容州黄家洞出竹茶，其叶如嫩竹，土人采以作饮，甚甘美。 广西容县，唐容州。

《贵州通志》：贵阳府产茶，出龙里东苗坡及阳宝山。土人制之无法，味不佳。近亦有采芽以造者，稍可供啜。威宁府[1]茶出平远，产岩间，以法制之，味亦佳。

《地图综要》：贵州新添军民卫产茶，平越军民卫亦出茶。

《研北杂志》：交趾出茶，如绿苔，味辛烈，名曰登。北人重译[2]，名茶曰钗。

[注释]

①威宁府：今贵州威宁彝族回族苗族自治县。②重译：即翻译。

[译文]

许鹤沙《滇行纪程》：云南阳山所出产的茶叶，跟松萝非常像。

《天中记》：容州黄家洞出产的竹茶，叶子就好像是嫩竹一样，当地人采摘来当茶喝，味道非常好。（广西容县，即唐代的容州。）

《贵州通志》：贵阳府的茶叶，产自龙里东苗坡和阳宝山，因当地人的制作方法不合适，因此味道不怎么好。最近有采摘茶芽制作的，味道要稍好一些。威宁府的茶叶产自平远，长在岩石之间，如果制作方法恰当的话，味道也会非常好。

《地图综要》：贵州新添军民卫出产茶叶，平越军民卫也出产茶叶。

《研北杂志》：交趾出产茶叶，好像绿苔，味道辛烈，名叫登茶。北方人翻译后，把茶叫作钗。

九 茶之略

茶事著述名目

[原文]

《茶经》三卷，唐太子文学陆羽撰。

《茶记》三卷，前人，见《国史·经籍志》。

《顾渚山记》二卷，前人。

《煎茶水记》一卷，江州刺史张又新撰。

《采茶录》三卷，温庭筠撰。

《补茶事》，太原温从云、武威段碣之。

《茶诀》三卷，释皎然撰。

《茶述》，裴汶。

《茶谱》一卷，伪蜀毛文锡。

《大观茶论》二十篇，宋徽宗撰。

《建安茶录》三卷，丁谓撰。

《试茶录》二卷，蔡襄撰。

《进茶录》一卷，前人。

《品茶要录》一卷，建安黄儒撰。

《建安茶记》一卷，吕惠卿撰。

《北苑拾遗》一卷，刘异撰。

《北苑煎茶法》，前人。

《东溪试茶录》，宋子安集，一作朱子安。

《补茶经》一卷，周绛撰。又一卷，前人。

《北苑总录》十二卷，曾伉录。

《茶山节对》一卷，摄衢州长史蔡宗颜撰。

《茶谱遗事》一卷，前人。

《宣和北苑贡茶录》，建阳熊蕃撰。

《宋朝茶法》，沈括。

《茶论》，前人。

《北苑别录》一卷，赵汝砺撰。

《北苑别录》，无名氏。

《造茶杂录》，张文规。

《茶杂文》一卷，集古今诗及茶者。

《壑源茶录》一卷，章炳文。

《北苑别录》，熊克。

《龙焙美成茶录》，范逵。

《茶法易览》十卷，沈立。

《建茶论》，罗大经。

《煮茶泉品》，叶清臣。

《十友谱·茶谱》，佚名。

《品茶》一篇，陆鲁山。

《续茶谱》，桑庄茹芝。

《茶录》，张源。

《煎茶七类》，徐渭。

《茶寮记》，陆树声。

《茶谱》，顾元庆。

《茶具图》一卷，前人。

《茗笈》，屠本畯。

《茶录》，冯时可。

《岕山茶记》，熊明遇。

《茶疏》，许次杼。

《八笺·茶谱》，高濂。

《煮泉小品》，田艺蘅。

《茶笺》，屠隆。

陆羽《茶经》书影

《岕茶笺》，冯可宾。

《峒山茶系》，周高起伯高。

《水品》，徐献忠。

《竹嬾茶衡》，李日华。

《茶解》，罗廪。

《松寮茗政》，卜万祺。

《茶谱》，钱友兰翁。

《茶集》一卷，胡文焕。

《茶记》，吕仲吉。

《茶笺》，闻龙。

《岕茶别论》，周庆叔。

《茶董》，夏茂卿。

《茶说》，邢士襄。

《茶史》，赵长白。

《茶说》，吴从先。

《武夷茶说》，袁仲儒。

《茶谱》，朱硕儒。见《黄舆坚集》

《岕茶汇钞》，冒襄。

《茶考》，徐炥。

《群芳谱·茶谱》，王象晋。

佩文斋《广群芳谱·茶谱》。

诗文名目

杜毓《荈赋》

顾况《茶赋》

吴淑《茶赋》

李文简《茗赋》

梅尧臣《南有嘉茗赋》

黄庭坚《煎茶赋》

程宣子《茶铭》

曹晖《茶铭》

苏廙《仙芽传》

汤悦《森伯传》

苏轼《叶嘉传》

支廷训《汤蕴之传》

徐岩泉《六安州茶居士传》

吕温《三月三日茶宴序》

熊禾《北苑茶焙记》

赵孟頫《武夷山茶场记》

暗都剌《喊山台记》

文德翼《庐山免给茶引记》

茅一相《茶谱序》

清虚子《茶论》

何恭《茶议》

汪可立《茶经后序》

吴旦《茶经跋》

童承叙《论茶经书》

赵观《煮泉小品序》

诗文摘句

[原文]

　　《合璧事类·龙溪除起宗制》有云：必能为我讲摘山之制，得充厩之良。

　　胡文恭《行孙咨制》有云：领算商车，典领茗轴。

　　唐武元衡有《谢赐新火及新茶表》。刘禹锡、柳宗元有《代武中丞谢赐新茶表》。

　　韩翃《为田神玉谢赐茶表》，有"味足蠲邪，助其正直；香堪愈疾，沃以勤劳。吴主礼贤，方闻置茗；晋臣爱客，才有分茶①"之句。

　　《宋史》：李稷重秋叶、黄花之禁。

　　宋《通商茶法诏》，乃欧阳修笔。《代福建提举茶事谢上表》，乃洪迈笔。

　　谢宗《谢茶启》：比丹丘②之仙芽，胜乌程之御荈③。不止味同露液，白况④霜华。岂可为酪苍头⑤，便应代酒从事⑥。

　　《茶榜》：雀舌初调，玉盌分时茶思健；龙团捶碎，金渠碾处睡魔降。

　　刘言史与孟郊洛北野泉上煎茶，有诗。

　　僧皎然寻陆羽不遇，有诗。

　　白居易有《睡后茶兴忆杨同州》诗。

　　皇甫曾有《送陆羽采茶》诗。

　　刘禹锡《石园兰若⑦试茶歌》有云：欲知花乳清冷味，须是眠云跂石人。

　　郑谷《峡中尝茶》诗：入座半瓯轻泛绿，开缄数片浅含黄。

　　杜牧《茶山》⑧诗：山实东南秀，茶称瑞草魁。

　　施肩吾诗：茶为涤烦子，酒为忘忧君。

　　秦韬玉有《采茶歌》。

　　颜真卿有《月夜啜茶联句》诗。

　　司空图诗：碾尽明昌几角茶。

　　李群玉诗：客有衡山隐，遗余石廪茶。

　　李郢《酬友人春暮寄枳花茶》诗。

　　蔡襄有《北苑茶垄采茶、造茶、试茶诗五首》。

　　《朱熹集》：香茶供养黄柏长老悟公塔，有诗。

　　文公《茶场》诗：携籝北岭西，采叶供茗饮。一啜夜窗寒，跏趺⑨谢衾枕⑩。

山茶花

山茶花多为红色和白色，在晚秋和冬季开放，这时候百花凋残，山茶花让人觉得格外生机盎然。

苏轼有《和钱安道寄惠建茶》诗。

《坡仙食饮录》：有《问大冶长老乞桃花茶栽》诗。

《韩驹集·谢人送凤团茶》诗：白发前朝旧史官。风炉煮茗暮江寒。苍龙不复从天下，拭泪看君小凤团。

苏辙有《咏茶花诗》二首，有云：细嚼花须味亦长，新芽一粟叶间藏。

孔平仲《梦锡⑩惠墨，答以蜀茶》，有诗。

岳珂《茶花盛放满山》诗，有"洁躬淡薄隐君子，苦口森严大丈夫"之句。

《赵抃集·次谢许少卿寄卧龙山茶》诗，有"越芽远寄入都时，酬唱争夸互见诗"之句。

文彦博诗：旧谱最称蒙顶味，露芽云液胜醍醐。

张文规诗："明月峡中茶始生。"明月峡与顾渚联属，茶生其间者，尤为绝品。

孙觌有《饮修仁茶》诗。

韦处厚《茶岭》诗：顾渚吴霜绝，蒙山蜀信稀。千丛因此始，含露紫茸肥。

《周必大集·胡邦衡生日以诗送北苑八銙日注二瓶》："贺客称觞满冠霞，悬知酒渴正思茶。尚书八饼分闽焙，主簿双瓶拣越芽。"又有《次韵王少府送焦坑茶》诗。

陆放翁诗："寒泉自换菖蒲水，活火闲煎橄榄茶。"又《村舍杂书》："东山石上茶，鹰爪初脱韝。雪落红丝磑，香动银毫瓯。爽如闻至言，余味终日留。不知叶家白，亦复有此否。"

刘诜诗：鹦鹉茶香堪供客，荼蘼酒熟足娱亲。

王禹偁《茶园》诗：茂育知天意，甄收荷主恩。沃心同直谏，苦口类嘉言。

《梅尧臣集·朱著作寄凤茶》诗："团为苍玉璧，隐起双飞凤。独应近日颁，岂得常寮共。"又《李求仲寄建溪洪井茶七品》云："忽有西山使，始遗七品茶。末品无水晕，六品无沉柤。五品散云脚，四品浮粟花。三品若琼乳，二品罕所加。绝品不可议，甘香焉等差。"又《答宣城梅主簿遗鸦山茶》诗云："昔观唐人诗，茶咏鸦山嘉。鸦衔茶子生，遂同山名鸦。"又有《七宝茶》诗云："七物甘香杂蕊茶，浮花泛绿乱于霞。啜之始觉君恩重，休作寻常一等夸。"又《吴正仲饷新茶》《沙门颖公遗碧霄峰茗》，俱有吟咏。

戴复古《谢史石窗送酒并茶诗》曰：遗来二物应时须，客子行厨用有余。午困政需茶料理，春愁全仗酒消除。

费氏《宫词》：近被宫中知了事，每来随驾使煎茶。

杨廷秀有《谢木舍人送讲筵茶》诗。

叶适有《寄谢王文叔送真日铸茶》诗云：谁知真苦涩，黯淡发奇光。

杜本《武夷茶》诗云：春从天上来，嘘唏通寰海。纳纳此中藏，万斛珠蓓蕾。

刘秉忠《尝云芝茶》诗云：铁色皱皮带老霜，含英咀美人诗肠。

高启有《月团茶歌》，又有《茶轩》诗。

杨慎有《和章水部沙坪茶歌》，沙坪茶出玉垒关外，实唐山。

董其昌《赠煎茶僧》诗：怪石与枯槎，相将度岁华。凤团虽贮好，只吃赵州茶。

娄坚有《花朝醉后为女郎题品泉图》诗。

程嘉燧有《虎丘僧房夏夜试茶歌》。

《南宋杂事诗》云：六一泉烹双井茶。

朱隗《虎丘竹枝词》：官封茶地雨前开，皂隶衙官搅似雷。近日正堂偏体贴，监茶不遗掾曹来。

绵津山人《漫堂咏物》有《大食索耳茶杯诗》云：粤香泛永夜，诗思来悠然。注：武夷有粤香茶。

薛熙《依归集》有《朱新庵今茶谱序》。

[注释]

①分茶：指将所得散茶或饼茶分赠给亲友，这种茶俗起源于晋代。②丹丘：仙家圣地。③乌程之御荈：指顾渚紫笋茶。④况：相比拟。⑤苍头：古代对奴仆的称呼。⑥酒从事：是美酒的别名，又称之为"青州从事"。⑦兰若：即佛寺。⑧茶山：位于江苏宜兴。⑨跏趺：指佛家参禅之时盘腿而坐的姿势，这里指静坐。⑩谢衾枕：指不睡觉。⑪锡：通"赐"。

十 茶之图

历代图画名目

[原文]

唐张萱有《烹茶仕女图》，见《宣和画谱》。

唐周昉寓意丹青，驰誉当代，宣和御府所藏有《烹茶图》一。

五代陆滉《烹茶图》一，宋中兴馆阁储藏。

宋周文矩有《火龙烹茶图》四，《煎茶图》一。

宋李龙眠有《虎阜采茶图》，见题跋。

宋刘松年绢画《卢仝煮茶图》一卷，有元人跋十余家。范司理龙石藏。

王齐翰有《陆羽煎茶图》，见王世懋《澹园画品》。

董逌《陆羽点茶图》，有跋。

元钱舜举画《陶学士雪夜煮茶图》，在焦山道士郭第处，见詹景凤《东冈玄览》。

史石窗名文卿，有《煮茶图》，袁桷作《煮茶图诗序》。

冯璧有《东坡海南烹茶图并诗》。

严氏《书画记》有杜柽居《茶经图》。

汪珂玉《珊瑚网》载《卢仝烹茶图》。

明文徵明有《烹茶图》。

沈石田有《醉茗图》，题云："酒边风月与谁同，阳羡春雷醉耳聋。七椀便堪酬酩酊，任渠高枕梦周公。"

沈石田有《为吴匏庵写虎丘对茶坐雨图》。

《渊鉴斋书·画谱》，陆包山治有《烹茶图》。

（补）元赵松雪有《宫女啜茗图》，见《渔洋诗话·刘孔和诗》。

茶具十二图

韦①鸿胪②

[原文]

赞曰：祝融司夏，万物焦烁，火炎昆冈，玉石俱焚，尔无与焉。乃若不使山谷之英堕于涂炭，子与有力矣③。上卿之号，颇著微称。

[注释]

①韦：指的是古代用来把竹简连缀起来的一种柔软的皮带。②鸿胪：一种官职的名称，主要来掌管朝廷的祭祀大典等礼仪。③祝融：这里指火神。

[译文]

赞语中说：火神掌管着夏天的到来，这个时候万物被晒得焦干发亮，座座山冈被烈火点燃，玉石都被焚毁了，这些事情你都没有参与。如果那些生长在山谷中质地优良的嘉禾不被毁掉，那么是你参与其事，并有重大贡献。因此把你称为韦鸿胪，把你当成朝廷的上卿来对待，即使拥有很大的名声和很高的地位，也是比较合适。

木待制①

[原文]

上应列宿，万民以济，禀性刚直，摧折强梗，使随方逐圆之徒，不能保其身，善则善矣。然非佐以法曹②，资之枢③密，亦莫能成厥功。

[注释]

①待制：一种官职的名称。②法曹：这里指法官。③枢：重要起决定作用的部分。

[译文]

你是一位木待制官，在上面有木星作为你的星宿，你的职能就是要救助天下的百姓。你天生秉性刚直，能把各种强硬的东西和阻力摧折掉，使那些随波逐流的人不能够保全他们自身。虽然有特别出色的，但是也应该看到，如果没有法曹的辅助，来保证正常的工作，再加上枢密给提供好的条件的话，想取得成功也是不可能的。

金法曹

[原文]

　　柔亦不茹，刚亦不吐①，圆机运用，一皆不法，使强梗者不得殊轨乱辙②，岂不韪③与。

[注释]

　　①柔亦不茹，刚亦不吐：出自《诗经·大雅》，指不欺软怕硬。茹，吞咽。②殊轨乱辙：指走不同的道路。③韪：对，正确的意思。

[译文]

　　你就好像司法者法曹一样，执法认真，对待那些柔软的不让它一溜而过，对待那些刚硬的不能认为难办就把它们推出去。把那些被碾之物就好像看成不法者一样，运用法制圆机来一一处理，使那些强硬者不能够越轨乱辙。

石转运①

[原文]

　　抱坚质②，怀直心③，啖嚅④英华⑤，周行不息。斡⑥摘山之利，操漕权之重。循环自常，不舍正而适他，虽没齿无怨言。

[注释]

　　①转运：古代把运输货物称为转运。②坚质：石质坚硬。③直心：指石磨中心的直柱。④啖嚅：咀嚼。⑤英华：指茶叶。⑥斡：转动，此处解为掌握。

[译文]

　　你是一位转运使。质地坚硬，而身强心直，吸取精华，往返运行。掌握着采摘的便利，掌握着漕运的大权，不停地来回循环转动，只是认真地做好本职工作而没有别的追求。任劳任怨，终生都没有怨言。

胡员外①

[原文]

　　周旋中规而不逾②其间，动静有常而性苦其卓，郁结之患悉能破之。虽中无所有，而外能研究，其精微不足以望圆机之士。

[注释]

①员外：古代把称编外之官称为员外。后来把那些富裕人也称为员外。②逾：指超出。

[译文]

你作为一位编外的官员，你有一定的规律而不会超越限度。经常是一动一静，为工作付出了很多的劳苦。对于那些郁结的毛病，你也能够把它们破除掉。虽然你腹内是空空一无所有，但是你却拥有独到的外表，能够做到斟酌研究。但在精细微妙方面却比不上那些看起来圆滑机灵的人。

罗枢密

[原文]

机事不密①则害成。今高者②抑之，下者扬之，使精粗不致于混淆，人其难诸。奈何矜细行而事喧哗，惜之。

[注释]

①机事不密：指重要的事情不能保守秘密。②高者：此处指粗茶末，下文的"下者"指细茶末。

[译文]

你是一名掌管机密的官员枢密，就应该懂得在办重要的事情的时候如果不注意保密的话，就很可能会影响到事情的成功。现在是粗茶在上面受到抑制，被挡住。细茶末在下面却受到重视，被保留下来。要做到使粗茶和细茶不混淆，这一点是人们很难做到的。但是你为何要因为做了这一件小事而夸大自己、大声嚷嚷呢？

宗从事①

[原文]

孔门高弟，当洒扫应对事之末者，亦所不弃。又况能萃②其既散，拾其已遗，运寸毫而使边尘不飞③，功亦善哉。

[注释]

①从事：治事的意思。②萃：指聚集。③边尘不飞：原指边疆无战事，

此处指不使茶末飞散。

[译文]

作为一位治事的从事官，不愧为孔子的得意门徒，办事的时候特别细心，从来都不会忽视清扫这一类细小的事。更何况还要把过去分散的东西再聚集起来，把曾经遗失的东西再捡拾回来，能够只运用一寸长的毫毛就可以让茶末不再飞散，功劳的确是不小啊！

漆雕秘阁①

[原文]

　　危而不持，颠而不扶，则吾斯之未能信。以其弭②执热之患，无坳堂之覆，故宣辅以宝文而亲近君子。

[注释]

　　①秘阁：古代把放置书的场所称为秘阁。②弭：息、止的意思。

[译文]

作为一名秘阁官员，处在遇到危险也不需要人扶持的位置。位置过高快要倒下也不需要人来帮助，对于这一点，我们不一定相信。但是，如果能把用手端茶杯时触摸到的烫热消除，同时也能够防止在屋里屋外用茶时茶杯被摔碎。所以这样很适合把茶杯端着，再在它的身上增加一些漆雕的花纹那样就会显得更美，这样就很容易让那些君子雅士们亲近。

陶宝文

[原文]

　　出河滨而无苦窳①，经纬之象，刚柔之理，炳②其彭③中。虚己待物，不饰外貌，休高秘阁，宜无愧焉。

[注释]

　　①苦窳：粗恶的意思。②炳：当显著、光明讲。③彭：充满的意思。

[译文]

陶土是从河边取来的，由它制成陶器却并不粗恶，它呈现出纹理交错、泾渭分明、阴阳相济、极为柔和的特点。它的体内充满了光明，外貌却从不进行

续茶经

三三五

装饰。它能够做到虚怀若谷，在它的里面能容纳汤茶。把它放置在秘阁的上面，非常合适，真可算得上是当之无愧啊。

汤提点^①

[原文]

养浩然之气，发沸腾之声，以执中^②之能，辅成汤^③之德，斟酌宾主间，功迈仲叔圉^④。然未免外烁之忧，复有内热之患，奈何？

[注释]

①提点：一种官职的名称。②执中：守其中道的意思。③成汤：指商朝的开国之君。④仲叔圉：人名，春秋时期卫国人，仲叔是复姓。

[译文]

人作为一名提点官，胸中一定要充满浩然正气，能够发出开水沸腾的声音，做事情的时候讲究公允，坚持中道，要有使茶变为茶汤那样的功劳，就像得到辅佐的成汤讨伐桀取得天下一样。在宾和主之间进行斟酌，他的功劳已经超过了卫国的仲叔圉。但是，尽管这样，对外还是要面临着烁烫的可能，对内则要防止因为水滚开而过热的现象。能够有什么好的办法呢？

竺副帅

[原文]

首阳饿夫^①，毅谏于兵沸之时，方今鼎扬汤能探其沸者几希^②。于之清节，独以身试，非临难不顾者，畴见尔。

[注释]

①首阳饿夫：指伯夷、叔齐，商末周初人。②几希：很少的意思。

[译文]

虽然作为副帅，只是能够尽到辅佐的力量，但是你却有很大的作用。过去，宁愿饿死也不食周粟的首阳山饿夫伯夷、叔齐能够把周武王浩浩荡荡前进的大军阻挡住，并提出了自己的建议。你也应该具有这种精神，能够在滚开的沸水中来回搅动。现在和你一样有作为的人又有几个呢？在万难之中你能够挺身而出，面临危险而不惧怕，显示出自己的清风亮节，像你这样的人，如今谁又能见得到呢？

司职方^①

[原文]

　　互乡^②童子，圣人犹与^③其进。况端方质素，经纬有理，终身涅^④而不缁^⑤者，此孔子所以与洁也。

[注释]

　　①职方：一种官职的名称。②互乡：地名，据说互乡这个地方在江苏的沛县。③与：肯定的意思。④涅：当染黑讲。⑤缁：黑色。

[译文]

　　据说很难与互乡这个地方的人进行交谈，但是孔子却对互乡一个孩子的进步进行了肯定，并接见了他。作为一名掌管着四方的地理和土地统计的官员，能够做到朴实、端庄、美丽、经纬交错，条理清晰，全身长期被黑色所污染，但自身并没有变成黑色。这也就是被孔子所肯定和赞成的自洁啊。

木待制

　　古人用木头做的椎子来捶茶饼，木待制即木椎。待制是唐宋以后在正式官职以外加给文臣的衔号，待制的本义为以备顾问。

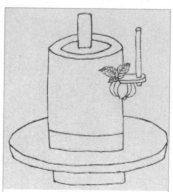

石转运

　　茶磨是用石制成，且运转不息，因此将茶磨叫作石转运。同时，古有转运使这个官职，负责水陆运输事务。

陶宝文

　　即陶茶盏。茶盏多为陶瓷制成。宝文为官署名，宋代皇家收藏档案的地方叫宝文阁。

司职方

为擦拭茶具的茶巾。茶巾一般为丝做成，司为"丝"谐义。茶巾为方形，与"职方"谐义。职方是古代官职名，掌管疆域职贡等事。

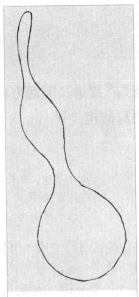

胡员外

胡员外取葫芦外形圆浑的音义而命名，实际上就是葫芦水勺。

韦鸿胪（风炉）

南宋审安老人《茶具图赞》将风炉称作"韦鸿胪"。且其名文鼎，字景旸，号四窗闲叟。"韦"为姓氏，因为它是用竹青等材料制成的。"鸿胪"为掌管朝祭礼仪的机构，而"胪"与"炉"谐音。"四窗闲叟"表明茶炉有四个窗。

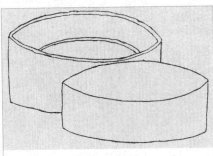

罗枢密

罗枢密即茶罗。茶罗以密为佳，方便筛出茶末，同时也谐义"枢密"。枢密史是官名，负责军国重要事务。

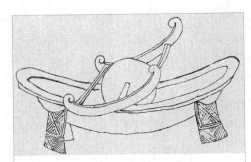

金法曹

金法曹就是茶碾。茶碾是金属做成的，中间有一道凹槽，因此谐音为"金法曹"。

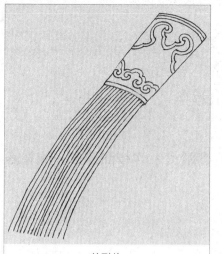

竺副帅

　　是古代用来点茶的工具，能够使茶末迅速溶于汤中。竺副帅用竹筋制成。副帅为军中官职名。

宗从事

　　茶刷用棕毛制成，因此宗从事之名是取其谐音。从事也是官名，古代三公和州郡长官的僚属称为从事。

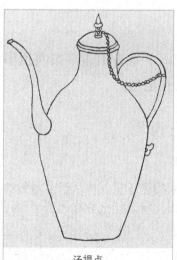

汤提点

　　就是用来注水点茶的茶瓶。提点为古代掌管司法和刑狱的官职名。

漆雕秘阁

　　为茶托之名。有的茶托本身即为雕花漆器，因此称作"漆雕"。另外，漆雕也是姓氏，例如孔子弟子有叫漆雕开的。秘阁是官署名，是皇家藏书的场所。

竹炉并分封茶具六事

苦节①君

[原文]

铭曰：肖形天地，匪冶匪陶。心存活火，声带湘涛。一滴甘露，涤我诗肠。清风两腋，洞然八荒。

[注释]

①苦节：指守志不渝，坚苦卓绝。

[译文]

铭文里说：形状就像天地一样，既不是用金属也不是用陶土制造成的。在它的中心可以存放燃烧着的炭火，水沸腾的声响就像湘江汹涌的波涛一样。饮一滴煮好的茶就如同饮了一滴甘露，能洗涤我的诗肠让我写出好的诗文，两腋就好像生起清风一样，眼睛也变得格外的明亮，耳朵就好像能洞察八方一样。

苦节君行省①

[原文]

茶具六事分封，悉贮于此，侍从苦节君，于泉石山斋亭馆间执事者，故以行省名之。陆鸿渐所谓都篮者，此其是与。

[注释]

①行省：朝廷中央机构中的名称。

[译文]

六种封有官职的茶具，都被存放在这个竹制成的篮子里。侍从苦节君竹灶在泉石山斋亭馆间煮茶的时候，可以把它带去使用，所以就把它称为苦节君行省。陆羽所提到的都篮指的就是它。

建城

[原文]

茶宜密裹，故以箬笼盛之，今称建城。按《茶录》云："建安民间以茶为尚。"故据地以城封之。

［译文］

　　茶叶一定要密封才能保存得完好，所以要把它装在用竹制成的笼子里面。并给它起名为建城。按照《茶录》所说："在福建建安民间都把喝茶作为一种时尚。"所以根据这一特点，把它封为建城。

云屯

［原文］

　　泉汲于云根，取其洁也。今名云屯，盖云即泉也，贮得其所，虽与列职诸君同事，而独屯于斯，岂不清高绝俗而自贵哉。

［译文］

　　在白云深处取泉水，是因为那里的水特别洁净。现在把泉水称为云屯，因为云也就是泉水的意思。把泉水贮存在这样的地方可以说是贮得其所。虽然它和其他的茶具并列，而独把泉水存放在里面，这样做岂不显得清高脱俗，显得很尊贵吗？

乌府

［原文］

　　炭之为物，貌玄性刚，遇火则威灵气焰，赫然可畏，苦节君得此甚利于用也。况其别号乌银，故特表章其所藏之具曰乌府①，不亦宜哉。

［注释］

　　①乌府：古时御史府称为乌府。

［译文］

　　炭是一种外貌黑而性格刚烈的事物，一遇到火它就会燃烧起来并冒出火焰。样子非常可怕。但是苦节君竹炉若得到它之后却能把它充分利用起来。它的别名被称为"乌银"，因此把贮存它的器具称为"乌府"，这难道不是很合适吗？

水曹

［原文］

　　茶之真味，蕴诸旗枪之中，必浣之以水而后发也。凡器物用事之余，未免残沥微垢，皆赖水沃盥，因名其器曰水曹①。

[注释]

①曹：这里指古代办事的官署。

[译文]

真正的茶的味道，都是蕴藏在旗枪中，一定要经过水的浸泡味道才能发散出来。大部分茶具用过以后都会残留下一些微小的污垢，需要用水洗涤才能保持洁净。所以把承担这一任务的器具叫作"水曹"。

器局

[原文]

一应茶具，收贮于器局①。供役苦节君者，故立名管之。

[注释]

①局：古时指机关单位的名称。

[译文]

把所有的茶具都存放到由细竹编成的器局里。这样做的目的是在使用的时候会很方便，所以把它称为"管之"。

品①司②

[原文]

茶欲啜时，人以笋、榄、瓜、仁、芹、蒿之属，则清而且佳，因命湘君，设司检束。

[注释]

①品：当别讲。②司：古时中央机构的一个部门叫作司。

[译文]

在品茶的时候如果放一些笋、榄、瓜、芹、蒿之类的食品，在饮茶的时候就会产生一种清香的味道，十分可口。所以用竹子编制成品司，可以把这些茶的佐料保存起来用来检束。

罗先登《续文房图赞》

玉川先生①

[原文]

毓秀蒙顶②，蜚英玉川，搜搅胸中，书传五千。儒素家风，清淡滋味，君子之交，其淡如水。

[注释]

①玉川先生：指卢仝。卢仝曾号称玉川子。②蒙顶：指蒙顶茶。

[译文]

大自然的造化哺育了蒙顶茶，被称为世间极品的茶从遥远的地方来到玉川，先生啜茗触动了文思，搜搅胸臆，为后世留下了诗歌五千言。先生为人儒雅朴素，不追求荣利。与朋友相交，谊淡如水，真是具有真君子的风范啊

玉川先生茶具图

唐代诗人卢仝号玉川子，他爱茶成癖，所作的《七碗茶歌》将饮茶之功效描绘得生动而潇洒，千年来传唱不衰。图为茶碗、茶壶等茶具。

器局

器局是收藏茶叶的竹制方形箱子。

水曹

水曹是贮存泉水的器具。曹为官署，和现在机关的科差不多。隋朝的时候，将"曹"改为"司"。

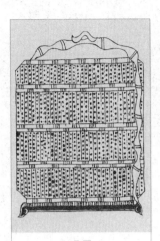

品司

品司是多层多格的竹器，用来装饮茶时所用的佐料。

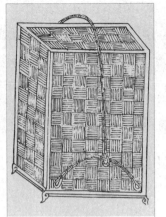

苦节君行省

即陆羽所说的装竹茶炉的都篮。把它称之为行省，是因为六种茶具都装在它里面，在泉石山斋亭馆间侍奉着苦节君。

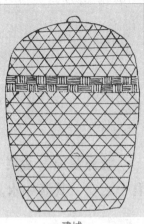

建城

建城是装茶叶的竹笼。建城得名于福建建安这个地方，因为此地民间以喝茶为风尚。

云屯

云屯，故名思义，即白云聚集的地方。在这里取来的水自然格外干净。把云屯用作装水的瓷瓶的名称，有清高脱俗的意味。

乌府

炭貌黑，因此盛炭的竹篮称为乌府，这个名称再合适不过了。

苦节君

"苦节君"是茶炉的别称，外面用藤包扎，后改用竹包扎。"苦节君"的名称，寓有逆境守节之意，这是儒家入世精神的体现。

附录

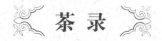

茶录

蔡襄

序

朝奉郎右正言同修起居注臣蔡襄上进：臣前因奏事，伏蒙陛下谕臣先任福建转运使日，所进上品龙茶最为精好。臣退念草木之微，首辱陛下知鉴，若处之得地，则能尽其材。昔陆羽《茶经》，不第建安之品；丁谓《茶图》，独论采造之本，至于烹试，曾未有闻。臣辄条数事，简而易明，勒成二篇，名曰《茶录》。伏惟清闲之宴，或赐观采，臣不胜惶惧荣幸之至。谨序。

上篇 论茶

色：茶色贵白。而饼茶多以珍膏油其面，故有青黄紫黑之异。善别茶者，正如相工之视人气色也，隐然察之于内。以肉理润者为上，既已末之，黄白者受水昏重，青白者受水鲜明，故建安人斗试，以青白胜黄白。

香：茶有真香。而入贡者微以龙脑和膏，欲助其香。建安民间试茶皆不入香，恐夺其真。若烹点之际，又杂珍果香草，其夺益甚。正当不用。

味：茶味主于甘滑。惟北苑凤凰山连属诸焙所产者味佳。隔溪诸山，虽及时加意制作，色味皆重，莫能及也。又有水泉不甘，能损茶味。前世之论水品者以此。

藏茶：茶宜箬叶而畏香药，喜温燥而忌湿冷。故收藏之家，以箬叶封裹入焙中，两三日一次，用火常如人体温，则御湿润。若火多，则茶焦不可食。

炙茶：茶或经年，则香色味皆陈。于净器中以沸汤渍之，刮去膏油一两重乃止，以钤箝之，微火炙干，然后碎碾。若当年新茶，则不用此说。

碾茶：碾茶先以净纸密裹捶碎，然后熟碾。其大要，旋碾则色白，或经宿，则色已昏矣。

罗茶：罗细则茶浮，粗则水浮。

候汤：候汤最难。未熟则沫浮，过熟则茶沉，前世谓之"蟹眼"者，过熟汤也。沉瓶中煮之不可辩，故曰候汤最难。

熁盏：凡欲点茶，先须熁盏，令热，冷则茶不浮。

点茶：茶少汤多，则云脚散；汤少茶多，则粥面聚。钞茶一钱七，先注汤调令极匀，又添注入，环回击拂。汤上盏可四分则止，视其面色鲜白，著盏无水痕为绝佳。建安开试，以水痕先者为负，耐久者为胜，故较胜负之说，曰相去一水两水。

下篇 论茶器

茶焙：茶焙编竹为之，裹以箬叶，盖其上，以收火也，隔其中，以有容也。纳火其下，去茶尺许，常温温然，所以养茶色香味也。

茶笼：茶不入焙者，宜密封裹，以箬笼盛之，置高处，不近湿气。

砧椎：砧椎盖以砧茶。砧以木为之，椎或金或铁，取于便用。

茶钤：茶钤屈金铁为之，用以炙茶。

茶碾：茶碾以银或铁为之。黄金性柔，铜及鍮石皆能生铏，不入用。

茶罗：茶罗以绝细为佳。罗底用蜀东川鹅溪画绢之密者，投汤中揉洗以幂之。

茶盏：茶色白，宜黑盏，建安所造者绀黑，纹如兔毫，其杯微厚，熁之久热难冷，最为要用。出他处者，或薄或色紫，皆不及也。其青白盏，斗试家自不用。

茶匙：茶匙要重，击拂有力。黄金为上，人间以银铁为之。竹者轻，建茶不取。

汤瓶：瓶要小者易候汤，又点茶注汤有准。黄金为上，人间以银铁或瓷石为之。

后 序

臣皇祐中修起居注，奏事仁宗皇帝，屡承天问，以建安贡茶并所以试茶之状。臣谓论茶虽禁中语，无事于密，造《茶录》二篇上进。后知福州，为掌书记窃去藏稿，不复能记。知怀安县樊纪购得之，遂以刊勒行于好事者，然多舛谬。臣追念先帝顾遇之恩，揽本流涕，辄加正定，书之于石，以永其传。治平元年五月二十六日，三司使给事中臣蔡襄谨记。

品茶要录

黄儒

总论

说者常怪陆羽《茶经》不第建安之品，盖前此茶事未甚兴，灵芽真笋，往往委翳消腐，而人不知惜。自国初以来，士大夫沐浴膏泽，咏歌升平之日久矣。夫体势洒落，神观冲淡，惟兹茗饮为可喜。园林亦相与摘英夸异，制卷鬻新而趋时之好，故殊绝之品，始得自出于蓁莽之间，而其名遂冠天下。借使陆羽复起，阅其金饼，味其云腴，当爽然自失矣。因念草木之材，一有负瑰伟绝特者，未尝不遇时而后兴，况于人乎！然士大夫间为珍藏精试之具，非会雅好真，未尝辄出。其好事者，又尝"论其采制之出人，器用之宜否，较试之汤火，图于缣素，传玩于时，独未有补于赏鉴之明尔。"盖园民射利，膏油其面，色品味易辨而难评。予因阅收之暇，为原采造之得失，较试之低昂，次为十说，以中其病，题曰《品茶要录》云。

一 采造过时

茶事起于惊蛰前，其采芽如鹰爪，初造曰试焙，又曰一火，其次曰二火。二火之茶，已次一火矣。故市茶芽者，惟同出于三火前者为最佳。尤喜薄寒气候，阴不至于冻，芽茶尤畏霜，有造于一火、二火皆遇霜，而三火霜霁，则三火之茶胜矣。晴不至于暄，则谷芽含养约勒而滋长有渐，采工亦优为矣。凡试时泛色鲜白、隐于薄雾者，得于佳时而然也。有造于积雨者，其色昏黄；或气候暴暄，茶芽蒸发，采工汗手熏渍，拣摘不给，则制造虽多，皆为常品矣。试时色非鲜白、水脚微红者，过时之病也。

二 白合盗叶

茶之精绝者曰斗，曰亚斗，其次拣芽。茶芽，斗品虽最上，园户或止一株，盖天材间有特异，非能皆然也。且物之变势无穷，而人之耳目有尽，故造斗品之家，有昔优而今劣、前负而后胜者。虽人工有至有不至，亦造化推移不可得而擅也。其造，一火曰斗，二火曰亚斗，不过十数铐而已。拣芽则不然，遍园陇中择其精英者尔。其或贪多务得，又滋色泽，往往以白合盗叶间之。试时色虽鲜白，其味涩淡者，间白合盗叶之病也。一鹰爪之芽，有两小叶抱而生者，白合也。新条叶之抱生而色白者，盗叶也。造拣芽常剔取鹰爪，而白合不用，况盗叶乎。

三 入杂

物固不可以容伪，况饮食之物，尤不可也。故茶有入他叶者，建人号为"入杂"。銙列入柿叶，常品人桴槛叶。二叶易致，又滋色泽，园民欺售直而为之。试时无粟纹甘香，盏面浮散，隐如微毛，或星星如纤絮者，入杂之病也。善茶品者，侧盏视之，所入之多寡，从可知矣。向上下品有之，近虽銙列，亦或勾使。

四 蒸不熟

谷芽初采，不过盈箱而已，趣时争新之势然也。既采而蒸，既蒸而研。蒸有不熟之病，有过熟之病。蒸不熟，则虽精芽，所损已多。试时色青易沉，味为桃仁之气者，蒸不熟之病也。惟正熟者，味甘香。

五 过熟

茶芽方蒸，以气为候，视之不可以不谨也。试时色黄而粟纹大者，过熟之病也。然虽过熟，愈于不熟，甘香之味胜也。故君谟论色，则以青白胜黄白；余论味，则以黄白胜青白。

六 焦釜

茶，蒸不可以逾久，久而过熟，又久则汤干，而焦釜之气上。茶工有泛新汤以益之，是致熏损茶黄。试时色多昏红、气焦味恶者，焦釜之病也。建人号为"热锅气"。

七 压黄

茶已蒸者为黄，黄细，则已入卷模制之矣。盖清洁鲜明，则香色如之。故采佳品者，常于半晓间冲蒙云雾，或以罐汲新泉悬胸间，得必投其中，盖欲鲜也。其或日气烘烁，茶芽暴长，工力不给，其采芽已陈而不及蒸，蒸而不及研，研或出宿而后制，试时色不鲜明，薄如坏卵气者，压黄也之病也。

八 清膏

茶饼光黄，又如荫润者，榨不干也。榨欲尽去其膏，膏尽则有如干竹叶之色。

惟饰首面者，故榨不欲干，以利易售。试时色虽鲜白，其味带苦者，渍膏之病也。

九　伤焙

夫茶本以芽叶之物就之卷摸，既出棬，上笪焙之，用火务令通彻。即以灰覆之，虚其中，以热火气。然茶民不喜用实炭，号为冷火，以茶饼新湿，欲速干以见售，故用火常带烟焰。烟焰既多，稍失看候，以故熏损茶饼。试时其色昏红，气味带焦者，伤焙之病也。

十　辨壑源、沙溪

壑源、沙溪，其地相背，而中隔一岭，其势无数里之远，然茶产顿殊。有能出力移栽植之，亦为土气所化。窃尝怪茶之为草，一物尔，其势必由得地而后异。岂水络地脉，偏钟粹于壑源？抑御焙占此大冈巍陇，神物伏护，得其余荫耶？何其甘芳精至而独擅天下也。观乎春雷一惊，筍笼才起，售者已担簦挈橐于其门，或先期而散留金钱，或茶才入笪而争酬所直，故壑源之茶常不足客所求。其有桀黠之园民，阴取沙溪茶黄，杂就家卷而制之，人徒趣其名，眩其规模之相若，不能原其实者，盖有之矣。凡壑源之茶售以十，则沙溪之茶售以五，其直大率放此。然沙溪之园民，亦勇于为利，或杂以松黄，饰其首面。凡肉理怯薄，体轻而色黄，试时虽鲜白不能久泛，香薄而味短者，沙溪之品也。凡肉理实厚，体坚而色紫，试时泛盏凝久，香滑而味长者，壑源之品也。

后　论

余尝论茶之精绝者，白合未开，其细如麦，盖得青阳之轻清者也。又其山多带砂石而号嘉品者，皆在山南，盖得朝阳之和者也。余尝事闲，乘暑景之明净，适轩亭之潇洒，一取佳品尝试，既而神水生于华池，愈甘而清，其有助乎！然建安之茶，散天下者不为少，而得建安之精品不为多，盖有得之者亦不能辨，能辨矣，或不善于烹试，善烹试矣，或非其时，犹不善也，况非其宾乎？然未有主贤而宾愚者也。夫惟知此，然后尽茶之事。昔者陆羽号为知茶，然羽之所知者，皆今所谓草茶。何哉？如鸿渐所论"蒸筍并叶，畏流其膏"，盖草茶味短而淡，故常恐去膏；建茶力厚而甘，故惟欲去膏。又论福建为"未详"，"往往得之，其味极佳"。由是观之，鸿渐未尝到建安欤？

图书在版编目（CIP）数据

图解茶经·续茶经／陆羽、陆廷灿著,崇贤书院释译. —合肥:黄山书社,2015.11
（经典传家系列丛书）
ISBN 978-7-5461-5343-8

Ⅰ.①图… Ⅱ.①陆… ②陆… ③崇… Ⅲ.①茶叶－文化－中国 ②《茶经》－通俗读物
Ⅳ.①TS971－49

中国版本图书馆 CIP 数据核字（2015）第 286518 号

出 品 人　任耕耘
总 策 划　任耕耘　李　克
选题策划　汤吟菲　白剑峰
项目统筹　刘　春
责任编辑　程　景
装帧设计　未　氓
责任印制　戚　帅
出版发行　时代出版传媒股份有限公司（http://www.press-mart.com）
　　　　　黄山书社（http://www.hspress.cn）
地址邮编　合肥市政务文化新区翡翠路 1118 号出版传媒广场 7 层　　230071
印　　刷　安徽新华印刷股份有限公司
版　　次　2016 年 3 月第 1 版
印　　次　2016 年 3 月第 1 次印刷
开　　本　700mm×1000mm　1/16
字　　数　360 千
印　　张　23
书　　号　ISBN 978-7-5461-5343-8
定　　价　28.80 元

服务热线　0551－63533706

销售热线　0551－63533761

官方直营书店（http://hsssbook.taobao.com）